现代化学专著系列·典藏版　01

材料机械化学

杨华明　著

科学出版社

北　京

内 容 简 介

　　本书内容涉及材料机械化学基础理论与应用技术,主要介绍材料的机械化学基础、材料的机械化学效应、机械化学合成纳米晶、机械化学合成功能粉体、机械化学改性超细粉体、机械化学处理固体废渣和机械化学高效提取矿物资源,并结合具体研究介绍了机械化学在新材料制备中的应用技术。

　　本书可供从事材料科学与工程、冶金工程、资源加工、化学化工、机械化学研究与应用的科技工作者参考,也可作为高等院校相关专业研究生的教学参考书。

图书在版编目(CIP)数据

现代化学专著系列：典藏版 / 江明，李静海，沈家骢，等编著. —北京：科学出版社，2017.1

ISBN 978-7-03-051504-9

Ⅰ.①现… Ⅱ.①江… ②李… ③沈… Ⅲ. ①化学 Ⅳ.①O6

中国版本图书馆 CIP 数据核字(2017)第 013428 号

责任编辑：黄　海 / 责任校对：朱光光
责任印制：张　伟 / 封面设计：铭轩堂

科学出版社 出版
北京东黄城根北街 16 号
邮政编码：100717
http://www.sciencep.com
北京厚诚则铭印刷科技有限公司印刷
科学出版社发行　　各地新华书店经销

＊

2017 年 1 月第 一 版　　开本：720×1000 B5
2017 年 1 月第一次印刷　　印张：25
字数：504 000

定价：7980.00 元（全 45 册）

(如有印装质量问题，我社负责调换)

前　言

材料不仅是当前世界新技术革命的三大支柱（材料、信息、能源）之一，而且又与信息技术、生物技术一起构成了 21 世纪世界最重要和最具发展潜力的三大领域。新材料受到了世界各国的高度重视，并已成为国民经济与科学技术各个领域的核心，它不仅是现代信息产业与未来信息时代的坚实依托，也是包括传感器、微电子、计算机、能源、空间、生物技术等在内的一切高新技术存在和发展的技术基础。

机械化学（mechanochemistry）亦称机械力化学或力化学，是研究对固体施加机械能时，固体的形态、晶体结构、物理化学性质等发生变化，并诱发物理化学反应的基本原理、规律以及应用的科学。由机械力诱发的变化不仅为合成新物质和开发预定功能材料提供了手段，同时也为探讨特殊条件下物质的化学特性和物理功能以及它们的交叉问题开辟了新的途径。材料机械化学侧重于利用机械力诱发化学反应和诱导材料组织、结构与性能的变化来制备新材料或对材料进行改性处理的基础理论与应用技术，是材料、化学、冶金、资源多学科融合的新兴交叉领域。

本书是作者结合在材料机械化学领域的研究经历和大量的研究工作，系统总结研究成果编写而成的，是材料领域的一大尝试。全书共分 9 章，第 1 章介绍机械化学的研究、发展及材料机械化学的特点；第 2 章介绍机械化学装备与理论模型；第 3 章介绍机械力作用下材料物理化学性质、晶体结构与化学键合的变化及相关作用机理；第 4 章介绍典型金属氧化物纳米晶的机械化学合成及晶粒生长机理；第 5 章介绍复合/掺杂氧化锡、氧化铜纳米晶的合成及在敏感元件中的应用；第 6 章介绍磷酸钙、铁酸盐的机械化学合成及机械化学反应机理；第 7 章介绍超细粉体的机械化学改性及改性粉体在聚合物复合材料中的应用；第 8 章介绍钢渣、高岭土尾砂的机械化学活化与应用；第 9 章简要介绍机械化学在矿物资源高纯化及有价金属高效提取中的应用。

本书的研究工作得到了教育部新世纪优秀人才支持计划、国家自然科学基金项目的资助；在撰写过程中得到了很多前辈、单位领导和同事的热情帮助与支持；得到了国内许多单位同仁以及作者历年研究生（陈德良、敖伟琴、曹建红、张向超、杨武国、刘天成、胡佩伟、陶秋芬）的大力支持和帮助；博士生张向超和欧阳静为本书的出版做了大量整理和编辑工作，在此一并表示衷心感谢！

由于本书所涉及的领域较广，其内容又涉及许多复杂的科学问题，加之作者水平有限，对书中错误及不足之处恳请读者批评指正。

杨华明

2009 年 5 月于长沙

目　　录

第1章 绪 论

1.1 机械化学概况

人们通常可以根据能量的转化关系或效应来划分物理化学分支学科,如热化学、电化学、磁化学、光化学、声化学和放射化学。而所谓机械化学(mechanochemistry)亦称机械力化学或力化学,是利用机械能诱发化学反应和诱导材料组织、结构和性能的变化,来制备新材料或对材料进行改性处理[1]。机械化学就是研究对固体物质施加机械能时,固体的形态、晶体结构、物理化学性质等发生变化,并诱发物理化学反应的基本原理、规律以及应用的科学[2]。机械力作用于固体物质时,不仅引发劈裂、折断、变形、体积细化等物理变化,而且随颗粒的尺寸逐渐变小、比表面积不断增大,产生能量转换,其内部结构、物理化学性质以及化学反应活性也会相应地产生变化,甚至会引起某些意想不到的变化,这种变化不仅为合成新的化学物质和开发预定功能材料提供了手段,也为探讨特殊条件下物质的化学特性和物理功能以及它们的交叉问题开辟了新的途径[3]。

人们早就知道用机械作用(如摩擦、断裂或冲击)来激发化学反应和物理过程。我们熟悉的碳酸钙煅烧制生石灰(氧化钙)需要 1000℃ 的高温,而轻轻地在大理石上一划,就有氧化钙生成。18 世纪对于铁腐蚀的研究,就发现金属的溶解因其表面的摩擦作用而大为加快。用普通的化学反应方法得到稳定的 NH_4CdCl_3 型化合物需要几十年的时间,如果采用将反应物简单研磨的机械化学方法就相当容易[4]。

事实上机械化学效应的发现可追溯到 1893 年,Lea 在研磨 $HgCl_2$ 时,观察到少量 Cl_2 逸出,说明 $HgCl_2$ 有部分分解。至 20 世纪 20 年代,德国学者 Ostwald 根据化学学科中化学能量来源的不同对化学学科进行了分类,首次提出了机械力诱发化学反应的机械化学的分支,并对机械能和化学能之间的联系进行了理论分析,但当时只是从化学分类角度提出了这一新概念,而对机械化学的基本原理尚不十分清楚[5]。自 1951 年起奥地利学者 Peters 与其助手 Paoff 做了大量关于机械力诱发化学反应的研究工作,于 1962 年在第一届欧洲粉体会议上发表了题为"机械力化学反应"的论文,指出在研磨的过程中各种固态反应都能观察到。因为在球磨的过程中,磨球和介质不断地碰撞,介质发生强烈的塑性变形,产生应力和应变,颗粒内产生大量的缺陷(空位和位错),使反应势垒降低,可以诱发一些利用热化学难以或无法进行的化学反应。并介绍了当时机械化学的研究成果,明确指出机械化学反应是由机械力诱发的化学反应,强调了机械力的作用。以后的研究表明,各种凝聚状态下的物质,受到机械力的影响而发生化学变化或物理化学变化的现象都可称为机械化学现象[6]。

20 世纪 40 年代,Clark 和 Roven 所进行的实验对机械化学在无机化学领域的应用起了重要作用,20 世纪 50 年代,他们主要是对矿物研磨过程中机械力诱发相变进行研究。20 世纪 60 年代末期,机械力化学在材料科学和应用领域取得了关键性的进步,通过球磨技术即机械合金化的方法制备了镍基和铁基氧化物弥散强化超合金[7]。在随后的几十年,这一技术成为制备用传统的熔炼和铸造技术很难或不可能制备的合金和化合物的有力工具。

自从 Ostwald 第一个提出"机械化学"这个名词以来,一直沿用至今。但在 Heinicke 的专著中则称为"摩擦化学(tribochemistry)"。《美国化学文摘》则用 "mechanical chemistry"作为关键词检索[8]。1991 年国际机械化学会(IMA)正式成立,并创办了学术期刊《国际机械化学与机械力合金化》(International Journal of Mechanochemistry and Mechanical Alloying)。国际机械化学会组织了每四年一次的国际机械化学会议(INCOME),第一次于 1993 年召开。自 Peters 论文发表至今的 50 多年来,机械化学的研究取得了很大的进展,前苏联和日本等国家都相继发表了有关机械化学的论著。1990 年,Juhasz 在其专著中认为机械化学是固体颗粒在机械能的作用下,由于形变、缺陷和解离等而引起物质结构、物理化学性质及化学活性等方面的变化。1991 年 Tacova 则更加系统地论述了机械化学的原理、工艺及其应用。近年来借助现代检测手段,人们在机械化学的理论与应用领域进行了一些研究工作,机械化学的一些研究成果已在冶金、化工、新材料等高技术领域得到实际应用,并已开始显露出其独特的技术优势,为促进该学科的发展奠定了良好的基础[9,10]。

1.2　机械化学的特征

机械化学是一门新兴的边缘学科,它涉及无机化学、有机化学、固体化学、机械力学、结构化学等多门学科[11]。由于影响机械化学反应的因素很多,各种因素又相互作用,加之研究手段的缺乏,机械化学作为一门学科目前还很不成熟;同时机械化学研究对象的特殊性又使它具有与常规化学学科不同的特征。

(1) 机械力作用可以诱发产生一些利用热能难于或无法进行的化学反应

用研钵研磨氯化汞或银的卤化物,能够很容易使它们发生分解反应,但氯化汞加热时则升华,而银的卤化物加热至熔融状态时仍不发生分解反应。

通常 Mg 还原 CuO 需在高温下提供大量的热驱动来进行,而且反应相当缓慢。如采用机械还原,在室温下短时间内即可完成[12,13]。一些在常规条件下不能发生的反应,在机械力的作用下成为可能:

$$CaCO_3 + SiO_2 \Longrightarrow CaSiO_3 + CO_2 \tag{1-1}$$

$$MgO + SiO_2 \Longrightarrow MgSiO_3 \tag{1-2}$$

$$NiCO_3 \Longrightarrow NiO + CO_2 \tag{1-3}$$

$$NiS + 4CO + H_2O \Longrightarrow Ni(CO)_4 + H_2S \tag{1-4}$$

$$2Si + 4Cl_2 \Longrightarrow 2SiCl_4 \tag{1-5}$$

$$Si + 2CCl_4 \Longrightarrow SiCl_4 + C_2Cl_4 \tag{1-6}$$

$$Ni + H_2O \Longrightarrow NiO + H_2 \tag{1-7}$$

(2)有些物质的机械化学反应与热化学反应有不同的反应机理

如溴酸钠的分解:

$$NaBrO_3 \xrightarrow{\text{热能}} NaBr + 3/2O_2 \tag{1-8}$$

$$2NaBrO_3 \xrightarrow{\text{机械能}} Na_2O + 5/2O_2 + Br_2 \tag{1-9}$$

对于羰基镍的合成,在 25℃时,无机械作用时的反应速度为 $5 \times 10^{-7}\,mol \cdot h^{-1}$,而在机械作用下升至 $3 \times 10^{-1}\,mol \cdot h^{-1}$,相差甚远。

碱金属氮化物在机械力作用下破裂时,裂纹顶端有气体产物形成。如裂纹破裂速度低时,得到的气体产物与热分解产物一样;裂纹破裂速度足够高,气体产物中有 NO,这与热分解产物不一样[14],用图示法表示为

$$NO_3^- \longrightarrow NO_2^- + 1/2O_2^- \qquad NO_3^- \begin{array}{c} \nearrow NO + O_2^- \\ \\ \searrow NO^- + O_2 \end{array} \tag{1-10}$$

随裂纹扩展速度增加的反应趋势
(普通的热分解反应为:$NO_3^- \longrightarrow NO_2^- + 1/2O_2$)

(3)与热化学相比机械化学受周围环境的影响要小得多

温度、压力的高低甚至对某些机械化学反应的速度没有影响,如硝酸盐的机械化学分解速度无论在室温下还是在液态氮下都是一样的。

(4)机械化学反应可沿常规条件下热力学不可能发生的方向进行

热力学一般指的是经典热力学或平衡态热力学,不可逆过程热力学或非平衡态热力学则是一门新兴的学科。从表 1-1 可以看出,这些反应在常规条件下从热力学观点来看是不可能发生的,但在机械力的作用下反应进行得很完整[15]。

表 1-1　某些机械化学反应的例子

反应物	生成物	$\Delta G_{298}^0/kJ \cdot mol^{-1}$
$C+2H_2O$	CO_2+2H_2	62
$SiC+2H_2$	$Si+CH_4$	59
$2MgO+C$	CO_2+2Mg	745
$2Cu+CO_2$	$2CuO+C$	140
$2Fe_2O_3+3C$	$3CO_2+4Fe$	330
$Au+3/4CO_2$	$1/2Au_2O_3+3/4C$	337

由于这些特点,机械化学具有重要的理论意义和广泛的实用性,人们对机械化学的兴趣也越来越浓厚,促进了机械化学的迅速发展。

1.3　机械化学的效应

1.3.1　机械化学效应的概述

机械力包括的范围很广,既可以是碰撞过程中的冲击力、研磨作用力,也可以是一般的压力或摩擦力,还可以是液体和气体的冲击波作用所产生的压力。机械力对各种凝聚态物质作用时,除了使研磨物质产生破碎、细化和微细化等直观变化而消耗一部分机械能外,还有相当一部分储存在颗粒体系内部,使研磨物质产生物理、化学变化,如表面结构、表面性质、表面成分及内部晶格畸变、缺陷、非晶化、游离基生成、外激电子发射和等离子态等一系列变化[16]。

机械化学效应研究内容是指在一定方式、一定能量和一定时间的机械力作用下,各种材料所发生的表面特征(表面结构和化学)、晶体结构(晶格畸变、晶体缺陷、多型转变、相变、隐晶质-非晶质化)和组分传输等物理化学性质的变异及其表征方法,并找出机械力作用下材料结构与性能间的关系,为新材料的性能评价、预测、设计及应用提供理论基础。材料的机械化学效应主要表现为物理效应和化学效应。

物理效应是最为直观的物质特征表现,由物理效应导致的物理性质的改变也最先得到关注。物理效应通常又表现为颗粒粒径和比表面积、密度、颗粒表面吸附能力、电性和离子交换能力的变化。颗粒粒径和比表面积的变化是物体在受机械力的研磨作用后最初表现出的外观变化,其表现是颗粒细化,相应的比表面积增大。但是,颗粒粒径虽随粉磨时间的增加而不断地减小,然而比表面积却会在一定时间后又下降。在研究高能球磨细化氧化铝时发现,粉末粒径在开始球磨的最初几分钟内细化很快,而后随着球磨时间的增加,粒径变化并不明显;球磨时间过长,造成粉末团聚,比表面积反而下降。表明球磨时间的长短和比表面积的增大并不存在直接的正比关系。密度的变化是物料经粉碎后表观密度的变化,这是由于颗粒大小级配不一造成的;而真密度的变化,则是由于晶体物质结构的变化或是发生了化学反应。在机械力的作用下,造成了晶体结构的改变,晶体趋于无序化,造成材料结构相对疏松,密度降低。颗粒表面吸附能力、电性和离子交换能力的变化是材料颗粒被粉碎后,在断裂面上出现了不饱和键和带电的结构单元,使颗粒处于不稳定的高能态,从而增加颗粒活性,提高其表面的吸附能力。同时,细磨、超细磨导致材料表面富含不饱和键及有残余电荷的活化位,促进离子交换或置换能力的提高。

化学效应主要包括改变结晶状态和诱发化学反应。改变物质结晶状态是在超细粉碎过程中,随着机械力的持续作用,材料的晶体结构和性质会发生多种变化,如颗粒表面层离子的极化变形与重排使粉体表面结构产生晶格缺陷、晶格畸变、晶型转变、结晶度降低甚至无定形化等。而固相间的机械力化学反应,一般是在原子、分子水平上晶格相互扩散及平衡时达成的,固相间的扩散、位移密度、晶格缺陷分布等都依赖于机械活性。固体内的扩散速率受位错数量和运动所控制,晶格变形可增加位错数量,塑性变形和位错运动有着密切关系,所以机械作用下可以直接增加自发的导向扩散速率。另外,压缩、摩擦、磨损等都能促进反应的聚集,减少反应物间的距离并把反应产物从固相表面移开。因此,在室温下,机械化学诱发固体间的反应是可能的。

机械化学是一个复杂的物理化学过程。随着对机械化学机理研究的不断深入,发现颗粒细化并不意味着粉体的性质不变,还会发生如下机械化学效应:

机械力作用
- 物理效应
  - 颗粒细化、晶粒细化
  - 产生裂纹
  - 表观和真密度变化,比表面积增加
- 结晶状态
  - 产生晶格缺陷
  - 发生晶格畸变
  - 结晶程度降低,甚至无定形化
  - 晶型转变
- 化学变化
  - 含结晶水或 OH 羟基物的脱水
  - 降低反应活化能、形成新化合物的晶核或细晶
  - 形成合金或固溶体
  - 化学键的断裂,体系产生化学变化

机械作用引起化学键的断裂,生成不饱和基团、自由离子和电子,产生新的表面,造成晶格缺陷,使物质内能增高,处于一种不稳定的化学活性状态,激发化学反应的发生[17]。在球磨的过程中,粉末颗粒发生强烈塑性变形,产生应力和应变,颗粒内产生大量的缺陷,降低元素的扩散激活能,使得组元间在室温下可显著进行原子或离子扩散,而且颗粒在不断的断裂及冷焊的过程中,形成大量的缺陷及纳米晶

界,使扩散距离缩短、储能提高,使粉末活性大大提高,并可以诱发许多常温下难以进行的化学反应,如化合、置换、氧化-还原及分解反应。

1.3.2　机械化学效应的影响因素

影响机械化学效应的因素多,各因素间相互作用,导致了机械力化学效应的复杂性。

（1）研磨类型

产生机械化学效应的装置是多种多样的,如:行星磨、振动磨、搅拌磨等。球磨设备不同,球磨罐和球磨介质的运转方式不同,使磨球-粉末-球磨罐之间存在不一样的作用规律,极大地影响球磨粉末的反应过程,使反应的效率不同,或者改变最终产物的形貌或者生成不同的产物。

（2）研磨容器

研磨容器的材料及形状对研磨结果有重要影响,常用的研磨容器的材料通常为淬火钢、工具钢、不锈钢、玛瑙、陶瓷和 WC-Co 或 WC 内衬淬火钢等[18]。因为所选用材料不同,在碰撞过程中产生的能量也不同,如玛瑙材料因为质量轻,玛瑙球产生的动能要比采用不锈钢材料的球小得多,对粉末的作用效果要差一些,但玛瑙一般不会对研磨材料产生污染。在机械化学过程中,研磨介质对研磨容器内壁的撞击和摩擦作用会使研磨容器内壁的部分材料脱落而进入研磨物料中造成污染。有时为了特殊的目的而选用特殊的材料,例如:研磨物料中含有铜或钛时,为了减少污染而选用铜或钛研磨容器。此外,研磨容器的形状也很重要,特别是内壁的形状设计,例如,异形腔就是在磨腔内安装固定滑板和凸块,使得磨腔断面由圆形变为异形,从而提高了介质的滑动速度并产生了向心加速度,增强了介质间的摩擦作用,而有利于材料的机械化学效应。图 1-1 为产生机械化学效应常用到的不同材料的研磨容器和研磨介质。

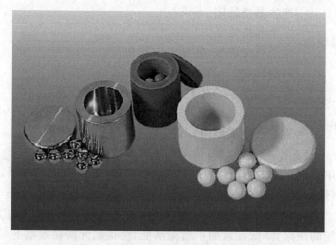

图 1-1　不同材料的研磨容器和研磨介质

（3）研磨介质

选择研磨介质时不仅要考虑其材料和形状（如球状、棒状等），还要考虑其密度以及尺寸的大小和分布等，球磨介质要有适当的密度和尺寸以便对研磨物料产生足够的冲击，这些对机械化学效应的最终产物都有着直接的影响。例如研磨 Ti-Al 混合粉末时，若采用直径为 15mm 的磨球，最终可得到 Ti-Al 固溶体，而若采用直径为 20～25mm 的磨球，在同样的条件下即使研磨更长的时间也得不到 Ti-Al 固溶体。

（4）研磨速度

研磨机的转速越高，就会有越多的能量传递给研磨物料，在大多数情况下可以提高球磨的效率。球磨速度的不同经常会导致球磨反应产物的形貌不同，甚至按照不同的机制进行反应。但是，并不是转速越高越好。这是因为：一方面球磨机转速提高的同时，球磨介质的转速也会提高，当高到一定程度时球磨介质就紧贴于研磨容器内壁，而不能对研磨物料产生任何冲击作用，从而不利于材料的机械化学效应；另一方面，转速过高会使研磨系统温升过快，温度过高，有时是不利的，例如较高的温度可能会导致在机械化学过程中需要形成的过饱和固溶体、非晶相或其他亚稳态相的分解。速度提高，也使来自于球磨介质和球磨罐的污染增加，改变了粉末的原始组成，甚至改变反应机制。

（5）研磨时间

研磨时间是影响材料机械化学效应的最重要因素之一。在一定的条件下，随着研磨的进行，机械化学效应越来越显著，如在机械化合金过程中，颗粒尺寸会逐渐减小并最终形成一个稳定的平衡态，即颗粒的冷焊和破碎达到一动态平衡，此时颗粒尺寸不再发生变化。但另一方面，研磨时间越长造成的污染也就越严重。因此，最佳研磨时间要根据所需的结果，通过试验综合确定。

（6）球料比

球料比是指研磨介质与研磨物料的质量比（通常研磨介质是球状的，故称球料比）。试验研究用的球料比在 1∶1～200∶1 范围内，大多数情况下为 10∶1 左右。当做小量生产或试验时，这一比例可高达 50∶1 甚至 100∶1。球料比大小还影响到反应过程的机制。如在 Si/CuO 反应体系的研究中发现当球料比为 80∶1 时，CuO 可以被直接还原成 Cu；当球料比降低到 60∶1 时，生成物为 $Cu+Cu_2O$；若球料比为 30∶1，则生成物为 CuO 和 Cu_2O，无 Cu 生成[19]。李岩等[20]通过用不同球料比的钢球研磨 Mo、Si 混合粉末表明：球料比为 5∶1 时，混合粉末经球磨 45h 以上仍是以 Mo、Si 单质形式存在；球料比为 10∶1 时，球磨 40h 后已有少量 $MoSi_2$ 生成；球料比 20∶1 时，球磨 15h 后已生成 $MoSi_2$，仅有少量 Mo；球料比为 30∶1 时，球磨 15h 后只有少量 $MoSi_2$ 生成，同时还有少量 Mo_5Si_3 和大量的 Mo 存在。

（7）充填率

研磨介质的充填率是指研磨介质的总体积占研磨容器的容积的百分率,研磨物料的充填率是指研磨物料的松散容积占研磨介质之间空隙的百分率。若充填率过小,则会使生产率低下;若过高,则没有足够的空间使研磨介质和物料充分运动,以至于产生的冲击较小,而不利于机械化学的进程。一般来说,振动磨中研磨介质充填率在 60％～80％之间,物料充填率在 100％～130％之间。

（8）研磨气氛

研磨的气体环境是产生污染的一个重要因素。因此,有些机械化学效应是在真空或惰性气体保护下进行;有时为了特殊的目的,也需要在特殊的气体环境下研磨,例如当需要有相应的氮化物或氢化物生成时,可能会在氮气或氢气环境下进行研磨。Shaw 等[21]分别在 NH_3 和 N_2 气氛中研磨 Si 粉,发现 Si 晶体在 NH_3 气氛中研磨后无定形化更严重。将研磨后的产物在氩气气氛中焙烧,N_2 气氛中研磨产物没有 Si_3N_4 生成,而 NH_3 气氛中研磨产物却有 Si_3N_4 生成;如果在 N_2 气氛中焙烧,两者都有 Si_3N_4 生成,但 NH_3 气氛中研磨产物经焙烧后仍有更多 Si_3N_4 生成。这主要是因为,在 NH_3 气氛中研磨时,Si 不但能和在 N_2 气氛中一样发生机械力活化,Si 粉还能"捕获"气氛中的 N,促使 Si_3N_4 的生成。

（9）过程控制剂

在机械化学过程中粉末存在着严重的团聚、结块和粘壁现象,不利于材料的机械化学效应。为此,常在机械化学过程中添加过程控制剂（process control agent,PCA）或添加剂,如硬脂酸、固体石蜡、液体酒精和四氯化碳等,以降低粉末的团聚、粘球、粘壁以及研磨介质与研磨容器内壁的磨损,可以较好地控制粉末的成分和提高出粉率。

（10）研磨温度

无论机械化学的最终产物是固溶体、金属间化合物、纳米晶还是非晶相都涉及到扩散问题,而扩散又受到研磨温度的影响,故温度也是机械化学效应的一个重要影响因素,例如 Ni-50％Zr 粉末系统在振动球磨时,当在液氮冷却下研磨 15h,没发现非晶相的形成;而在 200℃下研磨,则发现粉末物料完全非晶化;室温下研磨时,则实现部分非晶化。

上述各因素并不是相互独立的,例如最佳研磨时间依赖于研磨类型、介质尺寸、研磨温度以及球料比等。机械力作用产生的变化量与其作用的参数之间的关系可用下面的一维矩阵来简单地表示：

$$M = \begin{bmatrix} S \\ T \\ C \end{bmatrix} = F \begin{bmatrix} f \\ t \\ m \\ x \\ c \end{bmatrix} \tag{1-11}$$

式中：M 为机械力各种变化效应；F 为函数关系；S 为材料产生的表面效应；T 为材料产生的晶体结构效应；C 为材料产生的化学组分变化；f 为机械力作用的大小和方式；t 为机械力作用的时间；m 为机械力作用时的介质，如空气、特定气体、水或酸碱溶液；x 为材料本身结构相关的参数，如岛状、链状、环状和层状结构等；c 为材料的化学组成。

1.4　机械化学的应用

　　虽然机械化学学科是一门新兴的交叉学科，但通过几十年的努力，在理论特别是在应用方面取得了许多有实用价值的成果，显示出良好的应用前景。机械化学在高分子聚合物材料、金属材料和无机材料等领域，已引起越来越多学者的关注。自从 20 世纪 80 年代开始，机械化学的研究进入了新的高潮，用机械化学法研制的材料在磁学、电学和热学等性能上均不同于普通方法制备的材料，是一种使材料性能具有更多设计可能性的新工艺。机械化学已经大大超越了其传统的应用范围，机械化学法不仅用于制备高性能结构材料，而且广泛用于合成新型功能材料，既涉及非晶、准晶、纳米晶、平衡材料，亦包括亚稳态材料[22]。

　　机械化学目前的研究方向有：纳米功能材料合成（磁性材料、储氢材料、超导材料、特种陶瓷、梯度功能材料、形状记忆合金、生物材料、金属氧化物、纳米复合材料等），无机材料表面改性，金属纳米粒子的合成，废物和复杂矿物处理，金属精炼，弥散强化材料，高分子材料的合成以及有毒废弃物处理等方面。

1.4.1　机械化学在有机高分子材料中的应用

　　机械化学效应在有机高分子领域的研究始于 20 世纪 20 年代，当时是为了满足造纸工业的需要而进行的[23]。研究发现研磨有利于纤维的溶解，因为研磨会使高分子键断裂及在断裂的化学键处形成亲水基。高分子机械化学已经有很长一段发展历史，聚合物的合成将成为这一研究的主题。与纤维相似，机械诱发碳链中主要化学键的断裂也得到证实，这一断裂可以导致反应活性的增加。高分子聚合物受到机械力作用时可以引起裂解、结构化、环化、离子化和异structure化等化学变化，而且还伴随有一系列物理现象，如发光、电子发射等。聚合物机械力化学的普通历程如图 1-2。机械化学在有机高分子的应用主要有高分子聚合和高分子缩合。

　　一般的高分子聚合中往往要加入引发剂，作用是在外因作用下首先发生分解或氧化还原产生自由基或正负离子，引发单体聚合。机械化学过程可以导致原料分解和氧化，从而代替引发剂引发单体聚合。Oprea[24] 用试验证实不用任何引发剂或催化剂就可以用振动磨将丙烯腈单体制得聚丙烯腈高分子聚合物。其原因是在振动力、摩擦力及单体的腐蚀作用下，设备表面的金属产生活化作用并产生金属

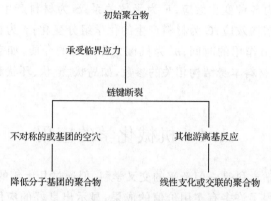

图 1-2　聚合物机械化学的普通历程

细末,参与聚合物的合成,进入聚合物中;另一方面金属活化过程中产生激发电子,使已被振动磨部分活化的聚丙烯腈生成自由基和负离子,引发其他丙烯腈高分子聚合(其聚合实质被认为是既有自由基聚合也有离子聚合),提出了合成的聚丙烯腈结构。试验数据从侧面证实了这一推断。机械力化学合成的聚丙烯腈显示较好的热稳定性、溶剂稳定性及化学稳定性。他们还研究了用机械力化学作用使引发剂分解,产生活性中心引发丙烯腈、苯乙烯等烯烃类单体生成聚合物,在聚合物中出现了设备结构材料中的金属离子,由于其存在对聚合物具有改性作用。此外,在振动磨中产生的机械力作用还可诱发烯烃类及丙烯腈类的单体双组分或多组分共聚[25]。

　　高聚物在机械力作用下,键可发生断裂,生成大分子自由基,这时若遇合适的小分子可发生高分子缩聚。Simionescu 等[26]用超声波使聚对苯二甲酸乙二酯和乙二胺机械力化学缩聚形成聚酯-聚酰胺碎片然后与三价 V^{3+} 作用,形成以三价钒为中心的复合物。聚酯型的大分子机械力化学降解,同时伴随有新的碳氧键形成,并能与合适的缩聚剂反应。形成的缩聚物含有具有自由电子对的原子(N,O),它能与各种金属复合。三种金属盐(氯化铁、氯化锰、乙酸锰)与其反应主要是形成聚合螯合物,这种聚合物显示热稳定性、磁性和半导体特性。Oprea 等研究了用机械力化学引发聚对苯二甲酸乙二酯与二胺和二酸缩聚形成聚合物。此外,二醇和聚酰胺系统也能发生这一反应。Neguleanu 等[27]研究了在振动磨作用下聚对苯二甲酸乙二酯机械力化学降解机理和聚对苯二甲酸乙二酯与脂肪二胺机械力化学缩聚的动力学和机理,认为是一级反应,需要一个很小的热活化能,二胺作为自由基接受体参加反应。

1.4.2　机械化学在金属材料中的应用

　　机械化学的特点是在机械化过程中引入大量的应变、缺陷,使得其不同于平常的固态反应,它可以在远离平衡态的情况下发生转变,形成亚稳结构。其一般原理是在球磨过程中,粉末颗粒发生强烈塑性变形,产生应力和应变,颗粒内产生大量的缺陷(空位和位错)。而扩散的活化能等于形成空位和迁移到空位所需活化能的总和:$\Delta Q = \Delta Q_f + \Delta Q_m$,式中 ΔQ_f 为产生空位所需活化能,ΔQ_m 为使空位移动的活化能。由于机械化学过程中大量空位的产生,显著降低了元素的扩散激活能,使得组元间在室温下进行原子或离子扩散。同时,粉末在不断的碰撞过程中不断细化产生大量的新鲜表面,扩散距离也变得很短;应力、应变、缺陷和纳米晶界、相界的产生,粉末在碰撞过程中瞬间温升,使得粉末产生诱发相变。综合起来其反应机理主要有 3 类:①界面反应机理;②固溶分解机理;③自蔓延燃烧反应机理。这三种机理都在不同的体系中得到了证实。

1970 年,美国 INCO 公司的 Benjamin 发明了机械合金化(mechanical alloying,MA)方法。MA 法是通过将不同成分的粉体在高能球磨机中长时间球磨,在机械驱动力作用下,使非平衡相形成和转变,导致粉末组织结构逐步细化并引入高密度缺陷,最后达到不同组元原子相互渗入、扩散和反应而使其在固态下合金化。MA 法作为一种新的先进合金粉末材料加工技术,特别适合于制备用常规冶金方法难以获得的合金体系,例如不互溶体系和熔点相差很大的体系。至今,多数工作集中在纳米晶、非晶合金和金属间化合物等的形成。1988 年,Shingu 等[28]报道了用 MA 法制备 Al-Fe 纳米合金。用 MA 方法可从 2 种途径得到非晶态合金:

(1)化学组成发生变化的 MA 法。例如,

$$n\mathrm{A}(晶态) + m\mathrm{B}(晶态) \xrightarrow{\mathrm{MA}} \mathrm{A}_n\mathrm{B}_m(非晶态) \tag{1-12}$$

(2)化学组成不变的 MA 法。例如,

$$\mathrm{A}_n\mathrm{B}_m(晶态) \xrightarrow{\mathrm{MA}} \mathrm{A}_n\mathrm{B}_m(非晶态) \tag{1-13}$$

利用非晶态合金粉体的高活性可制备储氢材料、催化剂材料和航天材料[29]。金属间化合物作为结构材料的主要问题是脆性太高。利用 MA 技术合成的金属间化合物能通过形成超微晶化结构提高其形变能力,从而可得到接近 100% 理论密度的烧结体,应用前景十分广阔。代表当代较高水平的高温氧化物弥散强化合金(oxide dispersed streng thened alloy,ODS)则是利用粉末冶金法,加入陶瓷粉末,经高能球磨机后再成型和结晶而形成[30]。近年来,机械化学理论和技术发展迅速,在理论研究和新材料的研制中显示了诱人的前景,用机械化学法研制的材料在磁学、电学和热学等性能上均不同于普通方法制备的材料,是一种使材料性能具有更多设计可能性的新工艺。机械化学已经大大超越了其传统的应用范围,机械化学法不仅用于制备高性能结构材料,而且广泛用于合成新型功能材料,既涉及平衡材料,亦包括亚稳态材料。

1.4.2.1　机械化学合成磁性材料[31]

合成永磁材料是机械化学法最有前途的应用之一。许多稀土永磁合金可由元素粉合成。如 $Nd_2Fe_{14}B$、$Sm_2Fe_{17}N_{26}$ 等由稀土氧化物或卤化物在适合的还原剂下进行机械化学合成已实现。德国西门子公司用机械化学法制备出 $Nd_{15}Fe_{77}B_8$ 永磁体。随后以金属为原材料利用机械化学法制备出 $SmCo_5$、Nd_2Fe_{14}、Ca_3C_2、Sm_2Co_{17} 等稀土永磁材料。大多数的工作是从 Sm_2O_3、$SmCl_3$ 或 SmF_3 前驱体与 Co、Ca 进行机械化学合成 $SmCo_5$，获得的组成是非晶的 SmCo 相和副产品 CaO，经热处理晶化成 $SmCo_5$。这是集精炼、合金化和粉末制造为一体的低温制造过程，是一种低成本制造稀土永磁材料的技术。

纳米晶复相稀土永磁材料是由纳米晶硬磁相和纳米晶软磁相组成，而在硬磁相和软磁相之间具有交换耦合作用的一类新型永磁材料，其理论磁能积高达 $106J \cdot m^{-3}$，可望发展成为新一代高性能永磁材料。Ding 等较早报道了采用机械化学方法制备纳米晶 $Sm_2Fe_{17}N_x/\alpha\text{-}Fe$ 永磁材料，发现当晶粒尺寸细化至 20nm 左右时，其剩余磁化强度高达饱和磁化强度的 80% 以上。此后，Coey 等进一步研究了机械化学合成纳米晶 $Sm_2Fe_{17}N_3/\alpha\text{-}Fe$ 永磁材料的制备工艺、组织结构与磁性能，发现加入少量 Zr 或 Ta，可使机械化学法制备的纳米晶 $Sm_2Fe_{17}N_3/\alpha\text{-}Fe$ 永磁材料的晶粒尺寸由 20~30nm 进一步减小至 10~20nm，并且氮化过程可以在低温下（330℃）进行。高分辨 SEM 和 TEM 分析表明，构成这种纳米晶复相稀土永磁材料的硬磁相 $Sm_2Fe_{17}N_x$ 与软磁相 $\alpha\text{-}Fe$ 的比例约为 60：40，纳米晶软、硬磁相间不存在单一相聚集现象。Neuv 等采用机械化学方法制备了具有高剩磁的 Nd-Fe-B-X（X = Cu, Si, Zr）系纳米晶复相永磁材料，纳米晶硬磁相和软磁相分别为 $Nd_2Fe_{14}B$ 和 $\alpha\text{-}Fe$，其最大剩磁和磁能积分别达到 1.07T 和 $9.0 \times 10^4 J \cdot m^{-3}$ 以上。Liu 等研究了具有不同 V 含量的机械化学合成纳米晶 Nd-Fe-B-V 合金及其氮化物的物相组成与磁性能。

软磁材料要求有高的饱和磁感应强度（B_s）和磁导率（μ_c）值、高的居里点（T_c）和相对密度（ρ）值、低的铁损值和低的矫顽力（H_c），使用频率范围宽，剩磁值容易调节等。近年来，非晶及纳米晶软磁迅速发展，使传统的软磁合金材料受到强烈的冲击。Eckert 等利用机械化学法获得了 $Fe_{40}Ni_{40}P_{14}B_6$ 和 $Fe_{39}Ni_{30}Si_{10}B_{12}$ 的非晶软磁材料。晶态的 $Fe_{40}Ni_{38}Si_{12}B_{10}$ 合金粉末经球磨后将发生非晶转变，其磁性能测量结果表明：由于球磨初期晶粒细化和缺陷浓度的增加，矫顽力将迅速增加，此后随着非晶相的出现，H_c 值开始下降，B_s 亦随非晶相的生成而上升，时间超过 30h 后，H_c 和 B_s 均无明显变化。由于球磨过程中引入大量缺陷和应力，与快淬法获得的非晶带相比，其矫顽力较高。李凡等也借助于机械化学法制备了 $Fe_{80}Ni_{20}$，指出 Fe-Ni 合成的 Ni_3Fe 相进一步球磨会发生相变即变成 Fe(Ni) 相。他还用机械化学法研究了 Fe-Ni-P-B 系的球磨过程，实验得出该合金系可通过机械化学使其非晶化。Gaffet 等研究认为软磁材料 Fe-Zr-B 系是继 Fe-Cu-Nb-Si-B 系材料后发现的另一类典型的纳米晶软磁材料。此类功能材料具有很高的饱和磁感应强度,同时具有比较高的导磁性能。徐晖等用机械化学法制备了 Fe-Zr-B 非晶相,结果表明,Fe-Zr-B 混合粉末经过 20h 球磨后形成较多的 Fe-Zr-B 非晶相,球磨 200h 后,获得 α-Fe(Zr,B) 和富 Zr 的软磁非晶相。

1.4.2.2　机械化学合成储氢材料[31]

储氢材料作为一种新型的功能材料,能够储存氢,并在需要的时候将氢释放出来。迄今为止,研究人员已开发出了稀土系、Ti-Fe 系、Zr 系和 Mg 系等多个系列的储氢合金。机械化学法在制备金属纳米晶储氢材料方面有以下主要优点:从原理上讲可以任意调配材料组成、合成许多难以用常规的熔炼或其他方法制备的新型纳米晶储氢合金材料;机械化学球磨过程能在氢气氛下完成,直接获得储氢态合金材料,能有效降低其后续吸/放氢反应的活化能;工艺过程简单,制备的储氢材料一般为超细粉末,使用时不需再粉碎,且在充放氢过程中的抗粉化能力好。因此,关于机械合金化纳米晶储氢材料的研究,近几年来相当活跃。

Zaluski 等较早研究了机械化学引入的纳米结构对储氢合金性能的影响,他们将 Fe-Ti 体合金进行球磨,使之形成了纳米晶结构,并有较高的晶格畸变,使得合金的吸/放氢平台压力下降,斜率升高,吸/放氢动力学有明显的改善。Orimo 等研究了机械化学的 Mg 基储氢合金的结构,发现球磨在合金中引入纳米晶粒间的无序区对动力学特性的改善起到关键作用。梁国宪等采用机械化学方法制备了纳米晶 Mg-50% LaNi$_5$ 复合物储氢材料,并研究了其储氢性能,发现纳米晶 Mg-50% LaNi$_5$ 复合物在 300℃ 时的吸/放氢循环过程中能转变为更稳定的纳米晶 Mg + LaH$_x$ + Mg$_2$Ni 复合物,该复合物在 250~300℃ 范围内具有较高的储氢量和很好的吸/放氢动力学特性,在室温下其最大储氢容量达 25%(质量分数)。由于机械化学对 Mg 基储氢合金动力学性能的改善,各国的许多研究人员继续致力于用机械化学法提高储氢合金,特别是 Mg 基储氢合金的性能。其中一个重要的方面是关于将 Mg 基储氢合金用于 Ni-MH 电池。如能获得成功,Ni-MH 电池的水平将会大大提高。近几年来,哈尔滨工业大学在机械化学合成纳米晶 Mg 基储氢材料方面也做了较多工作,先后制备和研究了纳米 Mg$_2$NiCu、Mg 氧化物、Mg 氯化物等系列的新型储氢材料,取得了较大研究进展。目前,Mg 氯化物系列储氢材料的储氢性能已达到:200℃ 时,7s 内吸氢量 65%;300℃ 和 101.33kPa 条件下,500s 内放氢量为 64%。

1.4.2.3　机械化学合成超导材料[31]

超导合金是一种应用广泛、实用价值很大的新型材料。Politis 用机械化学法制备出 Nb$_3$Ge 和 Nb$_3$Ge$_{1-x}$Al$_x$ 系超导合金粉末。Inoue 研究了由机械化学制得系列合金体系（Pb-Si、Ba-Y-Cu、Nb-Sn）的微观结构和超导性能，并认为机械化学技术特别适用于制备由常规的凝固或快速凝固技术难以制得的、具有混合微观结构及优良超导性能的超导合金。

用 Ba、Cu 和 $Ln_{30}Cu_{20}$（Ln＝Y，Gd，Ho 或 Er）配制成分为 Ba_2LnCu_3 的混合粉末，经 10h 球磨后，X 射线衍射表明：Ba、Cu 和 $Ln_{30}Cu_{20}$ 合金的衍射峰均消失，仅出现两种 Cu 的固溶体。用 DTA 和 TGA 分析粉末的氧化行为，在低温区（＜600K）时，样品不显示超导性，当温度升至 1123K 时，由于样品中生成了具有高超导性的 $Ba_2LnCu_3O_4$ 相后，才具有超导性能。在 1193K 的氧化气氛下经 24h 退火处理，$Ba_2LnCu_3O_4$ 块体的超导转变温度 T_c 分别为 88K(Y)、88K(Gd,Ho) 和 86K(Er)，77K 下未加磁场时各样品临界电流密度 J_c 分别为 $138A \cdot cm^{-2}$(Y)、$105A \cdot cm^{-2}$(Gd)、$110A \cdot cm^{-2}$(Ho) 和 $90A \cdot cm^{-2}$(Er)。

1.4.2.4　机械化学合成其他功能合金材料

迄今为止，人们发现具有形状记忆效应的合金有 50 多种。按照合金组成和相变特征，可分为 3 大系列：钛镍、铜基和铁基系形状记忆合金。机械化学法制备材料的特性为形状记忆合金的制备提供了崭新的思路，可以制成许多采用其他方法无法得到的形状记忆合金材料[31]，如将 Ni、Ti 粉末以 1∶1 原子比组成进行机械化学处理，对机械化学处理后的前驱体进行热压烧结，其烧结体致密，晶粒呈等轴状，室温下压缩变形 5％后，在 373K 加热产生的形状恢复力超过 300MPa，除去负载能完全恢复原状。诸葛兰剑等将 Ni、Ti、Cu 三元系非晶态粉末在高能球磨条件下研磨，再通过控制固结工艺，获得微晶的 $Ni_{40}Ti_{50}Cu_{10}$ 形状记忆合金。李宗霞等[32]采用机械合金化工艺制备 SiC 质点弥散分布的 Ti-48Al-2Cr-2Nb 超细复合粉体。齐宝森等[33]利用机械合金化的方法，制得了弥散强化铜基合金粉末。贾德昌等[34]采用机械合金化球磨制备了 $Al/Al_4C_3/Al_2O_3$ 复合粉末，并通过热压烧结获得了 $Al/Al_4C_3/Al_2O_3$ 复合材料。该复合材料中的弥散强化相 Al_2O_3 和 Al_4C_3 体积含量较低，但由于它们细小弥散，且热稳定性好，在较好地发挥其自身强化作用的同时，又阻碍了基体铝的晶粒粗化，使材料的室温和高温下的强度和刚性都得到大幅度提高，但材料的延展性略有下降。

1.4.3　机械化学在无机材料中的应用

20 世纪 50 年代以来，机械化学研究的兴起和不断深入，揭示了粉碎过程不仅是传统意义上物质的细化过程，而且还伴有复杂的能量转换过程。一方面，机械化学效应同众多工业过程密切相关，许多被忽视的或难以解释的现象应从机械化学角度做深入研究，特别是在新型材料高科技技术领域中，利用机械化学赋予材料的独特性质，可以研制出一般化学方法和加工方法所不能得到的具有特殊性能的材料。因此,深入开展粉碎机械化学理论研究及应用基础研究,不仅可以促进粉体深加工技术的发展,也能为材料的开发利用开辟新的途径。另一方面,粉体的超细化及表面改性是当今粉体加工技术的发展方向之一。特别是功能粉体的出现,为粉体应用打开了全新的局面。如机械化学作用(无定形化)提高了药品的可溶度,使高岭土、膨润土等黏土矿物的离子交换容量及吸附量提高,使石英等的溶解度增大,使陶瓷原料的烧结性改善或烧结温度下降,使化工原料的化学反应活性提高等。因此,研究粉碎过程中的机械化学对于粉体材料及相关领域的发展有重要的理论和实际意义。

1.4.3.1　机械化学在超细粉体材料的应用[35]

超细粉碎过程的机械化学研究对产品深加工和粉体功能化技术的开发具有重要的意义。超细粉碎过程并不只是简单的物料粒度的减小,它还包含了许多复杂的粉体物理化学性质和晶体结构的变化——机械化学变化:机械力的作用引起粉体性质和结构的变化。自提出"机械化学"以来,机械化学在磁性材料制备、复杂矿处理、粉体合成及机械合金化等领域得到了广泛的应用。作为机械化学的一个重要组成部分,目前超细粉碎机械化学的研究才起步,但已显示出巨大的潜力。随着超细粉碎技术的发展和超细粉体应用市场的开拓,了解超细粉碎过程中粉体性质和结构的变化显得尤为必要。

由于机械化学涉及研究对象的晶体结构和物理化学性质,人们在对物料进行超细粉碎的过程中就发现了许多有趣的现象,如粉碎食盐时产生氯气,粉碎碳酸盐时有二氧化碳气体产生,石膏细磨时脱水,石英受冲击后无定形化,以及细磨金属氢氧化物与 α-FeOOH 的混合物形成尖晶石等,这些都是典型的机械化学反应。20 世纪 50 年代,Gaudin 就曾预言[36]:将粉碎作为一种化学反应的手段来研究,将会导致许多有趣的和有用的发现。Beke 也曾指出:超细粉碎过程不能被认为只是一种简单的机械物理过程,而应认识到是一种复杂的物理化学过程,应重点加强以改变粉体性质为目的的机械化学研究。随着超细粉碎在工业发展中发挥越来越突出的作用,人们在研究超细粉碎过程机械化学的同时,也将其应用到材料开发、建材工业、催化合成及废物处理等领域,取得了良好效果。超细粉碎过程中,因机械作用导致的机械化学变化主要表现在三个方面:

(1) 粉体晶体结构的变化

由于超细粉碎过程强烈的机械化学作用,引起粉体的晶体结构发生某种程度的变化,包括位错、变形、重结晶、缺陷,甚至形成非晶态物质等。

Burns 最早用 X 射线衍射分析 $CaCO_3$ 细磨过程的机械化学相变,Reeve、Clark 和 Rowan 曾以制造活性一氧化铅为目的,在球磨机粉碎黄色一氧化铅的过程中对产物做了 X 射线衍射分析,发现原来的黄色一氧化铅全部衍射线发生扩散,高次反射消失,出现了另外的衍射线,这是红色的一氧化铅,具体转变过程见表

1-2。表明一氧化铅由于细磨而发生多晶转变：

$$PbO(黄色)\xrightarrow{机械能}PbO(红色)$$

（斜方晶系）　　　　　　（正方晶系）　　　　　　　　　（1-14）

表 1-2　一氧化铅的多晶转变

细磨时间/h	0	0.5	1	3	10	30	60
晶系构造	斜方	斜方	斜方	正-斜方	正方	正方	正方

Kolkmeyer 和 Henger 研究发现 AgI 在细磨过程中会发生类似 PbO 的多晶转变。另外，方解石→霞石、PbO_2、$\gamma\text{-}Fe_2O_3$ 等在细磨过程中也发生晶型转变[37]。Senna 通过对铅黄进行湿法细磨发现，铅黄转变的过程可用一级动力学方程来描述[38]。Lin 对铅黄进行干法细磨发现其相变的动力学规律符合修正过的对数方程[39]。久保辉一郎和 Criado 等发现，细磨锐钛矿型 TiO_2 时，大部分会转变为金红石型[40]。单斜 ZrO_2 粉磨后会成四方型。由于 α-铜酞化青颜料的性质优越，而一般直接合成的大多为 β-铜酞化青颜料，通过细磨，并有 $NaCl$、Na_2SO_4 作助剂，可全部转变为 α-铜酞化青颜料，这也是粉体晶型转变的典型。Aglietti 等用平均粒径为 $1\mu m$ 的结晶完好的高岭土进行的研究表明，冲击和摩擦作用引起高岭土结构的紊乱，结构网络的断裂或错动，长时间细磨导致形成非晶态物质。含量达 90% 以上的天然钠基膨润土经冲击和摩擦作用后，其层状结构逐步受损，并出现非晶态。Cases 对细磨过程中黑云母（纯度＞97%）晶体结构变化的研究也表明，干式细磨扰乱了黑云母的晶体结构。Otsokam 的试验研究表明，机械化学得到的无定形状态与其他方法得到的不相同。仙名保采用相对结晶度 I_f 和过剩焓 ΔH 两个指标来衡量粉体的机械化学活化程度。Paulyukhin 也认为，机械力引起的粉体活化的特征和类型首先取决于物质的结晶化学特征，其次才是作用力的大小和方式。神保元二研究了多种物质受到冲击和摩擦力对其结构变化的影响，在对石墨的研究中发现细磨速度、时间、方法及气氛与石墨的结构变化有很大的关系。Tkacova 也研究了碳酸盐、石英在超细粉碎过程中热焓和晶体结构的变化。

（2）粉体物理化学性质的变化

物料经超细粉碎后，粒度变小，表面积增大，表面能增加；同时对物料性质产生很大的影响。如在空气中粉碎时，粉体表面会形成无定形膜，并随着超细粉碎过程的进行，膜增厚，石英、锐钛矿等都会发生这种情况。超细粉碎增加了物料的内能，加上机械激活作用，粉体的吸附、溶解、表面电性等均有不同程度的变化。如黑云母经过超细磨后，其物化性质与原矿不同。尤其是经过干式细磨后，黑云母显著提高了对表面活性剂烃基十二胺的亲和力。Brion 用化学分析电子光谱（ESCA）法测定了细磨过程中黄铁矿表面化合物的特性，指出了不同 pH 下黄铁矿的表面组成;Predali 等的研究也证实,纯方铅矿表面及棒磨机中再磨过的铜精矿表面都能观察到氢氧化铁覆盖层。

黏土矿物经过超细磨后,离子交换容量、吸附量、膨胀指数、溶解度甚至化学吸附和反应能力也都发生了变化。如超细磨作用导致高岭土中产生具有非饱和剩余电荷的活性点,使高岭土的离子交换容量和置换反应能力相应提高。研究表明,随着超细磨时间的延长,膨润土和高岭土的吸附量也逐步增加。Forssberg 对超细磨过程中白云石、石英和石灰石性质的变化进行了较详细的研究,而 Lin 则从热力学角度探讨了超细磨过程粉体性质发生变化的原因,Shall、Somasundaran 等则研究了添加剂对物料超细磨过程中物理化学性质变化的影响。

如果超细磨过程中由于机械作用形成次生聚结体,那么表观粒度增大,相应的比表面积减小,表面能也减小,键能的变化也将减小,这是超细磨中机械化学产生的负效应。粉体物理化学性质的变化在许多方面对其使用性能是有利的,但也有一些变化可能对其使用性能产生不利的影响,如晶体结构的破坏可能对用作填料的非金属矿产生不利;膨润土经过长时间的超细磨后,由于层状结晶遭到一定的破坏,导致膨胀指数尤其是 Na 基膨润土的膨胀指数下降,也影响其使用性能。

(3) 粉体间的机械化学反应

巴拉姆鲍伊姆认为,机械化学学科的创建为新颖的化学物质和具有给定性能新材料的加工方法开辟了广阔的前景。

超细磨过程中最常见的机械化学反应是三水铝土矿与石膏的脱水、碳酸钙分解等一类的反应。$Na_5P_2O_{10} \cdot 6H_2O$ 分解为正磷酸盐和焦磷酸盐,含结晶水的盐经细磨后失去部分结晶水;$FeSO_4 \cdot 7H_2O$ 经干磨首先变为 $FeSO_4 \cdot 4H_2O$,然后变为 $FeSO_4 \cdot H_2O$;高岭土经长时间磨矿后,外来 Al^{3+} 或其他离子进入高岭土的晶体结构中,或置换高岭土中的可交换阳离子。

荒井康夫等对无机物质在超细磨过程中的分解反应,特别是含结晶水或结构水化合物的机械化学脱水进行过大量的研究,其中最引人注目的是三水铝矿的机械化学脱水;用 X 射线衍射跟踪三水铝矿的细磨过程,发现脱水后首先形成一中间 Al_2O_3 相,继续磨到 24h,中间氧化铝相完全转变为 α-Al_2O_3,如果把三水铝矿热分解为 α-Al_2O_3,则需加热到 1000℃ 以上,而且用机械化学脱水所制得的中间 Al_2O_3 相的活性比用加热法获得的大。荒井康夫还从不同的分解机理来解释这种现象,认为细磨中的机械能促使表面迅速达到无规则化,而加热过程中无规则化和无规则的再结晶是平行进行的。用机械化学法获得的超微活性粉体可望在固体催化剂、精细陶瓷用原料等方面得到应用。

仙名保等[41]在实验室用振动磨对 NiO 及 MoO_3 进行单独和混合粉磨处理,发现对 NiO 及 MoO_3 在空气中混合粉磨预处理能显著提高 NiO 及 MoO_3 间固相反应的速度,他认为这是由良好的混合状态和机械化学活性双重效果引起的。

一般情况下,反应 $CoO + TiO_2 \longrightarrow CoTiO_3$ 要在 $900 \sim 1200\,℃$ 才能进行;久保辉一郎等研究发现,将 CoO 和 TiO_2 分别粉磨 48h,再以 $1:1$ 混合,可使上述反应在 $700 \sim 1200\,℃$ 范围内进行;若将 CoO 和 TiO_2 以 $1:1$ 混合粉磨 48h,上述反应在 $600 \sim 830\,℃$ 范围内即可完成。可见混合粉磨氧化钴和氧化钛后,可使它们生成 $CoTiO_3$ 的固相反应温度比分别粉磨时降低 $370\,℃$。究其原因主要是粉磨使粉体晶格扭曲、形成晶体缺陷、发生微塑性变形等,这些过程都伴随能量的储存,从而使固体粉料的活性增加。

Vokov 在自己设计的一种密封振动磨机内采用机械化学法能容易地合成各种硼的氢化物,产率达到 80％以上。

$$TiCl_4 + 4LiBH_4 = Ti(BH_4)_4 + 4LiCl \tag{1-15}$$

$$UCl_4 + 4LiBH_4 = U(BH_4)_4 + 4LiCl \tag{1-16}$$

$$3NH_4Cl + 3NaBH_4 = B_3N_3H_6 + 3NaCl + 9H_2 \tag{1-17}$$

$$2MBH_4 + I_2 = 2MI + B_2H_6 + H_2 \tag{1-18}$$

$$2MBH_4 + 2SnCl_2 = 2MCl_2 + B_2H_6 + H_2 + 2Sn \tag{1-19}$$

而这些化合物用常规方法是很难获得的。

机械化学反应中的一个重要类型是无机化合物与有机物的结合。如将 SiO_2 置于苯乙烯环境中粉磨,SiO_2 受到粉磨作用后,其中有的 Si-O 键会断裂,形成了 $O_2Si^{(+)}$ 带电游离基,带电游离基可与苯乙烯发生作用:

$$\equiv O_3Si^{(+)} + CH_2^{(-)} = {}^{(+)}CHC_6H_5 \longrightarrow O_3Si-CH_2^{(+)}CHC_6H_5$$

$$\xrightarrow{+ CH_2^{(-)} = CH^{(+)}C_6H_5} \cdots\cdots \longrightarrow O_3Si-(CH_2CH)_nCH_2CHC_6H_5 \tag{1-20}$$
$$\underset{C_6H_5}{\big|}$$

首先一个苯乙烯分子加合在 SiO_2 表面,然后形成聚苯乙烯层,将其他无机物质和固体有机物质(如 PVC)一起粉磨,也会发生不同的机械化学反应,这类反应在复合材料的研制开发方面具有重大的实际意义。

1.4.3.2　机械化学在无机粉体表面改性中的应用

微粉体技术是许多高新技术的重要基础,但由于微粉体极易团聚等原因,严重影响其物化特性的发挥,必须进行表面改性。表面改性是产品进入市场最有竞争力的技术手段。粉体的超细化及表面改性已成为当今粉体技术的重要发展方向。机械化学的应用研究成果为粉体的表面改性提供了新方法,即可在使粉体超细化的同时,达到表面改性之目的。在超细磨过程中新鲜和高活性表面的出现,及微观结构变化引起的表面能量增高是实施机械化学改性的基础。表面改性就是对粉体进行一定的表面处理和加工使粉体表面特性发生改变,从而赋予粉体新的功能,充分改善或提高粉体原料的应用性能以满足新材料、新工艺和新产品开发的需要。

对于工业矿物来说,表面改性是其深加工的重要手段,通过表面改性,可以提高矿物粉体的分散性,改善与基体的相容性,并借助于所赋予的一些特殊表面性能开辟新的用途。

粉体表面改性的方法主要有涂覆改性、表面化学改性、沉淀反应改性、胶囊化改性、接枝改性等五种[42]。这些方法都需要先制备出超细粉体,再用特殊的改性设备(混合搅拌机、流化床或反应釜)对超细粉体进行表面改性处理,虽然多年来在工艺技术和应用方面取得了很大的进展,但也存在以下几个明显的问题:传统的改性设备在改性时仅能提供简单的搅拌混合,不能使粉体产生与改性剂有效亲和的表面活性,因而改性剂在粉体表面附着力较弱,改性产品使用效果差;采用改性剂直接加入到粉体中,药剂分散作用差,粉体团聚严重,药剂吸附不均匀,用量大,生产成本高;改性工艺及改性效果在相当程度上受到超细粉碎技术及超细粉体性能的影响。

针对上述问题,国内外学者于 20 世纪 90 年代提出了一种崭新的粉体改性方法——机械化学改性,就是利用超细粉碎及其强烈机械力作用的过程有目的地对粉体表面进行激活,在一定程度上改变颗粒表面的晶体结构、溶解性能(表面无定形化)、化学吸附和反应活性(增加表面活性点或活性基团)等。显然,仅仅依靠机械激活作用进行表面改性处理目前还难以满足应用领域对粉体表面物理化学性质的要求。但是机械化学作用激活了颗粒表面,可以提高颗粒与其他无机物或有机物的作用活性,新生表面上产生的游离基或离子可以引发苯乙烯、烯烃类进行聚合,形成聚合物接枝的填料。因此,如果在粉碎过程中添加表面活性剂及其他有机化合物,包括聚合物,那么机械激活作用可以促进这些有机化合物分子在无机粉体表面的化学吸附或化学反应,达到边生产新表面边改性,即粒度减小和表面有机化的两重目的,从而将超细粉碎和表面改性两种深加工技术有机结合起来。

机械化学改性的最主要原因是:颗粒的不断破裂解离使表面积增大,同时表面能也不断增加,并形成表面非晶态覆盖物。其吸附能力、电荷密度、水溶性、化学反应活性、团聚行为及黏附能力也迅速增加。主要取决于以颗粒物理特性为主导的体积效应的粗颗粒进而变为体积效应与表面效应均占主要地位的又一类材料。机械化学法表面改性具有工艺简捷、产品改性效果良好及生产效率高等特点。

(1)机械化学法表面改性的机理

机械化学法最早发源于同生理机能有关的生物化学中机械运动能与化学能的转变。目前所谓的机械化学法是指通过压缩、剪切、摩擦、延伸、弯曲、冲击等手段,对固体、液体、气体物质施加机械能,从而诱发这些物质的物理化学性质变化,使固体与其周围环境中的固体、液体、气体发生化学变化的现象[43]。机械化学法粉体表面改性是通过对粉体的机械处理,使粉体表面活化能提高,从而使粉体表面活化点与周围的物质发生物理、化学反应[44]。粉体表面活化能增强,出现活化点的原因主要有：①晶格缺陷，所谓晶格缺陷是指晶体在外部的拉力、压力、弯曲等机械力或对表面进行机械加工时形成的晶格偏离正常位置的现象。晶格缺陷按其空间结构不同又可分为点缺陷、线缺陷和面缺陷。位错的发生使得附近原子或离子处于较高能量状态。面缺陷则常出现在晶界、双晶界或晶体堆层不完整等区域。②晶格畸变，晶格畸变的形式有一次粒子的晶格整体的膨胀收缩而引起面间距的变化、晶粒内部或晶粒局部的变化、X射线确定的无定形构造或层状结构、纤维结构中特有的不规则构造等。晶格畸变引起物质能量增加[45]。

（2）湿法机械化学表面改性

湿法机械化学表面改性是被改性粉体与改性剂在溶液环境下，受到研磨介质的高速冲击、剪切、挤压等作用，粉体表面在粉碎的同时被活化，从而发生与介质中的改性剂的物理、化学反应，实现表面改性的目的。改性完成后，通过分离、干燥等工艺，获得改性粉体。湿法机械化学表面改性目前尚无专门设备，通常由球磨机、搅拌磨、振动磨等完成，其中以搅拌磨使用较为普遍[46]。

被处理物料和改性剂加入搅拌器中充分搅拌，制成均匀浆料，送入搅拌磨中，在搅拌过程中，研磨介质与粉体颗粒发生碰撞、剪切，粉体在被粉碎的同时发生表面改性。改性完成后由搅拌磨下部出口排出，研磨介质经分离洗涤后干燥，从上部回搅拌磨循环使用，改性完成后的产品浆料送入储仓。如要制成干粉，还需分离、干燥、分散等过程，因此湿法改性过程通常显得复杂，适合于改性产品以浆料形式使用的场合[47]。

湿式处理技术更适用于粉体的表面改性，对粉体主体结构的影响较干式处理小，这里水或其他介质不仅起着润滑剂的作用，而且多数情况下也参与反应[48]。高能机械力使被研磨粉体表面键发生断裂，形成具有很高反应活性的表面悬键，可与存在的有机物分子作用，在表面发生聚合反应或将高分子嵌段聚合物锚定在粉体的表面，使粉体的表面性质发生显著改变。

作为有机物填料的无机矿物粉体与高聚物的相容性较差，为改善其相容性，必须进行改性处理，表面改性也是矿物深加工的重要手段。早在20世纪70年代，Tauban在苯乙烯单体中研磨$CaCO_3$时，$CaCO_3$表面出现了聚苯乙烯的接枝产物，$CaCO_3$的疏水程度显著提高，改善了与高聚物共混时的相容性。尼龙12在离心球磨机中用α-Fe_2O_3球研磨，α-Fe_2O_3逐渐结合于尼龙12表面，颜色转为铁红色，ζ-电位由尼龙12的$-5mV$变为α-Fe_2O_3的$-12\sim-18mV$。

日本东丽公司曾把超细ZrO_2粉体和聚酯酰胺微粒子置于混合机械中[49]，由于机械力的作用而使ZrO_2粉末渗入聚酰胺粒子表层，形成牢固的结合，从而使聚酰胺粒子表面均匀地包覆ZrO_2，复合的ZrO_2可代替ZrO_2粉末用作颜料和各种涂料的基材、研磨剂和填充剂。Kunio等[50]曾尝试在超细粉碎TiO_2的同时用硬脂酸进行表面改性处理。Tohru等[51]则采用这种方法制备了表面包覆聚苯乙烯的磁铁矿 PSL 复合粒子。Kunio 等[52]在超细粉碎赤铁矿的过程中加入 5％的油酸制得了磁性流体 UFMP。这种磁性流体的磁化系数与化学法合成的相同。Masato[53]则用机械化学法制备了有机物为基体的复合粒子。

Alonso 等用 AMS 系统借助机械化学法制备了表面包覆 PMMA 的磁铁矿复合粒子；Hasegawa 等研究了振动棒磨机湿法研磨石英、石灰石的条件下实施矿物表面改性的方法。结果表明，研磨 10h 后，石英的比表面积增大了 40～50 倍。在超细粉碎石英的同时，以亚硫酸氢钠作引发剂实现了体系内甲基丙烯酸甲脂的聚合反应并黏附于矿物表面；丁浩[54]等在超细粉碎 $CaCO_3$ 时用硬脂酸钠作改性剂进行表面改性；李冷等采用机械化学原理对硅灰石进行表面改性，都取得了较好的效果。

（3）干法机械化学表面改性

干法机械化学表面改性以日本奈良机械制作所开发完成的 HYB 系统最具代表性[55]。HYB 主机由高速旋转的转子、定子和循环回路组成，机内投入的被处理粉体在这些部件的作用下被迅速分散，同时受到以冲击力为主的包括粉体粒子间相互作用的压缩、摩擦和剪切力等诸多力的作用，在短时间内（1～10min）即能完成改性处理。加工过程为间歇式，但由于系统定量计量装置与间隙处理联动，从而保证系统的连续、自动运行。影响该装置表面改性效果的主要因素有处理温度、转子转速、处理时间、加料速度及循环气体的性质等，可以根据被处理物料及产品特性选择合适的操作条件[56]。

根据大致相同的工作原理，此类干法改性机械还有日本细川公司 Mechanofusion 系统、川崎重工的 Cosmos 装置、宇都兴产株式会社生产的 CF 磨机、瑞典 AG-MW 制造的高速强烈混合机、英国 Atritor 制造的粉体表面处理机、德国 Alpine 公司的 AM 机械融合式复合改性机等。我国南京理工大学超细粉体与表面科学技术研究所开发的双向搅拌研磨混合机也具有良好的效果，对于某些特殊粉体，其改性效果超过 HYB 系统[57]。

日本奈良机械制作所对干法改性做了大量有益的尝试[58]。如在化妆品生产中，以球形树脂粉末（尼龙、聚乙烯、聚苯乙烯、PMMA 等）作为母粒子，在 HYB 系统中，使具有某种特性的粉体和着色颜粒固定于母粒子表面，可提高化妆品的功能特性和发色性。在制药行业中，以淀粉作为母粒子，将治疗用药物附着在其表面，通过改性后药物的分散性得到提高，同时促进难溶性药物的溶解吸收。南京理工大学超细粉体与表面科学技术研究所采用自己开发的双向搅拌研磨混合机，开展了复合超细粉体制备研究。最典型的是以 SiO_2 与 CaO 及中超炭黑制得的复合超细粒子，其加工过程为首先将 65％的 CaO 与 30％SiO_2 进行熔融混合并制成 $70\mu m$ 左右的粉体，然后将其加入双向搅拌研磨混合机中，同时加入 5％的中超炭黑粉，改性后炭黑均匀地黏附于 $SiO_2＋CaO$ 混合粒子表面，并不断向 $SiO_2＋CaO$ 混合粒子内部渗透,机械力使这两种在常温下不发生化学反应的粉体界面发生化学作用,使炭黑均匀地覆盖于 SiO_2+CaO 粒子表面并紧密地结合在一起。

1.4.3.3　机械化学在矿物加工的应用

在处理含多种矿物的矿石时,为了从中获取有价金属必须将矿石细磨,以便于浮选富集和提取。随着易选冶矿石的日益减少和对矿物原料需求的不断增加,储量大但品位低、嵌布细的难选冶矿石资源开发受到了越来越多的关注。明显的例证是易浸金矿资源的不敷需求导致难浸金矿资源的开发逐渐扩大,使其预处理技术的研究开发成为热点,并已形成了氧化焙烧、加压氧化和细菌氧化 3 种主要方法。但技术更先进、经济更合理且环境问题更小的预处理工艺,现今仍是矿冶工作者追求的目标。再如有色金属湿法冶金生产工艺,由于浸出时间长、设备庞大等问题造成投资大和成本高,需要新方法以强化浸出过程。因此,用超细磨矿强化难处理矿石浸出速率的可行性引起国内外化工冶金工作者的兴趣和关注。

(1) 在浸出过程中的应用

由于超细磨中的机械化学作用能加快矿物的分解速度,降低分解反应对温度和试剂浓度的依赖程度,因而在强化湿法冶金浸出过程方面得到了应用。如苛性钠分解法是用独居石、磷钇矿生产稀土金属的经典方法,具有碱用量大、能耗高、流程长的缺点。根据机械化学理论开发的机械活化碱分解工艺,可节省碱用量 30%,节煤 50%,提高回收率两个百分点(98.5%),而且工艺过程得到简化[59]。又如,获中国专利的热碱球磨分解工艺技术已成功用于钨业生产。该工艺将机械化学作用、破碎作用、搅拌作用与浸出过程有机结合,为反应创造了良好的动力学条件,大大强化了反应速度,流程短,分解率高。如 150℃ 下处理黑钨矿或混合矿,经 1h 分解率为 99.49%[60]。还有某白钨矿浸出时,通常需经高温、高压、碱浸或浓盐酸沸腾浸出($>363K$, $32\%HCl$, $5\sim6h$),才能达到较理想的浸出效果,若将其超细磨处理 60min,在 60℃ 下浸出 60min,浸出率 99%,显著改善了白钨矿的分解条件[61]。

(2) 复杂矿物的选择性浸出分离

超细磨使矿物晶格产生缺陷,是引起机械化学作用的基本原因。而超细磨过程中,不同矿物晶体受破坏程度不同,因而有可能通过调节磨矿条件和药剂条件,实现复杂矿物的选择性分离[62]。德国专利技术 MELT(mechano-chemical leachin goftetrahedrite)法是一项无污染的金属回收工艺。它将黝铜矿精矿用 Na_2S 溶液在搅拌磨中处理 20min,成功地浸出 Sb、As 和 Hg,浸出率分别为 98%、73% 和 85%,能耗为 $82\sim157kW\cdot h\cdot t^{-1}$[63],含银 0.21% 的黝铜矿用行星磨处理 45min 后用硫脲浸出,可获 48% 的银浸出率,而直接用硫脲浸出的浸出率 $<10\%$[64]。

(3) 难浸金矿的预处理

金被黄铁矿包裹,以显微金、次显微金或固熔体存在的金矿,是极难溶浸提金的一类难浸金矿石,提金的关键是分解黄铁矿以便金裸露。黄铁矿性质较稳定,通常需要焙烧、高温加压或细菌催化氧化等较复杂方法才能使其分解。近年来的试验研究表明,利用超细磨中的机械化学作用,可以使黄铁矿在常温常压下氧化分解。俄罗斯学者对含砷黄铁矿21％、黄铁矿15％、金32g·t⁻¹的硫化物浮选精矿细磨至10μm,并碱浸处理,其氰化浸出率达98％,而磨至40μm时的浸出率仅73％[65];浸染金粒<1μm的砷黄铁矿直接氰化,金浸出率仅8％～10％,经机械活化后,用30～40g·L⁻¹NaOH、0.15％NaCN及510g·L⁻¹胺酸溶液与离子交换树脂AM-25一道进行吸附浸出48h,则金回收率可达79.14％。国内有人对常规浸出率为89.6％的硫化物浮选精矿用搅拌磨细磨氰化,浸出率可提高到98.8％[66]。还有人用塔式磨浸机处理高硫难浸金矿石,浸出率由原来的75％提高到86％～89％[67]。用超细磨碱浸预处理镇源金矿浮选精矿,初步获80％的浸出率。而不经超细磨碱浸预处理,其直接氰化浸出率<10％。

（4）难冶金属矿的处理

搅拌球磨（attritor grinding）技术是20世纪50年代首先在美国发展起来的,与传统的磨矿方式不同,它是通过搅拌装置的高速旋转,驱动1～5mm的硬质小球与矿石相互作用,达到细磨和超细磨的目的。其特点是效率高、能耗低,已在不少工业部门实际应用。尽管如此,由于担心磨矿能耗高及缺乏对超细磨过程中机械化学作用的了解,影响了该技术在我国的实际应用。国内仅有中国科学院过程工程研究所、沈阳金属研究所及中南大学等少数几个单位开展了这方面的研究工作。李希明等[68]及Chaikina[69]研究了不同类型难浸矿石的超细磨浸取和边磨边浸过程,以及超细磨矿的能量消耗。研究结果表明,超细磨引起矿物表面结构发生变化是使矿物浸出速率显著提高的主要原因,用于强化闪锌矿、白钨矿、铁酸锌和硫化镍精矿等的浸出过程均有显著效果,磨矿能耗为25～30kW·h·t⁻¹。吴敏杰等[70]研究了石英脉氧化型含金矿石的边磨边浸过程,经1.5h磨浸,金浸出率大于90％电耗约为24kW·h·t⁻¹。Wang等[71]较系统地研究了细磨对多金属矿浮选分离的影响。结果表明,在细磨过程中发生的机械化学反应是影响浮选分离效果的重要因素,细磨使铜、铅与锌的分选率显著提高。他们认为铁粉有很强的去活化作用,通过与闪锌矿反应形成铁闪锌矿,使后者吸附铜离子和浮选药剂的能力降低,从而提高了多金属硫化矿浮选作业的选择性。

据文献报道[72],美国已研制出适用于矿石细磨的工业设备,超细磨极有可能作为处理难冶金矿石的重要实用技术之一而被广泛采用。深入研究矿物在机械力作用下所发生的物理化学变化,对于有价金属的选择性提取和难冶金矿资源的处理均有较重要的指导和推动作用。超细磨矿作为强化难处理矿石浸取速率的一种手段,用于处理多金属硫化矿和难浸金矿等均有着良好的应用前景。研究和表征超细磨过程中发生的机械化学反应,对实现"目标矿物"的选择性活化和提取也有一定的指导意义。

（5）机械化学活化黑钨矿

Kopmyho 等报道了机械活化黑钨矿的方法，机械活化就是把矿物在碱浸前和钙盐溶液一起装入磨矿机内，使研磨、活化同时进行，目的在于提高黑钨矿在加压碱浸时钨的提取率。试验的矿样小于 $74\mu m$，所用试剂为蒸馏水、$CaCl_2$、$Ca(NO_3)_2$和 Na_2CO_3。矿物和钙盐溶液装入有 3 个圆筒的 JIAHP-3 型磨矿机内（每个圆筒容积为 287mL），转动加速度达 $441m \cdot s^{-2}$。研磨体是由 BK-8 合金制造的球体，直径 4～8mm，质量 900g，其中 4mm、6mm、8mm 者分别占 30%、40% 和 30%。黑钨矿装入量 5g，溶液体积 10mL。活化后过滤矿浆，滤饼用水洗净水溶性钙盐后在80～100℃下干燥，然后在容积为 80mL 钢制加压釜中用苏打溶液浸出。对机械化学活化产物用化学分析法和 X 射线衍射及红外光谱法进行了研究。结果表明：在钙盐存在时，用离心行星式磨矿机处理的产物中有部分黑钨矿转变成白钨矿：

$$Fe(Mn)WO_4 + CaCl_2 = CaWO_4 + Fe(Mn)Cl_2 \qquad (1-21)$$

转化为白钨矿的程度与 $CaCl_2$ 消耗量及研磨时间有关，当 $CaCl_2$ 消耗为化学理论计算需要量（CHK）的 25% 时，研磨时间 1min 时的转化率为 20.5%，5min 为24.0%；在 $CaCl_2$ 消耗为 CHK 的 125%、时间 5min 时为 74%。

机械化学改性黑钨矿的产物具有较大的储存能量，故提高了化学活性，从在水中机械活化和在 $CaCl_2$ 为 CHK 的 25% 的溶液中机械化学活化的加压浸出结果比较可见，后者在 225℃下，仅 15min 就使黑钨矿中的钨 100% 浸出，而前者在同一温度下经 2h，钨才浸出 96%。在离心行星式磨矿机内活化时间为 15～20s，而在普通磨矿机内为 1～1.5h，此外，$Ca(NO_3)_2$ 不仅可以替代 $CaCl_2$，而且浸出钨的效果也有所改善。

1.4.3.4　机械化学合成新型无机材料

机械化学反应是将欲合成的原料粉末按一定配比机械混合，在高能球磨机等设备中长时间运转，将机械能传递给粉末，同时粉末在球磨介质的反复冲撞下，承受冲击、剪切、摩擦和压缩多种力的作用，经历反复的挤压、冷焊及粉碎过程，原料粉末的混合物在球磨过程中会形成高密度位错，同时晶粒逐渐细化至纳米级，成为弥散分布的超细粒子，这样为原子的相互扩散提供了快速通道，在固态下合成产物。固体受机械力作用时（如研磨、冲击、加压等）所发生的过程往往是多种现象的综合，大体上可分为两个阶段：首先是受力作用，颗粒受击而破裂、细化、物料比表面积增大。相应地，晶体结晶程度衰退，晶体结构中晶格产生缺陷并引起晶格位移，系统温度升高。这一阶段的自由能增大。第二阶段，自由能减小，所以体系化学势能减小，微粉起团聚作用，比表面积减小，同时表面能释放，物质可能再结晶，也可能发生机械化学效应。

根据对球磨过程中机械化学效应的研究，分析促进化学反应可能的原因主要是:晶粒细化至纳米级,显微应变和均匀混合作用。机械化学形成纳米晶的途径有两类:粗晶材料经过机械化学形成纳米晶;非晶材料经过机械化学形成纳米晶。粗晶粉末在高强度的机械化学作用下,产生大量塑性变形,并由此产生高密度位错。在机械化学初期,塑性变形后的粉末中的位错先是纷乱地纠缠在一起,形成"位错缠结"。随着机械化学强度增加,粉末变形量增大,缠结的位错移动形成"位错胞",高密度的位错主要集中在胞的周围区域,形成胞壁。这时变形的粉末是由许多"位错胞"组成,它们之间有微小的取向差。随着机械化学强度进一步增加,粉末变形量增大,"位错胞"的数量增多,尺寸减小,跨越胞壁的平均取向差也逐渐增加。当粉末的变形量足够大时,构成胞壁的位错密度增加到一定程度且胞与胞之间的取向差大到一定程度时,胞壁就会转化成晶界,形成纳米晶。非晶粉末在机械化学过程中的晶体生长也是一个成核与长大的过程。在机械化学过程中,在一定条件下,晶体在非晶体基中成核。因为机械化学的温度较低,所以晶体生长的速率很低,并且晶体的生长受到机械化学造成的严重塑性变形的限制。由于机械化学使晶体在非晶基体中成核位置多且生长速率低,所以形成纳米晶。近年来,机械化学理论和技术发展迅速,在理论研究和新材料的研制中显示了诱人的前景,机械化学法已经广泛用于制备各种新型无机材料[73]。

(1)机械化学在陶瓷材料制备中的应用

功能陶瓷材料的制备。金红石型 TiO_2 纳米粉体在功能陶瓷领域具有广泛的应用前景,常用氯化氧化法或溶胶凝胶法制备,存在对技术和设备要求高、制备成本高、工艺流程长等缺点。吴其胜等研究了机械力化学法制备金红石型 TiO_2 纳米晶体[74]。采用高能球磨机粉磨锐钛矿型 TiO_2,在一定操作参数(行星磨公转 $300r \cdot min^{-1}$、自转 $200r \cdot min^{-1}$)条件下,粉磨初期(5h)为无定形期,颗粒粒度减小,晶格畸变,转变为无定形,并形成金红石型 TiO_2 晶核;粉磨中期(5~15h)为晶粒长大期,金红石型 TiO_2 晶粒长大;粉磨后期(15h 以后)为动态平衡期,晶粒长大与粉磨引起的晶粒减小处于动态平衡;XRD、TEM、FT-IR 研究表明:行星磨粉磨锐钛矿型 TiO_2 可使晶型转变为金红石型 TiO_2,晶粒尺寸为 14.1nm,颗粒尺寸 20~40nm。钛酸钙陶瓷是目前国内外大量使用的材料,它具有较高的介电系数和负温度系数,应用范围广阔,由于高温烧结时晶粒长大太快,而影响使用。机械力化学反应制备的纳米 $CaTiO_3$ 有望改变这种状况。吴其胜进行了机械力化学合成 $CaTiO_3$ 纳米晶的研究[75],采用高能球磨研磨按化学计量比混合的 CaO 和 TiO_2 粉末,2h 后开始有 $CaTiO_3$ 生成,10h 后反应基本完成,产物为 $CaTiO_3$ 纳米晶体,晶粒尺寸为 20~30nm。钛酸钡陶瓷是电子陶瓷领域应用最为广泛的材料之一,近年来机械力化学法制备纳米 $BaTiO_3$ 粉体是一个研究热点。吴其胜等研究了以 BaO 和 TiO_2 为原料机械力化学法合成纳米 $BaTiO_3$ 粉体[76]。在氮气保护下,采用高能球磨 BaO 和 TiO_2 混合粉体,粉磨初期(15h 以前)为无定形期,混合物颗粒粒度减小,晶格畸变,转变为无定形;粉磨中期(15~30h),BaO 和 TiO_2 在机械力作用下产生固相反应生成 $BaTiO_3$,同时 $BaTiO_3$ 晶粒长大;粉磨后期(30h 以后)又转入动态平衡期,固相反应基本结束,$BaTiO_3$ 晶粒的长大与粉磨引起的晶粒减小处于动态平衡;XRD、TEM、SEM 研究表明:合成的 $BaTiO_3$ 纳米晶体的晶粒尺寸为 10~30nm。张剑光等采用类似的方法[77],以过氧化钡和二氧化钛为原料,在高能磨中研磨 4h 就可得到单相钙钛矿结构的立方钛酸钡纳米粉,合成反应基本完成后,随着研磨时间的增加,钛酸钡晶粒经历了先粗化又细化的过程,研磨 8h 后得到的纳米粉晶粒尺寸在 18~22nm 之间。弛豫铁电陶瓷 PMN-PT,即 $Pb(Mg_{1/3}Nb_{2/3})O_3$-Pb-TiO_3 陶瓷,室温时介电常数及电致伸缩应变高于 $BaTiO_3$ 陶瓷材料一个数量级,因而被作为制备多层电容器的首选材料。常用的高温固相反应法很难得到单相钙钛矿型的 PMN-PT 材料。近来 Wang 等进行了机械力化学法制备 PMN-PT 的研究[78],他们将 PbO、MgO、Nb_2O_3、TiO_2 按比例混合于高能球磨机进行粉磨,5h 后混合物开始无定形化,PbO 的(111)面衍射峰开始宽化,当粉磨到 20h 时 PbO 的(111)的衍射峰消失,并形成单相 PMN-PT 纳米粉体,粒径为 20~30nm,1150℃烧结 1h 的 PMN-PT 纳米陶瓷 0.1kHz 在居里温度和室温时的介电常数分别达到 26500 和 17214。

生物陶瓷材料的制备。生物陶瓷材料 β-$Ca_3(PO_4)_2$ 简称 β-TCP,以其优异的生物降解、吸收功能和良好的生物相容性,已广泛应用于骨缺损的修复和骨置换材料,是一种很有发展前途的生物陶瓷材料。β-TCP 粉体的制备方法通常使用高温固相反应法或湿化学法。这两种方法前者需要长时间高温(1000℃,24h)作用,后者过程难以控制化学组成不稳定。杨华明等研究了机械力化学法合成 β-TCP 粉体的方法[79],以磷酸二氢钙和氢氧化钙为原料,按磷酸二氢钙和氢氧化钙摩尔比 1∶2进行配料,加水在搅拌磨研磨 1h 后出磨,经抽滤、80℃烘干,得到的研磨产物经 XRD 分析表明并非 β-TCP,而是一种在机械力化学作用下生成的化学组成接近 β-TCP 的无定形物质,这种无定形物质只需在 700℃下处理 1h,即可得到平均粒度小(3.09μm)、粒度分布均匀的 β-TCP 粉体。

结构陶瓷材料的制备。莫来石具有密度小、热膨胀系数小、化学稳定性好、抗蠕变和高温性能优异等优点,是一种重要的电子、光学和结构陶瓷材料。单相莫来石的性能甚至可以和常用的高温结构材料 SiC 或 Si_3N_4 相媲美。罗驹华等[80]利用机械力化学法,进行了高能球磨低温煅烧制备单相莫来石的研究,将烘干后的高岭土和氢氧化铝,以莫来石的组成($3Al_2O_3 \cdot 2SiO_2$)按化学计量配料后入球磨,以三乙醇胺为助磨剂,粉磨 5h 以后,成为无定形状态,DTA 分析证实,球磨 30h 的样品在 1150℃煅烧即可生成单相莫来石,温度继续升高,莫来石增加的量很少。未经球磨的样品需 1450℃才能全部转变成为莫来石。碳化钨 WC 具有极高的硬度,化学稳定性特别是高温抗氧化性良好,广泛应用于制造切削刀具、耐磨零件和拉丝模具等。碳化钨的制造通常是将 W 和 C 在 1400～1600℃直接碳化合成 WC,制造设备复杂、成本高。解全东和李宗全进行了机械力化学法制备碳化钨的研究[81],将高纯(＞99.8％)的钨粉(粒径约 60μm)和石墨粉(粒径≤30μm),按化学计量比与磨球一起装入不锈钢球磨罐中,高纯(＞99.9％)Ar 保护,行星磨研磨 28h 后得到 W-C 固溶体和非晶态的混合物。不同温度退火试样的 XRD 分析表明:900℃退火得到的碳化钨为单一的 WC,相对于直接碳化法,制备温度显著降低。氮化铝(AlN)陶瓷具有很好的耐高温、耐磨和介电性能,导热性、耐高温金属熔液性和热稳定性良好,可作为耐热冲击和热交换材料、特种耐火材料、半导体基板材料等。工业生产常用氧化铝粉碳热还原氮化法,反应开始温度为 1250℃,1600℃完全反应。刘新宽等[82]采用高能磨机球磨氧化铝粉末,在机械力作用下降低其反应活化能,使氮化铝的开始生成温度和反应基本完成温度分别降低至 1000℃和 1250℃。合成的氮化铝晶粒尺寸为 29nm 左右。通过对比研究,利用固固反应动力学方程(Jander 方程)测算出氧化铝经过高能球磨活化,反应活化能由 529kJ • mol^{-1}降低到 457kJ • mol^{-1}。TiB_2 和 TiC 粉末都是新型的工业陶瓷原料,具有熔点高、硬度和强度大、耐磨损、耐酸碱腐蚀等优异特性,广泛应用于航空、汽车、机械及刀具、刃具等行业[83]。尤其是 TiB_2 材料具有可与金属相比拟的导电性、优良的与铝液润湿性能、较强的耐金属铝液和氟化盐腐蚀性能,已成为铝电解用惰性可湿润性阴极的首选材料。TiC 和 TiB_2 通常在高温下采用置换反应、碳热反应、直接反应、自扩散高温合成方法制备,合成反应需要在高温下长时间才能完成,所需设备复杂,能耗大。日本科学家尝试利用还原金属来实现机械化学置换反应(MDR)的方法合成 TiC 和 TiB_2,他们以 TiO_2 及石墨或非晶态硼粉为原料,钙为还原金属。其中钙超出化学计量 20％,用直径为 20mm 的球以 7.5∶1 的球料比及 500r • min^{-1}的转速研磨 1～5h,用 5％乙酸溶液处理研磨后的粉末,除去副产品(CaO),分别得到单相 TiC 和 TiB_2。其中 TiC 晶粒粒径为 57nm,TiB_2 为 62nm。将 B_2O_3、Mg 和 TiO_2 的混合物置于 500cm^3 行星球磨机磨罐内进行机械化学反应,在常温下成功合成了 TiB_2。合成条件:混合反应物摩尔比为 1∶12∶6,采用直径为 18mm 和 8mm 的两种不锈钢磨球,其质量比为 2∶1,球料比(质量)为 45∶1,球磨机转速为 170r • min^{-1},磨罐真空度为 10～20Pa,球磨时间为 0.5h 和 5h。反应过程中,TiB_2 通过成核长大,逐步形成晶体。用 15mol • L^{-1}的 HCl 与球磨 5h 后的混合物反应 2h,除去剩余的 B_2O_3、Mg 及生成的 MgO。抽滤分离,所得固体用蒸馏水洗净后置于 110℃烘箱内干燥,得到产物 TiB_2。该方法所需设备简单,能耗少。董远达等采用纯 Ta 和 C、Si 粉为原料,以化学配比 TaC 和 $TaSi_2$ 配成混合粉末。在 Ar 气保护下与直径 10mmWC 球一起密封于容积为 120mL 的不锈钢罐中,球与粉末的质量比为 15∶1,采用行星式球磨机进行高能球磨,主机转速为 220r • min^{-1},球磨 60h 后,混合粉末完全反应并转变为金属间化合物 TaC 和 $TaSi_2$。结果表明,Ta

与 C 和 Si 的化合过程,不是先形成固溶体,而是通过纳米尺度的界面反应,在室温下互扩散直接形成化合物,高能球磨引入纳米界面和高密度缺陷则大大促进这种反应。NiAl-TiC 复合材料粉体的制备方法,通常是用 TiC 粉末与 NiAl 或 Ni 和 Al 金属粉末混合球磨制成。肖旋等[84]研究了用反应球磨法制备 NiAl-TiC 复合材料,将 Ni、Al、Ti 和 C 粉末按复合材料 $Ni_{50}Al_{50}+10\%Ti_{50}C_{50}$(质量分数)配比混合,球料比为 12:1,纯氩气保护,室温下在高能球磨机中球磨,采用原位热分析监测球磨中的热效应。球磨至 105min 时原位热分析监测到球磨中有大量的热量释放,温度急剧升高,对粉末的 XRD 分析表明:绝大部分粉末已转变为 NiAl 和 TiC,反应机理是发生了两个反应:

$$Ni + Al = NiAl + \Delta H_1 \tag{1-22}$$

$$Ti + C = TiC + \Delta H_2 \tag{1-23}$$

反应生成的 NiAl 和 TiC 的晶粒尺寸小于 30nm,经过 30min 的球磨后晶粒尺寸基本稳定在 4nm 和 14nm。

(2)机械化学在电池材料制备中的应用研究

机械化学法在正极材料中的应用。现已开发的正极材料主要有 Li-V-O、Li-Ti-O、Li-Co-O、Li-Ni-O 和 Li-Mn-O 等五大体系,其中 Li-Co-O 因其具有电化学容量高、循环特性好、能量密度大等优点最早被商业化,目前仍是锂离子电池的主要正极材料。Li-Ni-O 材料虽理论能量密度高,但因循环性能差、安全性低及稳定性差等因素仍停留在实验室研究阶段;Li-Mn-O 系列材料以其原材料资源丰富、成本低(Mn 与 Co 价格比为 1/40~1/20)、安全性好、无环境污染、易制备等优点而成为当前的研究热点[85]。表 1-3 列出了机械化学法合成的不同体系正极材料的电化学参数。Jeong 等[86]采用机械化学法以 $LiOH \cdot H_2O$ 和 $Co(OH)_2$ 为原料合成出具有良好电化学性能的 $LiCoO_2$ 粉体,该法操作简单、成本低、反应温度低,制备效率高。制备的材料粒子小、比表面积大,但是颗粒分布不均匀,纯度较低。此外,Obrovac 等[87]也用机械化学法制得了层状结构的 $LiMO_2$(M = Ti、Mn、Fe、Co、Ni),研究表明,制备的材料具有更大的表面积和更好的电化学活性。Kosova 等[88]利用机械化学法在不锈钢反应器(球的直径为 8mm,转速 660r·min^{-1})中合成出符合化学计量比的尖晶石 $LiMn_2O_4$ 和非化学计量比的缺陷型尖晶石 $Li_xMn_2O_4$,并对其进行了组织、结构和电化学性能的研究。研究表明,由于机械活化过程的磨矿作用及固体的塑性变形加速了固相之间的反应,将不同配比的 $xLi_2CO_3+4MnO_2$ 混合物在机械活化反应器中活化 10min 后,均有 Li-Mn-O 尖晶石相的形成,但 x 值不同,形成的活化产物中 $LiMn_2O_4$ 物相的数量不一样。用机械活化法直接制备的尖晶石存在晶格缺陷,因而产物的结晶度不高,活化所得产物在 600~800℃下热处理后结晶度得到提高。Franger 等[89]利用各种物理及化学手段对已有的几种制备 $LiFePO_4$ 的方法(如高温固相法、共沉淀法、水热合成法及机械化学激活法）进行了比较。结果发现，机械化学法能使反应物和产物的温度、粒度、晶形结构与成分均匀，从而在合成目标产物时所需的加热温度和加热时间大大减少。这样获得的产物纯度较高，结晶良好，粒径也相对较小，因此材料的比容量较高，电化学性能较好。此外，还有用包覆碳结合机械化学活化预处理制备 $LiFePO_4$ 的报道[90]，该法可使得碳前驱体更均匀地和反应物混合，而且在烧结过程中还能阻止产物颗粒的团聚，能更好地控制产物的粒度和提高材料的电导率，从而提高电池的性能。Kosova 等[91]采用机械化学法制备了 $Li_{1+x}V_3O_8$，研究表明合成的产品比高温固相法产品具有更大的比表面积和更好的电化学性能。总之，与传统的固相反应过程相比，机械化学法制备的产品具有更大的比表面积，可使物质的晶格中产生各种缺陷、位错、原子空位及晶格畸变等，有利于离子的迁移，降低合成温度，缩短热处理时间，提高产物的分散性和均匀性，加速和简化了合成过程，降低了能耗和产品成本，同时提高了电池的性能。

表 1-3 机械化学法合成的不同体系正极材料的结构和电化学参数

原料	制备过程	结构特征	电化学性能
$LiOH+Co(OH)_2$	球磨 850℃/24h	$HT\text{-}LiCoO_2$	好
$HT\text{-}LiCoO_2$	球磨	$LiCoO_2$ 和无序的 $Li_xM_{1-x}O_2$	差
$LiOH+Co(OH)_2$	研磨 600℃/4h	无序的 $LiCoO_2$	中等
$LiOH+MnO_2$	研磨	纳米 $LiMn_2O_4$	好
Li_2O+MnO_2	研磨	无序的纳米 $LiMn_2O_4$	好
$Li_2CO_3+V_2O_5$	研磨 680℃/4h	具有青铜结构的 $Li_{1+x}V_3O_8$	好
$FeC_2O_4+Li_2CO_3+(NH_4)_2HPO_4$	研磨 550℃/12h/Ar	纯 $LiFePO_4$ 相	—
Li_2O+TiO_2+Ti	球磨	无序的岩盐结构 $LiTiO_2$	—
$Li_2O+Fe_2O_3$	球磨	无序的岩盐结构 $LiFeO_2$	—
Li_2O+MnO_2	球磨	NaCl 结构的 $LiMnO_2$	—

机械化学法在负极材料中的应用。锂离子电池负极材料作为提高锂离子二次电池能量及循环寿命的重要因素，在世界范围内得到了广泛的研究。二次锂电池负极材料经历了由金属锂到锂合金、碳材料、氧化物再到纳米合金的演变过程。目前商品化的锂离子电池负极材料采用的是碳素材料，包括石墨、焦炭和不可石墨化碳，但是金属合金的高容量一直吸引着广大科研工作者。目前在锂离子电池负极材料的制备方法上，用得比较多的是机械化学法，目前文献报道的各种负极材料，特别是合金负极材料几乎都可以用机械化学法制得。由于碳材料具有比容量高、电极电位低、循环效率高、循环寿命长和安全性能良好等优点，所以碳材料被广泛地用作锂离子电池的负极材料。目前，用作锂离子电池负极的碳材料有石墨、乙炔黑、微珠碳、石油焦、碳纤维、裂解聚合物和裂解碳等，但是由于石墨电极存在一定

缺陷,必须对其进行改进。采用球磨对碳负极材料进行处理后,其结构和电化学性能都会发生一定的变化。Tossici 等[92]用气流粉碎机对石墨进行研磨,电池容量可达 $700\text{mA}\cdot\text{h}\cdot\text{g}^{-1}$ 以上,但是循环性能不是很理想。原因在于研磨时产生大量端面,而这些端面的活性高,可以与锂发生作用,导致可逆储锂容量提高。随着循环的进行,端面之间发生再结合,从而又降低端面的数量,另外溶剂亦能降低端面的活性,这样容量随循环的进行而不断衰减。透射电流及拉曼分析结果表明,机械研磨还能产生无序区,导致不可逆容量的增加。Salver[93]和 Natarajan 等[94]研究发现,碳材料的粒子大小对碳材料的性能也有影响,粒子越小,石墨晶体的四周及端面等为锂提供了更多的出入口,这样能明显提高锂的可逆容量。表 1-4 列出了机械化学法对不同碳负极材料结构和电化学性能的影响的部分结果。经过球磨后的石墨负极材料,其结构最显著的变化就是粒径变小,其他还有表面积、表面结构、晶体结构、表面缺陷等。利用球磨的巨大冲击能量,使天然石墨破碎,丧失掉其晶体的特征,使其具有非晶体结构。球磨后使得颗粒的表面含有大量的断键,超微化颗粒的表面成为极活泼的表面,另外天然石墨的形貌也从二维形貌变成絮状。超微粒子的自由膨胀和变化,使插层得以顺利进行,可逆容量得到提高,并且球磨的同时带来了石墨晶体结构的变化,使其成为非晶态,具有类似石油焦的结构。

表 1-4　机械化学合成法对碳负极材料结构和电化学性能的影响

原料	制备过程	处理后的结构变化			电化学性能
		粒径	比表面积	晶体结构	
自然石墨	喷射研磨	减小	增加	d_{002} 晶面发生变化	可逆容量和库仑效率增加
锂和石墨	球磨		增加	具有良好晶型的超密锂 GICs	
LiC_2	球磨		增加		高的可逆容量
MCMB2528	冲击性机械球磨	无序的碳结构	增加	L_a 和 L_c 减小	可逆容量增加
石墨粉末（商品名 SFG44）	球磨	纳米团聚	增加	随着研磨时间的增加,斜方六面体增加	可逆容量、库仑效率、循环性能增加
石墨颗粒	研磨	略微增加		d_{002} 晶面发生变化	可逆容量增加

金属基负极材料。用作锂离子电池负极的典型金属材料主要有 Si、Sn、Ge、Pb 等。金属类电极材料一般具有较高的理论比容量,但是锂反复地嵌入脱出会导致合金类电极在充放电过程中的体积变化较大,从而使金属电极逐渐粉化失效,使电池循环性能变差。目前,解决粉化问题比较有效的方法就是采用机械化学法制备超细合金(如纳米级合金),或制备活性/非活性复合合金体系。表 1-5 为通过机械

化学合成法制备的部分金属基负极复合材料的结构和电化学性能。

表 1-5 通过机械化学合成法制备的部分金属基负极复合材料的结构和电化学性能

样品	组成	结构	可逆容量/mAh·g^{-1}
Mg+Sn	Mg$_2$Sn	立方+斜方	约 300
Ni+Sn	Ni$_3$Sn$_4$	纳米晶相	125~200
Cu+Sn	Cu$_6$Sn$_5$	六边形结构	200
Si+Mn+C	SnMn$_3$C	钙钛矿,纳米颗粒	150
Si+Ag	SiAg	Ag 基体中存在纳米 Si	280
Si+Ni	NiSi	NiSi 和 Si 的混合物	600~1000
Co+Sb+Fe	CoFe$_3$Sb$_{12}$	细粉末	396
β-Zn$_4$Sb$_3$	ZnSb	粉末	560
Sb+石墨	微米级复合材料	Sb$_x$C$_{1-x}$(x=0.1~0.4)	580

将 Mg 与 Sn 进行机械混合,得到 Mg$_2$Sn,随混合时间不同,得到的结构也不一样。当机械混合后得到的 Mg$_2$Sn 为立方相和斜方相的混合体时,电化学性能较好,20 次循环后容量还在 250~300mAh·g^{-1}。主要原因在于锂嵌入的位置是Mg$_2$Sn 晶体的间隙,所以不会对相结构产生破坏作用[95]。同样该法也可用来制备Mg 与 Si、Ge 以及其他具有负极活性的合金材料[96],有些合金材料的容量高达500mAh·g^{-1}以上。此外,将 Si 与非活性 TiN 基体进行机械混合,形成纳米复合材料,尽管容量较低,但循环性能很好,较其他方法而言,制备方法简单[97]。将石墨与晶体 Si 进行机械混合,可以得到纳米级的 C-Si 复合材料。球磨 150h 得到C$_{0.8}$Si$_{0.2}$,其可逆容量达 1039mAh·g^{-1},20 次循环后容量仍达 794mAh·g^{-1}[98]。

Robertson 等[99]将 TiO$_2$ 与 Li$_2$CO$_3$ 球磨混合后,先在 600~700℃ 下预烧几个小时,研磨后,在 900~1000℃ 下焙烧 1~2h,制得 Li$_4$Ti$_5$O$_2$;在 0.1C 倍率下充放电,首次放电比容量为 170mAh·g^{-1}。采用 Cr^{3+}、Ni^{3+} 等离子通过机械化学法合成并掺杂后,降低了样品的放电平台电压,但增加了样品的理论比容量。Prosini等[100]将 LiOH 和 TiO$_2$ 球磨混匀后,在 800℃ 下热处理 36h,制得 Li$_4$Ti$_5$O$_2$;在0.05C 倍率下充放电,首次放电比容量为 160mAh·g^{-1},100 次循环后,比容量仍保持在 150mAh·g^{-1}。应用球磨法合成的 BaFeSi/C 复合材料,以其作为锂离子电池负极材料,不仅具有高可逆容量(420mAh·g^{-1}),而且也具有很稳定的容量保持率,可望成为实用化的替代碳负极材料[101]。采用机械化学法制备出的CoFe$_3$Sb$_{12}$合金粉末作为负极材料组装的锂离子电池,当充放电电流较小时,循环特性和容量特性较好;充放电电流较大时,性能较差。用石墨改性后,电流密度为100mAh·g^{-1}时,20 次循环后的可逆容量为 220mAh·g^{-1}[102]。采用机械合金化法制备得到的金属 Sb 与石墨复合材料 Sb$_x$C$_{1-x}$(x=0.1~0.4)作为锂离子电池负极材料,首次吸锂容量达 705mAh·g^{-1},首次不可逆容量约 130mAh·g^{-1}。$Sb_{0.2}$ $C_{0.8}$ 的吸放锂过程实际上是由石墨和金属锑的吸放锂反应组成[103]。还有采用高能球磨法制备锂离子电池负极材料锂金属氮化物 $Li_{3-x}M_xN(M=Co、Cu 等)$ 的报道,研究发现其具有较高的电化学活性和充放电可逆性,可用作锂离子电池的高容量负极材料。制备的 $Li_{2.6}Co_{0.4}N$ 前 10 次循环的脱嵌锂容量高达 880mAh·g^{-1}; $Li_{2.6}Co_{0.2}Cu_{0.2}N$ 45 次充放电循环后的容量保持率为 80%;$Li_{2.6}Co_{0.2}Fe_{0.2}N$ 是含有 $Li_{2.6}Co_{0.4}N$ 的两相或多相混合物,经过 40 次充放电循环后脱锂容量为 560 mAh·g^{-1},相对第二次脱锂容量的保持率为 82%[104]。

（3）机械化学在合成金属氧化物中的应用

机械化学法将物理法和化学法相结合,为超细功能粉末的合成提供了新途径。机械化学法属于机械力作用下的低温固相化学反应合成。传统固相化学反应一般是指高温条件下的固相反应,通常包括扩散-反应-成核-生长 4 个阶段,固体反应物的结构对其反应速率起决定性作用。由于各固相反应物的晶格为高度有序,晶格质点扩散迁移困难,必须提高反应温度,且需较长反应时间。机械化学固相反应是在低温下借助高能机械力作用来满足反应要求,具有高选择性、高产率、低成本、工艺流程简单、产品性能优良、对环境污染小等优点,并且减少了由于高温固相反应所引起的诸如产物不纯、粒子团聚、回收困难等不足。近几年发展很快,已成为超细功能粉体合成与制备的主要方法之一,具有广阔的应用前景。

纳米 ZnO 是一种新型高功能精细无机产品,在磁、光、电、敏感元器件等方面具有一般 ZnO 产品无法比拟的性能和用途。目前制备纳米 ZnO 的常用方法是液相法和气相氧化法。液相法所得粉体粒度大、分布宽且烧结性能较差;气相氧化法虽能获得粒径分布均匀的纳米 ZnO,但成本高,能耗大。林元华等[105]采用机械化学方法将 $ZnSO_4·7H_2O$ 和 NaOH 的混合固体粉末通过快速机械搅拌合成了粒径在 40~80nm 范围的单相纳米 ZnO 粉体。XRD 分析表明,$ZnSO_4$:NaOH(摩尔比)在 1:2.1~1:3.0 之间均可合成纳米 ZnO,其产率在 1:2.5 时最大。他们认为反应机理是固-固反应中放出大量的热,使形成的 $Zn(OH)_2$ 直接转化为纳米 ZnO,其紫外吸收性能(200~400nm)较普通 ZnO 粉体强得多。

超细 Cr_2O_3 是一种具有实用价值的功能材料,具有耐热、耐光、耐化学腐蚀、高磁性、高硬度、高催化等特性。Tsuzuki 等[106]采用固相置换反应:$Na_2Cr_2O_7+S→$ $Cr_2O_3+Na_2SO_4$ 制得超细 Cr_2O_3 粉体。他们首先将重铬酸钠和硫酸钠或氯化钠(作为稀释剂)干燥,并且研磨成 1mm 的粉末,放入 Ar 气保护的球磨机内与硫进行氧化还原反应生成非晶态 Cr_2O_3,再在 520℃高温真空状态下退火,形成纳米 Cr_2O_3 晶体,粒径为 10~80nm。

超细 CeO_2 在许多高技术领域有广泛的应用,如催化剂或催化剂载体、电子陶瓷、氧敏传感器、化学机械抛光、表面涂层等。Gopalan 等[107]以无水化合物为原料采用机械化学合成法制备了纳米 CeO_2。整个球磨反应过程在无水条件下进行,制备过程要求严格,操作过程较难控制,且反应速度不够理想。辜子英等[108]则采用湿固相机械化学反应法制得超细 CeO_2,他们认为球磨作用不仅改善了反应热力学和动力学条件,使反应能在较短时间内完成,而且还促进了产物的结晶化,得到了结晶性良好的新物相。XRD 和 TEM 结果表明,随着球磨反应的进行,颗粒粒度减小,直至亚微米级时球磨反应使颗粒的减小趋势与晶粒生长导致颗粒长大的趋势达到平衡,粒度降低幅度减小;球磨产物在后续煅烧过程中,其粒度随温度升高先减小而后增大,但在 1050℃之前的增大不够明显,煅烧产物为球形单分散超细 CeO_2。

超细 Al_2O_3 具有高强度、高硬度、抗磨损、耐高温和耐化学腐蚀等优异性能而成为极其重要的结构陶瓷、功能陶瓷、催化剂和载体材料,被广泛应用于航天航空、冶金、化工、电子、国防及核技术等领域。Ding 等[109]利用机械化学合成了纳米 Al_2O_3。他们先将 $AlCl_3$ 与 CaO 的混合物置于球磨机中进行机械研磨形成前驱体 Al_2O_3,经水洗涤并在 350℃下热处理可制得颗粒尺寸为 10~20nm 的 γ-Al_2O_3;若热处理温度达到 1250℃,则形成单相纳米 α-Al_2O_3。

澳大利亚莱斯顿大学先进矿物和材料加工研究中心报道了一种合成 Y_2O_3 稳定 ZrO_2 纳米晶粉末的机械化学法[110]。该方法以无水 YCl_3、Zr_2Cl_4 和 LiOH 作为原料。按 $2Cl_3+6LiOH$、$ZrCl_4+4LiOH$ 及 $0.06YCl_3+0.97ZrCl_4+4.06LiOH$ 的比例分别配制混合物置入高纯 Ar 气保护的硬化钢瓶中研磨 24h。研磨后的粉末经洗涤后在大气环境中 200~500℃热处理 1h,再用去离子水和甲醇超声清洗数次,固液离心分离,清洗好的粉末放入约 80℃的烘箱中干燥,再进行 500℃ 1h 的焙烧,得到 Y_2O_3 稳定的 ZrO_2,晶粒尺寸约为 14nm。烧结试验表明,纳米 Y_2O_3 稳定 ZrO_2 粉在约 600℃开始发生致密化,在 1400℃时收缩终止。与传统粉相比,纳米粉的低烧结温度明显可归因于更高的比表面积,提供更大的致密化驱动力。

(4) 机械化学在铁氧体材料合成中的应用

重要铁氧体材料 MFe_2O_4 大多具有尖晶石结构,其突出的优点是电阻率高、磁谱特性好,极适宜在高频和超高频下应用,可用作磁头材料、磁矩材料、微波磁性材料等。姜继森等以 ZnO 和 α-Fe_2O_3 粉体为原料,在高能球磨机的作用下,室温下合成了铁酸锌($ZnFe_2O_4$)纳米晶,具有一定的晶格畸变的非正型分布尖晶石结构,为超顺磁性,纳米晶格内存在着较多的缺陷。XRD、TEM 和 IR 研究发现:球磨约 3h,α-Fe_2O_3 即与 ZnO 发生机械化学反应先形成 α-Fe_2O_3-ZnO 固溶体后再生成 Zn 铁氧体。毛昌辉等也通过高能机械研磨方法直接将 ZnO 和 α-Fe_2O_3 混合粉末合成平均晶粒小于 10nm 的尖晶石型 $ZnFe_2O_4$ 铁氧体粉末,而他们认为反应过程是分阶段进行,在初始阶段(前 20h)反应进行十分缓慢,之后合成反应开始剧烈进行并在很短时间完成。姜继森等还以 Li_2CO_3 和 α-Fe_2O_3 粉体为原料,通过高能球磨机的机械化学处理,制备出具有固溶体结构的 Li 铁氧体的前驱体,将前驱体在远低于固相反应所需的温度下进行热处理,得到具有有序结构的 Li 铁氧体纳米粉体,认为反应是通过 $LiFeO_2$ 作为中间相完成的。XRD、TEM、IR 和 VSM 分析结果显示,其比饱和磁化强度高于用湿化学方法所得的纳米粒子,且具有较高的矫顽力。他们以 α-Fe_2O_3、ZnO 及 NiO 粉体为原料,用高能球磨法合成了平均晶粒尺寸为 $5\sim20nm$ 的 Ni-Zn 铁氧体纳米晶,表现为超顺磁性,且发现经 800℃ 热处理后,晶粒长大到约 50nm,表现为亚铁磁性。

笔者等[111]利用机械化学法合成了铁酸盐 MFe_2O_4(M＝Zn、Ni、Co、Cd、Mg 等)的系列纳米晶化合物。其中 $ZnFe_2O_4$、$MgFe_2O_4$、$NiFe_2O_4$、$CuFe_2O_4$ 是球磨后的前驱体直接在 $500\sim800$℃ 焙烧获得,而 $CoFe_2O_4$、$CdFe_2O_4$ 则是先利用化学共沉淀制得氢氧化物前驱体,再经球磨、焙烧后获得产物。Lefelshtel[112]等在 20 世纪 70 年代后期研究了 α-Fe_2O_3 与 ZnO 混合粉体在惰性气体气氛下在普通球磨过程中的变化,发现球磨 400 多小时后有 $ZnFe_2O_4$ 生成。Kosmac[113]等利用振动式球磨机,发现在球磨的初期可以形成 Zn 铁氧体,但最终得到的是非平衡态的固溶体(Fe,Zn)O。姜继森等[114]以 α-Fe_2O_3 和 ZnO 粉体为原料,利用机械化学法合成铁酸盐纳米晶。结果表明:所得纳米晶具有非正型分布的尖晶石结构,为超顺磁性;纳米晶内存在着较多缺陷。毛昌辉等[115]通过高能机械研磨合成尖晶石型 $ZnFe_2O_4$ 粉末,其平均晶粒度小于 10nm。并且发现,反应过程分阶段进行,而且固态化学反应一旦开始进行,则在很短的时间内即可完成。机械化学法合成超细微粒已经广泛应用于制备材料。笔者利用机械化学法合成了铁酸盐 MFe_2O_4(M＝Zn、Ni、Co、Cd、Mg 等)的系列化合物。

1.4.4　机械化学应用的特点

机械化学合成法是近年发展起来的,通过机械能的作用使不同元素或其化合物相互作用,形成纳米材料的新方法。机械化学反应是有机械力诱发的化学反应,它可以使材料远离平衡状态,从而获得其他技术难以获得的特殊组织、结构,扩大了材料的性能范围,且材料的组织、结构可控。在实际应用中,机械化学合成法有许多优点:

(1) 经机械化学效应处理过的原料,不仅粒度减小,比表面积增大,而且由于反应活性的提高,可使以后的热处理过程烧成温度大幅度地降低;

(2) 由于机械处理的同时还有混合的作用,使多组分的原料在颗粒细化时得到了均匀化,特别是微均匀化的程度提高,从而使制备成的产品性能更好;

(3) 便于制备在宏观、纳米乃至分子尺寸的复合材料,因此有人把机械化学方法誉为合成先进复合材料的新方法;

(4) 由于在机械化学过程中引入了大量的应变、缺陷以及纳米量级的微结构,可以使材料远离平衡态,因此,由该法制得的材料往往具有异于常规方法所得材料的物理性能。

机械力化学方法的缺点是通常需要长时间的机械处理,能量消耗大,研磨介质的磨损,还会造成对物料的污染,与常规方法相比,技术较为复杂。克服这些缺点的途径是:研究新型高效粉磨设备;采取短时间较缓和的处理方法,以制备前驱体而不是最终产物,Senna把这种方法称之为软机械化学过程(soft mechanochemistry)。

1.5 材料机械化学的展望

机械化学作为一门新兴的交叉边缘学科,其研究主要包括理论研究和应用开发二个方面。通过加强机械化学作用的基础理论研究,进一步完善机械化学反应理论,将产生一系列新概念、新思路、新方法和新的技术变革,为功能粉体合成、金属-非金属、无机-有机的多相复合材料制备提供有效的手段。通过深入研究机械化学反应过程,加深对机械化学反应机理的了解,确定合适固相反应体系,设计表面反应类型,使有机物、无机物及金属微粒等在高能机械外力作用下自组合成新颖的纳米相结构层,为高性能粉体材料的设计与合成提供新途径。机械化学法将成为极具应用前景的超细功能粉体合成与功能材料和多相复合材料制备开发的主要技术之一。

自20世纪80年代开始,机械化学的研究进入了新的高潮,涌现了大量的研究成果,出现了新的局面:①研究对象扩大,除了无机物、有机物,还涉及含水体系、氢结合体系及人造物质;②由于分析技术的进展,研究视点达到原子、分子级;③作为活化手段,除了机械粉碎以外,还利用了声波和电磁波,且产生机械化学效应的装置出现了专门化。目前在国外,以合成化学、医药和催化等领域为首,在诸多领域中利用机械化学方法尝试着进行新物质的研制,利用机械化学手段,使固体物质发生物理化学变化,以促进其与周围的气体、液体和固体的相互作用,以往只有极限状态下发生的现象也易于发生,利用机械化学方法可以研制出用一般化学方法和加热方法所不能得到的具有特殊性能的材料,许多被忽视的现象应从机械化学角度重新认识。

通过加深对机械化学反应机理的了解,将出现一系列的技术变革,为材料复合,尤其是金属-非金属的多相组分复合提供有效的手段,通过对机械化学反应的深入研究,设计表面反应的类型、革新粉体改性技术,可使有机物、无机物及金属微粒等在高能机械外力的作用下,自组合(self-organization)成新颖的纳米相结构层,为粉体材料的改性和设计以及开发先进的无机-有机复合功能材料提供新的途径。机械化学也将跻身于实用的处理难冶金矿技术和重要的环保技术之列,需要特别强调指出的是,在高能量外力作用下物体间的相互作用属复杂的物理化学过程,为阐明所涉及的机械化学反应的机理并达到上述目标,尚需深入和系统地开展工作。大力发展上述研究并有所突破,对该边缘学科的发展以及充分利用我国资源和开发高新技术产品及环境治理都会有较重要的促进作用。

机械化学的研究具有重大的理论和实际意义,已引起越来越多学者的关注。机械化学学科的创建为新颖的化学物质和具有给定性能新材料的加工方法开辟了广阔的前景。就材料机械化学学科的发展,应着眼于以下几方面的基础研究与应用开发:

(1) 重视机械化学基础理论的研究,深入研究机械化学反应热力学和动力学,探明各类机械化学反应机制、超细颗粒成核与生长机制以及相关影响因素,为实际应用提供依据和理论指导;

(2) 非平衡相的机械化学合成机理,包括超饱和固溶体、准晶体、非晶体、纳米晶体材料的机械化学合成机理及机械化学引起非晶晶化的机理。结合实际应用开展材料制备的新技术研究,确定适合于超细和纳米粉末制备的固相反应体系及其规律,探索进行中间过程控制的可能途径与方法,研究超细颗粒的稳定与后处理技术,合成出一般化学和加热方法不能得到的具有特殊性能的材料;

(3) 加强用机械化学法制备亚稳态和非晶态粉末材料的研究,尤其是机械化学制备功能材料的研究;

(4) 机械化学法的计算机模拟,用计算机模拟计算机械化学能量、粉末受力情况和机械化学进程等。研究机械化学过程中金属与非金属、无机物与有机物的相互作用机理,并应用到粉体改性、粉体活化中,为制备高性能金属/非金属、无机粉体/聚合物多相复合材料奠定基础。

机械化学技术是新兴的材料制备方法,用机械化学方法可以获得常规条件下很难合成的具有独特性能的新型功能材料,并且具有成本低、产量大、工艺简单及周期短等特点,符合现代高新技术的基础研究和产业化发展的思路。随着机械化学法研究的深化,机械化学的应用已逐渐推广,这种新型的固态合金化方法正在新型材料的开发中显示出独特的作用。机械化学法与适当的成形技术相配合是开发新型功能材料的重要途径。总之,机械化学在发展新材料方面显示出其诱人的前景,近年来,国内外在机械化学的理论与应用研究方面取得了很大进展,机械化学在功能材料的合成等方面有着广阔的应用前景。

参 考 文 献

[1] 游效曾. 分子材料:光电功能化合物[M]. 上海:上海科学技术出版社,2001.

[2] Suryanarayana C. Mechanical alloying and milling[J]. Progress in Materials Science,2001,46:1-184.

[3] Grigorieva T F, Barinova A P, Lyakhov N Z. Mechanosynthesis of nanocomposites[J]. Journal of Nanoparticle Research,2003,(5):439-453.

[4] Suryanarayana C, Boldyrev V V. The science and technology of mechanical alloying[J]. Materials Sci-

ence and Engineering A，2001,304/306：151-158.

[5] 李竟先，黄康明，吴基球. 无机非金属材料制备中机械力化学效应的基础研究及表征技术[J]. 硅酸盐学报，2002,30：141-144.

[6] 刘银，王静，张明旭，等. 机械球磨法制备纳米材料的研究进展[J]. 材料导报，2003,17(7)：20-23.

[7] 刘新宽，马明亮，席生岐，等. 球磨氧化铝晶粒尺寸与显微应变的关系[J]. 无机材料学报，2003,14(4)：689-691.

[8] Butyagin P. Rehbinder's prediction and advances in mechano-chemistry[J]. Colloids and Surfaces，2000，160 (2)：137-117.

[9] Senna M. Recent development of materials design through a mechanochemical route[J]. International Journal of Inorganic Materials，2001 (3)：509-517.

[10] Ding H，Lu S. Mechano-activated Surface Modification of Calcium Carbonate Particles in Aqueous Medium[J]. China Powder Science and Technology，1999,5(6)：23-27.

[11] Shall H E. Somasundaran P. Physico-chemistry aspects of grinding：a review of use of additives[J]. Powder Technology，1984,(38)：257-293.

[12] 马学鸣. 氧化铜室温下机械还原的研究[J]. 金属学报，1991,27(6)：A470-472.

[13] Osseo A K. Solution chemistry of tungsten leaching system[J]. Metallurgical Transactions，1982,13 (4)：555-559.

[14] Kheifets A S，Lin I J. Energetic approach to kinetics of batch ball milling[J]. International Journal of Mineral Processing，1998,54：81-97.

[15] Urakaev F K，Boldyrev V V. Mechanism and kinetics of mechanochemical process in comminuting devices：1 Theory[J]. Powder Technology，2000,107：93-107.

[16] Eckert J. Mechanical alloying of highly processable glassy alloys[J]. Materials Science and Engineering，1997,A226-228：364-373.

[17] Politis K. Mechanically driven alloying and grain size changes in nanocrystalline powders[J]. Journal of Materials Research，1999,34：35-39.

[18] John N L，David A，Cleary E E，et al. Inorganic materials synthesis and fabrication[M]. Hoboken，New Jersey：John Wiley & Sons，Inc. ，2008.

[19] Xi S，Zhou J，Wang D. The reduction of CuO by Si during ball milling[J]. Journal of Materials Science Letters，1996,15：634-638.

[20] 李岩，刘心宇. $MoSi_2$ 球磨工艺探讨[J]. 稀有金属与硬质合金，2000(3)：11-13.

[21] Shaw L L，Yang Z G，Ren R M. Mechanically enhanced reactivity of silicon for the formation of silicon nitride composites[J]. Journal of the American Ceramic Society，1998,81(3)：762-766.

[22] Boldyrev V V. Mechanochemistry and mechanical activation[J]. Materials Science Forum，1996，225/227：511-520.

[23] Boldyrev V V，Tkacova K. Machanochemistry of solid：past，present and prospects[J]. Journal of Material Synthesis and Processing，2000，8(3/4)121-132.

[24] Oprea C V，Popa M. Mechanochemically initiated polymerizations II. Influence of some factors on the mechanochemical homopolymerization of acrylonitrile by vibratory milling[J]. Die Angewandte Makromolekulare Chemie，1980 (90)：13-22.

[25] 毋伟，邵磊，卢寿慈. 机械力化学在高分子合成中的应用[J]. 化工新型材料，2000,26(2)：10-13

[26] Simionescu C，Oprea C V，Neguleanu C. Mechanochemisch synthetisierte polychelate. II. Die mecha-

nochemische komplexierung durch schwingmahlung von poly(äthylenterephthalat) in gegenwart von äthylendiamin und mangansalzen[J]. Makromolekular Chemie ,1973,163(1) :75-88.

[27] Neguleanu C, Oprea C V, Simionescu C. Mechanochemische synthesen durch polykondensation mit polyestern als grundsubstanz, 3. Einige kinetische aspekte der mechanochemischen polykondensation durch schwingmahlung des poly(oxyäthylenoxyterephthaloyl)s mit aliphatischen diaminen[J]. Makromolekulare Chemie, 1974,175(2):371-389.

[28] 焦晓燕,李永绣. 超细粉末的机械固相化学反应合成[J]. 稀有金属与硬质合金, 2000,143:35-38.

[29] Schaffer G B, Mccormick P G. Mechanical alloying[J]. Materials Forum, 1992, 16: 91-97.

[30] 吴年强,林硕. 机械合金化中的固态反应[J]. 材料导报, 1999,13(6): 12-14.

[31] 杨华明,欧阳静,张科,等. 机械化学合成纳米材料的研究进展[J]. 化工进展,2005,24(3):239-244.

[32] 李宗霞,龚章汉. 用机械合金化工艺制备 SiC 质点弥散分布的 Ti-48A1-2Cr-2Nb 超细复合粉末[J]. 材料工程,2003(1):19,20.

[33] 齐宝森,王成国,姚新,等. 机械合金化 Cu-C-Ti 复合粉末的组织特征[J]. 稀有金属,2002,26(6):433-435.

[34] 贾德昌,周玉,雷廷权,等.复合材料 Al/Al₄C₃/Al₂O₃ 的组织结构与力学性能[J].稀有金属,1998.22(2):81-84.

[35] 杨华明. 搅拌磨超细粉碎及机械化学的研究[D].长沙:中南工业大学,1998.

[36] Gaudin A M. Comminution as a chemical reaction[J]. Mining Engineering,1955(7):561-562.

[37] Iguchi Y, Senna M. Mechanochemical polymorphic transformation and its stationary state between aragonite and calcite[J]. Powder Technology,1985(43):155-162.

[38] Senna M. Polymorphic transformation of PbO by isothermal wet ball-milling[J]. Journal of the American Ceramic Society,1971,54 (5):259-262.

[39] Lin I J. Kinetics of the massicot-litharge transformation during comminution[J]. Journal of the American Ceramic Society,1973, 56(2):62-65.

[40] 久保辉一郎[M].东京:东京综合技术出版社,1987.

[41] 仙名保. Reformation of fine powdery materials through mechanochemical effects[J]. Journal of the Society of Powder Technology, Japan,1983,20(12):751-754.

[42] 李冷. 粉碎机械力化学理论及实验方法[J]. 国外金属矿选矿,1991,(9):36-41.

[43] 张立德. 超细粉碎设备与应用技术[M]. 北京:中国石化出版社,2000.

[44] 郑水林,钱柏太,卢寿慈. 非金属矿物填料表面改性研究进展[J]. 粉体技术,1998,4(2):24-34.

[45] 胡圣祥. 粉体机械力化学的理论与实践[J]. 无机盐工业,1991,(5):7-9.

[46] Siebold A, Walliser A, Nardin M, et al. Capillary rise for thermodynamic characterization of solid particle surface [J]. Journal of Colloid and Interface Science, 1997, 186:60-70.

[47] Jin I J. Implication of fine grinding in mineral processing mechanochemical approach[J]. Journal of Thermal Analysis and Calorimetry,1998,52(2):453-461.

[48] Li X M, Chen J Y, Kammel R. Application of attrition grinding in acid leaching of nickel sulfide concentrate[J]. Transactions of Nonferrous Metals Society of China,1997,7(4):144-148.

[49] 乐志强.无机粉体表面处理适用技术[J].无机盐工业,1990(2):27-32.

[50] Kunio U. The process of ultrafine grinding of titania accompanied by simultaneous surface treatment in a media agitating mill[J]. Journal of the Society of Powder Technology, Japan, 1992,29(3):168-172.

[51] Tohru N. Wet coating of fine particles on PSL particles by heterocoagulation[J]. Journal of the Society

of Powder Technology, Japan, 1992,29(3):174-175.

[52] Kunio U. The effect of surfactant on ultrafine grinding done simultaneously with the surface treatment of magnetite particles[J]. Journal of the Society of Powder Technology, 1990,27(3):165-169.

[53] Masato T. Manufacturing technology of polymer matrix composite particles[J]. Journal of the Society of Powder Technology, Japan, 1996(33):415-419.

[54] 丁浩. 湿法超细磨矿中硬脂酸钠改性重质碳酸钙的研究. 非金属矿, 1997(4):32-34.

[55] 近藤光, 内藤牧男, 横山丰和. 机械的粒子复合化に及ぼす操作条件の检讨[J]. 粉体工学会志, 1994, 31 (7):490-492.

[56] Yoshiaki A, Yuiehiro T, Takafumi N. Manufacturing of surface modification using mechanochemical effect and thermal process for novel-type toner production[J]. Sharp Technical Journal, 2000(76): 78-82.

[57] 李凤生. 特种超细粉体制备技术与应用[M]. 北京:国防工业出版社, 2000.

[58] 内藤牧男. 均质化-复合化(3)[J]. 粉体工学会志, 1993,30(4):268-275.

[59] 孙培梅, 李洪桂. 机械活化碱分解独居石新工艺[J]. 中南工业大学学报, 1998(1):36-38.

[60] 李洪桂, 刘茂盛, 戴朝嘉, 等. 钨矿物原料碱分解的新工艺研究[J]. 稀有金属与硬质合金, 1987(1-2): 3-8.

[61] 李希明. 细磨活化对白钨矿浸取行为影响[J]. 金属学报, 1991(6):B371-375.

[62] Welham N J. The effect of extended milling on minerals[J]. CIM Bulletin, 1997,90(1007):64-67.

[63] Petal B. Application of attrites in hydrometallurgy of complex sulfide ores[J]. Merall, 1996(5): 345-347.

[64] Petal B. Thiourea leaching of sliver from mechanically activated tetrahedrite[J]. Hydrometallurgy. 1996,43(1-3):367-377.

[65] Rossovsky S N. Alkalineleaching of refractory gold arseno Sulphide concentrate[J]. CIMBulletin, 1993, 86(917):140-141.

[66] 杨华明, 邱冠周, 张和平. 搅拌磨机械化学氰化浸金新工艺研究[J]. 黄金, 1998(4):36-38

[67] 吴敏杰. TW 型塔式磨浸机构造和原理及其在黄金选冶厂的应用[J]. 黄金, 1998(8):36-39.

[68] Li X M, Kammel R, Pawlek F, et al. Proceedings of the First International Conference on Hydrometallurgy[C]. London: International Academic Publishers, 1988. 149-154.

[69] Chaikina M V. The features of chemical interaction in multicomponent systems during mechanochemical synthesis of phosphates and apatites[J]. Chemistry for sustainable development, 1998. 135-144.

[70] 吴敏杰, 孟宇群, 宿少玲, 等. 塔式磨浸机在二段磨矿中的应用[J]. 黄金. 2000(2):11-14.

[71] Wang X H, Forssberg E, Bolin J J. The aqueous surface chemistry of activation in flotation of sulphide minerals-A review part I: An electrochemical model[J]. Mineral Processing and Extractive Metallurgy Review, 1989, 4(3-4):134-165.

[72] 张兴仁. 粉粒体表面改性技术及其应用[J]. 国外黄金参考, 1996(7):13-15.

[73] Gutma E M. Mechanochemistry of materials[M]. Cambridge, UK: Cambridge International Science, 1998.

[74] 吴其胜, 李玉华, 高树军, 等. 机械力化学法制备金红石型 TiO_2 纳米晶体[J]. 南京工业大学学报, 2001,23(6):14-17.

[75] 吴其胜, 张少明. 机械力化学合成 $CaTiO_3$ 纳米晶的研究[J]. 硅酸盐学报, 2001,29(5):479-483.

[76] 吴其胜, 高树军, 张少明, 等. $BaTiO_3$ 纳米晶机械力化学合成[J]. 无机材料学报, 2002,17(4):719-724.

[77] 张剑光,张明福,韩杰才,等. 高能球磨法制备纳米钛酸钡的晶化过程[J]. 压电与声光,2001,23(5): 381-382.

[78] Wang J, Wan D, Xue J, et al. Mechanochemical synthesis of 0.9Pb $(Mg_{1/3}Nb_{2/3})O_3$-0.1PbTiO$_3$ from mixed oxides [J]. Advanced Materials, 1999, 11(3):210-213.

[79] 杨华明,邱冠周,王淀佐. 特殊功能粉体的机械化学合成[J]. 金属矿山,2001,1:21-23.

[80] 罗驹华,侯贵华,周勇敏,等. 高能球磨低温煅烧制备单相莫来石[J]. 硅酸盐学报,2003, 31(3): 257-261.

[81] 解全东,李宗全. 高能球磨制备碳化钨过程中的结构转变[J]. 材料科学与工程学报,2003, 21(2): 187-190.

[82] 刘新宽,马明亮,席生歧,等. 机械力化学合成纳米晶氮化铝研究[J]. 硅酸盐学报,2000, 28(5): 468-471.

[83] 李建林,曹广益,周勇,等. 高能球磨制备 TiB_2/TiO_2 纳米复合粉体[J]. 无机材料学报,2001,16(4): 709-714.

[84] 肖旋,尹涛,陶冶,等. 用反应球磨法制备 NiAl-TiC 复合材料[J]. 材料研究学报,2001,15(4): 7439-7444.

[85] 唐致远,卢星河,张娜. 尖晶石型 $LiMn_2O_4$ 电池材料的元素掺杂[J]. 化学通报,2005,5 : 321-328.

[86] Jeong W T, Lee K S. Electrochemical cycling behavior of $LiCoO_2$ cathode prepared by mechanical alloying of hydroxides[J]. Journal of Power Sources, 2002, 104:195-200.

[87] Obrovac M N, Mao O, Dahn J R. Structure and electrochemistry of $LiMO_2$(M= Ti, Mn, Fe, Co, Ni) prepared by mechanochemical synthesis [J]. Solid State Ionics, 1998, 112 (1/2):9-19.

[88] Kosova N V, Uvarov N F, Devyatkina E T, et al. Mechanochemical synthesis of $LiMn_2O_4$ cathode material for lithium batteries[J]. Solid State Ionics, 2000,135:107-114.

[89] Franger S, Bourbon C, Rouault H, et al. Comparison between different $LiFePO_4$ synthesis routes and their influence on its physicochemical properties [J]. Journal of Power Sources, 2003, 119/ 120/ 121: 252-257.

[90] 施志聪,李晨,杨勇. $LiFePO_4$ 新型正极材料电化学性能的研究[J]. 电化学,2003 ,9(1) :9 -14.

[91] Kosova N V, Vosel S V, Anufrienko V F, et al. Reduction processes in the course of mechanochemical synthesis of $Li_{1+x}V_3O_8$[J]. Journal of Solid State Chemistry, 2001, 160 (2):444-449.

[92] Tossici R, Janot R, Nobili F, et al. Electrochemical behavior of superdense"LiC_2" prepared by ballmilling[J]. Electrochimica Acta, 2003, 48:1419-1424.

[93] Salver D F, Lenain C, Beaudoin B, et al. Unique effect of mechanical milling on the lithium intercalation properties of different carbons[J]. Solid State Ionics, 1997, 98:145-158.

[94] Natarajan C, Fujimoto H, Mabuchi A, et al. Effect of mechanical milling of graphite powder on lithium intercalation properties [J]. Journal of Power Sources, 2001, 92:187-192.

[95] Sakauchi H, Maeta H, Kubota M, et al. Mg_2Sn as a new lithium storage intermetallic compound[J]. Electrochemistry, 2000, 68(8):632-635.

[96] Beaulieu L, Larcher D, Dunlap R, et al. Reaction of Li with grainboundary atoms in nanostructured compounds [J]. Journal of the Electrochemical Society, 2000, 147 (9):3206-3212.

[97] Kim I, Kumta P N, Blomgren G E. Nanostructured Si/TiB_2 composite anodes for Li-ion batteries [J]. Electrochemical and Solid-State Letters, 2000, 3:493-496.

[98] Wang C S, Wu G T, Zhang X B, et al. Lithium insertion in carbon-silicon composite materials produced

by mechanical milling [J]. Journal of the Electrochemical Society，1998，145：2751-2758.

[99] Robertson A D, Trevino L, Tukamoto H, et al. New inorganic spinel oxides for use as negative elec-trode materials in future lithiumion batteries [J]. Journal of Power Sources, 1999, 81/ 82：352-357.

[100] Prosini P P, Mancini R, Petrucci L, et al. $Li_4 Ti_5 O_{12}$ as anode in all-solid-state，plastic, lithiumion bat-teries for low power applications [J]. Solid State Ionics，2001，144（1/ 2）：185-192.

[101] 冯瑞香，董华，杨汉西，等. BaFeSi/C 复合物作为锂离子电池负极材料的研究[J]. 电化学，2004，10（4）：391-396.

[102] 蒋小兵，赵新兵，曹高劭，等. 新型锂离子电池负极材料 $CoFe_3 Sb_{12}$[J]. 材料研究学报，2001，15(4)：469-472.

[103] 曹高劭，赵新兵. 金属 Sb 与石墨复合材料的电化学吸放锂性质[J]. 稀有金属材料与工程，2003，32（11）：915 - 918.

[104] 王可，杨军，解晶莹，等. 球磨法制备锂金属氮化物及电化学性能研究[J]. 无机材料学报，2003 ,18（4）：843- 848.

[105] 林元华，翟俊宜，王海峰，等. 机械化学法合成纳米 ZnO 粉体[J]. 无机材料学报，2003，18（3）：673-676.

[106] 邓彤彤，彭振山. 超细氧化铬制备方法的研究进展[J]. 无机盐工业，2003，35（4）：5-7.

[107] Gopalan S, Singhal S. Mechanochemical synthesis of nanosized CeO_2[J]. Scripta materialia, 2000,42：993-996.

[108] 辜子英，胡平贵，彭德院，等. 单分散球形超细氧化铈的机械化学反应制备法[J]. 中国有色金属学报，2003,13（3）：783-787.

[109] Ding J, Tsuzuki T, Mcormick P G. Ultrafine alumina particles prepared by mechano-chemical thermal processing[J]. Journal of the American Ceramic Society, 1996（11）：2956-2958

[110] 郑欣. 采用机械化学法合成 ZrO_2 纳米晶粉末[J]. 稀有金属快报，2002（1）：22-23.

[111] 杨华明，张向超，敖伟琴，等. 机械化学合成铁酸盐纳米晶的新进展[J]. 材料科学与工程学，2003,21（4）：56-59

[112] Lefelshtel N, Nadiv S, Lin I J, et al. Production of zinc ferrite in a mechano-chemical reaction by grinding in a ball mill [J]. Powder Technology, 1998，20(2)：211-215.

[113] Kosmac T, Courtney T H. Milling and mechanical alloying of inorganic nonmetallics [J]. Journal of Materials Research, 1992, 7(6)：1519.

[114] 姜继森，高濂，杨燮龙，等. 铁酸锌纳米晶的机械化学合成[J]. 高等学校化学学报，1999，20(1)：1-4.

[115] 毛昌辉，杜军，刘落红，等. 高能机械研磨合成尖晶石型 $ZnFe_2 O_4$ 铁氧体的研究[J]. 粉末冶金工业，1999，9(3)：13-16.

第 2 章　材料机械化学基础

2.1　机械化学装备

材料机械化学加工的主要应用装备为搅拌磨、行星球磨机以及高速混合机。其中,1928 年 Klein 和 Szegvari 就提出了搅拌磨的基本原理[1],即在搅拌桶中加入天然砂粒,然后应用人工研磨介质(瓷球、玻璃珠、钢球等),用搅拌器研磨物料,从而掀开了搅拌磨的历史。他们用搅拌器和球形介质完成了细粒湿磨,用于涂料工业,并成立了 UP 公司(Union Process Inc.),专门从事搅拌磨的设计制造和推广应用[2]。关于搅拌磨的详细发展历史、结构、性能特点及加工要求等内容已在作者的另一本专著《无机功能材料》中述及,本章只介绍行星式球磨机和高速混合机的相关知识。

2.1.1　行星式球磨机

行星式球磨机是混合、细磨、小样制备、纳米材料分散、新产品研制和小批量生产高新技术材料的必备装置,该设备具有体积小、功能全、效率高、噪声低等诸多特点。其广泛应用于地质、矿产、冶金、电子、建材、陶瓷、化工、轻工、医药、美容、环保等部门。

2.1.1.1　行星式球磨机的发展

20 世纪 80 年代末,加拿大多伦多大学的 Trass 和 Szego 联合研制的一种行星式磨机 Szego 磨,该机最初是为磨碎油菜籽以提高油菜籽的浸出率而设计的。Szego 磨兼有振动磨和普通球磨机的特点,适合于连续的干磨和湿磨,已广泛应用于非金属矿,如方解石、煤、石墨、大理石、石灰石等矿物的粉碎;还适合于纤维材料、工业陶瓷、化工原料、橡胶填料等的粉碎[3]。

立式行星磨是由北京科技大学土木与环境工程学院设计开发的超细粉碎设备,其原理与上述行星式磨机的原理有差异。但立式行星磨源于它的雏形——Szego 磨机,因此,它们的内部结构相似,立式行星磨继承了 Szego 磨的结构简单、磨矿高效等优点,又克服了其结构强度不足、大型化困难的缺点。但立式行星球磨机也存在一些难以解决的缺点:如由于重力作用往往使磨料结底,最后结成硬块,无法磨细,另外,球磨时主要研磨面只有罐壁及罐底,没有利用所有面积,影响球磨效率。

近年来公开号为 CN2512505 的专利公开了一种卧式行星球磨机的设计方法。该方法设计的磨机不存在沉底的现象,而且磨罐上下底面和罐壁都是研磨面,因而球磨效率必然高于立式行星球磨机,最重要的是球磨罐安置在带有 5°左右斜面的托盘上,球磨时,球磨罐除公转及自转外多了围绕中心轴的圆锥形摆动,使罐内物料的运动轨迹更复杂,更无规律,因而大大改善了球磨效率。该机设计是国内外首创,为广大从事材料科学的科技人员增添了一种超细粉体制备和纳米材料研究的新型设备[4]。

2.1.1.2　行星式球磨机的结构

如图 2-1 所示是行星式球磨机的结构示意图。图中与调速电机 1 固联的小皮带轮 2 通过三角皮带 3 与大皮带轮 4 构成皮带传动机构,与大皮带轮 4 固联并同轴运转的转盘 5 上对称布置有若干个球磨罐 7,每个球磨罐的中心转轴 6 都与转盘 5 构成回转副,并且这些中心转轴 6 的下部固联有行星带轮 9,带轮 9 又通过皮带与电机固联的中心带轮 8 构成皮带转动,它们共同组成行星轮系。当调速电机启动后,转盘 5 便会转动起来,同时球磨罐 7 也开始做行星运动。这种行星式球磨机呈立式,即各旋转体的轴心都是与地面相互垂直的[5]。

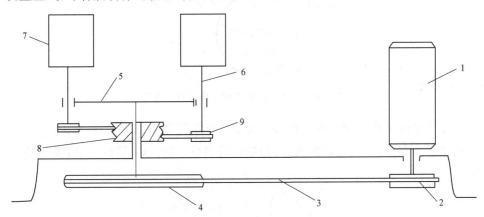

图 2-1　行星式球磨机的结构示意图

2.1.1.3　行星式球磨机的工作原理

众所周知,离心力的公式为:

$$F = m \cdot \omega^2 \cdot r \tag{2-1}$$

式中:m 为回转物体的质量;ω 为角速度;r 为回转半径。例如:约 $\phi50\text{mm}$ 的钢球重 $G = 0.5\text{kg}$,$\omega = 6\pi/\text{s}$,$r = 1\text{m}$;代入上式即可求得该研磨体的离心力 F:

$$F = \frac{G}{g} \cdot \omega^2 \cdot R = \frac{0.5\text{kg}}{9.8\text{m/s}^2} \times (6\pi/\text{s})^2 \times 1\text{m} \approx 18\text{kg} \tag{2-2}$$

即该球的有效质量相当于 18kg。这就是行星式球磨机的基本概念。

　　行星式球磨机的工作原理如图 2-2 所示。工作时,行星式球磨机是由两个或两个以上相互平行的球磨罐回转中心进行旋转,恰似行星绕恒星运动。相互平行的球磨罐分别围绕自己的垂直中心轴以角速度 ω 作自转运动,同时罐体又绕支承盘的中心轴以角速度 Ω 作相反方向的公转运动。球磨罐内装有研磨介质和物料,这种磨机既自转又公转,从而带动研磨介质做复杂运动,而且是以公转运动与自转运动的矢量和所产生的离心力取代常规球磨机的重力作为粉碎力的,也就是比重力加速度大十倍至几十倍的离心加速度来实现物料的细磨,这是行星式球磨机特有的工作原理[6]。

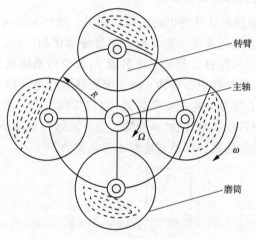

图 2-2　行星式球磨机的工作原理示意图

　　行星式转动系统示意图如图 2-3 所示。行星转动系统[27]主要由在公转盘 B 上的球罐 A 组成,自转角速度为 ω_r;球罐转筒轴 O_1 则绕与其平行的中心轴 O 沿公

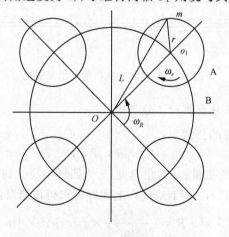

图 2-3　行星式球磨机转动系统

转盘 B 公转,公转角速度为 ω_R。在一般情况下,球罐 A 内周边上质量为 m 的物料的受力 F 为:

$$F = G + G_l + G_k + m\frac{\mathrm{d}\,\omega_R}{\mathrm{d}t} \tag{2-3}$$

式中,由公转引起的离心力 $G = m\omega_R^2 L$;由自转引起的离心力 $G_l = m\omega_r^2 r$;哥氏力 $G_k = 2m\omega_R\omega_r r$,当 ω_R 恒定时,此项为零。

2.1.1.4　行星式球磨机的分类

行星式球磨机主要有立式和卧式两种[7]。由于在研磨过程中球磨罐能够完全封闭,所以既可以干磨,也可以湿磨;还可以在罐内充满不同气体,实现不同气氛下粉体的加工。Szego 磨机是一种独特的行星环辊式磨机,其结构原理示意图如图 2-4 所示。

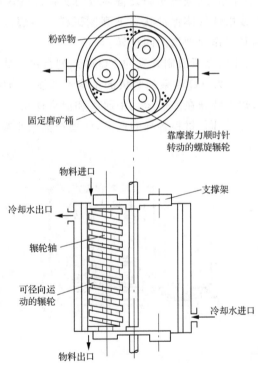

图 2-4　Szego 磨机的结构原理示意图

这种磨机是由一个垂直的固定筒体和 3～8 个有螺旋槽的辊子组成,每个辊子安装在法兰盘上,可以径向活动。给料从磨机上部给入,在辊子和筒体之间被重复地进行粉磨。物料主要受到挤压、剪切、摩擦和冲击而粉碎。Szego 磨机的主要技术参数如表 2-1 所示[8]。

表 2-1　Szego 磨机主要技术参数

型号	磨机功率/kW	生产量/kg·h⁻¹	给料粒度/mm	外形尺寸(M×L×W)/mm
SM-160-1	2.2	30～300	3	550×690×310
SM-220-1	15	100～2000	6	1060×860×480
SM-280-3	30	100～2000	6	2000×860×500
SM-320-1	22	200～3000	6	1400×1000×500
SM-460-1	56	500～5000	10	1870×2000×1250
SM-640-1	93	1000～7500	10	2300×2500×1600

　　在立式行星磨机中,目前科研单位、高等院校、企业实验室获取研究试样(每次实验可同时获得四个样品)的理想实验设备多数为变频行星球磨机,其配用真空球磨罐,可在真空状态或惰性气体保护状态下磨制试样。该磨机国内各种品牌系列特别多,但基本结构和工作原理均大同小异。

　　南京科析实验仪器研究所研制开发的 XQM 系列行星式球磨机是在一转盘上装有四个球磨罐,图 2-5 为 XQM 系列磨机的结构示意图。当转盘转动时,球磨罐中心轴作行星运动,罐中磨球在高速运动中研磨和混合样品。该产品能用干、湿两种方法粉碎和混合粒度不同、材料各异的产品,研磨产品最小粒度可至 0.1mm。

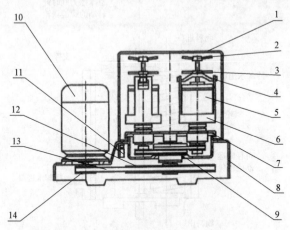

图 2-5　行星式球磨机的结构示意图

1-保护罩;2-V 形螺栓;3-锁紧螺母;4-扁担;5-球磨罐;
6-拉马套;7-转盘;8-机座;9-行星轮系;10-电机;
11-安全开关;12-大带轮;13-三角皮带;14-小带轮

　　XQM 系列磨机的主要型号规格及技术参数如表 2-2 所示。

表 2-2　XQM 系列行星球磨机主要规格及技术参数

项目＼型号		XQM-0.4L	XQM-2L	XQM-4L	XQM-16L	XQM-20L
电源		220V　50Hz			380V　50Hz	
连续运转定时间/min		1～9999				
正反向交替运转周期选择/min		1～99				
电机		Y801～4～0.37	Y801～4～0.55	Y801～4～0.75	Y100L1～4～5.5	Y100L1～4～5.5
控制器		0.75kW 变频器	0.75kW 变频器	0.75kW 变频器	5.5kW 变频器	5.5kW 变频器
转速 /r·min⁻¹	公转（可调）	50～400	50～400	50～400	50～400	50～400
	自转（可调）	100～800	100～800	100～800	100～800	100～800
噪声/dB(A)		≤60	≤60	≤60	≤75	≤75
外形尺寸（长×宽×高）/mm		480×320×380	590×370×390	700×450×580	950×700×800	950×700×800
重量/kg		60	120	170	340	350
可配球磨罐	规格 /mL	50～100	50～500	50～1000	50～4000	5000
	数量 /只	4	4	4	4	4

　　卧式行星球磨机是在一竖直平面的转盘上对称装有四个卧式安装的球磨罐，当转盘转动（公转）时，球磨罐围绕自身中心轴作反方向旋转（自转）运动。由于球磨罐在旋转时没有固定的底面，在研磨材料的过程中，罐内磨球除受公转和自转两个离心力作用外，重力也发挥一定的作用。作用在各个磨球上的合力大小和方向在不断变化并且各不相同，这就使得所有磨球的运动轨迹是杂乱无章的。当机器高速运转时，磨球获得足够大的碰撞能量，猛烈撞击和研磨物料，大大提高了研磨效果和研磨效率。图 2-6 为南京大学仪器厂研制的 QM-WX 系列卧式行星球磨机实物照片，该类型的磨机也多为实验型的。

2.1.2　高速加热式混合机

　　粉体表面改性是伴随着现代新型复合材料的兴起而发展起来的一项新技术。虽然它的发展历史较短，但对于现代有机/无机复合材料、无机/无机复合材料、涂料或涂层材料、吸附与催化材料、环境材料以及超细粉体和纳米粉体的制备和应用都具有重要意义。表面改性是非金属矿物粉体材料必需的加工技术之一，对提高非金属矿物的应用性能和应用价值有至关重要的作用，是优化粉体材料性能的关键技术之一。

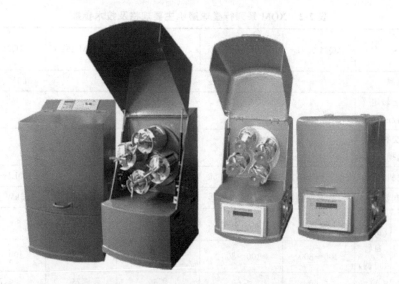

图 2-6　QM-WX 系列卧式行星球磨机

粉体的表面改性或表面处理技术,包括表面改性方法、工艺、表面改性剂及其配方、表面改性设备等。其中在表面改性工艺和改性剂配方确定的情况下,表面改性设备的优劣就成为粉体表面改性或表面处理的关键。

粉体表面改性设备,主要担负 3 项职责:一是混合;二是分散;三是表面改性剂在设备中熔化和均匀分散到物料表面,并产生良好的结合[9]。性能好的表面改性设备应具备以下基本工艺特性:①对粉体及表面改性剂的分散性好;②粉体与表面改性剂的接触或作用机会均等;③改性温度可调;④单位产品能耗低;⑤无粉尘污染;⑥操作简便、运行平稳。

由于相关新材料产业的落后,我国粉体表面改性技术的发展较晚,始于 20 世纪 80 年代,比发达的工业化国家晚了约 20 年。在 2000 年之前基本上无专业化的表面改性设备。除湿法改性之外,干法改性大多采用塑料加工行业的高速加热混合机或其他带导热油加热的混合设备。近 10 年来,以表面改性配方、表面改性工艺、表面改性设备为代表的非金属矿物粉体表面改性技术取得了显著进展,与工业发达国家的差距也得到缩小。此处我们主要介绍一下高速加热式混合机。

2.1.2.1　高速加热式混合机的结构

高速加热式混合机是无机粉体如无机填料或者颜料表面化学包覆改性处理的常用设备之一。它广泛应用于高分子材料成型加工、制药、染料、造纸等行业的混合设备,也称高搅机。它主要由回转盖、混合锅、折流板、搅拌装置、排料装置、机座等组成,其结构如图 2-7 所示。

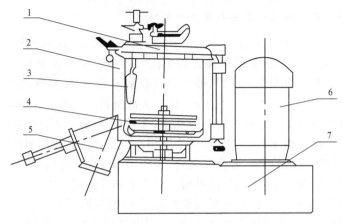

图 2-7 高速加热式混合机结构示意图

1-回转盖；2-混合锅；3-折流板；4-搅拌装置；5-排料装置；6-驱动电机；7-机座

该机的混合室一般呈圆筒形，是由内层、加热冷却夹套、绝热层和外套组成；混合锅内层表面具有很高的耐磨性和光洁度；上部与回转盖相连接，下部有排料口。为了排去混合室内的水分与挥发物，有的还装有抽真空装置。与驱动轴相连的叶轮是高速混合机的搅拌装置，可在混合室内高速旋转，由此得名为高速混合机。许多特殊用途的高速混合机则拥有特殊设计的叶轮，叶轮形式很多，如图 2-8 所示[10]。悬挂在回转盖上的折流板断面呈流线型，可根据混合室内物料的多少调节其悬挂高度。折流板内部为空腔，装有热电偶，可用来测试物料温度。混合室下部有排料口，位于物料旋转并被抛起时经过的地方。排料口接有气动排料阀门，可以迅速开启阀门排料。

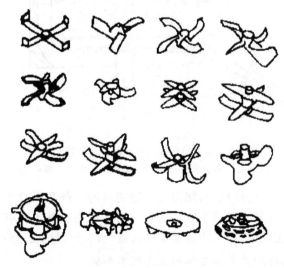

图 2-8 高速加热式混合机叶轮形式

2.1.2.2　高速加热式混合机的工作原理

图 2-9 为高速加热式混合机的工作原理示意图。当高速混合机工作时,高速旋转的叶轮借助表面与物料的摩擦力和侧面对物料的推力使物料沿叶轮切向运动。同时,由于离心力的作用,物料被抛向混合室内壁,并且沿壁面上升到一定高度后,由于重力作用又落回到叶轮中心,接着又被抛起。这种上升运动与切向运动的结合,使物料实际上处于连续的螺旋状上、下运动状态。由于叶轮转速很高,物料运动速度也很快,快速运动着的颗粒之间相互碰撞、摩擦,使得团块破碎,物料温度相应升高,同时迅速地进行着交叉混合,这些作用促进了物料的均匀分散和对液态添加剂(如表面改性剂)更均匀的吸附。混合室内的折流板进一步搅乱了物料流态,使物料形成无规律运动,并在折流板附近形成很强的漩涡。对于高位安装的叶轮,物料在叶轮上、下都形成连续交叉流动,因而混合更快、更均匀。混合结束后,夹套内通冷却介质,冷却后的物料在叶轮作用下由排料口排出,或者物料混合结束后由高速混合机(热混机)排入低速混合机(冷混机)进行冷却,最后出料。

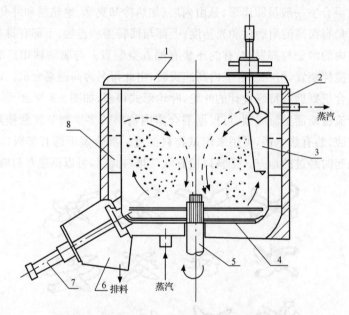

图 2-9　高速加热式混合机的工作原理示意图
1-回转盖;2-外套;3-折流板;4-叶轮;5-驱动轴;6-排料口;7-排料气缸;8-夹套

高速混合机混合速度很快,能充分促进物料的分散和颗粒与表面改性剂的接触,对于那些热敏性的物料或不宜经受长热历程的物料是十分有利的。就一般的表面化学改性或包覆而言,使用高速加热式混合机是有效而经济的方法。

2.1.2.3　高速加热式混合机的主要技术参数

高速加热混合机是一种间歇式的批量粉体表面改性设备,它的处理时间可长可短,加热温度可调控,很适合中小批量的表面化学包覆改性和实验室进行改性剂配方试验的研究。

高速加热混合机是塑料加工行业的定型设备,目前的型号主要有 SHR 型、GRH 型、CH 型等,因生产厂家的不同而不同。主要的技术参数有总容积、有效容积、主轴转速、装机功率等。总容量从 10L 至 800L 不等,其中 10L 的高速加热式混合机主要用于实验室研究;高速混合机的排料方式有手动和气动两种,表 2-3 为高速加热式混合机的主要技术参数[28]。

表 2-3　高速加热式混合机的型号和主要技术参数

型号	主要技术参数							
	总容积/L	有效容积/L	主轴转速/r·min⁻¹	排料方式	加热方式	电机功率/kW	机器质量/kg	外形尺寸(长×宽×高)/mm
CH-10DY	10		1250/2500		电液	2/2.4	500	940×415×840
CH-100DY	100		605/1210		电液	14/22	1300	1660×770×1170
CH-200DY	200		475/950		电液	28/40	1800	2000×900×1480
CH-300DY	300		475/950		电	40/55	1850	2000×900×1620
CH-500DY	500		335/670		电	47/67	5500	2610×1137×1735
GRH10A	10	6~7	650,950/1400	手动	电	1.5	250	980×445×810
GRH100Q/D	100	60~70	1000	手动或气动	汽或电	15	1500	1860×640×1280
GRH200Q/D	280	120~140	520,475/950	手动	汽或电	22,30/42	2500	1750×1100×1450
GRH300Q/D	300	180~210	475/950	手动	汽或电	40/55	2800	2935×960×1525
GRH500Q/D	500	300~350	500	手动	汽或电	55	3000	3085×1054×1880
GRH800Q/D	800	480~600	500/1000	手动	自摩擦	110/160	3500	2350×2400×2350
SHR-10A	10	7	600~3000	手动	自摩擦	3		
SHR-50A	50	35	750/1500			7/11		
SHR-100A	100	75	650/1300			14/22		
SHR-200A	200	150	575/1050	气动	汽或电	30/42		
SHR-300A	300	225	625/1100			40/55		
SHR-500A	500	375	500/1000			47/67		
SHR-800A	800	600	500			75		
SHR-200C	200	150	650/1300	气动	自摩擦	30/42		
SHR-300C	300	225	650/1300			47/67		
SHR-500C	500	375	500/1000			83/110		

2.2　机械化学过程的理论模型

　　机械化学法可在固态条件下实现新材料的制备,突破了平衡相图对材料开发的限制,因而近年来受到众多研究者的重视。较多的研究侧重于用该方法来合成新材料,而对机械化学过程中固态反应的机制研究则很有限。在机械化学合成过程中,理解机械力诱导固态反应是首先要澄清的理论基础问题之一,这对正确选择合理的球磨工艺也具有重要的指导意义。

　　20 世纪 80 年代以来材料工作者一方面致力于利用机械化学技术制备非晶相、纳米晶相、准晶相及过饱和固溶体等新型合金;另一方面积极进行机械合金化的理论研究[11],这方面的工作主要集中在以下三点:①分析球磨时球的运动方式,确定其"不均匀性";②研究碰撞过程中粉末的变形、焊合和断裂,以及粉末颗粒的尺寸、形状和硬度等特征量随时间的变化,计算碰撞中的能量转化(碰撞动能转化为粉末的内能和散失的热能)以及粉末温度的上升,确定球磨参数与产物的关系;③分析粉末中发生的物理现象,如扩散、固溶、非晶化、机械化学反应。其中关于①、②两点的研究是③的基础。

　　许多科学家如 Maurice、Courtney 及 Magini 等在这些领域已经做了大量的工作。他们从不同的假设出发,建立了定量描述机械合金化的简化模型。尽管这些模型还比较粗糙,但在一定程度上揭示了机械化学的机制[12]。本节在已有的模型基础上,结合实验过程,初步探讨机械化学合成复合/掺杂金属氧化物纳米晶材料的机理。

2.2.1　Maurice-Courtney 模型

　　早期机械化学过程的研究较为零散,大多停留在定性描述的层次上。1990 年 Maurice 等发表了他们的工作成果,第一次系统、定量地描述了机械化学过程的微观机制,构造出一个清晰、明确的物理模型[13]。Maurice 的模型可分为两部分:第一部分描述了碰撞的基本过程,定义了碰撞速度。碰撞温度和碰撞时间等特征参量;第二部分在前一部分的基础上对碰撞过程中的粉末的变形、断裂和焊合行为进行分析,并建立了判断这些行为发生的公式[14]。Maurice 等认为 MA 过程中球的碰撞可视为 Hertzian 碰撞过程,并由此提出三个主要的假设:

　　(1) MA 过程中球与球,球与壁的作用主要为弹性正碰,忽略斜碰的作用。

　　(2) 忽略粉末对弹性正碰的影响。

　　(3) 正碰时,被俘获的粉末构成一致密体,其变形为镦粗变形。

　　由 Hertzian 的弹性碰撞模型(图 2-10)可得,在碰撞速度为 v 时,无粉料加入的情况下,碰撞持续时间(包括弹性变形及弹性恢复两个阶段,时间为 τ):

$$2\tau = \frac{A\delta_{\max}}{v} \qquad (2-4)$$

其中 A 为常数,等于 2.9432; $\delta_{\max}$ 为碰撞中两球质心的相对位移,是碰撞几何参数与材料特性的函数:

$$\delta_{\max} = 0.9745 v^{0.8} \left(\frac{m_1 m_2}{m_1 + m_2}\right)^{0.4} \left(\frac{R_1 + R_2}{R_1 R_2}\right)^{0.2} \left(\frac{1-\nu_1^2}{E_1} + \frac{1-\nu_2^2}{E_2}\right)^{0.4} \qquad (2-5)$$

式中: $m_{1,2}$、$E_{1,2}$、$R_{1,2}$、$\nu_{1,2}$ 分别为两球的质量、弹性模量、球半径和泊松比。经计算 2τ 的数量级为 $10^{-2}\,\mathrm{ms}$。

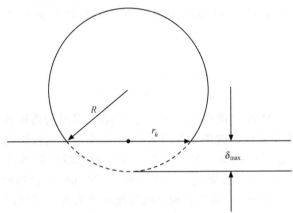

图 2-10　Hertizian 弹性碰撞模型

　　根据 Maurice 的假设,加入粉料后,正碰过程不受影响,可以引用上述结果。碰撞中,俘获的粉末构成一圆柱形致密体(图 2-11),其体积:

$$V_c = \pi r_h^2 h_0 \qquad (2-6)$$

式中: h_0 为圆柱体的高。

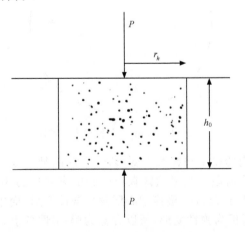

图 2-11　碰撞中俘获粉末形成的圆柱体

根据流体力学的"扫过"机制,对于搅拌式球磨机:

$$h_0 = \frac{16(L-2R)\rho_B n_B R^3}{3\rho_P C_R (3LD_m^2 - 16n_B R^3)} \tag{2-7}$$

式中:L 为球磨长度;D_m 为球磨半径;R 为磨球半径;n_B 为磨球个数;ρ_B 为磨球密度;ρ_P 为粉的密度;C_R 为球粉比。在碰撞压力作用下粉体发生镦粗变形,引起温度上升,由公式 $\sigma = \sigma_0 + K\varepsilon^n$ 可得温升:

$$\Delta T = C_R^{-1} \left(\frac{K\varepsilon_{max}^{n+1}}{n+1} + \sigma_0 \varepsilon_{max} \right) \tag{2-8}$$

由上式可见,碰撞引起的粉体温升取决于碰撞中的粉体的变形量。其中 ε_{max} 为粉体最大变形量:

$$\varepsilon_{max} = \ln \left(\frac{h_0}{h_0 - \dfrac{v\tau}{2}} \right) \tag{2-9}$$

碰撞结束后,粉体的温度开始下降。温度降至室温所需时间的数量级约为 10^{-2} s,远小于粉体受到两次碰撞的时间间隔,所以不会引起粉体温升的积累。

Maurice 模型的第一部分基本解决了 MA 过程中球的机械运动和碰撞问题。在此基础上,Maurice 又着重研究了碰撞中粉末的变形、焊合和断裂过程。Maurice 假设粉末颗粒为椭圆形,均匀有规律地包覆在球的表面,颗粒的长轴与球面法线垂直(图 2-12)(这时系统总能量最低)[15]。

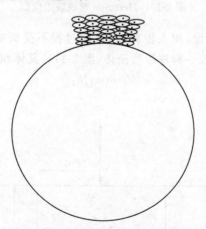

图 2-12　Maurice 假设粉末颗粒图

碰撞中包覆层内的粉末颗粒发生变形,焊合或断裂。颗粒的变形可分为弹性变形和塑性变形两个阶段。当碰撞区颗粒受到的有效应力小于其硬度 H_v 时,发生的是弹性变形。大于 H_v 时,碰撞中心区发生塑性变形,而中心区周围有效应力未达到 H_v 的环状区仍为弹性变形,所以合称为弹-塑性变形。弹性变形阶段相对于弹-塑性变形阶段很短,可以忽略。因此可以给出 $t = \tau$ 时两球接触面上对应两点间的相对位移：

$$\alpha(r) = Rv\left(\frac{\rho_B}{H_v}\right)^{0.5} - \frac{r^2}{R} \tag{2-10}$$

式中：r 为对应点到接触中心的距离；v 为两球接触前相对运动的速度；ρ_B 为磨球的密度；H_v 为粉末硬度。对应点的应变：

$$\varepsilon = \ln\left[\frac{h_0 - \alpha(r)}{h_0}\right] \tag{2-11}$$

h_0 为粉末包覆层的厚度。变形使颗粒表面的污染层（主要是氧化物层）破裂，暴露出部分新鲜原子面。当两颗粒的新鲜原子面相接触时，原子间发生键合。随后的弹性恢复过程中，键合区受到弹性恢复力 N_e 和剪切力 T_b 的作用（图 2-13），有分离的趋势。当键合力 F_w 满足条件：$F_w^2 > N_e^2 + T_b^2$ 时，键合仍旧保持，即两颗粒发生了焊合。否则新鲜的原子面将重新分离并污染。

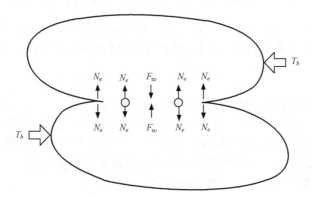

图 2-13　键合区受力情况

下面给出 F_w、N_e、T_b 的计算公式：

$$F_w = \pi r_P^2 \sigma_u \left[J\left(\frac{\Delta S}{S_f}\right)^2 - n_d\left(\frac{r_d}{r_p}\right)^2 \right] \tag{2-12}$$

$$N_e = \pi r_P^2 H_v \left[\frac{n_d r_d^2}{r_p} + \frac{\pi^4}{6(1 + 1.33\tan^2\theta)}\left(\frac{R_P}{r_p}\right)^2 \delta^2 H_v^2 \right] \tag{2-13}$$

$$T_b = \pi r_P^2 H_v \left(\frac{0.44\tan^2\theta}{1 + 1.33\tan^2\theta}\right)^{0.55} \tag{2-14}$$

式中：$\delta = (1 - \nu^2)/E$，r_p 为两颗粒的接触面积，R_n 为焊合的张应力，ΔS 为变形前后的表面积差，S_f 为变形后的表面积，J 为常数，n_d 为夹杂物数量，r_d 为夹杂物半径，R_p 为颗粒的有效体积半径，E 为弹性模量，θ 为碰撞角度。由接触面上任一点应力与中心距关系的公式，可求得达到临界应变所需的相对位移：

$$\frac{a(r)}{h_0} = 1 - \left(1 - \frac{a_c^2 f^{\frac{2}{3}}}{4R_P^2}\right)^{0.5} \exp(-\varepsilon_c) \tag{2-15}$$

式中：f 为椭球体的形状因子，a_c 为裂纹临界长度。

Maurice 的学生 Aikin 根据上述理论,对球磨过程中颗粒尺寸的变化进行了研究。他认为粉末颗粒的焊合或断裂的概率只与材料本身的性质有关,而不受颗粒尺寸或球磨时间的影响[16]。设原始粉末是 A 和 B 两种颗粒的混合物,球磨时,A 和 B 复合形成 C 颗粒。通过统计的方法,Aikin 推导了颗粒 A 的分数随时间的变化率为:

$$\frac{\tau_c}{f_A}\frac{\mathrm{d}f_A}{\mathrm{d}t} = (1-f_A)a_A - f_B a_B - f_C a_C - f_A(1-f_A)a_{AA} + f_B^2 a_{BB}$$

$$+ f_C^2 a_{CC} - 2(1-f_A)f_B a_{AB} - 2(1-f_A)f_C a_{AC} + 2f_B f_C a_{BC} \quad (2\text{-}16)$$

式中:$a_{A,B,C}$ 分别为单位时间内,A、B、C 三种颗粒断裂的概率,$a_{ij}(i,j=A,B,C)$ 为 i 与 j 焊合的概率,$f_{A,B,C}$ 为颗粒所占的体积分数,τ_c 为两次碰撞时间间隔。B 相的计算公式与 A 相类似。而 C 相颗粒的分数随时间的变化率是:

$$\tau_c\frac{\mathrm{d}f_C}{\mathrm{d}t} = -f_A f_C a_A - f_B f_C a_B + f_C(1-f_C)a_C + f_A^2 f_C a_{AA} + f_A^2 f_C a_{BB}$$

$$+ f_C^2(1-f_C)a_{CC} + 2f_A f_B(1+f_C)a_{AB} + 2f_C^2(f_A a_{AC} + f_B a_{BC}) \quad (2\text{-}17)$$

如果粉末是单相纯物质,由以上结论导出颗粒尺寸随时间变化的关系[16]:

$$\tau_c\frac{\mathrm{d}f_C}{\mathrm{d}t} = -f_C^2 a_{CC} + 2f_A f_B a_{AB} + f_C a_C$$

Maurice 模型基本上反映了 MA 过程中合金化的基本趋势,如颗粒尺寸、层间距、颗粒硬度与球磨时间的关系等。但模型仍较为粗糙,比如,它明显低估了粉末的变形率,由它计算得到的碰撞温升也远低于实验观察结果。温升是相变过程的关键因素,因而 Maurice 模型不能解释 MA 过程中的相变现象[17]。所以,很多科学家致力于对模型作进一步的改进和完善。

2.2.2　Bhattcharya-Artz(B-A)模型

Maurice 等[18~20]在讨论温升时,往往把它视为一种体积效应,通过计算得到的是粉体的平均温升。而 Bhattacharya 等认为粉体内部存在着温度梯度,在碰撞面附近温度达到极大值,所以局部温升可能很高。塑变能中的一部分被粉末吸收,使其温度上升;而另一部分的能量流入了磨球。球与粉体的接触面上能流密度是均匀的,碰撞过程中保持为常数。考虑能量流入磨球时,可推导出接触面的温度为:

$$T_C = T_0 + \frac{2q_1}{k_s}\sqrt{a_s\Delta\tau}\left[\frac{1}{\sqrt{\pi}} - \mathrm{ierf}\left(\frac{r_0}{\sqrt{a_s\Delta\tau}}\right)\right] \quad (2\text{-}19)$$

式中:a_s 为热扩散系数,k_s 为热导率,T_0 为环境温度,r_0 为接触半径,q_1 为热流密度。

考虑能量流入粉体时,同样可推导接触面的温度为:

$$T_C = T_0 + \frac{2q_2\tau}{\rho c_p t_0} + \frac{q_2 t_0}{2k_c}\left[\frac{1}{3} - \frac{2}{\pi^2}\sum_{n=1}^{\infty}\frac{(-1)^n}{n^2}\exp\left(-\frac{4n^2\pi^2 a_c\tau}{t_0^2}\right)\cos(n\pi)\right] \quad (2\text{-}20)$$

式中：k_c、α_c 为粉末材料的扩散系数和热导率，t_0 为粉体的厚度，q_2 为热流密度。根据边界效应，接触面温度应相等。解方程可得粉体中的温度分布，如图 2-14 所示。

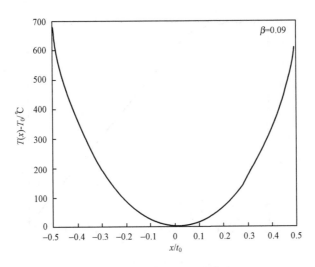

图 2-14 粉体中的温度分布

由 B-A 模型得到的接触面温升与实验结果接近。碰撞中粉体的厚度一般在 10^{-4} m 左右，但由 B-A 模型推导出粉体表面到中心的温差达 700℃（图 2-14）。在粉体内部是否存在这么大的温度梯度尚需实验验证。

2.2.3 Magini-Iasonna 模型

温升是与碰撞中的能量转化相联系的。Maurice 认为粉体在碰撞中吸收的能量很少，但 Magini 等发现实际的能量转化率很高，而且与球的相互作用形式有关，球与球间相互作用的主导形式随球的填充度 n_v 变化[21]：

$$n_v = N_b / N_{tot} \tag{2-21}$$

式中：N_b、N_{tot} 分别为球数和球罐填满所需的球数。球数多时，n_v 大，作用以滑动为主。球数少时，n_v 小，作用以碰撞为主。此时碰撞的能量损失：

$$\Delta E = k_c m_b \omega_p^2 R_p^2 \tag{2-22}$$

式中：k_c 为常数，k_c 与球磨的几何参数和碰撞的弹性有关，ω_p，R_p 表示行星式球磨机公转角速度和旋转半径。借助于落体实验可测得 ΔE 的大小：

$$\Delta E = E_0 (1 - \eta_t) \tag{2-23}$$

式中：η_t 为包覆球的反弹系数，E_0 为碰撞动能。在实际碰撞过程中，塑变能

$$E_p = E_0 \left(1 - \frac{\eta_t}{\eta_b} \right) = \Delta E \frac{\eta_b - \eta_t}{(1 - \eta_b) \eta_t} \tag{2-24}$$

式中：η_b 为裸球的反弹系数。可见，当 η_b 和 η_t 一定时，塑变能与 ΔE 成正比。当 n_v

较大时，上式不再适用，为此引入系数 φ_b 进行修正：

$$\Delta E^* = \varphi_b \Delta E \tag{2-25}$$

由实验可以测得 φ_b 与 n_v 的关系如图 2-15 所示。

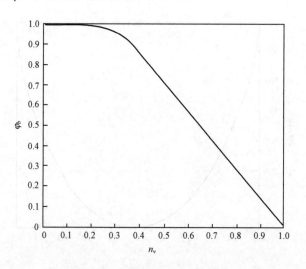

图 2-15　实验测得 φ_b 与 n_v 关系

每次碰撞中，单位质量的粉末吸收的能量可用 $\Delta E/Q_{max}$ 来表示，Q_{max} 为俘获的粉体的最大质量。$\Delta E/Q_{max}$ 实际上代表了碰撞温升的高低。根据 $\Delta E/Q_{max}$ 与 ω_p 的关系，绘制了"能图"，并把实验结果进行分类后发现，一定系统的球磨最终产物只出现在能图上特定的区域。这从另一方面说明了能量转化（或说温升）对相变的影响。

与 Maurice 模型相比，Magini 模型较好地解决了碰撞中的能量转化问题，明确了能量转化对相变的决定性作用。但它未能较好地解释 MA 过程的微观机制，也没有说明 ΔE 与粉末变形、断裂、焊合及颗粒尺寸之间的关系，物理意义不够明确。

2.2.4　Brun 模型

Maurice 模型中关于球运动参数的计算经过了大量的简化。Brun 等则是从严格的数学分析入手，建立起关于球运动的复杂的数学模型，得到了较精确的计算公式，因而对 Maurice 模型是一个有力的补充[22]。Brun 对行星式球磨机中只有单个球时的运动情况研究后发现，存在一个角度范围 $(\varphi_0, 2\pi - \varphi_0)$，在此范围内，附着于罐壁的球受到的合力指向球磨中心，这时球将离开罐壁在空中匀速飞行（忽略重力），直到在 φ_{impact} 角球与罐壁重新接触。

$$\varphi_0 = \arccos\left[-\frac{r}{R}(1-K)^2\right] \tag{2-26}$$

式中：$K = \omega/\Omega$，ω、Ω 分别为球罐和转盘的角速度，r 为转盘中心到球罐中心的距离，R 为球罐的半径。计算表明，按球磨速率 K 的大小，球的运动可分为以下几种类型：

（1）无序型。当时 $K < K_{\text{limit}}$ 时，φ_{impact} 落在 φ_0 与 $2\pi-\varphi_0$ 间，所以球与壁接触后，又离开壁继续"飞行"。

（2）摩擦型。当 $K > K_{\text{critical}}$ 时，由于合力始终不会指向球磨中心，所以球总是附着于罐壁。球与粉的相互作用出现于球间的相互滑动时。

（3）碰撞摩擦型。当 $K_{\text{limit}} < K < K_{\text{critical}}$ 时，球的运动轨迹分为两部分，一部分为脱离罐壁在空间"飞行"的轨迹，另一部分为球附着于壁运动的轨迹。Abdellaoui 等[23]对碰撞摩擦型进行了研究，提出三点假设：

（Ⅰ）碰撞能全部释放到粉体中。

（Ⅱ）忽略球与球，球与壁间的相互作用。

（Ⅲ）球与壁相遇，并达到稳定所经历的时间很短，可以忽略。由动力学基本定律，可以导出球脱壁时的速度（图 2-15）：

$$\|v_c\|^2 = (R\Omega)^2 + (r-r_b)^2\omega^2\left(1+\frac{2\omega}{\Omega}\right) \tag{2-27}$$

碰撞频率的计算公式为：

$$f = \frac{kn}{T_1 + T_2} \tag{2-28}$$

式中：T_1 为球的飞行时间，T_2 为球附着于壁的运动时间，n 为球数，k 为球与球的相互作用使 f 减小，k 与球数有关。通过解球的运动方程可得 T_1 的值。T_2 的计算公式：

$$T_2 = \frac{3\pi - (\theta-\alpha_c) + \arccos(r^*\omega^2/R\Omega^2)}{(\omega+\Omega)} \tag{2-29}$$

Brun 模型分析了单个球的运动，并导出了碰撞速度及碰撞频率等球磨参数的计算公式。Abdellaoui 等将实验结果利用类似与 Magini 模型中的能图的形式表示出来后发现，球磨的最终产物仅与碰撞能量有关。因为碰撞能量决定了碰撞过程中能量转化的多少，由 Magini 模型中关于能图的分析可知，Brun 模型实质上与 Magini 模型的结果相一致。但球磨是大量球的整体运动，运动情况远比单个球的情况复杂。Brun 模型未能充分考虑球间相互作用以及粉末对球运动的影响，可能会产生较大误差。

2.3　机械化学作用下的固态反应

机械化学固相反应法利用机械能制备纳米或纳米复合粒子,是在机械力作用下,使两种(或多种)固体反应物(粉末)组分的界面发生充分的接触(这时有可能因机械力作用使反应组分的晶格发生某些变化),反应物在接触面上(进而可能延伸到晶粒或粉末内部)发生化学反应而得到合成的纳米材料。在这里机械作用(力)主要起着均匀分散、使固体反应物充分接触,进而引发或加速化学反应的作用。在机械化学作用过程中,物料生成表面缺陷、高密度位错、发生晶格畸变,这些都提高了材料的自由能,从而成为诱发机械化学效应的驱动力之一。另外,研磨介质冲击力作用大大促进了扩散过程的发生。而传统的球磨法则是在粉碎、混合的过程中,由于机械力的强烈作用,使被粉碎、混合的几种物质在表面发生一定程度的化学(键合)反应。它与机械化学固相反应法的重要区别在于:机械化学固相反应法的化学反应较完全,涉及物质内部的反应,并往往有新的物质生成,而后者往往只局限于表面键合渗透等作用;机械化学反应中的机械作用是加速、促进化学反应,而普通固相化学反应则由于机械力的强烈作用使反应物表面晶格发生变化而发生的轻微的、少量的化学反应。至于机械合金法则主要是由于机械力的作用,强行地使两种或多种金属“混”在一起,这种合金中的两种金属之间很少有化学反应的,当然,也有形成固溶体的物理变化过程[24]。

固体受机械力作用时(如研磨、冲击、加压等)所发生的过程往往是多种现象的综合,大体上可分为两个阶段:

(1) 第一阶段是受力作用,颗粒受击而破裂、细化、物料比表面积增大。相应地,晶体结晶程度衰退,晶体结构中晶格产生缺陷并引起晶格位移,系统温度升高。此阶段的物料表面自由能增大。

(2) 第二阶段,这一阶段自由能减小,所以体系化学势能减小,微粉起团聚作用,比表面积减小,同时表面能释放,物质可能再结晶,也可能发生机械化学效应。颗粒表面活化的过程如图 2-16 所示[25]。假设物料颗粒是球形,黑点表示活化点,它开始分布在表面,然后集中于局部区域,最后均匀地分布于整体。活化点可以认为是机械化学的诱发源。图 2-17 为活化程度随时间变化的模型示意图。颗粒在应力作用下,瞬时的机械活性很高,如图 2-17 中的 A 点,但很短暂,很快下降至 B 点达到恒定值,从中可以掌握最佳的处理时间。

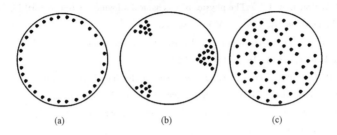

图 2-16　活化点的分布模型

（a）分布在表面；（b）集中于局部区域；（c）均匀分布于整体

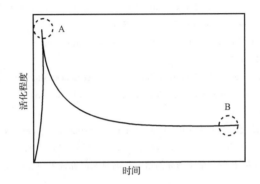

图 2-17　活化程度随时间变化的模型示意图

参 考 文 献

[1] Szegvari A，Klein P. Agitator mill[P]. Swiss Patent №132086,1928.

[2] Stehr N. Recent developments in stirred ball milling[J]. Int. J. Miner. Process. ,1988(22):431-444.

[3] 孙春宝,李睿华,卢寿慈,O Trass. Szego 磨的工作原理及特点[J]. 矿山机械,1998:18-21.

[4] 毛邦仰,孙新. 卧式行星球磨机[P]. CN: 01272924.8.

[5] 陈世柱,黎文献,尹志民. 行星式高能球磨机工作原理研究[J].矿冶工程, 1997,17(4):62-65.

[6] 郑水林,袁继祖. 非金属矿加工技术与应用手册[M]. 北京：冶金工业出版社,2005.

[7] 孙怀涛,方莹,万永敏. 行星球磨机磨球运动规律的研究[J]. 金属矿山, 2007,104:34-38

[8] 张国旺. 超细粉碎设备及其应用[M]. 北京：冶金工业出版社,2005.

[9] 刘伯元. 中国粉体表面改性设备的进展[J]. 中国粉体技术,2003,9:32-35

[10] 郑水林. 粉体表面改性[M]. 北京：中国建材工业出版社,1995.

[11] 张先胜,冉广. 机械合金化的反应机制研究进展[J].金属热处理,2003,28(6):28-32.

[12] 陈津文,吴年强,李志章. 描述机械合金化过程的理论模型[J].材料科学与工程学报,1998, 16(1):
19-23.

[13] Courtney T H, Maurice D R. Process modeling of the mechanics of mechanical alloying[J]. Scripta Ma-
terialia, 1996,34(1): 5-11.

[14] Rydin R W, Maurice D, Courtney T H. Milling dynamics: Part I. Attritor dynamics: Results of a cine-
matographic study[J]. Metallurgical and Materials Transactions A, 1993, 24(1):175-185.

[15] Maurice D R，Courtney T H. The physics of mechanical alloying：A first report[J]. Metallurgical and Materials Transactions A. 1990,21A(1)：289-303.

[16] Aikin B J M，Courtney T H，Maurice D R. Reaction rates during mechanical alloying[J]. Materials Science and Engineering A, 1991, 147(2)：229-237.

[17] Maurice D R，Courtney T H. Modeling of mechanical alloying：Part I. Deformation, coalescence, and fragmentation mechanisms[J]. Metallurgical and Materials Transactions A, 1994, 25(1)：147-158.

[18] Bhattacharya A K，Arzt E. Temperature rise during mechanical alloying[J]. Scripta Metallurgica，1992,27(60)：749-754.

[19] Schwartz R B，Koch C C. Formation of amorphous alloys by the mechanical alloying of crystalline powders of pure metals and powders of intermetallics[J]. Applied Physics Letters, 1986,49(3)：146-150.

[20] Davis R M，Dermott B M C，Koch C C. Mechanical alloying of brittle materials [J]. Metallurgical and Materials Transactions A, 1988, 19(12)：2867-2874.

[21] Magini M，Iasonna A. Energy transfer in mechanical alloying：overview[J]. Materials Transactions，JIM,1995,36(2)：123-133.

[22] Brun P L，Froyen L，Delaey L. The modelling of the mechanical alloying process in a planetary ball mill：comparison between theory and *in-situ* observations[J]. Materials Science and Engineering A，1993, 161(1)：75-82.

[23] Abdellaoui M，Gaffet E. The physics of mechanical alloying in a planetary ball mill：Mathematical treatment[J]. Acta Metallurgica et Materialia, 1995,43 (3)：1087-1098.

[24] 王尔德,刘京雷,刘祖岩.机械合金化诱导固溶度扩展机制研究进展[J].粉末冶金技术, 2002,20(2)：109-112.

[25] Welham N J. The effect of extended milling on minerals[R]. CIM Bulletin, 1997,1007：64-67.

第3章 材料的机械化学效应

3.1 引 言

研究材料的机械化学效应对产品深加工和粉体功能化技术的开发具有重要的意义。材料超细加工过程并不只是简单的物料粒度的减小,它还包含了许多复杂的粉体物理化学性质和晶体结构的变化——机械化学变化:机械力的作用引起粉体性质和结构的变化[1]。机械化学能赋予材料许多独特的性能,利用细磨过程的机械能使原料发生晶型转变,并诱发化学反应。自20世纪60年代初提出"机械化学"以来,机械化学在磁性材料制备、复杂矿处理、粉体合成及机械合金化等领域得到了广泛的应用[2,3]。

作为机械化学的一个重要组成部分,目前材料超细加工过程中机械化学效应的研究才起步,但已显示出巨大的潜力[4]。随着超细粉碎技术的发展和超细粉体应用市场的开拓,了解超细粉碎过程中粉体结构和性质的变化显得尤为必要。

高岭土、伊利石、滑石和叶蜡石四种典型的层状硅酸盐矿物,均为硅氧四面体和水铝(镁)八面体夹层结构,其中高岭石属于1∶1型,其余三种均为2∶1型,除伊利石层间是以离子键联系外,其余三种层与层之间主要靠较弱的分子间作用力相联系[5]。

在高速行星球磨的情况下,机械力可以使层状硅酸盐矿物表面羟基断裂脱去,形成自由水,同时在矿物晶体结构上保留着许多活性自由基,长时间的球磨也可能使其晶体结构中 Si-O、Al-O 等键断裂形成大量自由基[6]。

在机械力作用时,存在机械力活化的化学作用,使矿物晶体表面除了新生断面因发生价键断裂而出现大量的活化中心外,在新生解理面上也出现许多活化中心。一方面,晶体本身存在着缺陷,在新生解理面上存在如拐折、梯级、空位等许多高能表面位,这些部位都十分活泼,因而成为解理面的活化中心;另一方面,在机械力作用下,系统输入能量首先导致层状矿物晶体(001)晶面解理,随着球磨过程的继续进行,这种解理作用将逐渐减缓直至最终停止。而上、下层面的硅氧四面体层在强烈机械力作用下的晶格无序化过程却继续进行,导致晶体上、下层面发生晶格畸变,形成晶格缺陷,甚至可能使 Si-O 键折断,四面体有序结构受到完全破坏而出现无定形化层,其中储存了大量能量,从而使表面出现许多活化中心,表面活性增强[7]。

　　机械化学效应可以使得颗粒微细化,表面能增加。随着颗粒微细化,表面积增大,产生了表面效应[8]。由于表面积和表面能随粒度细化而呈指数增加,从而大大增加了化学反应活性。本章以滑石粉等硅酸盐材料作为研究对象,系统分析了材料超细加工过程中粉体的机械化学效应,以总结出一些有实用价值的规律。

3.2　实验方法

　　用搅拌磨机械化学超细加工滑石粉(-325目100%),粉碎介质为5mm的氧化锆球,磨矿浓度为55%,球料比为4,细磨至一定时间后取样,经抽滤、烘干,即可用于检测,检测项目及所用仪器见表3-1。

表 3-1　测试项目与所用仪器

测试项目	所用仪器
ζ-电位	Zetaplus-Zeta Potential Analyser
白度	ZBD 型白度仪
IR	740FT-IR 红外光谱仪(KBr 压片法)
XRD	D-500 自动 X 射线衍射仪
XPS	Microlab MK-Ⅱ 光电子能谱仪
TEM	H-800 分析电镜(超声波分散样品)
DTA	PCR-1 差热分析仪(升温速率 $10℃ \cdot min^{-1}$)
润湿热	法国 SETRAMC80 微量热计
粉体粒径(d)	SKC-2000 型光透式粒度分析仪

3.3　机械力作用下材料的物理化学性质变化

3.3.1　材料的 ζ-电位

　　超细粉体的物理化学性质与其应用密切相关,它直接影响到超细粉体的吸附、润湿、表面能及其他表面行为。滑石粉经超细磨后粒度不断细化,比表面积不断增大(表3-2)。

表 3-2　超细磨对粉体比表面积的影响

细磨时间/h	0	2	8
比表面积/$cm^2 \cdot g^{-1}$	2684	32373	33891

注:磨矿浓度 55%。

　　除了粒度变小外,通过测试粉体的 ζ-电位,从图 3-1 中可以看出,细磨后,滑石粉表现出与原矿不同的表面性质,ζ-电位负得更大,说明在同一 pH 条件下,超细磨后滑石粉表面性质更活跃,表面活性更强。

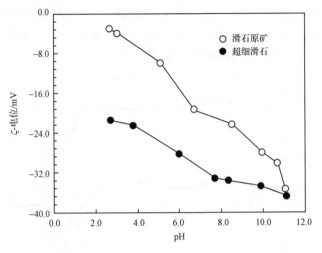

图 3-1　滑石粉的 ζ-电位随 pH 的变化

3.3.2　材料的白度

白度是超细粉体,特别是工业矿物的超细粉体一个十分重要的性质,它直接关系到其在造纸、油漆及涂料中的应用效果。经过超细粉碎后,滑石粉体的白度比原矿提高了近 3 个百分点(图 3-2)。这主要是因为随着细磨的进行,粒度减小,比表面积增加,表面活性增大,粉体的反射率变大,并且粉体颗粒表面的孔隙减少,使白度提高。

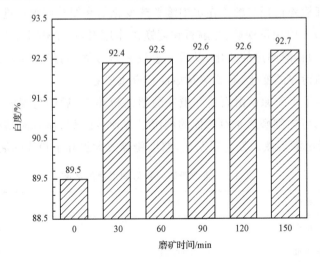

图 3-2　细磨时间对粉体白度的影响

3.3.3　材料的差热分析

从图 3-3 中可以看出,滑石粉经过超细粉碎后,其特征峰位向低温方向移动,由原矿的 815℃、904℃ 分别降至 791℃、877℃,改善了粉体的热效应,这也充分解释了机械化学效应能降低材料烧结温度的原因。

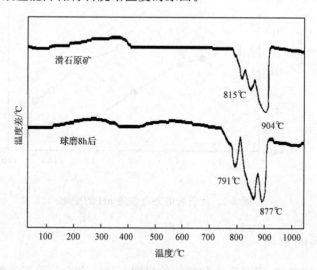

图 3-3　粉体的 DTA 曲线

3.3.4　材料的润湿热

由于超细粉碎过程中粉体在水中溶解热变化的在线检测很难进行,在 1979 年捷克的 Tkacova 曾用黄铁矿、方解石和菱镁矿作原料,在量热计磨机内细磨,测定了磨细前、后物料溶解热的变化,以后一直没有这方面的报道。事实上,研究粉体润湿热随超细粉碎的变化,对了解其活性具有重要意义。

实验考察了水对原矿滑石粉和搅拌磨超细粉碎 2h 后的超细滑石粉的润湿热变化(图 3-4),可知细磨后水对粉体的润湿过程比较强烈,而原矿则相对缓慢。从表 3-3 可以看出润湿热的变化很明显,超细粉碎大大提高了粉体的活性。

表 3-3　超细粉碎对粉体润湿热的影响

润湿条件	润湿热/$J \cdot g^{-1}$	对比
原矿滑石粉+水	0.08	基准值
超细粉体+水	0.21	+0.13

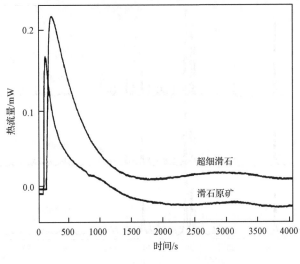

图 3-4　超细粉体的热效应

3.4　机械力作用下材料的晶体结构的变化

3.4.1　材料的衍射分析

滑石属单斜晶系,其晶体构造式为:$Mg_3[Si_4O_{10}](OH)_2$,是含 OH^- 的三层结构(2∶1)的硅酸盐矿物,每个晶层是由二层 Si-O 四面体中夹一层 Mg-O(OH)八面体组成[9],在其晶格构造中,Si-O 四面体连接形成连续网状层,活性氧朝向一边。每两个网状的活性氧相向,通过一八面体层而相互连接,构成双层。双层内部各离子的电价已经中和,联系牢固,双层与双层之间仅以微弱的余键相吸。

从图 3-5 的滑石粉 X 射线衍射图中可以看出,滑石粉结晶程度随细磨的进行而降低,而衍射强度的高低能反映出滑石粉晶体结构的变化。表 3-4 是滑石粉中主要晶面 X 射线衍射强度随细磨时间的变化。由于晶体结构中有序排列的晶面随细化过程不断减少,有序程度下降,从而引起(002)、(004)、(006)、(010)、(028)和(206)晶面衍射强度的下降。对于其他晶面,由于细磨初期发生部分解理,时间越长,晶格无序化越明显,衍射强度也发生变化。对比图 3-6 的 TEM 衍射斑点,细磨 8h 后,可以看出晶体无序化程度逐渐加强。

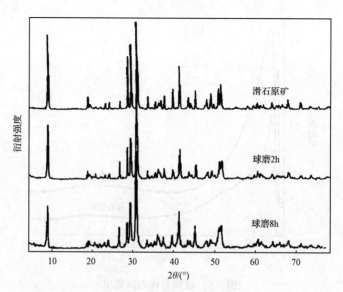

图 3-5　滑石粉的 XRD 图

表 3-4　滑石粉结构中晶面衍射强度的变化

（*hkl*）	磨矿时间/h		
	0	2	8
002	403	268	116
004	61	32	15
006	225	135	79
010	76	33	21
023	34	24	26
028	51	33	28
041	81	33	40
049	27	32	30
132	30	38	33
206	176	107	95

(1) 细磨2h　　　　　　　　　(2) 细磨8h

图 3-6　滑石粉晶体的电子衍射花样

3.4.2　材料的晶格变形

超细磨过程的机械冲击和剪切都将导致晶体发生晶格变形,晶面间距也发生变化,使衍射峰半高宽(β)增大。晶粒变小和晶格变形都使衍射峰半高宽增加($\beta=\beta_s+\beta_d$),晶粒大小(D)与衍射峰半高宽(β_d)的关系可用如下公式表示,而晶格变形度(ε)与衍射峰半高宽(β_s)的关系可用 Bragg 公式来表示:

$$\beta_d = \frac{K\lambda}{D\cos\theta}, \qquad \beta_s = \varepsilon\tan\theta \qquad (3\text{-}1)$$

式中: K 为形状因子; λ 为 X 射线的波长; D 为晶粒大小; θ 为衍射角; ε 为晶格变形度。

由衍射强度的柯西分布原理[10],将式(3-1)中的两式相加,可得:

$$\beta\cos\theta = \varepsilon\sin\theta + \frac{K\lambda}{D} \qquad (3\text{-}2)$$

根据一些学者的研究方法,作者尝试进行晶格变形度的计算。从 X 射线衍射图上的主要衍射面计算而得的衍射峰半高宽 β 见图 3-7,由图可知,衍射峰的半高宽 β 随细磨时间的增加而逐渐增大,这说明超细磨加剧了晶格的无序化。

由 $\beta\cos\theta\sim\sin\theta$ 作图可拟合得一直线,对照式(3-2),从直线的斜率可求得晶格变形度 ε(图 3-8)。从中可以看出,随着细磨的进行,晶格发生一定程度的畸变,细磨时间变长,变形度稍有增加,这与 TEM 的衍射斑点图的现象相一致。

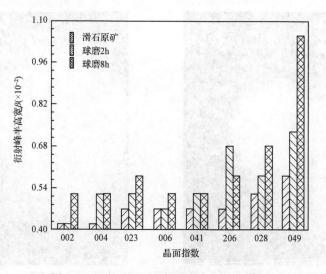

图 3-7　细磨时间对衍射峰半高宽 β 的影响

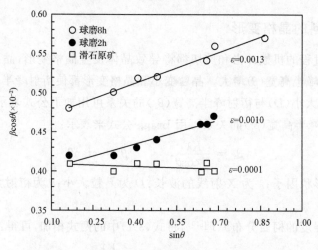

图 3-8　不同细磨时间下各晶面的 $\beta\cos\theta\sim\sin\theta$ 关系

3.5　机械力作用下材料化学键合的变化

3.5.1　红外光谱分析

滑石粉超细磨后的红外光谱见图 3-9。其对应的一些特征谱带位置和谱带归属见表 3-5。滑石粉经超细粉碎后,在 $3675cm^{-1}$,$3436cm^{-1}$,$2523cm^{-1}$ 和 $1820cm^{-1}$ 处晶体中—OH 的伸缩振动加强,谱带逐渐变锐,振动频率发生变化,这说明超细磨过程中机械力的作用排除了滑石粉中的—OH，形成的 H_2O 不断增多。Si-O 键在 $1020cm^{-1}$ 处的伸缩振动和 $467cm^{-1}$ 处的晶格变形振动使吸收谱强度下降，Si-O 键的键力减弱，有序结构被破坏，产生晶格变形；而连接各层之间的 Si-O-Mg 键的红外吸收光谱的强度在 $880cm^{-1}$ 处逐渐加强，但在 $798cm^{-1}$ 处则下降，这说明滑石粉超细磨过程中除了发生部分晶格变形和振动外，其层状结构的有序化和键合作用也受到一定的影响，而 $<600cm^{-1}$ 的三处（ $585cm^{-1}$ ， $466cm^{-1}$ ， $425cm^{-1}$ ）Si-O 变形和晶格振动减弱了层间结合力，更加剧了滑石粉层状结构的无序化，这一点与 XRD 的分析结果相吻合。

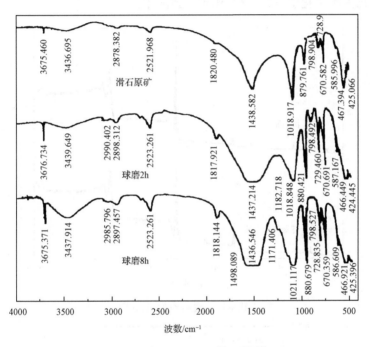

图 3-9　滑石粉的红外光谱图

表 3-5　特征谱带的位置与归属

谱带位置/cm^{-1}	谱带归属
3675,3437	—OH 伸缩振动
1180,1080,1020	Si-O-Mg 伸缩振动，Si-O 伸缩振动
880,798,—670	Si-O-Mg 变形振动
585,466,425	Si-O 变形振动和晶格振动

根据 Hückel 红外光谱振动理论：

$$K = 4\pi^2\nu^2 m, \quad E = KR^6 \tag{3-3}$$

式中：ν 为振动频率；K 为键力；m 为折合质量；R 为键长；E 为键能。振动频率与键的键力成正比，频率减小，相应的键力亦减弱。

3.5.2　光电子能谱分析

图 3-10 为不同细磨时滑石粉的 XPS 能谱图，细磨后滑石粉中 O 1s，Si 2p，Mg 2p 的电子结合能的变化见图 3-11，图 3-12～图 3-14 是滑石粉中 O 1s，Si 2p，Mg 2p 的 XPS 能谱图。从超细磨后滑石粉的 XPS 能谱图中可以看出，机械力的作用直接导致 O 1s，Si 2p，Mg 2p 的电子结合能分别下降了 0.2eV，0.4eV 和 0.4eV，说明该元素的电子已发生了化学位移，键合作用受到破坏。

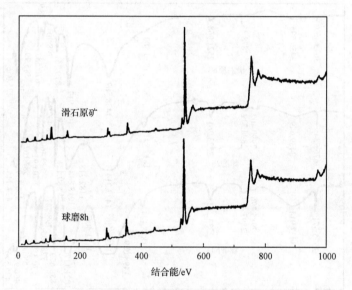

图 3-10　滑石粉的 XPS 图

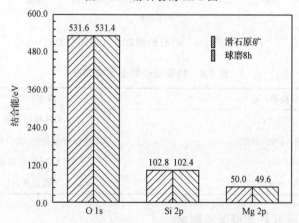

图 3-11　滑石粉中 O 1s，Si 2p，Mg 2p 的电子结合能随磨矿时间的变化

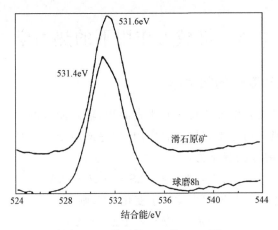

图 3-12　滑石粉 O 1s的 XPS 图

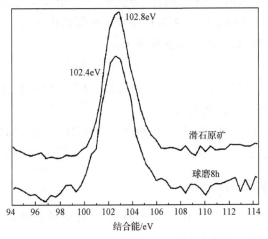

图 3-13　滑石粉 Si 2p 的 XPS 图

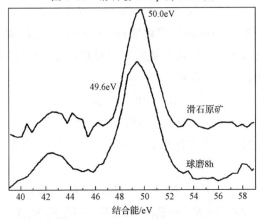

图 3-14　滑石粉 Mg 2p 的 XPS 图

3.6　机械力作用下的热力学

3.6.1　机械化学变化的热力学

搅拌磨的超细粉碎增大了粉体的比表面积,输入能量的一部分转化为新生颗粒的内能和表面能。粉体受到外力的作用,首先产生变形,内能增加,如果这时粉体的体积不变,则内能的变化为:

$$\Delta f = \Delta u = T\Delta S = \sigma \Delta l = \Delta A \tag{3-4}$$

如果粉体的体积在此过程中发生了变化 ΔV,则有:

$$\Delta u = T\Delta S = P\Delta V + \Delta A \tag{3-5}$$

式中:f 为自由能;u 为内能;S 为熵;T 为温度;σ 为变形应力;P 为颗粒所受的压力;Δl 为颗粒线性尺寸的变化;ΔA 为产生变形所需的机械功。

物料超细粉碎时,其自由能的变化最大:

$$\Delta f_{max} = c\Delta T + E_f \Delta F \tag{3-6}$$

式中:c 为温度变化区间 ΔT 内的平均比热;E_f 为产生单位新表面积所需的能量;ΔF 为因超细粉碎所产生的新表面积。

由于内能和表面能的增加,加上机械激活等作用,经过超细磨后粉体的性质均会有不同程度的变化。

3.6.2　机械化学变化的键能

当颗粒受到机械力作用被细碎时,粒径减小,比表面积增大。对于单位质量的分散体,晶体的键能 E_k 可表示为:

$$E_k = n_i e_i - n_s(e_i - e_s) \tag{3-7}$$

式中:$n_i e_i = E_u$ 是颗粒粉碎前晶体的键能;$n_s(e_i - e_s) = E_a F$ 为表面能,E_a 是比表面能,F 是比表面积,$n = n_i + n_s$ 是系统的原子总数(i 表示颗粒内部原子,s 表示颗粒表面原子),这样式(3-7)可改写为:

$$E_k = E_u - E_a F \tag{3-8}$$

$$\Delta E_k = \Delta E_u - \Delta E_a F \tag{3-9}$$

滑石粉超细磨过程中,比表面积 F 不断增大,如从 F_1 增大到 F_2,比表面能 E_{a1} 增大到 E_{a2},则有:

$$E_{k1} = E_u - E_{a1}F_1 \qquad E_{k2} = E_u - E_{a2}F_2 \tag{3-10}$$

$$\Delta E_k = E_{k2} - E_{k1} = E_{a1}F_1 - E_{a2}F_2 < 0 \tag{3-11}$$

所以随超细粉碎过程的不断进行,晶体键能越来越小,便会产生键的断裂。

3.7　机械力作用下的动力学

机械化学反应是一个复杂的物理化学过程,在机械力的不断作用下,起始阶段主要是颗粒尺寸的减小和比表面积的增大,但是达到一定程度后,由于小颗粒的聚集而出现球磨平衡。球磨平衡并不意味着粉体的性质不变,若继续施加机械应力,能量会以多种形式储存起来。球磨过程中机械能用于新生表面的部分仅为 1%,而以弹性应力造成的局部应力集中形式的储能为 10%~30%,另外还可通过粉体结构变化将一部分能量储存起来,其余则以热能形式散发出去。球磨过程不仅是传统意义上的细化过程,而且是伴有能量转化的机械化学过程,机械化学变化赋予了材料许多新的独特的性能。现在一般认为球磨中多数机械化学过程是受扩散控制的。组元间的扩散有 3 个特点:扩散的温度较低;扩散距离很短;体系能量增高,扩散系数提高。

对于固态晶体物质,宏观的扩散现象是微观迁移导致的结果[11]。为了实现原子的跃迁,体系必须达到一个较高的能量状态,如图 3-15(a)所示,这个额外的能量称为激活能 ΔE。固态中的原子跃迁一般认为是空位机制[12],其激活能为空位的形成能 ΔE_f 和迁移能 ΔE_m 两者之和,见图 3-15(b)。

$$\Delta E = \Delta E_f + \Delta E_m \tag{3-12}$$

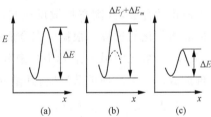

图 3-15　扩散激活能组成示意图

在机械化学过程中粉末在较高能量碰撞作用下产生大量的缺陷(空位、位错等),故不再需要空位的形成能,扩散要求的总的激活能降低,见图 3-15(c)。扩散系数 D 与激活能的关系为:

$$D = D_0 \exp(-\Delta E/RT) \tag{3-13}$$

式中:D_0 为扩散常数;ΔE_a 为扩散激活能;R 为气体常数;T 为热力学温度。

对于空位机制,将式(3-12)代入式(3-13)得

$$D = D_0 \exp[-(\Delta E_f + \Delta E_m)/RT] \tag{3-14}$$

式(3-14)表明,对于同一 D 值,减少激活能,如减少空位产生的激活能,等价于温

度升高的效果,因此通过减少 ΔE_f 有可能使 ΔE_a 显著降低。在高能球磨过程中,降低扩散激活能是提高扩散的主要途径[13]。对于热激活扩散,晶体缺陷很快被退火消除,缺陷在扩散均匀化过程中贡献很小。而对于高能球磨,缺陷密度随球磨时间的增加而增加,因而对于高能球磨过程中的扩散均匀化动力学过程,缺陷起主导作用[14]。

在机械化学过程中,晶粒细化是一种普遍现象。粉末在碰撞中反复破碎和焊合,缺陷密度增加,使晶粒尺寸达到纳米级。考虑晶粒细化作用,当晶界扩散系数为 D_1,晶格体扩散系数为 D_b 时,则有效扩散系数 D_{eff} 可用下面的公式估算:

$$D_{eff} = (1 - F)D_1 + FD_b \tag{3-15}$$

式中:F 为与扩散方向相垂直的短路扩散途径(晶界)的面积分数。表明有效扩散系数可通过增加晶界,即减小晶粒尺寸来提高。晶界属于高密度空位区,可按缺陷起主导作用处理[15]。设晶界宽度为 δ,晶粒尺寸为 d,则有 $F = 2\delta/d$。

当合成金属氧化物时,假设晶界宽度取 $\delta = 5 \times 10^{-10}$ m,当晶粒尺寸从 $10\mu m$ 减小到 $20nm$ 时,有效扩散系数 D_{eff} 将从 1.28×10^{-19} $m^2 \cdot s^{-1}$ 提高到 1.31×10^{-16} $m^2 \cdot s^{-1}$。由此可见,晶粒细化在机械化学固态反应中起着很重要的作用。在机械化学过程中由于晶粒尺寸的减小和温度的升高,扩散系数大大增加[16]。因为晶粒边界扩散与表面扩散相比具有低得多的活化能,所以扩散系数的增加在物理上归结于晶粒尺寸减小和产生更多的自由表面。

对于金属氧化物的机械化学合成,其固态扩散反应与一般的非晶化不同。非晶化一般被认为是一个扩散均匀化的过程。根据固态合成反应是扩散和反应同时进行的试验结果,有理由假设,一组元向另一组元中扩散和发生化学反应时,组元由于反应形成产物而不再扩散。对于这种扩散反应,其微分方程为:

$$\frac{\partial^2 C}{\partial x^2} - \frac{1}{D}\frac{\partial C}{\partial t} - \frac{k}{D}C = 0 \tag{3-16}$$

式中:D 为有效扩散系数;k 为反应速率常数;C 为扩散组元的浓度。此处仅考虑两组元 A、B 间发生一级不可逆反应,形成一单相反应产物 R,因而扩散组元的消耗速率为 kC。

随晶粒尺寸的减小,界面能增加,这种界面能成为机械化学过程的驱动力。球磨过程中,位错的应力场可以提高混合粉的自由能,并且可以提供机械化学所需的驱动力[17]。

作用于距位错 r 处的溶质原子的应力为:

$$\sigma = -\frac{Gb(1+v)\sin\theta}{3\pi(1-\nu)r} \tag{3-17}$$

式中:G 为剪切模量;b 为伯格斯矢量;ν 为基质元素的泊松比。

这种应力对溶质原子的化学势的影响为：

$$\Delta\mu = -\sigma V_m \tag{3-18}$$

式中：V_m 为溶质原子的摩尔体积。固溶度的提高为：

$$\frac{x}{x_0} = \exp\left(-\frac{\Delta\mu}{RT}\right) = \exp\left(\frac{\sigma V_m}{RT}\right) \tag{3-19}$$

式中：x_0 为平衡固溶度；R 为气体常数；T 为热力学温度。

可见，位错密度大，可以使固溶度大大提高。另外，球磨过程中晶粒尺寸减小，界面能增加，因界面的增加，从而使溶质原子的自由能改变为：

$$\Delta G = \frac{2\varepsilon V_m}{D_r} \tag{3-20}$$

式中：ε 为界面能；V_m 为摩尔体积；D_r 为晶粒半径。

由以上的讨论可知，纳米微粒的尺寸效应和缺陷增加（主要是位错增加）可使体系的固溶度提高。然而，要想形成均匀的固溶体，还需通过扩散完成。这种扩散包括两部分：一是热扩散；二是球磨过程钢球碰击粉末，从而使粉末经受外部施加的力，这种外力对扩散起更为重要的作用。

我们知道，在球磨过程中产生大量的缺陷，如位错、空位、亚晶界等，并且有很大的位错密度，位错增加会使晶体中的扩散速度增大，原子沿着位错管道的扩散激活能不到晶格的扩散激活能的一半。原子在位错内或在其附近区域的跳跃频率也大于点阵内部，因而位错加速晶体中的扩散。同时，位错通过迁移产生空位，加之球磨过程中产生的空位缺陷，通过空位与空位原子交换位置实现体扩散。由于球磨过程中晶粒尺寸比较细，晶界扩散所起的作用也是很主要的[18]。总之，扩散可能以几种机制同时进行，其扩散激活能可能由球磨过程中产生的各种缺陷及庞大的界面能提供。

3.8　机械化学过程中助磨剂的作用机理

许多研究表明，机械法制备超细粉体必须具备 2 个基本条件：能量高度集中和使用助磨剂[19]。助磨剂在超细粉碎中占有重要地位。关于助磨剂的助磨作用机理，目前主要有 Rehbinder 的"吸附降低硬度"和 Klimpel 的"矿浆流变学调节"2 种学说，它们都是基于一般的磨矿过程[20,21,22]。助磨剂对超细粉碎过程的影响，由于其特殊的细磨效应和缺乏研究的手段，未作过比较详细、完整的分析。为此，本节以六偏磷酸钠对搅拌磨超细粉碎滑石粉过程的助磨机理为例，着重探讨了水体系中助磨剂的作用机理。

3.8.1　实验方法

实验使用 ZJM-20 型间歇式搅拌磨,搅拌桶有效容积为 4.8L,电机功率为 2.2kW,搅拌桶内径为 180mm,桶壁聚胺酯内衬,附冷水套冷却装置,搅拌器转速为 700r·min⁻¹,粉碎介质为 5mm 氧化锆球。原料滑石粉取自长沙矿石粉厂,100%通过孔径 44μm 筛,平均粒径为 16.5μm,化学成分(质量分数,%)为:SiO_2 61.91,MgO 31.30,CaO 1.04,Fe_2O_3 0.15;六偏磷酸钠为化学纯。

粉体的平均粒径(d)用 SKC-2000 型光透式粒度分析仪分析,Zetaplus-Zeta Potential Analyser 测试粉体的 ζ-电位,矿浆黏度(η)采用球体转动法(以标准硅油和水作参照)测定,用 Microlab MK-Ⅱ 型光电子能谱仪进行粉体的 XPS 分析,以沉降虹吸法测定助磨剂的分散率[23]。

3.8.2　助磨剂对超细粉碎效果的影响

从图 3-16 中可看出,添加少量的助磨剂就能取得良好的效果,缩短作业时间,在 2h 内,磨矿时间越长,产品的粒度降低越明显。

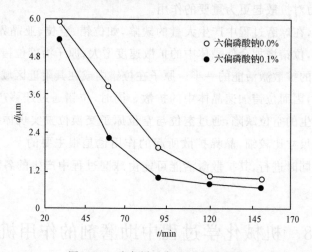

图 3-16　助磨剂对产品粒度的影响

3.8.3　助磨剂对超细粉碎行为的影响

助磨剂的加入必然会引起矿浆性质特别是流变性的变化,助磨剂对磨矿过程的影响也证明了这一点。对于助磨剂在超细粉碎过程中的作用,从图 3-17 中可以看出,超细磨矿时间越长,助磨剂对矿浆黏度的影响越显著,具体表现在矿浆黏度的降低幅度更大。

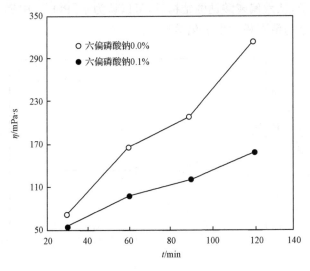

图 3-17　矿浆黏度随磨矿时间的变化

图 3-18 所示的是不同六偏磷酸钠溶液中超细滑石粉的分散率。可以看出，六偏磷酸钠溶液的浓度以 0.10％ 左右较为合适。超细滑石粉在不同浓度的六偏磷酸钠溶液中的 ζ-电位变化（图 3-19）也表明，六偏磷酸钠在该浓度附近时，滑石粉表面的 ζ-电位负得更多，增强了颗粒之间的静电排斥力，有利于粉体的分散。

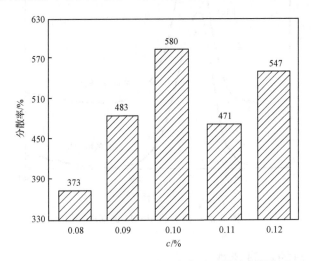

图 3-18　不同六偏磷酸钠浓度中滑石粉的分散率

图 3-20 是加入助磨剂六偏磷酸钠的滑石粉中 O 1s 的 XPS 光电子能谱图。可以看出，与未加六偏磷酸钠的超细滑石粉相比，加入 0.10％ 六偏磷酸钠助磨剂的超细滑石粉中 O 1s 的结合能下降了 0.5eV，这说明滑石粉的 O 1s 从外界获得了

相应元素的电子,从六偏磷酸钠的结构看,可以认为是[PO₃]⁻中氧原子的,这表明助磨剂实际上已与滑石粉发生了化学吸附。

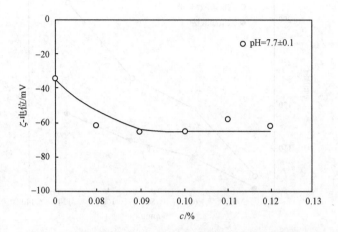

图 3-19　六偏磷酸钠浓度对滑石粉表面 ζ-电位的影响

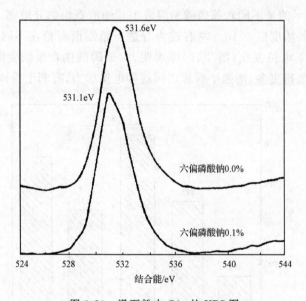

图 3-20　滑石粉中 O1s 的 XPS 图

3.8.4　助磨剂的吸附特性

六偏磷酸钠($NaPO_3)_6$(hexametaphosphate)是一种硬而透明的玻璃状物质,易溶于水,结构上实际上并不存在$[PO_3]_6^{6-}$这样一个独立的单位,而是一个长链状的聚合物[24],链长约 20～100 个 PO_3^-:

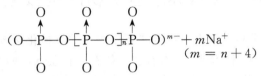

六偏磷酸钠在水溶液中很容易电离：

$$(O{-}P{-}O[P{-}O]_n P{-}O)^{m-} + mNa^+ \qquad (m = n + 4)$$

电离产生的阴离子带有很多单位的负电荷。由于滑石断裂面以分子力为主，且表面存在含氧基团，六偏磷酸钠分子可以通过范德华力或氢键吸附在滑石表面，长键六偏磷酸钠分子中的负电荷使滑石表面负电位增大，增大了静电排斥力；同时还由于大分子间的空间排斥作用，进一步提高了滑石粉粒之间的排斥力，使已被粉碎的超细滑石粉粒子充分分散。

3.8.5 助磨剂的吸附模型

根据 Griffith 定律，颗粒脆性断裂所需的最小应力为：

$$\sigma = \left(\frac{4Y\gamma}{L}\right)^{1/2} \tag{3-21}$$

式中：σ 为抗拉强度；Y 为杨氏弹性模量；γ 为比表面能；L 为裂纹的长度。

式(3-21)表明，颗粒脆性断裂所需的最小应力与物料的比表面能成正比，显然，若要降低颗粒的表面能，可减小使其断裂所需的应力。从颗粒断裂的过程来看，根据裂纹扩展的条件，当滑石粉新生表面上吸附助磨剂时，减小了裂纹扩展所需的外应力，促进了裂纹的扩展(图 3-21)，尤其是由于超细粉碎过程中颗粒长时间吸收机械能，比表面积和表面能发生变化，随着比表面积和比表面能的增大，在相邻原子间牢固约束的键力发生断裂，即破键作用，这种键力在粉碎后形成的新生表面上很自然地被激活，产生许多新鲜的"自由表面"，随着超细粉碎时间的延长，这些新鲜表面上的不饱和程度也增大。

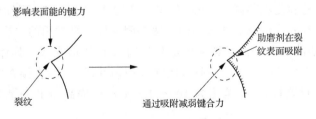

图 3-21 助磨剂分子在滑石粉颗粒表面的吸附

机械激活作用的加强,使助磨剂分子在新生成的"自由"表面上进行物理和化学吸附,降低颗粒的表面能及矿浆的黏度,产生空间位阻,阻止颗粒的团聚,从而提高超细粉碎的效率。

3.9　典型层状硅酸盐矿物的机械化学效应

以上几节着重分析了滑石粉在搅拌磨作用下的机械化学效应,本节主要通过行星式球磨机,对高岭土、伊利石、滑石和叶蜡石四种层状硅酸盐样品进行不同研磨时间的研磨处理,然后利用 X 射线衍射、红外光谱等检测方法对研磨后的样品进行表征,系统研究了研磨过程对上述四种矿物样品晶体结构和化学键方面的影响[25],并总结了研磨过程中粉体的机械化学效应。

3.9.1　实验方法

对高岭土、伊利石、滑石和叶蜡石四种层状硅酸盐粉末样品进行机械研磨。研磨前将四种样品进行预处理至过 200 目筛。具体研磨条件(表 3-6)为:空气气氛,温度为室温下,研磨机旋转速度是 $1400r \cdot min^{-1}$,研磨的介质是罐子和钢球。根据样品研磨后用 X 射线衍射、红外光谱检测,研究它们的结构和性质变化。

表 3-6　四种样品的机械研磨条件

样品名称	取样品量/g	球料比	研磨时间/h
高岭土	20	10∶1	2,4,6,8
伊利石	10	15∶1	1,2,4,6,8
滑　石	20	10∶1	0.5,2,4,6,8
叶蜡石	10	15∶1	1,2,4,6

X 射线衍射测试是采用日本理学 D/max-γA 型 X 射线衍射仪上完成。具体条件为 $CuK\alpha(\lambda = 1.54178Å)$辐射模式后置石墨单色器,管压、管流分别为 50kV、100mA,扫描速率为 $4° \cdot min^{-1}$,步宽为 $0.01°(2\theta)$获得衍射图。

红外光谱检验是在美国 Nicolet 公司生产的 NEXUS 470 型红外光谱分析仪上完成。样品红外光谱测试所采用的方法是固体样品最常用的方法——溴化钾压片法,这种方法的优点是溴化钾在中红外区有较高的透率。具体操作为:取约 1mg 的样品与 KBr 以 1∶200 的质量比混合均匀并压成片,直接在 FT-IR 红外分光光度计上进行测量,测量范围为 $400 \sim 4000cm^{-1}$,样品与 KBr 粉末在使用前均充分干燥。

3.9.2　机械力作用下材料的物理化学性质变化

机械球磨过程对矿物粉体样品的晶体结构有很大的影响。在球磨过程中,随着钢球对粉体颗粒的不断撞击,粉体颗粒表面受到冲击、摩擦、剪切及压缩力的作用,这些机械力可使材料发生晶相转变。冲击使物料颗粒发生破裂,摩擦则存在于球磨罐、球与料之间。另外,剪切和压缩很容易使颗粒的结构发生改变。这样总的来说,球磨一方面使得粉体粒径不断变小,其比表面积增大,表面能增大;另一方面在粉体的微观结构上,其层与层之间的范德华力优先被克服,然后随着研磨时间的延长,层内的化学键也会部分被打断,从而使得粉体的表面活性点不断增加,其结晶度也不断降低,因而有利于其结构中阳离子的浸出。据 Kano[26]实验证明小球一般使物料的粒度减小,大球使颗粒的结构破坏。

（1）高岭土

图 3-22 是高岭土不同球磨时间后相应样品的 XRD 图谱。

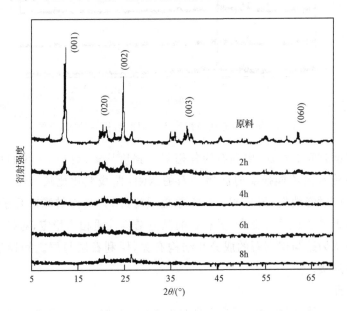

图 3-22　高岭土原矿及球磨不同时间后样品的 XRD 图

从图 3-22 可以看出随着球磨时间的增加,样品的各衍射峰均逐渐弱化。球磨 2h 后,各峰强度均降低,除三强峰外,其余各峰几乎完全消失。说明粉体晶型结构已受到破坏,结构开始变化。三强峰均弱化,但三峰强度的下降幅度并不一样,最强峰和次强峰都显著下降,而第三强峰下降有限,此时变为最强峰。这说明在研磨过程中,不同晶面对机械力的抵抗是不一样的。球磨 8h 后,峰形更差,各峰几乎完全消失,表明粉体晶体结构已经严重受损,几乎变为无定形。

(2) 伊利石

原矿与不同球磨时间的伊利石样品的 X 射线衍射图如图 3-23 所示。

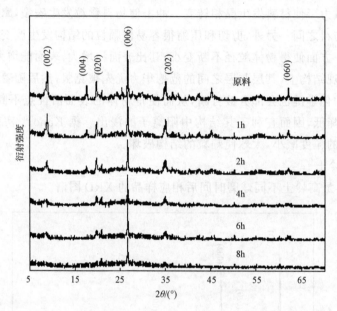

图 3-23　伊利石原矿及球磨不同时间后样品的 XRD 图

随着球磨时间的增加,伊利石的各衍射峰强度均逐渐减小。我们从伊利石的叠加图中不难看出不同研磨时间伊利石的 XRD 曲线变化比较缓慢,研磨 4h 后,开始有部分衍射峰消失,研磨 8h 后,除原最强峰外,其余衍射峰都几乎完全消失,也几乎变为无定形。总的说来,伊利石的晶体结构性质相当稳定,对机械力的抵抗较强。我们认为这与伊利石的成分和结构有关,伊利石层与层之间通过钾离子形成的离子键连接。

(3) 滑石

图 3-24 是不同球磨时间下滑石样品的 XRD 叠加图。从图 3-24 可以看出,在球磨开始阶段,滑石的各个衍射峰的峰位均保留,只是其峰形均明显宽化,峰值也显著降低;球磨 4h 后,各衍射峰的峰形进一步宽化,峰值也进一步降低,且部分衍射峰消失,如(006)晶面所对应的衍射峰;继续球磨至 6～8h,各衍射峰均基本消失。这表明,研磨过程使得滑石样品结晶度不断下降,逐步无定形化,从而提高了粉体的表面活性。

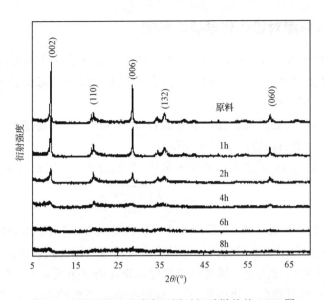

图 3-24　滑石原矿及球磨不同时间后样品的 XRD 图

（4）叶蜡石

　　原矿与不同球磨时间叶蜡石样品的 X 射线衍射图如图 3-25 所示，随着叶蜡石球磨时间的增加，各衍射峰的强度均逐渐减小，峰形也随着变宽但是不完全消失，这说明球磨破坏了样品的晶格完整性，使样品的结晶度降低，发生无定形化。且随着球磨时间的增加，其无定形化程度越来越严重，细磨 6h 后，可以看到晶体无序化程度达到最强，部分衍射峰甚至消失。

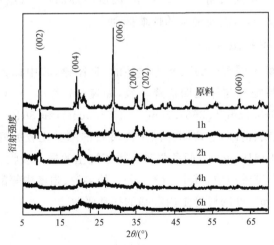

图 3-25　叶蜡石原矿与球磨不同时间后样品的 XRD 图

3.9.3　机械研磨对粉体化学键的影响

红外光谱(infra-red spectroscopy,IR)的产生与分子的内部运动有关。当待测样品被红外光照射后,样品中的分子就会从最低能级的基态跃迁到高能级的激发态,并吸收一定波长的红外光能量。

根据 Hückel 的红外光谱振动理论式(3-3)可知[27,28],振动频率与键的键力成正比,频率减小,说明相应的键力亦减弱。

由原子质量 m 和 m' 组成的双原子分子,其振动频率可以由以下方程表示:

$$\nu = \frac{1}{2\pi c} \sqrt{\frac{f(m+m')}{mm'}} \tag{3-22}$$

式中:c 为光速;f 为力常数(表示键强或键的能阶大小,相当于弹簧的胡克常数)。X-H 键以及较大分子中多重键的伸缩频率也可近似地用上式表示。从式(3-22)可以看出:吸收带的位置决定于键强以及与键相连接的原子质量。如果键比较强、原子质量比较小,则其键的振动频率较高,即键振动时所需的能量较高。例如:碳碳单键、双键、叁键其振动频率分别为 $700\sim1500cm^{-1}$、$1600\sim1800cm^{-1}$ 和 $2000\sim2500cm^{-1}$,如果与键相连接的原子质量相同,则键强愈高振动频率也愈高。在类似情况下,如果与键相连接的是重原子,则振动频率减低,例如,O-H 键的收缩振动在 $3600cm^{-1}$,而 O-D 键则降至 $2630cm^{-1}$,此时键强相同,所不同的仅为原子质量增加。同样,弯曲振动频率的差别,其解释也是如此。

一般地,层状硅酸盐的红外振动可大致分为下述单元:羟基基团、硅酸盐阴离子、八面体阳离子和层间阳离子[29]。其中,因所在局部环境(结构)的差异可能导致官能团振动波段加宽,例如羟基的伸缩振动[30]。

3.9.3.1　高岭土 IR 分析

图 3-26 是研磨不同时间的高岭土样品的 IR 图谱,其中标为"原料"的是高岭土原样 IR 图,各特征峰与标准图谱峰一致,如表 3-7 所示。—OH 的伸缩振动吸收区一共包括 $3696.5cm^{-1}$、$3667.3cm^{-1}$、$3655.5cm^{-1}$ 和 $3619.9cm^{-1}$ 四条谱带。它们形状完整、尖锐、清晰,这说明样品中高岭石的结晶比较完好。在这四条谱带中,$3696.5cm^{-1}$ 和 $3619.9cm^{-1}$ 两条强带均属于羟基的振动吸收。—OH 的摆动吸收由一强一弱两条谱带组成,其中 $912.2cm^{-1}$ 处尖锐、强度中等的谱带为外羟基摆动吸收,而 $937.1cm^{-1}$ 处的肩峰是内羟基的摆动吸收[31,32]。

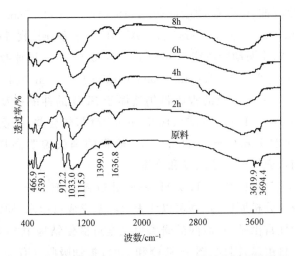

图 3-26　高岭土原矿和不同研磨时间样品的红外光谱图

表 3-7　高岭土特征谱带的位置与归属

谱带位置/cm^{-1}	谱带归属
3600~3700	结构羟基伸缩振动
3450 左右	层间水偏移振动
900~950	羟基的摆动吸收
1640 左右	水分子羟基振动吸收
1115、1031、1006、697、496、433	Si-O 振动吸收带
912、936	Al-OH 振动吸收带
795、754、540	Al-O-Si 振动吸收带
440 左右	Si-O-Si 振动

从图上还可以看出,经球磨后试样的光谱出现不同程度的衰减现象。在羟基伸缩振动带谱段,可观察到 3694.4cm^{-1} 与 3619.9cm^{-1} 的吸收光谱,随球磨时间延长,减弱的程度增大,这表明研磨引起了结构的紊乱,导致层间的氢键力减弱。在 1636cm^{-1} 处的水分子羟基振动吸收光谱强度随球磨时间的延长而不断增大,这是因为机械力排除样品硅酸盐骨架中羟基所形成的水分子,机械力的持续作用使这部分水的含量不断增加所致。样品研磨 2h 后,—OH 伸缩振动引起的吸收带迅速减弱、合并,只剩下 3696.5cm^{-1} 和 3620.7cm^{-1} 两个吸收峰。球磨 4h 后,—OH 振

动吸收带则完全消失,说明此时脱羟基作用已经完成。从图谱低频区则可以发现,研磨 2h 后,高岭石的 Si-O 振动吸收带($1116.0cm^{-1}$、$1033.0cm^{-1}$、$1005.9cm^{-1}$、$699.9cm^{-1}$、$466.9cm^{-1}$、$426.9cm^{-1}$),Al-OH 振动吸收带($912.2cm^{-1}$、$935.8cm^{-1}$),Si-O-Al 振动吸收带($796.0cm^{-1}$、$755.5cm^{-1}$)迅速减弱,大部分吸收峰甚至消失,留下或产生 $1044.0cm^{-1}$、$693.0cm^{-1}$、$545.8cm^{-1}$、$470.4cm^{-1}$ 四条主要谱带。其中 $1044.0cm^{-1}$ 处的吸收带仍然属于 Si-O 的伸缩振动。代表 Si-O 振动吸收的 $1116.0cm^{-1}$、$1033.0cm^{-1}$、$1005.9cm^{-1}$ 峰带的合并、强度锐减及代表 Si-O-Al 振动吸收带的 $796.0cm^{-1}$、$755.5cm^{-1}$ 峰带的消失说明高岭石基本构成单元——四面体和八面体产生了畸变和垮塌。

$$Al\text{-}OH + HO\text{-}Al \longrightarrow Al\text{-}O\text{-}Al + H_2O \tag{3-23}$$

从作用原理上分析原因,球磨可以使表面羟基形成自由水,同时在高岭石结构上保留着许多活性自由基,长时间的研磨也完全可能使结构中 Si-O、Si-O-Al 等键断裂产生大量的自由基,因此,图中 Si-O 和 Al-O 振动吸收峰有加宽的趋势。

3.9.3.2　伊利石 IR 分析

伊利石原矿与不同研磨时间样品红外图谱(IR)如图 3-27 所示。对照伊利石标准红外图谱(表 3-8),我们可以看出,原矿谱图上各吸收峰与标准谱图完全吻合。伊利石—OH 的伸缩振动吸收带出现在 $3630cm^{-1}$ 和 $3649cm^{-1}$,为一中等强度的窄带。—OH 的摆动振动为一肩状吸收带和一弱吸收带,频率分别为 $934cm^{-1}$ 和 $831cm^{-1}$,其中 $831cm^{-1}$ 处的吸收带为—OH 的面外摆动[33,34]。

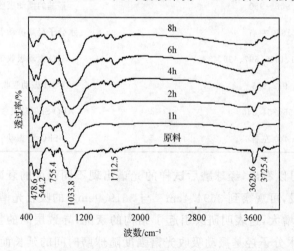

图 3-27　伊利石原矿与不同研磨时间样品的红外光谱图

表 3-8　伊利石特征谱带的位置与归属

谱带位置/cm^{-1}	谱带归属
3620～3650	OH 伸缩振动吸收带
3400、1630	水分子的羟基伸缩振动及弯曲振动吸收
798、1090	Si-O 的振动吸收
1010～1030	Si-O-Si 伸缩振动吸收
990、750	Si-O-Al 伸缩振动吸收,面内振动吸收
915～950	Al-OH 的弯曲振动吸收
825～840	Al(Mg)-OH(或四面体内 Al-O)面外振动
600～700	OH 弯曲振动
400～550	Si-O(或 Si-O-Al)键面内弯曲振动

随着球磨时间的延长,3630cm^{-1}、1027cm^{-1}、537cm^{-1}峰的强度明显减弱,934cm^{-1}的峰随着球磨时间的增加逐渐消失。3630cm^{-1}的峰强度减弱说明伊利石中羟基与 O 结合的氢键逐渐脱除,即与 Si-O-Si 结合的 O 形成的羟基不如与 Al-O-Al 结合的 O 形成的羟基牢固。1027cm^{-1}、537cm^{-1}峰强度明显减弱则说明伊利石四面体 Si-O 键的伸缩振动和弯曲振动均减弱。935cm^{-1}的峰消失表明 Al-O 八面体的羟基已经脱除。Si-O 振动吸收带的频率也向高频方向移动,1027cm^{-1}左右处的 Si-O 伸缩振动吸收带形状也有些改变,谱带宽化。原来出现在其两侧的肩状峰基本消失,中心峰的位置也变得有些模糊。这表明羟基的脱除造成伊利石晶体结构的基本电价平衡被打破,原子间的连接被削弱,导致伊利石原来的晶格结构产生相应的调整。特别是[Al-O(OH)]八面体中,Al 的配位方式由于羟基脱去必然产生改变,导致八面体结构单元消失,并转化成新的 Al-O 四面体结构单元。

3.9.3.3　滑石 IR 分析

图 3-28 是滑石原矿及不同球磨时间下的红外光谱图。滑石原矿对应的特征峰有 3676.5cm^{-1}、1017.1cm^{-1}、669.8cm^{-1}、465.5cm^{-1}、423.9cm^{-1},这与标准图谱(表 3-9)峰一致。

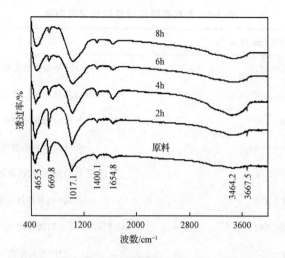

图 3-28　滑石原矿及不同球磨时间下的红外光谱图

表 3-9　滑石特征谱带的位置与归属

谱带位置/cm⁻¹	谱带归属
3675、3437	—OH 伸缩振动
1180、1080、1020	Si-O-Mg 伸缩振动,Si-O 伸缩振动
1400	Si-OH 的弯曲振动
880、798~670	Si-O-Mg 伸缩振动
585、466、425	Si-O 变形振动和晶格振动
3464、1655	吸附水的吸收带

　　随着球磨时间的增加,图谱上的各特征峰都有所变化,这是因为在机械力的作用下,滑石的结构要受到一定的影响。球磨 2h 时,3464.2cm⁻¹ 对应的吸收带宽化,且在 1654.8cm⁻¹ 处吸收带的面积相对增大,这说明滑石的部分结构水会因机械球磨而失去,成为游离水。球磨 4h 时,结构水对应的 3676.5cm⁻¹ 吸收峰基本消失,而吸附水对应的 3464cm⁻¹ 吸收区进一步宽化;低频区的 Mg-O 吸收峰亦弱化或合并。由这些变化可以初步断定 4h 时滑石的结构已发生明显变化。球磨超过 6h 时,滑石的红外光谱图完全改变,图中高、中、低三个频区出现的宽峰应分别归属于羟基、Si-O 和 Mg-O 的伸缩振动吸收带。

3.9.3.4　叶蜡石 IR 分析

　　叶蜡石红外光谱分析图谱如图 3-29 所示,其对应的一些特征谱带位置和谱带归属见表 3-10。叶蜡石的红外光谱是由硅酸盐的络阴离子振动、羟基和水振动及八面体阳离子振动组成的。从图 3-29 可以看出,原矿图谱上频率在 3674.3cm⁻¹

吸收峰为—OH 伸缩振动,未在 $3647cm^{-1}$ 出现 (Al,Fe^{3+})-OH 的吸收带,说明叶蜡石中几乎不存在 Fe^{3+} 类质同象替换 Al 的情况。$800cm^{-1} \sim 950cm^{-1}$ 范围内出现的 $950cm^{-1}$、$853cm^{-1}$、$812cm^{-1}$ 为 Al-OH 摆动吸收带,其中 $853cm^{-1}$ 和 $812cm^{-1}$ 两个弱带属于 Al-OH 的面外摆动,$950cm^{-1}$ 这一中等强度的谱带,峰形窄而尖锐,属于 Al-OH 的面内摆动。Si-O 伸缩振动吸收由两个强吸收谱带 $1069cm^{-1}$、$1052cm^{-1}$,一个中强的吸收谱带 $1121cm^{-1}$,以及一个弱吸收谱带 $835cm^{-1}$ 组成。$600cm^{-1}$ 以下的低频区产生两个强吸收带和几个弱吸收带,谱带窄而尖锐,主要归属于 Si-O-Al 振动、Si-O 弯曲振动、八面体阳离子与氧(M-O)和—OH 平动带,其中 $539cm^{-1}$、$484cm^{-1}$ 吸收峰主要属于 Si-O 的弯曲振动,$576cm^{-1}$ 与八面体阳离子有关,主要归属于 Si-O-Al 伸缩振动吸收。

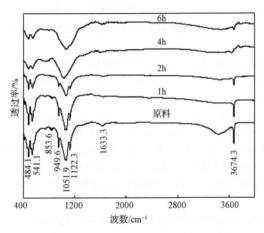

图 3-29　叶蜡石原矿与不同球磨时间处理后样品的红外光谱图

表 3-10　叶蜡石特征谱带的位置与归属

谱带位置/cm^{-1}	谱带归属
3674	Al-OH 伸缩振动吸收
800~950	Al-OH 摆动吸收
1121、1069、1052、835	Si-O 伸缩振动
600 以下	Si-O-Al 振动 Si-O 变形振动、八面体阳离子与(M-O)和—OH 平动带
484、539	Si-O 变形振动和晶格振动

从图 3-29 还可以看出,叶蜡石经过球磨后,随着球磨时间的延长,属于—OH 伸缩振动的 $3674cm^{-1}$ 吸收峰明显减弱,球磨 4h 后,该吸收峰消失,并产生三个新的弱峰,分别为 $3783.7cm^{-1}$、$3676.0cm^{-1}$ 和 $3469.4cm^{-1}$,振动频率发生变化。这说明球磨过程中机械力的作用排除了叶蜡石中的—OH,球磨 4h 后—OH 基本上

完全消失。Si-O 键在 $1121cm^{-1}$ 处伸缩振动和 $484.10cm^{-1}$ 处的晶格变形振动随研磨时间的增加使吸收的强度逐渐下降,到 6h 后完全消失,说明 Si-O 键的键力减弱,有序结构被破坏,产生晶格变形。

参 考 文 献

[1] 杨华明,陈德良. 超细粉碎机械化学的研究进展[J]. 中国粉体技术,2002,8(2):32-36.

[2] Jessel L H. Ultrafine ceramic powders produced by turbomilling[J]. Ceramic Bulletin,1988, 67 (10): 1663-1688.

[3] Hoyer J L. High-purity fine ceramic powders produced in the bureau of mines[J]. Ceram Eng Sci Pro, 1985,6 (9/10):1342-1355.

[4] Husemann H K. Enhancing the effectiveness of dry ultrafine and classifying processes by addition of sur-factants[J]. Aufberritungs-Technik,1994,35 (8):393-403.

[5] Ferdi S, Wolfgang S. Microporous and Mesoporous Materials[J]. Advanced Engineering Materials. 2002,4(5):269-279.

[6] 刘云. 云母类黏土矿物的研究及其地质意义[J]. 地层学杂志,1994,18(4): 289-295.

[7] Yang Huaming, Yang Wuguo, Hu Yuehua, et al. Effect of mechanochemical processing on illite parti-cles[J]. Particle & Particle Systems Characterization, 2005, 22 (3):207-211.

[8] Yang Huaming, Du Chunfang, Hu Yuehua, et al. Preparation of porous material from talc by mechano-chemical treatment and subsequent leaching[J]. Applied Clay Science,2006,31 (3-4): 290-297.

[9] 荣葵一,宋秀敏. 非金属矿物与岩石材料工艺学[M]. 武汉:武汉工业大学出版社,1996.

[10] 荒井康夫,王成华译. 粉体的力学化学性能[M]. 武汉工业大学译丛,1980(5):97-118

[11] 王尔德,刘京雷,刘祖岩. 机械合金化诱导固溶度扩展机制研究进展[J]. 粉末冶金技术, 2002,20(2): 109-112.

[12] 杨君友,吴建生. 机械合金化过程中粉末的变形及其能量转化[J]. 金属学报,1998, 34(10):1061-1067.

[13] Grigorieva T F, Barinova A P, Lyakhov N Z. Mechanosynthesis of nanocomposites[J]. Journal of Nan-oparticle Research, 2003(5): 439-453.

[14] 陈君平,施雨湘,张凡,等. 高能球磨中的机械合金化机理[J]. 机械,2004,31(3):52-54.

[15] Delogu F, Orru R, Cao G. A noval macrokinetic approach for mechanochemical reactions[J]. Chemical Engineering Science, 2003,58(3-6):815-821.

[16] Politis K. Mechanically driven alloying and grain size changes in nanocrystalline powders[J]. Journal of Materials Research, 1999,34:35-39.

[17] Miani F, Fecht H J. Evaluating the mechanochemical power transfer in the mechanosynthesis of nanophase Fe-C and Fe-Cu powders[J]. International Journal of Refractory Metals & Hard Materials, 1999,17:133-139.

[18] Pfeiffer H, Knowles K M. Reaction mechanisms and kinetics of the synthesis and decomposition of lithi-um metazirconate through solid-state reaction[J]. Journal of the European Ceramic Society,2004, 24(8):2433-2443.

[19] 杨华明,邱冠周. 超细粉碎过程助磨剂的作用机理[J]. 中南工业大学学报,2000,31 (5):400-402.

[20] 郑水林. 超细粉碎原理、工艺设备及应用[M]. 北京:中国建材工业出版社,1993.

[21] Kunio U. The effect of surfactant on ultrafine grinding done simultaneously with surface treatment of magnetite particles[J]. Journal of the Society of Powder Technology. Japan. 1990,27 (3):165-169.

[22] Gao M, Forssberg E. The influence of slurry rheology on ultra-fine grinding in a stirred ball mill[J]. Proceedings XVIII IMPC, May 23-28, 1993, Sydney, Australia, 237-244.

[23] 李桂芹. 分散剂在铁矿石细磨矿浆中分散率的测定及其作用机理[J]. 中国矿业, 1996, 5 (6): 49-53.

[24] 杨华明. 搅拌磨超细粉碎及机械化学的研究[D]. 长沙: 中南大学. 1998.

[25] 杨武国. 层状硅酸盐机械活化浸出制备多孔材料的研究[D]. 长沙: 中南大学. 2005.

[26] Kano J, Saito F. Correlation of powder characteristics of talc during Planetary Ball Milling with the impact energy of the balls simulated by the Particle Element Method[J]. Powder Technology, 1998, 98: 166-170.

[27] 陈允魁. 红外吸收光谱法及其应用[M]. 上海: 上海交通大学出版社, 1993, 5-14.

[28] 郝青丽, 陆路德, 王瑛, 等. 研磨影响黏土结构的红外光谱研究[J]. 光谱实验室, 1999, 16(5): 540-544.

[29] 丁述理, 许红亮, 刘钦甫, 等. 机械研磨对平鲁煤系高岭石热行为的影响[J]. 煤田地质与勘探, 2002, 30 (6): 16-18.

[30] 罗驹华. 高岭土和氢氧化铝共同粉磨时的机械力化学效应研究[J]. 材料科学与工程学报, 2003, 21(3): 266-269.

[31] Kristof E, Juhasz A Z, et al. The effect of mechanical treatment on the crystal structure and thermal behavior of Kaolinite[J]. Clays and Clay Minerals, 1993, 41(5): 609-612.

[32] 张庆今. 陶瓷原料细磨过程的机械力化学效应[J]. 中国陶瓷, 1990, 5: 12-15.

[33] 刘文新, 汤鸿霄. 不同地域天然伊利石的多光谱表征与比较[J]. 应用基础与工程科学学报, 2001, 9(2-3): 164-172.

[34] 江爱耕, 汤德平. 连江溪利伊利石的矿物学特征[J]. 福州大学学报(自然科学版), 1998, 26(8): 119-122.

第 4 章 机械化学合成金属氧化物纳米晶

4.1 引　言

半导体金属氧化物纳米材料具有特殊的物理、化学性能,广泛应用于环保、催化、医学、陶瓷、化工、军事和光电材料等领域。研究纳米材料制备和应用的纳米技术将成为 21 世纪前 20 年的主导技术。纳米材料的制备作为纳米材料研究的前提,已经引起了广大研究者的极大关注,并且取得很大进展。不同的合成方法直接影响材料的微观结构,进而决定材料的性能。

金属氧化物的合成是无机化学与材料科学之间的交叉研究领域,它的发展将对深化物质结构与反应的认识及开拓高技术新材料具有重要意义。近年来,以新构思、新方法为基础,利用机械化学法已合成了许多新型的无机化合物,它们在工业、农业、医药和材料等领域得到了广泛的应用,已成为新型材料研究的热点和前沿。

机械化学法是合成纳米材料非常有效的方法,因为它有许多优点,如反应过程简单、时间短、能耗低、易实现工业化、产品质量高、粒度分布均匀等。它利用外界施加于原料的机械作用力,使原料的活性因为受到挤压、摩擦、剪切等作用力而大大提高,从而诱发化学反应在固相环境下进行;而且与一般固相反应法不同的是,机械化学固相反应是无溶剂反应,与液相反应机理不同,这就可能导致同样的反应物在固、液相反应中获得不同产物,而且可以简化反应程序,减少副反应、干扰因素,提高反应的产率和纯度。机械化学法中加入一种化学性质稳定的物质作为机械过程中的稀释剂和焙烧过程的缓冲剂,使得产物的晶粒生长比一般固相化学法的对应过程难度大,克服了传统湿法合成存在团聚现象的严重缺点,同时这种方法又结合了一般固相合成反应产率高、反应条件易掌握等优点,是一种较理想的制备氧化物纳米材料的方法[1]。

本章介绍了机械化学法合成 SnO_2、ZnO、NiO、CdO、In_2O_3、Co_3O_4、CuO 和 TiO_2 等金属氧化物纳米晶材料,采用 XRD、TG/DTA、TEM、SEM、XPS 等对合成的金属氧化物纳米晶材料进行表征和检测。

4.2 实　验　方　法

本实验采用机械化学法制备金属氧化物纳米材料,即以机械力作为反应的驱动力,制备氧化物纳米晶。采用的固相反应本来需要在高温高压下长时间才能完成,但由于采用了机械化学法,反应在常温常压下短时间内即可完成。这是因为在机械力的作用下,反应物的晶粒大大减小,比表面积急剧增大,机械化学过程提高了反应物的活性。

反应式为:

$$SnCl_2(或其他氯化物) + Na_2CO_3(或其他碳酸盐) \xrightarrow{xNaCl} SnO + CO_2\uparrow + 2NaCl$$

称取所需原料并混合,在机械力作用下进行研磨,再对产物进行热处理,在热处理过程中,因为前驱体发生氧化(或分解)反应,得到氧化物,最后对生成物进行一定的除杂处理,就可得到金属氧化物纳米材料。

机械化学固相反应的发生起始于两个反应物分子的扩散接触,接着发生化学反应,生成产物分子。此时生成的产物分子分散在母体反应物中,只能当作一种杂质或缺陷分散存在,只有当产物分子集积到一定大小,才能出现产物的晶核,从而完成成核过程。随着晶核的长大,达到一定的大小后出现产物的独立晶相。可见,固相反应经历了四个阶段,即扩散—反应—成核—生长,但由于各阶段进行的速率在不同的反应体系或同一反应体系不同的反应条件下不尽相同,使得各个阶段的特征并非清晰可辨。室温下,充分研磨不仅使反应的固体颗粒直径减小,并且得以充分接触,而且也提供了反应得以进行的微量引发热,当反应引发后 $\Delta G < 0$,由于固体反应中 $\Delta S \approx 0$,则 $\Delta H < 0$。因此,固相反应大多是放热反应,这些热使反应物分子相结合,提供了反应中的成核条件,在受热条件下,原子成核、结晶,并形成微细颗粒。

4.2.1　实验步骤

(1)原料处理:将原料 $SnCl_2 \cdot 2H_2O(ZnCl_2$、$CdCl_2 \cdot 2.5H_2O$、$CuCl_2 \cdot 2H_2O$ 等)、无水 Na_2CO_3 与 $NaCl$ 在真空干燥箱中进行预处理,除去结晶水、烘干,达到固相反应要求,通过 DTA、TG 结果确定原料预处理温度。

(2)球磨:按反应物的物质的量比称取原料,加入适量的稀释剂 $NaCl$,并混合在行星球磨机中球磨得到前驱体。

(3)热处理:将步骤(2)中得到的前驱体在焙烧炉中进行热处理,得到半成品。

(4)后处理:真空抽滤过程中对半成品进行反复的冲洗,以除去其中的 $NaCl$;把抽滤后的产品放入烘箱中进行烘干,得到成品。将产品进行粒径大小、颗粒形貌及纯度等测试与分析。

实验流程简图如图 4-1 所示。

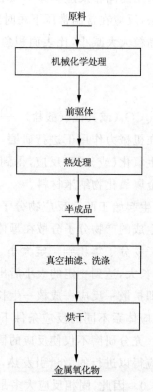

图 4-1　实验流程图

4.2.2　测试与表征方法

　　性能是材料的结构在一定条件下的表现,要想获得具有一定特性的材料,必须对其结构有比较清楚的认识,并且还需要掌握材料的结构在使用过程中可能发生的变化。为此,材料的表征对于新材料在实际应用过程中起到至关重要的作用。

4.2.2.1　热分析

(1)基本原理

　　热分析是指在程序控制温度下(此处仅指线性升温)测量物质物理化学性质(如质量、热熔等)与温度之间关系的一种技术。主要用于研究物理变化(晶型转变、熔融、升华和吸附等)和化学转变(如脱水、分解、氧化和还原等)。热分析不仅提供热力学参数,而且还可给出有一定参考价值的动力学数据。热分析在固态科学的研究中被广泛地采用,诸如用于研究固相反应、热分解和相变以及测定相图等。在无机材料的研究中,应用最多的热分析方法是热重分析和差热分析。

　　热重法(thermogravimetry,TG)是指在程序温度控制下,测量物质的质量变化与温度关系的方法[2]。热重法通常有等温(或静态)和非等温(或动态)两种类型。一般来说,等温法比较准确,但由于比较麻烦,目前采用的较少。在热重法中非等温法最为简便,被采用得也最多。从热重曲线可得到试样组成、热稳定性、热分解温度、热分解产物和热分解动力学等有关数据。同时还可获得试样质量变化率与温度或时间的关系曲线,即微商热重曲线(DTG)。实际测定的 TG 曲线与实验条件,如加热速率、气氛、试样质量、试样纯度和粒度等密切相关。

　　差热分析(differential thermal analysis,DTA)是研究物质在程序温度控制下,测量物质和参比物的温度差和温度关系的一种方法。当试样发生任何物理或化学变化时,所释放或吸收的热量使试样温度高于或低于参比物的温度,从而相应地在差热曲线上可得到放热或吸热峰[2]。差热曲线是由热分析得到的记录曲线,曲线的横坐标为温度,纵坐标为试样与参比物的温度差(ΔT),曲线向上弯曲表示放热,向下表示吸热。差热分析也可测定试样的热容变化,它在差热曲线上反映出基线的偏离。差热峰的尖锐程度反映了反应自由度的大小。自由度为零的反应其差热峰尖锐;自由度愈大,峰越圆滑。

　　(2) 试验方法

　　分别采用德国 NETZSCH 公司生产的 STA449C 型热分析仪进行差热/热重分析(TG/DTA)以确定前驱体的受热分解过程和焙烧温度范围,测试样品的热稳定性,分析合成复合/掺杂金属氧化物过程的动力学,并计算活化能。在差热分析过程中,以 Al_2O_3 作为参比物,升温速率为 3~20℃·min^{-1},空气气氛,测试范围为 30~700℃,样品的质量为 5~15mg;在热重分析过程中,样品的质量为 5~10mg,升温速率为 10℃·min^{-1},测试范围为 30~1000℃。

　　4.2.2.2　X 射线衍射分析

　　(1) 基本原理

　　对于任何一种结晶物质都具有特定的晶体结构,在一定波长的 X 射线照射下,每种晶体物质都有自己特有的衍射花样[3]。通过 X 射线衍射分析(X-ray diffraction,XRD)可确定物质的物相组成和含量,也可以反映晶体物质的结构特点,因此是测定固体物质结构最普遍、最常用的方法。

　　根据 X 射线衍射的基本原理可知,X 射线衍射技术通常是用来研究结晶构造比较完整、晶格原子排列比较有序的晶体的结构特征,对确定物质的长程结构十分有效,也就是说只对长程有序的晶体结构敏感。对于无定形物质来说,其结构与晶体物质有所不同,不具有规则有序的空间点阵结构,即非晶态物质不存在长程有序结构。因此,X 射线衍射中它与晶态物质不同,在各个方向上都可产生相干散射,其结果导致无定形物质不能产生特有的衍射花样。X射线衍射分析结构中无定形物质常常产生一个非晶胞[3]。

X射线衍射分析广泛地用于多晶体材料的定性分析,作为一种"指纹"鉴定法来辨认材料的化学组成。X射线衍射分析适宜于测定无机化合物的点阵结构和晶胞参数,还常用于确定固溶体体系固相线下的相关系,在完全互溶的单相区内,一种纯组分的晶格参数随另一少量组分的添加而连续线性地改变,而在两相区中,则出现两种饱和固溶体物相的两套恒定的晶格参数,从而可以明显地区分出相区的界限。根据X射线衍射宽化程度的变化,还广泛地用于测定晶粒度的大小、表征晶体中的某些物理缺陷等,是研究固体材料的最重要的常规手段之一。

(2) 试验方法

本文采用日本理学 D/max-γA 型转靶 X射线衍射仪研究合成复合/掺杂金属氧化物过程中物质的结构变化及物相转变的规律。

测试时,使用 Cu 靶 K_α 辐射(波长 $\lambda=0.154\ 056nm$),X射线管的电流和电压分别为 100mA 和 50kV,狭缝 $DS=1$、$RS=0.30$、$SS=1$,采用石墨单色器滤波,扫描速度为 $4° \cdot min^{-1}$,步宽为 $0.01°$。

用 Scherrer 公式(3-1)推导得氧化物纳米晶粒径的计算式为:

$$D = \frac{k\lambda}{\beta cos\theta} \tag{4-1}$$

式中:D 为纳米晶粒径(nm);k 为 Scherrer 常数($0.89 \sim 0.94$,均取 $k=0.94$);λ 为 X射线的波长($0.154056nm$);β 为衍射峰的半高宽;θ 为衍射角。

采用式(4-1)计算晶体的粒径,公式中各值都是通过 XRD 曲线得到。由式(4-1)可知晶粒尺寸与半峰宽度有密切的关系,晶粒尺寸越小,衍射峰越宽。式(4-1)计算的结果比较接近真实值,所查文献文中一般都采用此法计算晶粒尺寸。本章中所出现的晶粒值,都是采用式(4-1)计算得到,除特别说明外都取 X射线衍射曲线上三强线所对应晶面晶粒的平均值。

4.2.2.3　电镜分析

(1) 透射电镜(TEM)测试

透射电子显微镜(transmission electron microscope,TEM)是利用电子光学技术制成的直接观察物质形貌结构的仪器。由 100kV 以上高压加速的高能电子束,经过双聚焦透镜形成直径小于 $0.5\mu m$ 的极细电子束流,照射在极薄(细粒需要配制成悬浮胶液,然后在试样铜栅上做成薄胶膜)的试样上,电子穿过试样时,试样中某一给定区域的密度愈大,则电子束散射愈厉害,紧挨试样下面由一个孔径为 20～60nm 的物镜,阻止大散射角的电子通过,只允许一定张角范围内的电子通过,再经过短焦距物镜和两个中间物镜以及一个投影物镜的多次放大,最后的物相可以放大到几十到几百万倍,其精确度可达 10%,当然放大倍数愈高,其精确度愈低[4]。TEM 的分辨率约为 0.1~1nm,测试的粒径为 1~100nm。TEM 技术用于研究材料的结晶情况,观察纳米粒子的相貌、分布情况及测量纳米粒子的粒径。本章采用日立 H-800 型透射电子显微镜表征合成的复合/掺杂金属氧化物纳米晶材料的微观结构。

(2) 扫描电镜(SEM)测试

扫描电子显微镜(scanning electron microscope,SEM)不同于透射电子显微镜,其聚焦在试样上的电子束是在一定范围内作栅状扫描运动,而且试样较厚,电子并不穿透试样,而是在试样表层产生高能反向散射电子、低能二次电子、吸收电子、可见荧光和 X 射线辐射。在试样表面上的电子束斑大小约 10~20nm,当电子束沿表面作栅状扫描时,由表面各点产生各种辐射,其能量和强度反映了表面各点的形貌结构和化学组成。利用适当的探测系统,将所产生的信号检出、放大,再加以显示,就可以得到各种信息的图像。显微图像的放大倍数取决于入射电子束在试样表面上的扫描距离与阴极射线管内电子束扫描距离之比,最大可放大几十万倍。其分辨率小于 6nm,由于电子束的波长很短、透射的孔径极小,可以作深度的扫描,所以扫描电子显微镜所得到的表面显微图像具有明显的三维立体感、视场大,除了二次电子信号之外,表面上产生的其他类型辐射都可以加以利用,以获得试样表面上更多的信息[128]。SEM 主要用于观察纳米粒子的形貌,纳米粒子在基体中的分布情况等。一般只能提供亚微米的聚集粒子大小及形貌的信息。采用日立 Sirion200 型扫描电子显微镜表征合成的金属氧化物纳米晶的微观结构。

4.2.2.4　X 射线电子能谱分析

(1) 基本原理

X 射线光电子能谱(X-ray photoelectron spectroscopy,XPS)又称电子能谱化学分析(ESCA)[4],是用 X 射线作激发源轰击出样品中元素的内层电子,并直接测量二次电子的能量,此能量表现为元素内层电子的结合能 E_b,E_b 随元素而不同。同时 XPS 又具有较高的分辨率,不仅可以得到原子的第一电离能,而且可以得到从价电子到 K 壳层的各级电子电离能,有助于了解离子的几何构型和轨道成键特性。

光电子能谱反映的是特定原子中某些轨道电子的结合能,而这些结合能除了决定核对电子的作用之外,还和该原子在分子中的结合状态以及原子周围的化学和物理环境有关,因此通过光电子能谱的分析,可以用于固体物质的化学成分的分析和化学结构的测定。光电子能谱在化学中的应用是根据它可以对原子轨道电子的结合能作精确的测定(可以精确测到 0.1eV),以及可以测定这种结合能在不同化学环境中的位移。结合能标志原子的种类,结合能的位移则表明原子在分子中及晶体中所处的结构[4]。

(2)试验方法

本文中利用英国 VG 公司的 MK-II 型 X 射线光电子能谱仪,采用 AlKₐ 作为激发源,能量 $h\nu = 1484.6eV$,分析器通过能为 100eV,倍冲器电压为 3.0kV,真空度为 $5.0 \times 10^{-8}mbar$。XPS 分析的原子结合能的峰值用 $C_{1s}(E_b = 284.6eV)$ 进行校正。

4.2.2.5　红外光谱分析

(1)基本原理

红外光谱(infra-red spectroscopy,IR)的产生与分子的内部运动有关。当待测样品被红外线照射后,样品中的分子就会从低能级的基态跃迁到高能级的激发态,并吸收一定量波长的红外光谱。根据量子力学的理论,分子吸收光能量遵循量子化条件。即,吸收光的频率(ν)和两个能级的能量差(ΔE)满足如下关系:

$$\Delta E = E_2 - E_1 = h\nu \tag{4-2}$$

式中:h 为普朗克常量(4.626×10^{-34} J·s);ν 为入射光频率(Hz)。

根据分子振动选择的原则,只有分子偶极矩变化不为零的那些振动才具有红外活性。用特殊的红外光谱仪将样品的分子对红外光谱辐射的吸收状况自动记录下来,就得到红外光谱图。由于红外光谱图客观反映了分子中振动能级的变化,而且各种官能团的红外特征吸收带出现在特定的波长范围内,具有很强的特征性。因此,通过红外光谱研究可获得物质中有关官能团的变化。

(2)试验方法

红外光谱检验是在美国 Nicolet 公司生产的 NEXUS 470 型红外光谱分析仪上完成。样品红外光谱测试所采用的方法是固体样品最常用的方法——溴化钾压片法,这种方法的优点是溴化钾在中红外区有较高的透光率,本身不吸收红外线。具体操作为:取约 1mg 的样品与 KBr 以 1:200 的质量比混合均匀并压成片,直接在 FT-IR 红外分光光度计上进行测量,测量范围为 $400 \sim 4000cm^{-1}$,样品与 KBr 粉末在使用前均充分干燥。

4.3　SnO_2 的机械化学合成与表征

SnO_2 属于四方晶系,具有金红石结构,在金红石(TiO_2)的晶胞中,Ti^{4+} 离子置换成 Sn^{4+} 就得到 SnO_2 的晶体结构,如图 4-2 所示。金红石结构有四方对称性,即三个晶轴相互垂直,每个晶胞含有 6 个原子,即两个锡原子和四个氧原子,锡原子位于晶胞的顶角和中心的位置，O^{2-} 则由三个 Sn^{4+} 包围起来，且 $a=b<c$。室温条件下晶胞参数 $a=0.474nm$，$c=0.319nm$，空间群符号为 P_{42}/mnm，密度为 $4.95g \cdot cm^{-3}$，纯 SnO_2 熔点为 2170K。一般呈白色，不溶于水和酸。

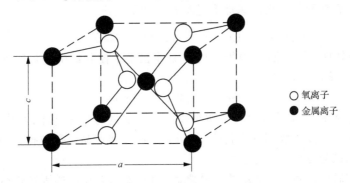

○ 氧离子
● 金属离子

图 4-2　金红石结构的 SnO_2 晶胞图

由于 SnO_2 晶格中的氧缺陷形成施主能级，呈 n 型半导体特性。它具有以下结构上的特点：①禁带宽度较宽（3.7eV），这取决于材料中氧空位缺陷的多少，但施主能级是适度浅能级（0.03～0.15eV），表面吸附氧形成的表面能级即电位热垒为 0.3～0.6eV，这对于气体传感器来说容易获得非常适用的电特性；②可以根据使用要求加入各种添加剂来调整特性。另外其折射率为 $n \approx 2.0$，本征电阻率高达 $10^8 \Omega \cdot cm$ 数量级，特别是纳米掺杂 SnO_2 具有特异的光电性能和气敏特性。

纳米 SnO_2 随着粒径的减小，比表面积大，孔隙率也比较大，活性高，表面能增加，使其具有较好的分散性和吸附性能，在吸附储气、提高反应速度及催化合成中有重要意义。当 SnO_2 达到纳米级，由于其产生的表面效应、量子效应、小尺寸效应、宏观量子隧道效应等独特的性质，具有广阔的应用前景[5]。

SnO_2 是一种重要的无机化工原料，曾用于轻工、冶金、国防、陶瓷等工业领域，由于具有优良的阻燃性、特异的光电性能（如反射红外线辐射）和气敏特性，目前被广泛应用于气敏元件、湿敏材料、液晶显示、光学材料、催化剂、光探测器、半导体元件、电极材料、保护涂层及太阳能电池等技术领域[6,7]。SnO_2 气敏传感器能检测 H_2、CH_4、丙烷、丁烷、天然气等可燃性气体，CO、NH_3、H_2S 等有毒气体，乙酸、甲苯、二甲苯、汽油等有机溶剂和氟利昂、烟雾，以及鱼、肉、水产品等的新鲜度[8,9]。

4.3.1　实验方法

采用机械化学法制备超细粉体，也即以机械力作为反应的驱动力，制备氧化物 SnO_2 纳米晶。

（1）原料处理：将原料 $SnCl_2 \cdot 2H_2O$、无水 Na_2CO_3 与 NaCl 在真空干燥箱中

进行预处理,除去结晶水、烘干,达到固相反应要求,通过 DTA、TG 结果确定原料预处理温度。

(2) 球磨:按反应配比称取原料,加入适量的稀释剂 NaCl,并混合在行星球磨机中球磨得到前驱体。在高速球磨过程发生如下反应:

$$SnCl_2 + Na_2CO_3 \xrightarrow{x NaCl} SnO + 2NaCl + CO_2 \uparrow \tag{4-3}$$

(3) 热处理:将步骤(2)中得到的前驱体在温度控制器中进行热处理,得到半成品,发生如下反应:

$$SnO + 1/2O_2 = SnO_2 \tag{4-4}$$

(4) 后处理:真空抽滤过程中对半成品进行反复的冲洗,以除去其中的 NaCl;把抽滤后的产品放入烘箱中进行烘干,得到成品。将产品进行粒径大小,颗粒形貌及纯度等测试与分析。

探索实验中制备出 SnO_2 纳米晶之后,对可能影响反应的因素进行对比实验,采用固定其他条件,改变单一条件的方法进行实验。探讨的实验因子有:球料质量比,稀释剂用量的变化,球磨时间,热处理温度,热处理时间等。实验方案见表 4-1。实验的目的是对影响机械化学反应的各种条件做比较,得到各条件对反应的影响情况,找出最佳制备条件。

表 4-1　实验方案设计

组号	实验因素	实验水平
1	球/料质量比	5∶1,10∶1,15∶1,20∶1
2	球磨时间 t/h	2,4,6,8,10
3	热处理温度 $T/℃$	400,500,600,700,800
4	热处理时间 t/h	1,2,3,4,5
5	稀释剂用量(物质的量比)①	1∶1∶2,1∶1∶4,1∶1∶6,1∶1∶8,1∶1∶10

① $SnCl_2$∶Na_2CO_3∶NaCl。

4.3.2　合成过程的分析

原料 $SnCl_2 \cdot 2H_2O$ 的 TG 和 DTG 检测结果如图 4-3 所示,从图 4-3 可知,原料 $SnCl_2 \cdot 2H_2O$ 在大约 180℃ 时脱去 2 个结晶水。

将原料 $SnCl_2 \cdot 2H_2O$、Na_2CO_3 和 NaCl 在 180℃ 下烘干 13h,按反应式配比称取原料,混合,放入行星磨研磨,磨机转速固定,球磨得到的初步反应产物称为前驱体,对生成的前驱体做 XRD 检测。由 XRD 检测结果可知,反应产物为 SnO(见图 4-4(b)),前驱体的质量直接影响到产品的质量。对前驱体做 TG-DTG 分析可知要使前驱体在热处理过程中与氧气反应生成 SnO_2,温度必须在 350℃ 以上,也就是说后续热处理温度必须高于 350℃。

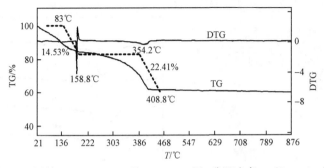

图 4-3　原料 $SnCl_2 \cdot 2H_2O$ 的 TG-DTG 图(升温速率：$10℃ \cdot min^{-1}$)

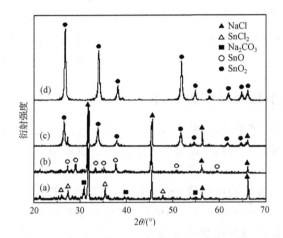

图 4-4　原料(a)、前驱体(b)、半成品(c)、成品(d)的 XRD 图

　　对前驱体进行热处理得到半成品,由 XRD 检测结果(见图 4-4(c))知半成品中含有 SnO_2。最后对半成品进行除杂,因为原料中加入 NaCl 作为稀释剂,且反应过程中生成了 NaCl,又由于 NaCl 溶于水,而 SnO_2 不溶于水,所以可通过抽滤的方式把 NaCl 除掉,使用真空泵对半成品进行反复抽滤,NaCl 随蒸馏水进入抽滤瓶中。一般进行 3 次以上抽滤,确保无 NaCl 残留。最后把抽滤后的半成品放在烘箱内烘干,之后取出,从滤纸上小心地刮下即得到成品,经过 XRD 检测表明(见图 4-4(d))成品为 SnO_2 纳米晶。

　　将制备好的纳米 SnO_2 超细粉末做透射电镜分析(见图 4-5),由图观察粒子形貌和团聚情况。从图 4-5 中可见,纳米 SnO_2 粒子形状为圆形或者近圆形,大小均匀,粒子成链状分布,同时可以看出用机械化学法制备的 SnO_2 粒子分布较均匀,基本无团聚现象。

　　对不同焙烧温度下的成品做红外检测,结果如图 4-6 所示。通过对图 4-6 中的显著峰值与标准图谱对照说明,得到的产品中峰值为 $620cm^{-1}$ 左右的振动的结构是 Sn-O 和 Sn-O-Sn 结构。结合 XRD 结果得出结论,实验产品确实为纳米 SnO_2。

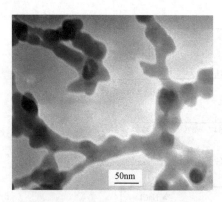

图 4-5　SnO₂ 纳米晶的 TEM 图

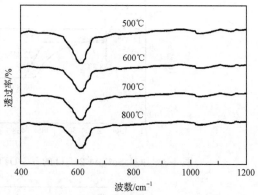

图 4-6　不同热处理温度 SnO₂ 超细
粉末的红外光谱图

4.3.3　球料质量比对晶粒的影响

球磨过程中采用了 Φ20mm 的大球 10 个,Φ10mm 的小球 40 个,共重 404.07g。

(1)原料处理:将原料 $SnCl_2 \cdot 2H_2O$、Na_2CO_3、NaCl 都在 180℃ 下预处理 13h。

(2)实验条件:在实验中保持 $SnCl_2$:Na_2CO_3:NaCl=1:1:6,球磨时间为 6h,球磨机转速为 1400r·min⁻¹。半成品在 700℃ 下热处理 2h。

(3)实验内容:做球料质量比分别为 5:1、10:1、15:1、20:1 的实验。

(4)实验结果与分析:通过 XRD 检测可知所得产品为 SnO₂ 纳米晶,XRD 叠加图如图 4-7 所示,从图中可以看出,随着球料质量比不断增加,产品衍射峰逐渐宽化,通过式(4-1)计算出其晶粒尺寸不断减小(如图 4-8 所示)。

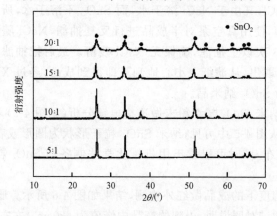

图 4-7　不同球料质量比时 SnO₂ 纳米晶 XRD 图

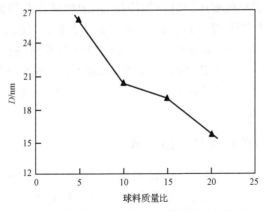

图 4-8　球料质量比对 SnO_2 晶粒尺寸的影响

从图 4-8 可以看出,随着球料质量比的增加,SnO_2 纳米晶粒径越来越小。这是因为球料质量比越小,反应物越多,物料受研磨的机会减少,反应进行得不够充分;球料质量比增大时,反应物减少,高能球磨过程中球料接触机会增多,充分利用球的机械化学效应,加快了反应速率。本实验根据理论分析,同时考虑到能耗等问题,一般采用 10∶1 或 15∶1 作为球料质量比。

4.3.4　球磨时间对晶粒的影响

(1) 原料处理:将原料 $SnCl_2 \cdot 2H_2O$、Na_2CO_3、$NaCl$ 都在 180℃下烘干 13h。

(2) 实验条件:实验中保持 $SnCl_2 ∶ Na_2CO_3 ∶ NaCl = 1 ∶ 1 ∶ 6$,球料质量比为 15∶1,球磨机转速为 1400r · min^{-1}。半成品在 700℃下热处理 2h。

(3) 实验内容:球磨时间分别为 2h、4h、6h、8h、10h。

(4) 实验结果:通过 XRD 检测,得到产物 SnO_2 纳米晶,通过式(4-1)计算出晶粒的平均粒径(D),晶粒尺寸(D)与球磨时间变化之间的关系如图(见图 4-9)。

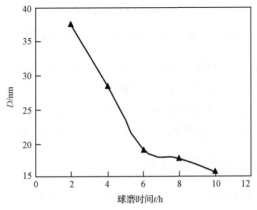

图 4-9　球磨时间对 SnO_2 晶粒尺寸(D)的影响

由图 4-9 可以看出随着球磨时间的增加,超细粉体的粒径减小。这是因为球磨时间越长,球磨越充分,反应进行得就越完整。球磨时间的增加,会首先使得原料的粒度变细,从而减小产物晶粒。但是从图中可以看出,随着时间的进一步延长,晶粒的变化越来越小,也即曲线的斜率越来越小。这说明球磨时间的增加不会无限地减小产物的晶粒,球磨时间达到 4~8h 时,产物晶粒已趋于稳定,没有必要进一步延长球磨时间。

4.3.5　稀释剂的用量对晶粒的影响

(1)原料处理:将原料 $SnCl_2 \cdot 2H_2O$、Na_2CO_3、$NaCl$ 在 180℃下烘干 13h。

(2)实验条件:实验中保持球料质量比为 15:1,球磨时间为 6h,球磨机转速为 $1400r \cdot min^{-1}$。半成品在 600℃下热处理 2h。

(3)实验内容:$SnCl_2 : Na_2CO_3 : NaCl$ 物质的量比分别为 1:1:2、1:1:4、1:1:6、1:1:8、1:1:10。

(4)实验结果:通过 XRD 检测,得到产品为 SnO_2 纳米晶,通过式(4-1)计算出 D,图 4-10 为 D 与加入稀释剂的物质的量比变化之间的关系图。

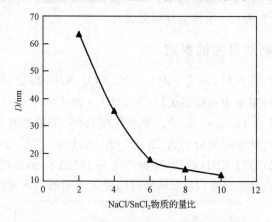

图 4-10　稀释剂的量对 SnO_2 晶粒尺寸的影响

从图 4-10 可以看出,当稀释剂用量逐渐增大时,晶体的平均粒径(D)逐渐减小,这是因为在实验中,稀释剂可以很好地充当隔离粒子,防止发生纳米 SnO_2 的团聚现象。当稀释剂用量比较少的时候,它起的隔离作用就比较小,稀释剂用量增大,制备出的纳米 SnO_2 的超细微粒均匀分散,得到的产品的晶粒就比较小。

4.3.6　热处理温度对晶粒的影响

(1)原料处理:原料 $SnCl_2 \cdot 2H_2O$、Na_2CO_3、$NaCl$ 在 180℃下烘干 13h。

(2)实验条件:实验中保持球料质量比为 15:1,球磨时间为 6h,球磨机转速为 1400r·min^{-1},SnCl$_2$∶Na$_2$CO$_3$∶NaCl＝1∶1∶6。

（3）实验内容:半成品分别在 400℃、500℃、600℃、700℃、800℃下焙烧 2h。

（4）实验结果:产物 SnO$_2$ 纳米晶在不同温度下的 XRD 图如图 4-11 所示。由图 4-11 可见 XRD 图谱为 SnO$_2$ 的衍射峰,随着热处理温度的升高,衍射峰也越来越尖锐。根据 XRD 检测结果,计算出不同热处理温度下 SnO$_2$ 的晶粒。图 4-12 不同热处理温度对晶粒尺寸的影响。

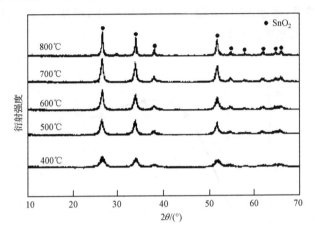

图 4-11　SnO$_2$ 粉末在不同温度下的 XRD 图

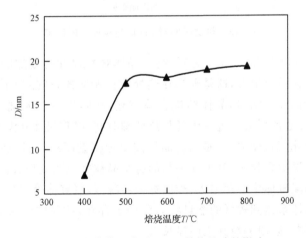

图 4-12　焙烧温度对 SnO$_2$ 晶粒尺寸的影响

从图 4-12 中可以看出,样品在 400～800℃之间,SnO$_2$ 晶体随着温度的升高,晶粒尺寸逐渐增大。这是因为随着温度的升高,粉体的晶体结构逐渐完善,结晶度逐渐增大,晶粒尺寸也随之增大。

4.3.7　热处理时间对晶粒的影响

（1）原料处理：$SnCl_2 \cdot 2H_2O$、Na_2CO_3 和 NaCl 在 180℃下烘干 13h。

（2）实验条件：实验中保持球料质量比为 15：1，球磨时间为 6h，球磨机转速为 1400r · min^{-1}，$SnCl_2$：Na_2CO_3：NaCl=1：1：6。

（3）实验内容：将半成品在 500℃下分别热处理 1h、2h、3h、4h、5h。

（4）实验结果：通过 XRD 检测证明产物为 SnO_2，根据式（4-1）计算 D，D 与热处理时间之间的关系见图 4-13。

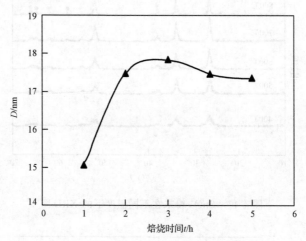

图 4-13　焙烧时间对 SnO_2 晶粒尺寸的影响

由图 4-13 可以看出，热处理时间越长，晶体颗粒尺寸有增加的趋势。在热处理初始阶段，晶粒明显增大，这是因为在热处理初始阶段，样品处于晶体结构转变调整期，晶化特征逐渐明显，晶体结构愈趋完整，缺陷逐渐减少，根据 Scherrer 公式计算的晶粒尺寸值增大。进一步延长热处理时间，晶粒尺寸并没有太大变化，焙烧 2h 后晶粒变化就很微弱，这是因为晶粒按双球模型凝结，原始晶粒间仅仅是点接触，不可能凝聚更多粒子，凝聚在一起的各个晶粒并无明显长大。随着晶粒的凝聚，更大一些的凝聚体中心距增大，难以进一步凝聚，凝聚体处于自我调整期，晶体结构逐渐完善，体系达到较低的能量状态而稳定存在，故晶粒度增长处于"自保阶段"，所以相比前一阶段晶粒并无明显长大。

4.3.8　SnO_2 纳米晶合成过程的热力学研究

在经典热力学中恒温恒压且无有效功的条件下，自发反应过程总是向着吉布斯自由能减少的方向进行，直至此体系的吉布斯自由能不再改变（$\Delta G = 0$）。或者说吉布斯自由能减到该条件下的最小值时，体系便达到平衡状态。也即体系吉布斯自由能变化大于 0 的反应是不可能自动发生的,所以 ΔG 可作为在上述条件下自发过程进行的方向及体系是否处于平衡状态的判据。故吉布斯自由能 G 又称为恒温恒压位(简称等压位)[10]。

当 $\Delta_r G_{m,T,P} < 0$ 时,反应物能自发地向产物转变;

当 $\Delta_r G_{m,T,P} > 0$ 时,反应物不能自发地向产物转变,但能逆向自发进行;

当 $\Delta_r G_{m,T,P} = 0$ 时,反应达到平衡。

热力学中,$G = H - TS$。由于 H、T、S 都是状态函数,所以 G 也是状态函数,即过程的吉布斯自由能变化只取决于始态和终态而与变化的途径无关。在恒温恒压和只做体积功的条件下,过程的吉布斯自由能变化为[10]

$$\Delta_r G_m = \Delta_r H_m - T\Delta_r S_m \tag{4-5}$$

各物质的热力学数据列于表 4-2。

表 4-2　各物质的热力学数据

物质名称	$SnCl_2$	Na_2CO_3	CO_2	$NaCl$	SnO	O_2	SnO_2
$\Delta_f H_m^0 / kJ \cdot mol^{-1}$	−325.1	−1130.68	−393.51	−411.15	−285.77	0	−580.74
$S_m^0 / J \cdot K^{-1} \cdot mol^{-1}$	125.94	134.98	213.64	72.13	54.48	205.03	52.30

热力学计算过程如下:

(1) 　　　　　　　　$SnCl_2(s) + Na_2CO_3(s) \rightarrow SnO(s) + 2NaCl(s) + CO_2(q)$

$\Delta_f H_m^0 / kJ \cdot mol^{-1}$　　−325.1　　−1130.68　　　−285.7　　$(−411.15) \times 2$　　−393.51

$S_m^0 / J \cdot K^{-1} \cdot mol^{-1}$ 125.94　　　　134.98　　　　54.18　　　72.13×2　　　213.64

$\Delta_r H_m^0 = \sum \gamma_B \Delta_f H_{m,B}^0 = -45.8 kJ \cdot mol^{-1}$

$\Delta_r S_m^0 = \sum \gamma_B S_{m,B}^0 = -153.16 J \cdot mol^{-1} \cdot K^{-1} = -0.15316 kJ \cdot mol^{-1} \cdot K^{-1}$

由式(4-5)得:$\Delta_r G_m^0 = \Delta_r H_m^0 - 298\Delta_r S_m^0 = -0.15832 kJ \cdot mol^{-1}$

(2) 　　　　　　　　$SnO(s)$　　　$+$　　　$1/2 O_2(q)$　　$\rightarrow$　　$SnO_2(s)$

$\Delta_f H_m^0 / kJ \cdot mol^{-1}$　　　　−285.77　　　　　　　0　　　　　　−580.74

$S_m^0 / J \cdot K^{-1} \cdot mol^{-1}$　　　　54.48　　　　　　205.03×1/2　　　52.30

$\Delta_r H_m^0 = \sum \gamma_B \Delta_f H_{m,B}^0 = -294.97 kJ \cdot mol^{-1}$

$\Delta_r S_m^0 = \sum \gamma_B S_{m,B}^0 = -106.395 J \cdot mol^{-1} \cdot K^{-1} = -0.10639 kJ \cdot mol^{-1} \cdot K^{-1}$

由式(4-5)得:$\Delta_r G_m^0 = \Delta_r H_m^0 - 298\Delta_r S_m^0 = -263.17489 kJ \cdot mol^{-1}$

以上计算过程中:$\Delta_f H_m^0$ 为标准摩尔生成焓;S_m^0 为标准摩尔熵;$\Delta_r H_m^0$ 为标准摩尔焓变;$\Delta_r S_m^0$ 为标准摩尔熵变。

综上计算表明,两个反应的吉布斯自由能均小于零,也即在存在反应初始驱动力情况下,反应物能自动地向产物转变。

4.4　ZnO 的机械化学合成与表征

　　氧化锌俗称锌白,属六方晶系纤锌矿结构,空间群 $P_{63}mc$,晶格常数 $a=$ 0.325nm,$c=$0.521nm,室温条件下禁带宽度约为 3.3eV,是典型的直接带隙宽带半导体,通过掺杂可显著调节或改变其性能。ZnO 为白色或浅黄色晶体或粉末,无毒,无臭,两性氧化物,不溶于水和乙醇,溶解于强酸和强碱,在空气中能吸收二氧化碳和水。ZnO 具有许多优异的特性,如高的熔点和热稳定性,良好的机电耦合性能,较低的电子诱生缺陷浓度,而且原料易得廉价等[11]。

　　纳米 ZnO 是一种面向 21 世纪的新型高功能精细无机材料,由于颗粒尺寸的细微化,其表面电子结构和晶体结构发生变化,比表面积急剧增加,使得纳米 ZnO 产生了其本体块状物料所不具备的表面效应、小尺寸效应和宏观量子隧道效应等。与普通氧化锌相比,纳米氧化锌显示出诸多特殊性能(如压电性、荧光性、吸收和散射紫外线能力等)而具有更广泛的用途(如用于压敏电阻、压电材料、荧光体、化妆品、气体传感器、变阻器、吸湿离子传导温度计、图像记录材料、磁性材料、紫外线屏蔽材料和催化剂等)[12,13],预计纳米氧化锌将成为 21 世纪的新材料[14]。纳米氧化锌的制备方法主要有两种:物理法和化学法。物理法包括超声雾化热分解法、机械研磨法等。化学法包括有机溶液沉淀法、沉淀萃取法、沉淀转化法、氧化热爆分解法、固-固相反应法等[15]。

4.4.1　合成过程的分析

　　虽然 $ZnCl_2$ 不含结晶水,但它很容易吸水,所以也需进行预处理,除去原料中的水分。将原料 $ZnCl_2$ 分成三份,分别在 150℃、180℃和 270℃下烘 14h 进行脱水处理。将 Na_2CO_3 和 NaCl 在 150℃下进行脱水处理。分别将三份原料投入行星磨机中,球磨结果发现 150℃烘干的条件下,原料 $ZnCl_2$ 脱水不充分,使得反应物在球磨过程中结块,阻碍反应进一步进行,不能达到要求,而在 180℃和 270℃条件下脱水的原料 $ZnCl_2$ 都能使反应顺利进行,因而在以后的实验中原料均在 180℃下预处理。

　　按所需反应式配比称取原料,混合,放入行星磨中研磨,磨机转速固定为 1400r·min^{-1},球磨得到的反应物称为前驱体,对前驱体做 TG-DTA 分析(见图 4-14),由图可知要使前驱体在热处理过程中发生分解反应,温度必须在 233℃以上,也就是说后续热处理温度必须高于 233℃。生成的前驱体做 XRD 检测,由 XRD 检测结果可知,反应的产物为 $ZnCO_3$(见图 4-15(a))。

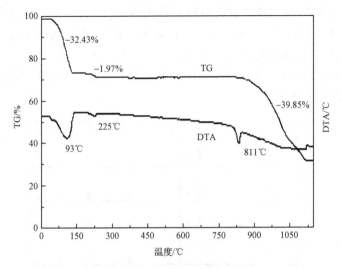

图 4-14　前驱体 TG-DTA 图(升温速率 10℃ · min^{-1})

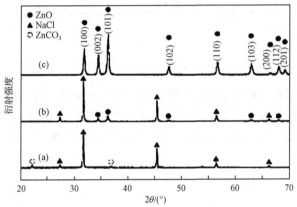

图 4-15　前驱体(球磨 6h)(a)、半成品(600℃ 焙烧 2h)(b)
和成品(c)的 XRD 图

对前驱体进行热处理得到半成品,由 XRD 检测结果(见图 4-15(b))知半成品中含有 ZnO。最后对半成品进行除杂,因为原料中加入 NaCl 作为稀释剂,且反应过程中生成了 NaCl,又由于 NaCl 溶于水,而 ZnO 不溶于水,所以可通过抽滤的方式把 NaCl 除掉,使用真空泵对半成品进行反复抽滤,NaCl 随蒸馏水进入抽滤瓶中。一般进行 3 次以上的抽滤,以确保无 NaCl 残留。最后把抽滤后的半成品放在烘箱内烘干,之后取出,从滤纸上小心地刮下即得到成品,经过 XRD 检测表明(见图 4-15(c))成品为 ZnO 纳米晶。

4.4.2　球磨时间对晶粒的影响

(1)原料处理:将原料 ZnCl$_2$、Na$_2$CO$_3$、NaCl 在 180℃ 干燥 13h。

（2）实验条件：在实验中保持球料质量比为 15∶1，$ZnCl_2$∶Na_2CO_3∶$NaCl=$ 1∶1∶8，球磨机转速为 $1400r \cdot min^{-1}$，前驱体在 600℃下热处理 2h。

（3）实验内容：球磨时间分别为 2h、4h、6h、8h、10h。

（4）实验结果：通过 XRD 检测，得到的产物为 ZnO 纳米晶，不同球磨时间下产品 XRD 叠加图见图 4-16。

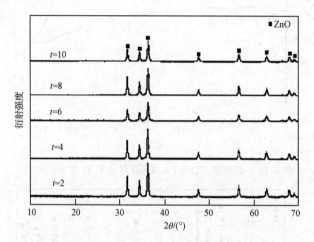

图 4-16　ZnO 纳米晶在不同球磨时间下的 XRD 图

由图 4-16 可见产物为 ZnO，且随着球磨时间不断增加，衍射峰不断宽化，这是因为球磨越充分，机械化学效应越明显，晶粒不断细化。通过式（4-1）计算出不同球磨时间条件下晶粒的平均粒径（D），可绘制出 D 与球磨时间变化之间的关系图（见图 4-17）。

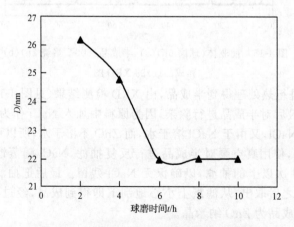

图 4-17　球磨时间对 ZnO 晶粒尺寸的影响

由图 4-17 可以看出随着球磨时间的增加,超细粉体的晶粒减小。这是因为球磨时间越长,球磨越充分,反应进行得就越完整。球磨时间的增加,会使得原料的粒度变细,从而减小产物晶粒尺寸。由于实验条件限制,没能继续增加反应时间,但是从图中可以看出,随着时间的进一步延长,晶粒的变化越来越小。这说明球磨时间的增加不会无限地减小产物的晶粒,球磨时间达到 4~10h 时,产物晶粒已经趋于相对稳定,延长球磨时间对产品晶粒影响减小。

4.4.3　稀释剂的用量对晶粒的影响

(1) 原料处理:将原料 $ZnCl_2$、Na_2CO_3、NaCl 在 180℃干燥 14h。

(2) 实验条件:在实验中保持球料质量比为 15:1,球磨时间为 6h,球磨机转速为 $1400r \cdot min^{-1}$。半成品在 600℃下热处理 2h。

(3) 实验内容:$ZnCl_2$:Na_2CO_3:NaCl 的物质的量比为 1:1:x,其中 x 分别为 2、4、6、8、10。

(4) 实验结果:通过 XRD 检测,产品 ZnO 纳米晶在不同稀释剂用量下的 XRD 叠加图如图 4-18 所示。

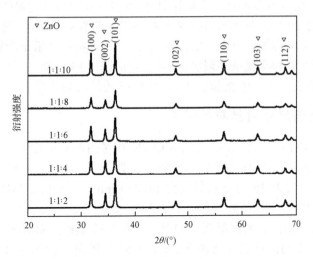

图 4-18　ZnO 粉末在不同稀释剂用量下的 XRD 图

由图 4-18 可见,随着稀释剂用量不断增大,产品 XRD 的衍射峰不断趋于宽化,这是因为稀释剂对成品起分散作用,所以成品晶粒尺寸逐渐减小。

根据式(4-1)计算的产品晶粒尺寸,产品晶粒(D)与加入稀释剂的物质的量比 x 变化之间的关系见图 4-19。

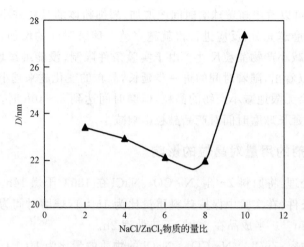

图 4-19　稀释剂用量对 ZnO 平均晶粒尺寸的影响

　　从图 4-19 中可以看出,当稀释剂用量 x 逐渐增大时,晶体的平均粒径(D)逐渐减小,这是因为在实验中,稀释剂的作用很大,它可以很好地充当隔离粒子,防止发生 ZnO 纳米晶的团聚现象。当稀释剂用量比较小的时候,它起的隔离作用就比较小,稀释剂的量增大,制备出的纳米 ZnO 的超细微粒均匀分散,得到的产品的晶粒就比较小。当稀释剂的量在一定范围内时,它可以很好地阻止产物的晶粒长大。由于理论依据有限和实验条件限制,仅从已知的图 4-19 可知,x 大于 8 之后,晶粒反而增大,因此 x 在 2~10 的范围中,x 为 4~8 为较合适用量。

4.4.4　热处理温度对晶粒的影响

　　(1) 原料处理:将原料 $ZnCl_2$、Na_2CO_3、NaCl 在 180℃干燥 14h。

　　(2) 实验条件:在实验中保持球料质量比为 15:1,$ZnCl_2$:Na_2CO_3:NaCl=1:1:8,球磨时间为 6h,球磨机转速为 1400r·min^{-1}。半成品热处理 2h。

　　(3) 实验内容:半成品分别在 400℃、500℃、600℃、700℃、800℃下焙烧 2h。

　　(4) 实验结果:通过检测得到 ZnO 纳米晶在不同温度下 XRD 图谱(见图 4-20)。

　　图 4-20 为不同焙烧温度条件下 ZnO 的 XRD 图谱。由图 4-20 可知,XRD 图谱上出现了 ZnO 的特征衍射峰,与 ZnO 的 JCPDS 标准卡片数据一一对应,说明产物为 ZnO。同时随着焙烧温度不断升高,XRD 的衍射峰越来越尖锐,表明粒子结晶越来越完整。

　　根据式(4-1)可计算出不同焙烧温度下 ZnO 纳米晶平均晶粒尺寸,晶粒尺寸(D)与不同热处理温度(T)之间的关系图见图 4-21。图 4-21 表明 400~800℃之间,ZnO 晶体随着热处理温度的升高,晶粒逐渐完整,晶粒尺寸逐渐增大。从图 4-21 还可以看出热处理温度在 400~600℃时产品晶粒尺寸变化较小,温度超过 600℃时,晶粒尺寸变化较先前明显。

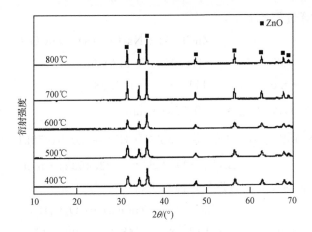

图 4-20　ZnO 纳米晶在不同温度下的 XRD 图

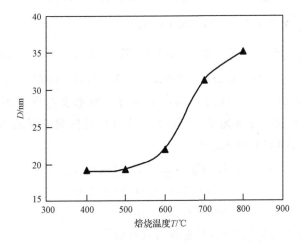

图 4-21　热处理温度对 ZnO 晶粒尺寸的影响

4.4.5　ZnO 纳米晶合成过程的热力学研究

机械化学法制备纳米 ZnO 所进行的反应有：

$$ZnCl_2 + Na_2CO_3 \Longrightarrow ZnCO_3 + 2NaCl \tag{4-6}$$

$$ZnCO_3 \Longrightarrow ZnO + CO_2 \uparrow \tag{4-7}$$

计算方法同 4.3.8 节所述，各物质的热力学参数列于表 4-3。

表 4-3　各物质的热力学数据

物质名称	$ZnCl_2$	Na_2CO_3	CO_2	$NaCl$	$ZnCO_3$	ZnO
$\Delta_f H_m^0 / kJ \cdot mol^{-1}$	-415.05	-1130.68	-393.51	-411.15	-812.78	-348.28
$S_m^0 / J \cdot K^{-1} \cdot mol^{-1}$	111.46	134.98	213.64	72.13	82.4	43.64

热力学计算过程如下：

(1)　　　　　　　　　　$ZnCl_2(s) + Na_2CO_3(s) = ZnCO_3(s) + 2NaCl(s)$

$\Delta_f H_m^0 / kJ \cdot mol^{-1}$　　　　　-415.05　　-1130.68　　-812.78　　-411.15

$S_m^0 / J \cdot K^{-1} \cdot mol^{-1}$　　　　111.46　　134.98　　　82.4　　　72.13

$\Delta_r H_m^0 = \sum \gamma_B \Delta_f H_{m,B}^0 = -89.35 kJ \cdot mol^{-1}$

$\Delta_r S_m^0 = \sum \gamma_B S_{m,B}^0 = -19.78 J \cdot mol^{-1} \cdot K^{-1} = -0.01978 kJ \cdot mol^{-1} \cdot K^{-1}$

由式(4-5)得　$\Delta_r G_m^0 = \Delta_r H_m^0 - 298 \Delta_r S_m^0 = -83.453 kJ \cdot mol^{-1}$

$\Delta_r G_m^0 < 0$，表明反应能自发从左向右进行。

(2)　　　　　　　　　　$ZnCO_3(s) \rightarrow ZnO(s) + CO_2(q)$

$\Delta_f H_m^0 / kJ \cdot mol^{-1}$　　　　　-812.78　　-348.28　-393.51

$S_m^0 / J \cdot K^{-1} \cdot mol^{-1}$　　　　82.4　　　43.64　　213.64

$\Delta_r H_m^0 = \sum \gamma_B \Delta_f H_{m,B}^0 = 71.35 kJ \cdot mol^{-1}$

$\Delta_r S_m^0 = \sum \gamma_B S_{m,B}^0 = 174.88 J \cdot mol^{-1} \cdot K^{-1} = 0.17488 kJ \cdot mol^{-1} \cdot K^{-1}$

由式(4-5)得　$\Delta_r G_m^0 = \Delta_r H_m^0 - 298 \Delta_r S_m^0 = 19.24 kJ \cdot mol^{-1}$

$\Delta_r G_m^0 > 0$，表明常温下反应不能自发进行。当浓度与压力不变时，$\Delta_r H_m^0$ 和 $\Delta_r S_m^0$ 可以近似看成与温度无关，可由(4-5)式计算其他温度下的 $\Delta_r G_m^0(T)$。若要使 $\Delta_r G_m^0(T) < 0$，则解下列不等式：

$$\Delta_r G_m(T) = \Delta_r H_m^0 - T \Delta_r S_m^0 \leqslant 0$$
$$\Rightarrow 71.35 - 0.17488T \leqslant 0$$
$$\Rightarrow T \geqslant 492.48 K$$

即焙烧温度高于 220℃以上时，反应即可自发进行。

4.5　NiO 的机械化学合成与表征

氧化镍(NiO)是一种 p 型半导体材料，具有密堆积面心立方氯化钠结构，空间群为 $Fm3m$，晶格常数 $a = 0.418 nm$，理论密度为 $4.81 g \cdot cm^{-3}$，其颜色由于合成工艺的不同而产生差异，从黑色到黄绿色[16]。NiO 具有优良的气敏感、热敏感、光吸收、电致发光、催化活性等，在传感器、催化剂、电致变色薄膜、电容电极、燃料电池电极等方面有着广泛的应用[17,18]。

纳米 NiO 因其表面积大，电导率高，在电化学电容器领域近年来受到了广泛的关注。特别是近年来发现价格便宜的 NiO 也具有与 RuO_2 和 IrO_2 等稀有贵金属氧化物相似的"赝电容"(pseudocapacitance)现象[19]，使 NiO 在这一领域的应用研究取得了长足进步。纳米结构的电极材料有很好的电化学性能,这是因为它们具有很小的粒子尺寸、巨大的表面积和很高的能量,这些性质可以扩大电极材料与溶液的接触面积,使电活性材料得到最大的利用,并加快电化学反应的速率。用 NiO 制作电容器电极的工作原理是借助于 NiO 表面法拉第效应产生的"赝电容"进行能量储存,形成所谓的"超级电容器"(supercapacitor)以得到具有超大电容量的储、放电元件。这种电容器电极充放电过程中发生 Ni^{2+} 与 Ni^{3+} 离子间的转化,其电极反应方程式为

$$NiO + OH^- \underset{放电}{\overset{充电}{\rightleftharpoons}} NiOOH + e^- \qquad (4\text{-}8)$$

制备纳米 NiO 的方法很多,包括溶胶-凝胶法、湿化学法、喷雾热解法、离子交换树脂法、电解镍阳极法、微波法、化学气相沉积法等[20,21]。NiO 用于电极材料的研究也较多,如 Nam 等[19]制备的 NiO_x 电容电极材料的比电容值已达到 277F · g^{-1}。Zhang 等[17]报道 NiO 电极在 6mol · L^{-1} 的 KOH 电解液中,扫描速率为 5mV · s^{-1} 时,用循环伏安法测得的比电容值达 300F · g^{-1}。Wei 等[22]将制备的介孔 NiO 测试电化学性能后,得到的比电容值也达到 124F · g^{-1}。

机械化学法是一种操作方便、工艺相对简单的新型纳米材料制备方法,这一方法目前尚没有用于制备 NiO 的报道。为此本节尝试用机械化学法制备纳米 NiO 颗粒,并分析了其形貌,测试了其电化学性能。

4.5.1　实验方法

使用的反应物原料为 NaOH 和 $NiCl_2 · 6H_2O$,稀释剂为 NaCl,原料均为 A. R. 级,将 3 种物质按物质的量比为 2∶1∶1 进行配料,在玛瑙研钵内手动研磨 30min,得到翠绿色的泥状前驱体,取出部分前驱体用无水乙醇洗涤数次,在鼓风干燥箱内以 80℃烘干以备检测;其余部分前驱体用同样条件烘干以除去因原料带入的水分,然后在马弗炉内分别以不同的温度焙烧,用去离子水洗涤数次,再烘干,得到黑色样品。

电化学性能测试时,先按 85%样品、10%乙炔黑、5%聚四氟乙烯(polytetra fluoroethylene,PTFE)的质量分数比例制得电极原料浆,烘干后涂于 5mm×5mm 的不锈钢网上,并用油压机在 30MPa 压力下制片,制得 NiO 电极。将电极在配置好的电解液中浸泡 24h,将它与铂电极同浸泡在 6mol · L^{-1}KOH 溶液中,并用标准甘汞电极(standard calomel reference electrode,SCE)作参比电极构成三电极测试系统。用 CHI660a 型电化学工作站测试工作电极在−1~0.4V 内的循环伏安曲线(cyclic voltammetry,CV),扫描速率分别为 1、2、5、8 和 20mV · s^{-1},并根据 CV 图形的面积计算电极活性物质的比电容值。

4.5.2　前驱体的热分析

图 4-22 是经无水乙醇洗涤并 80℃烘干后的前驱体的 TG-DTA 热分析曲线。

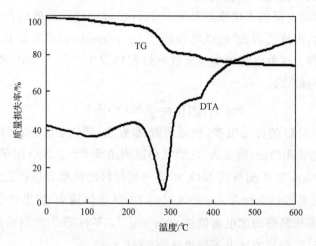

图 4-22　前驱体的 TG-DTA 图

由 4-22 图可知,前驱体在 100℃前有一较小的吸热及质量损失峰,这是吸附水的脱除过程。在 220～330℃的温度段有一明显的吸热峰,峰顶温度在 290℃附近,这说明前驱体在这一温度段发生分解,分解反应方程式为

$$Ni(OH)_2 \xrightarrow{\triangle} NiO + H_2O \uparrow \qquad (4-9)$$

根据式(4-9)计算理论质量损失量为 19.43%,TG 测试在该热段的质量损失量为 18.8%,与理论值相近,从而验证了上述反应的发生。继续升高温度,DTA 曲线并没有吸热或放热峰的出现。这可以说明前驱体 290℃左右发生分解,据此也可以确定前驱体的焙烧温度。

4.5.3　前驱体和产物的物相分析

图 4-23(a)是洗涤并烘干后前驱体的 XRD 谱,其衍射数据与标准 PDF 卡片编号为 14-117 的数据相符合,说明前驱体为 β-$Ni(OH)_2$,反应物完全反应,无杂质相出现。产物衍射峰宽化明显,说明结晶不完整,晶体的生长也不完善。这是因为机械化学反应过程对晶体施加的机械作用力使反应物的晶格破坏,反应只有在相互接触的物质间反应,因物质迁移而产生的反应很少[23];因为稀释剂的加入,反应物间的接触减少,反应物的扩散阻力增加,也增加了生成物间的距离和扩散阻力,同时由于稀释剂的组分与目标反应的一种生成物相同且具高的稳定性,这会使化学反应平衡向负方向倾斜,产物的生成主要由物质扩散速度控制,因此产物晶核长大

较困难,生成物结晶不完整。

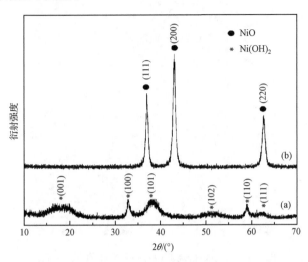

图 4-23　前驱体(a)和 500℃焙烧后产物(b)的 XRD 图

　　根据 TG/DTA 结果确定焙烧温度范围,前驱体在 500℃焙烧 2h 后所得产物的 XRD 曲线如图 4-23(b)所示。图中的衍射角位置和相对强度大小与标准 PDF 卡号为 4-835 的数据相吻合,从而可以确定生成物是 NiO,产物为面心立方型晶体,表明焙烧后 Ni(OH)$_2$ 完全分解。产物的 XRD 曲线中没有杂峰的出现,特征衍射峰明显,说明晶体结晶比较完整。

4.5.4　形貌分析

　　图 4-24 是前驱体在 500℃焙烧后所得产物的 TEM 形貌,在图中可以看到:产物晶粒分散性很好,没有发生明显的团聚,晶粒棱边也非常清晰,呈立方形。由于 500℃焙烧的温度较高,部分晶粒粒径较粗,达 100nm 左右,从图中可估计此样品的平均晶粒粒径约 80nm。

4.5.5　循环伏安测试曲线

　　NiO 电极形成的电容包括占主要部分的赝电容以及少部分的双电层电容。赝电容是在电极表面或体相的二维或准二维空间产生,这时电活性物质发生高度可逆的化学吸附/脱附或氧化/还原反应,由此产生电荷储存而形成电容。在 NiO/KOH 水溶液体系中,赝电容的形成主要通过 NiO 与电解质 KOH 水溶液以方程式(4-8)进行反应,这是一个可逆的氧化-还原反应,由此可实现电荷的储存进而形成赝电容。

图 4-24　500℃焙烧 2h 后所得 NiO 的 TEM 照片

图 4-25 是 NiO 电极的完整的循环伏安曲线,从图 4-25 中看到:若要得到完全闭合的 CV 曲线,电压扫描范围要从 −1V 变化到 0.4V,扫描范围较宽。NiO 电极在 0～0.4V 电压内有一对相互对应的氧化-还原峰,分别出现在 0.35V 和 0.2V 附近,并对应着 NiO 被氧化成为 NiOOH 和 NiOOH 被还原成为 NiO 的电化学反应,也对应着 NiO 电极的充电-放电过程。同时还应该注意到,CV 曲线在 −1V 到 0V 电压范围内并没有明显的氧化-还原峰出现,反应电流也很小,表明电极在这一电压范围内只有很小的电量储存,在讨论和计算中对结果影响不大,所以以下所列的 CV 图中只截取 0～0.4V 范围内的曲线进行研究。

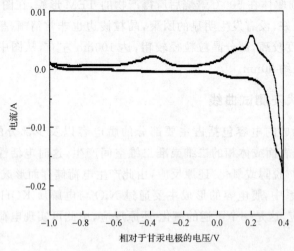

图 4-25　NiO 电极在 6mol·L⁻¹KOH 溶液中的 CV 曲线

图 4-26 是同一前驱体在四个温度下焙烧得到产物制成的电极在 8mV • s^{-1} 扫描速度时 CV 曲线的叠加图形。由图 4-26 可知:不同温度处理后产物的充放电性能并不是随温度的变化而线性变化,400℃ 处理后得到的产物较其他温度处理得到的产物的氧化峰电压值高,约 0.35V,充放电电流也比其他的大,说明 400℃ 焙烧得到的样品比其他温度处理所得产物的电容量都要大,350℃ 的样品次之。出现这种现象的原因可能是 350℃ 热处理后,晶核还没有完全形成,部分产物仍处于前驱体所处的无定形状态,其结构较 400℃ 处理所得产物松散,表面双电层可储存的电荷较少,因而电容量较 400℃ 的小;在 400℃ 以上,随着焙烧温度升高,材料逐渐结晶完整,晶粒长大,比表面积随之减小,材料表面形成的双电层可储存的电荷不断减小,反映在 CV 曲线上的反应电流也逐渐减小,电容量有减小的趋势。

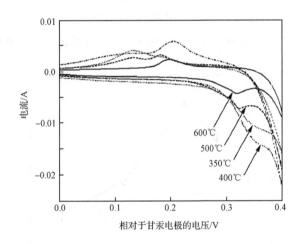

图 4-26　不同温度焙烧后产物的电极的 CV 曲线

400℃ 处理得到的样品的电极在 5 个不同扫描速率(1,2,5,8,20mV • s^{-1})下所得 CV 曲线的叠加图形如图 4-27 所示,它是用来测试电极的电流响应性质的方法。

一般而言,理想可逆电极的响应峰值电压是不随扫描速率而变化的[17],但由图 4-27 中可以看出:此 NiO 电极的充放电峰值电压随扫描速率的增大而增大,且 ΔE_p(即氧化峰与还原峰对应的电压值之差)也随着扫描速率的增大而增加,所以此电极是一种非理想准可逆电极,从图 4-28 还可以看到,在扫描速率变小的趋势下,CV 曲线有对称性增强的趋势。

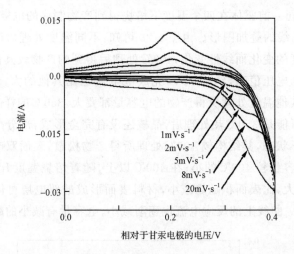

图 4-27　400℃处理所得样品电极在不同扫描速率下的 CV 曲线

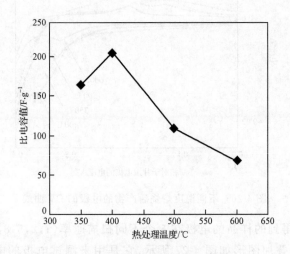

图 4-28　比电容值随不同处理温度的变化

4.5.6　比电容值的计算

电容量 C 是衡量电极电荷储存能力的重要参数,它的值是单位电压变化引起的电极上储存的电荷变化的量。其定义式为[24]

$$C = \frac{\mathrm{d}Q}{\mathrm{d}V} = \frac{I}{\mathrm{d}V/\mathrm{d}t} \tag{4-10}$$

式中:Q 为电量(库仑,C);V 为电压(V);I 为电流(A);t 为时间(s)。对应于 CV 测试方法,其曲线在一定的扫描范围,有一定的扫描速率,单位质量活性物质比电容的计算式是[25]:

$$C = \frac{\int_{V_a}^{V_c} I(V)\,\mathrm{d}V}{mv(V_c - V_a)} \tag{4-11}$$

式中：$I(V)$ 为 CV 曲线上电压为 V 时的电流值；V_a 为扫描起始点电压；V_c 为终点电压；m 为电极上储电材料的质量（g）；v 为扫描速率（$V \cdot s^{-1}$）。此式表示的是 CV 曲线的面积除以活性物质的质量、扫描速率和扫描范围的乘积。

根据式（4-11）可计算出不同温度处理所得产物的比电容值变化曲线，见图 4-28。计算取扫描速率为 $1mV \cdot s^{-1}$ 的数据进行，由计算结果可知：在制备条件确定的 4 个热处理温度中，前驱体经 400℃ 焙烧后产物的比电容值比 350℃，500℃ 和 600℃ 其他温度处理产物的都高，达 $209.32F \cdot g^{-1}$，而其他 3 个温度处理后的产物对应的比电容值分别是 350℃产物为 $168.96F \cdot g^{-1}$，500℃产物为 $111.75F \cdot g^{-1}$，600℃产物为 $69.91F \cdot g^{-1}$，这比 Wei 等[22] 的结果要好。

4.6　In_2O_3 的机械化学合成与表征

In_2O_3 是 n 型半导体材料，晶胞中含 16 个 In_2O_3 分子，铟离子构成面心立方格子，氧离子占据格子中的四面体间隙位置的 3/4，剩余的 1/4 空着。空的四面体间隙位置在晶格中以 $a=1.0118nm$ 作周期性地重复排列，a 值刚好是铟面心立方子格子边长的二倍[26]。In_2O_3 不仅用于低汞和无汞碱性电池的添加剂，同时作为一种新型的敏感材料，以其优良的气敏特性，在气敏传感器的应用不断拓展，而且作为铟锡氧化物薄膜（ITO）的重要组成部分，广泛应用于薄膜晶体管（TFT）、彩色荧光屏显示（LCD）、低压钠灯、建筑玻璃以及飞机、火车上的除雾除冰器等[27,28]。本节采用机械化学法制备纳米晶 In_2O_3 材料，初步探讨了合成纳米晶 In_2O_3 材料的机理，并讨论了合成 In_2O_3 纳米晶的动力学。

4.6.1　合成过程分析

准确称取物质的量比 1:3 的 $InCl_3 \cdot 4H_2O$ 和 NaOH（均为分析纯）放入玛瑙研钵中，反应物充分混合后，一经研磨，便立即在室温下发生反应，反应剧烈并有大量热放出。研磨 30min，经蒸馏水洗涤，超声波分散，真空抽滤，80℃ 真空干燥 2h，即得前驱体 $In(OH)_3$。将前驱体置于焙烧炉 $400 \sim 600℃$ 焙烧并恒温 2h 生成 In_2O_3 纳米晶。

以 $InCl_3 \cdot 4H_2O$ 和 NaOH 为原料进行研磨，因为研磨过程中原料在研磨介质的反复冲撞下，承受剪切、摩擦和压缩等多种力的作用，经历反复的挤压、冲击及粉

碎过程,原料的粒径不断减小,比表面积不断增大,表面活性增加,进而发生固-固反应:

$$InCl_3 \cdot 4H_2O + 3NaOH \xrightarrow{xNaCl} In(OH)_3 + 3NaCl + 4H_2O \qquad (4\text{-}12)$$

充分洗涤除去 NaCl,用 $0.10\text{mol} \cdot L^{-1}$ $AgNO_3$ 检测不到 Cl^- 的存在,得到的前驱体只有 $In(OH)_3$,焙烧前驱体:

$$2In(OH)_3 \longrightarrow In_2O_3 + 3H_2O \qquad (4\text{-}13)$$

即合成半导体氧化物材料 In_2O_3 纳米晶。图 4-29 所示为 $InCl_3 \cdot 4H_2O$ 和 NaOH 混合粉末由原料经过研磨、焙烧过程的 X 射线衍射图,由图 4-29 中可以看出:初始粉末经过研磨,发生固相反应后出现 $In(OH)_3$ 的衍射峰,将前驱体在 500℃下焙烧 2h 后,又有新的衍射特征峰出现,与标准的 PDF 卡片对比,表明是具有铁锰(bixbyite)型晶体结构的 In_2O_3。

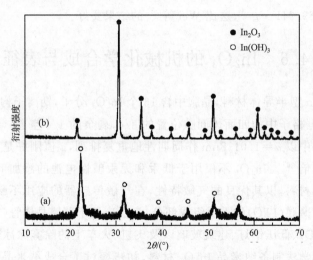

图 4-29　合成 In_2O_3 过程的 XRD 图

(a)研磨后的前驱体;(b)500℃焙烧 2h 后的成品

4.6.2　前驱体的热分析

对 In_2O_3 前驱体在差热天平进行热重分析,其结果见图 4-30,升温速率为 10℃·min^{-1},初始质量为 8.74mg。从 DTG 曲线可以看出,由于前驱体的热分解,在 150~350℃有一个明显的放热峰。由 TG 曲线可知,从室温到 320℃前驱体的失重量为 17.05%,与 $In(OH)_3$ 热分解失水的理论失重量 14.28% 基本一致,而从 320℃以后没有失重,说明 In_2O_3 的稳定性很好。

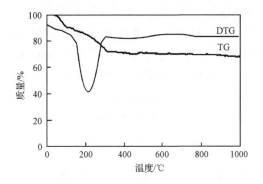

图 4-30　前驱体的 TG-DTG 图

4.6.3　合成动力学研究

对前驱体 In(OH)$_3$ 进行差热分析(DTA)。升温速率(β)分别为 3、5、10 和 15℃·min^{-1},为了方便处理数据,不同升温速率下的差热曲线仅取 250~350℃部分,如图 4-31 所示。

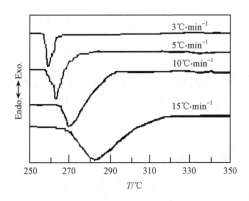

图 4-31　前驱体 In(OH)$_3$ 的 DTA 图

从图 4-31 中可以看出,当升温速率分别为 3、5、10 和 15℃·min^{-1} 时,对应的晶化峰的峰值温度分别为 259、263、270 和 281℃。随着升温速率的增加,dH/dT 越大,即单位时间产生的热效应大,峰形变宽。由于升温速率增大,热惯性也越大,峰值温度也越高,另外曲线形状也有一定的变化。

从 DTA 分析可知,随着温度的升高,纳米晶 In$_2$O$_3$ 经历了由非晶态向晶态的转变,这种转变对应着 DTA 曲线放热峰。随着升温速率的提高,DTA 曲线的晶化峰的峰值温度 T_p 也相应提高,这与 Kissinger 方程和 Ozawa 模型的变化趋势一致,说明纳米晶 In$_2$O$_3$ 的晶化过程可以分别利用 Kissinger 和 Ozawa 法来分析。

（1）Kissinger 分析法

经典的化学动力学的基础理论是建立在等温过程和均相反应基础上的[29]。对于均相反应，若假设物质的转变分数为 α，则从反应开始到结束的整个期间内，α 的数值就在 0～1 的范围之间作单调变化。当转变分数为 α 时，反应物的相对浓度为 $(1-\alpha)$。若该反应为基元反应（即由分子间碰撞一步就实现的反应，其中不经过中间产物阶段），则反应速率方程[30]通常遵循以下速率公式：

$$\frac{\mathrm{d}\alpha}{\mathrm{d}t} = k(1-\alpha)^n \tag{4-14}$$

式中：$\mathrm{d}\alpha/\mathrm{d}t$ 为反应速率；k 为速率常数；n 为反应级数。

在很多情况下，温度的增加可以使反应的速率加大，这时候速率常数 k 随温度的变化规律可以用 Arrhenius 方程[31]表示：

$$k = A \cdot \mathrm{e}^{-\frac{E}{RT}} \tag{4-15}$$

式中：A 为频率因子；E 为活化能；R 为气体常数；T 为反应时的热力学温度。

对于非等温反应，反应是在程序控制升温速率下进行：

$$\frac{\mathrm{d}T}{\mathrm{d}t} = \beta \tag{4-16}$$

式中：β 为升温速率，$\mathrm{^\circ C \cdot min^{-1}}$。合并式（4-14）～（4-16）可以得到：

$$\frac{\mathrm{d}\alpha}{\mathrm{d}T} = \frac{A}{\beta}\mathrm{e}^{-\frac{E}{RT}}(1-\alpha)^n \tag{4-17}$$

假设 DTA 峰顶处为最大反应速率发生的位置，与之相对应的温度为 T，根据式（4-17），并假设 $n=1$，在 T 处对温度取二阶导数并令 $\mathrm{d}^2\alpha/\mathrm{d}T^2=0$，则：

$$\frac{E}{RT^2} = \frac{A}{\beta}\mathrm{e}^{-\frac{E}{RT}} \tag{4-18}$$

将式（4-18）移项后取对数得：

$$\ln\left(\frac{\beta}{T^2}\right) = \ln\left(\frac{AR}{E}\right) - \frac{E}{RT} \tag{4-19}$$

根据差热分析（DTA）吸热峰的峰值温度（图 4-31），合成 In_2O_3 纳米晶的活化能可以根据 Kissinger 提出的动力学[32,33]模型计算：$\ln(\beta/T^2)=-E/RT+A_1$（式中，β 为升温速率，$\mathrm{^\circ C \cdot min^{-1}}$；$E$ 为晶粒形成的活化能，$\mathrm{kJ \cdot mol^{-1}}$；$T$ 为反应时的热力学温度，K；R 为气体常数；A_1 为常数）。$\ln(\beta/T^2)$-$1/T$ 关系图见图 4-32，从图 4-32 中直线的斜率可计算得到合成 In_2O_3 的晶化活化能 $E_1=167.03\mathrm{kJ \cdot mol^{-1}}$。

（2）Ozawa 分析法

除了 Kissinger 方程，另外普遍使用 Ozawa 方法[32]来分析纳米晶材料合成过程的非等温动力学，并可以计算晶粒形成的活化能，利用方程 $\ln\beta=-E/RT+A_2$（A_2 为常数），根据图 4-31 的数据，获得 $\ln\beta$-$1/T$ 关系图（见图 4-33），从图 4-33 中直线的斜率可计算得到合成 In_2O_3 活化能 $E_2=174.06\mathrm{kJ \cdot mol^{-1}}$。

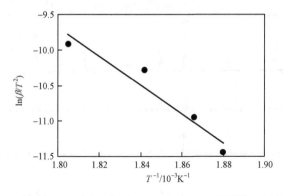

图 4-32　In_2O_3 的 $\ln(\beta/T^2)$-$1/T$ 关系图

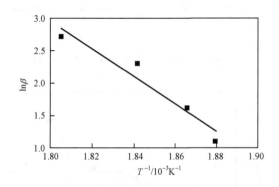

图 4-33　In_2O_3 的 $\ln\beta$-$1/T$ 关系图

根据实验结果分析可知,利用 Kissinger 法和 Ozawa 法所计算的晶粒生成动力学的活化能分别为 $167.03kJ \cdot mol^{-1}$ 和 $174.06kJ \cdot mol^{-1}$,差别不大。

4.6.4　焙烧温度对纳米晶的影响

实验研究了不同焙烧温度对晶粒尺寸的影响。分别将经 400、450、500、550 和 600℃焙烧 2h 的样品进行 XRD 测试,不同焙烧温度下产物的 XRD 如图 4-34 所示。随着焙烧温度的升高,衍射峰逐渐尖锐,衍射强度逐渐增加,晶化特征逐渐明显。焙烧温度对 In_2O_3 晶粒尺寸的变化见图 4-35,利用 XRD 数据按式(4-1)估算晶粒尺寸,晶粒尺寸集中于 20~30nm,由图 4-35 可以看出 In_2O_3 晶粒大小随焙烧温度的升高而增大。

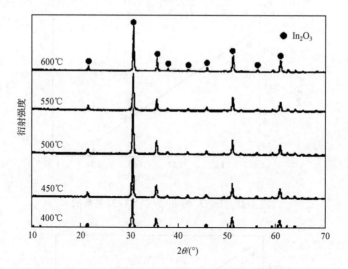

图 4-34　不同焙烧温度下 In_2O_3 的 XRD 图

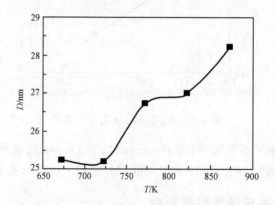

图 4-35　焙烧温度对 In_2O_3 纳米晶粒径的影响

　　纳米晶 In_2O_3 是由其前驱体 $In(OH)_3$ 经焙烧发生热分解反应形成,属固相反应中的一类。与液相反应一样,固相反应通常可以看成是扩散—反应—成核—生长的过程。但热分解反应有其特点,即在一个固相内由表面向内部进行,一般于较狭窄的温度范围内并需要一定时间完成,同时还伴随有分解产物的扩散[34]。因此,纳米 In_2O_3 晶粒形成过程也应经历四个阶段:分解的反应物质点的扩散—产物晶核的生成—分解的反应物质点及产物质点的扩散—产物晶粒的长大,即质点的扩散迁移能力将对晶粒尺寸产生重要影响。质点扩散系数(C)与温度(T)关系如下[35]:

$$C = C_0 \exp\left(-\frac{Q}{RT}\right) \tag{4-20}$$

式中：Q 为扩散活化能($J \cdot mol^{-1}$)；R 为气体常数；C_0 为频率因子。

低温焙烧时，In_2O_3 粒子处于结构形成初期，此时由于质点扩散能力小，形成的晶核难以长大，In_2O_3 晶粒细小；随焙烧温度升高，质点扩散能力呈指数增加，$In(OH)_3$ 分解后的产物通过扩散迁移至 In_2O_3 晶核表面，晶粒逐渐成长；并且由于其中相对较小晶粒具有较高的表面能，而较大晶粒的表面能较低，则小晶粒与大晶粒界面间存在过剩表面能，该过剩表面能成为推动力使得小晶粒内部质点能跃过晶界向大晶粒内部扩散，引起晶界移动，使大晶粒进一步长大，并伴随着一些较小晶粒被兼并和消失。因此随焙烧温度的提高，In_2O_3 晶粒尺寸增大，热处理过程的晶粒长大主要以晶界扩散为主。

4.6.5　焙烧时间对纳米晶的影响

将 500℃(1～5h)等温焙烧后的样品进行 XRD 测试如图 4-36 所示。

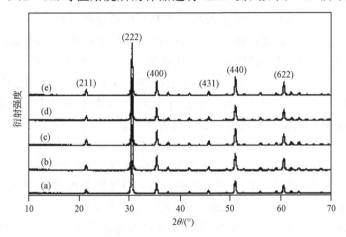

图 4-36　In_2O_3 不同焙烧时间后的 XRD 图

(a) 1h；(b) 2h；(c) 3h；(d) 4h；(e) 5h

从图 4-36 可以看出，随着焙烧时间的延长，In_2O_3 的衍射峰强度增加，半高宽变窄。根据式(4-1)计算 In_2O_3 晶粒尺寸(D)的结果如图 4-37 所示。

从图 4-37 可以看出，纳米 In_2O_3 晶粒尺寸随着焙烧时间延长而明显增大，晶粒生长速率显著增加，并且等温焙烧初期，尺寸增长较快；焙烧时间超过 2h 后增长的速率逐渐下降，并且逐渐趋于稳定。这是由于随着等温热处理过程的进行，由于粒子不断增大，相应比表面积减小，表面能降低，且结构缺陷减少，晶格稳定性增加，则质点扩散和晶粒生长推动力均减小，使得晶粒尺寸增长变慢。

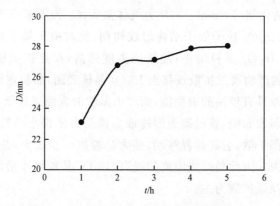

图 4-37　焙烧时间对 In_2O_3 纳米晶粒径的影响

4.6.6　晶粒生长动力学研究

(1) 500℃下 In_2O_3 晶粒的生长指数和晶粒生长速率常数

晶体生长动力学研究的最终目的是探索在各种生长条件下晶体的生长机制，以便为生长优质晶体提供理论依据，晶体颗粒的大小主要取决于晶核生成与长大的相对速率。晶体生长指数在一定程度上反映了晶粒生长过程的传质机理，不同的生长指数对应不同的生长传质机理，生长指数 n 在不同的生长机制下分别从 1～12 不等，In_2O_3 晶粒的生长动力学方程为[36,37]：

$$D^n - D_0^n = k_0 t \exp(-E/RT) = kt \qquad (4-21)$$

式中：D 为经过 t 时间焙烧后晶粒平均尺寸(nm)；D_0 为初始晶粒平均尺寸(nm)；n 为晶粒生长指数；E 为晶粒生长活化能(J)；R 为气体常数；T 为热力学温度(K)；k 为晶粒生长速率常数，$k = k_0 \exp(-E/RT)$ ；k_0 为常数。

由上式可知，晶粒的尺寸除与焙烧时间和焙烧温度有关外，还与活化能 E 有关。一般情况下，因 $D_0 \ll D$ ，则式(4-21)可近似简化为：

$$D^n = k_0 t \exp(-E/RT) = kt \qquad (4-22)$$

在等温焙烧过程中 $\exp\left(\dfrac{E}{RT}\right)$ 为常数。将式(4-22)两边同时对 t 求一阶导数，可得晶粒生长速率$(\mathrm{d}D/\mathrm{d}t)$与 n 和 D 的关系：

$$\frac{\mathrm{d}D}{\mathrm{d}t} = \frac{k_0 \exp(-E/RT)}{nD^{n-1}} \qquad (4-23)$$

则：晶粒生长速率$(\mathrm{d}D/\mathrm{d}t)$与 D 的$(n-1)$幂的乘积呈反比，n 值越大，晶体生长速率越小；E 值越小，则晶体生长速率越大。

由式(4-22)得

$$D = k^{\frac{1}{n}} t^{\frac{1}{n}} \qquad (4-24)$$

将式(4-24)两边同时取对数可得：

$$\ln D = \frac{1}{n}\ln k + \frac{1}{n}\ln t \tag{4-25}$$

即：$\ln D$-$\ln t$ 呈线性关系，其直线斜率为 $\frac{1}{n}$，截距为 $\frac{\ln k}{n}$。由 500℃等温焙烧样品的 XRD 结果，得 In_2O_3 晶粒平均尺寸的自然对数 $\ln D$ 与焙烧时间的自然对数 $\ln t$，根据式(4-25)可以绘制图 4-38 所示线性回归直线。

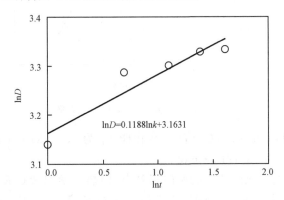

图 4-38 $\ln D$ 与 $\ln t$ 的关系

因此 In_2O_3 在 500℃进行等温焙烧时，其晶粒生长指数利用拟合曲线的斜率计算得 $n=8.42\approx8$，即晶粒生长符合八次方动力学方程；晶粒生长速率常数利用直线截距，计算得 $k=9.71\times10^{10}$ nm·h^{-1}。

(2) In_2O_3 晶粒长大活化能

假设 400～600℃范围内，In_2O_3 晶粒生长指数为 8。由式(4-24)可得 400～600℃时焙烧 2h 晶粒长大动力学方程：

$$D^8 = k_0\exp\left(-\frac{E}{RT}\right) \tag{4-26}$$

将式(4-26)两边同时取对数，得：

$$8\ln D = \ln k_0 - \frac{E}{RT} \tag{4-27}$$

即：$8\ln D$-$1/T$ 应呈线性关系，其直线斜率为 $-\dfrac{E}{R}$。

根据 400～600℃温度下焙烧 2h 样品的 XRD 结果(图 4-36)，将 $8\ln D$ 对 $1/T$ 作图。由图 4-39 可见，所有温度下的实验点并非呈完全线性关系，在 450℃处存在一个分界点，450℃后实验点变化较平缓，450℃以前变化很快，两段温度下的实验点分别符合线性关系。这说明 In_2O_3 晶粒长大的活化能按照温度区间以 450℃为界分为两个部分，若在高温区和低温区分别进行线性回归，即可以考察温度对 In_2O_3 晶粒生长活化能 E 的影响。

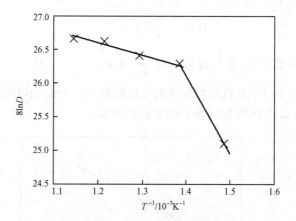

图 4-39　In$_2$O$_3$ 的 ln$D$-1/T 关系图

由图 4-39 得，400～450℃ 之间的活化能 E_1 为 95.55kJ·mol^{-1}；450～600℃ 之间的活化能 E_2 为 13.19kJ·mol^{-1}。

引起晶粒长大活化能变化的原因很复杂，而热力学因素是其中重要原因。结果表明，In$_2$O$_3$ 晶粒在 400～450℃ 之间的活化能 E_1 要大于 450～600℃ 之间的活化能 E_2。同样通过用式(4-1)计算 In$_2$O$_3$ 晶粒尺寸的结果(图 4-37)，In$_2$O$_3$ 晶粒在温度为 400～450℃ 这一范围内的长大速度要大于温度为 450～600℃ 这一范围内的长大速度。

4.6.7　纳米晶微观形貌分析

将制备的 In$_2$O$_3$ 纳米晶超细粉末做扫描电镜分析(图 4-40)。由图 4-40 可知 In$_2$O$_3$ 颗粒形貌有差异，大小不均一。由于 In(OH)$_3$ 在分解时释放出 H$_2$O，使体系发生崩裂，这种崩裂作用使产物变得细小，但另一方面使粒子的形貌产生一定差异。粒子的平均粒径在几十纳米左右，与 Scherrer 公式计算结果基本吻合。同时

图 4-40　In$_2$O$_3$ 纳米晶的 SEM 图

粒子的分散性较好,没有明显的团聚作用。

4.7　CdO 的机械化学合成与表征

氧化镉(CdO)是 n 型宽禁带半导体,是一种非常有潜力的光电材料。CdO 作为镍镉系列碱性充电电池的负极活性物质,其性能的优劣直接影响电池的质量,是制约镍镉电池综合性能指标的关键材料。现阶段我国的 CdO 多为小规模生产,产品质量较差,性能不稳定,尤其是粉末粒度的控制仍是一个较为突出的难题,国内许多电池厂迫切希望能提供高品质的活性 CdO 电池材料。近年来,CdO 广泛用于场发射栅板显示器,被认为是最有前途的透明导电氧化物[38]。目前金属氧化物 CdO 的主要制备方法有热分解法、模板合成法、电化学沉积法、微胶囊法和前驱体法[39,40]。这些方法工艺比较复杂,成本较高。本节采用机械化学法合成纳米晶 CdO 材料,探讨了合成 CdO 纳米晶材料的机理,并详细分析了热处理过程 CdO 纳米晶的晶化动力学。

4.7.1　合成过程分析

以 $CdCl_2$ 和 Na_2CO_3 为原料进行球磨,引入反应产物 NaCl 作为稀释剂,球磨过程中原料在球磨介质的反复冲撞下,承受冲击、剪切、摩擦和压缩等多种力的作用,经历反复的挤压、冷焊及粉碎过程,原料的粒径不断地减小,比表面积不断增大。因此原料球磨一段时间后得到前驱体的活性显著提高,可以在较低温度下对前驱体进行焙烧就得到 CdO 纳米晶。

先将原料 $CdCl_2 \cdot 2.5H_2O$、Na_2CO_3、NaCl 在 180℃ 干燥 10h 进行脱水处理,防止在球磨过程中原料结块,致使反应不充分。将原料 $CdCl_2$ 和 Na_2CO_3 按物质的量比为 1:1 准确称取,加入一定的稀释剂 NaCl。然后将预处理的混合原料和不锈钢球按 15:1 的球料比,放入 250mL 的不锈钢球磨罐中(Φ20mm 钢球 8 个,Φ10mm 钢球 10 个,共 300g),在行星球磨机中研磨 6h,发生反应如下:

$$CdCl_2 + Na_2CO_3 \xrightarrow{xNaCl} CdCO_3 + 2NaCl \qquad (4\text{-}28)$$

制备出前驱体。将前驱体在 550~750℃ 下焙烧 2h,发生以下反应:

$$CdCO_3 \xrightarrow{xNaCl} CdO + CO_2 \qquad (4\text{-}29)$$

自然冷却后,经蒸馏水洗涤,真空抽滤,除去 NaCl,烘干即得 CdO 纳米晶。

图 4-41 所示为 $CdCl_2$ 和 Na_2CO_3 混合粉末由原料经过球磨、焙烧过程的 XRD 图谱,由图中可以看出:初始粉末经过 6h 球磨后,出现新的衍射峰,与标准的 PDF 卡片对比表明是 $CdCO_3$,将球磨后的前驱体在 600℃ 焙烧 2h 后,生成 CdO 纳米晶,衍射峰变窄、强度增加,结晶已经相当完好。

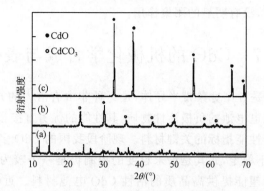

图 4-41　合成 CdO 过程的 XRD 图
(a) 原料；(b) 前驱体 CdCO₃；(c) CdO 成品

采用机械化学方法制备纳米晶 CdO，主要利用机械力引发固相反应。用这种方法制备纳米晶材料，其中关键是控制反应的速度。如果反应进行太快，由于球磨介质的强烈冲击和磨削作用，就会发生自维持反应，使球磨罐中的温度迅速上升，可能导致反应物以大块状的形式存在，抑制了反应的进一步发生，所以常加入反应产物 NaCl 作为稀释剂，不但不会引入杂质，而且在球磨过程和后续热处理过程防止颗粒团聚，使生成的产物充分分散。

4.7.2　前驱体的热分析

对前驱体进行热重分析（图 4-42），升温速率为 $10℃ \cdot min^{-1}$，初始质量为 7.61mg。从 DTG 曲线可以看出，由于前驱体的热分解，在 330～410℃ 温度范围有一个明显的放热峰。由 TG 曲线可知，从 330～410℃ 前驱体的失重量为 24.61%，与 CdCO₃ 热分解的 CO₂ 理论失重量 23.96% 基本一致，而从 320℃ 以后没有失重，说明生成的 CdO 稳定性好。

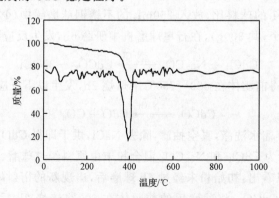

图 4-42　前驱体的 TG-DTG 图

4.7.3　合成动力学研究

对前驱体 $CdCO_3$ 进行差热分析(DTA),实验过程中,以 Al_2O_3 作为参比物。升温速率(β)分别为 5、10、15 和 20℃ · min^{-1},为了方便处理数据,不同升温速率下的差热曲线仅取 360~405℃ 部分如图 4-43 所示。

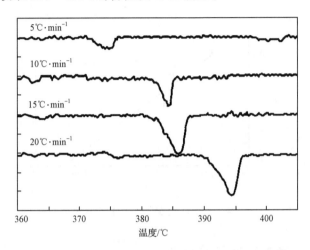

图 4-43　前驱体 $CdCO_3$ 的 DTA 图

从图 4-43 中可以看出,当升温速率分别为 5、10、15 和 20℃ · min^{-1} 时,对应的峰值温度分别为 374.7、385.0、386.6 和 394.6℃。随着升温速率的增加,则 dH/dT 越大,即单位时间产生的热效应大,峰形变宽。由于升温速率增大,热惯性也越大,峰值温度也越高;另外曲线形状也有一定的变化。

根据差热分析(DTA)吸热峰的峰值温度(图 4-43),合成纳米晶 CdO 的活化能可以根据 Kissinger 提出的动力学模型:$\ln(\beta/T^2) = -E/RT + A_1$ 进行计算,$\ln(\beta/T^2)$-$1/T$ 关系图见图 4-44。从图 4-44 中直线的斜率可计算得到合成 CdO 的

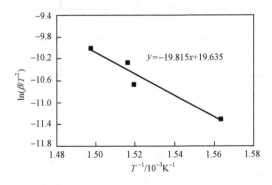

$$y = -19.815x + 19.635$$

图 4-44　CdO 的 $\ln(\beta/T^2)$-$1/T$ 关系图

活化能 $E_1 = 164.742\text{kJ} \cdot \text{mol}^{-1}$。

根据图 4-43 的数据，获得 $\ln\beta\text{-}1/T$ 关系图（见图 4-45），从图 4-45 中直线的斜率可计算得到合成 CdO 活化能 $E_2 = 175.592\text{kJ} \cdot \text{mol}^{-1}$。根据实验结果分析可知，利用 Kissinger 法和 Ozawa 法所计算的晶粒生成动力学的活化能分别为 $164.742\text{kJ} \cdot \text{mol}^{-1}$ 和 $175.592\text{kJ} \cdot \text{mol}^{-1}$，差别不大。

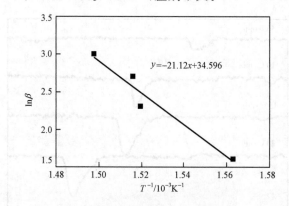

图 4-45　CdO 的 $\ln\beta\text{-}1/T$ 关系图

4.7.4　焙烧温度对纳米晶的影响

实验研究了不同焙烧温度对晶粒尺寸的影响。分别将经 550、600、650、700 和 750℃ 焙烧 2h 的样品进行 XRD 测试，不同焙烧温度的 XRD 如图 4-46 所示。

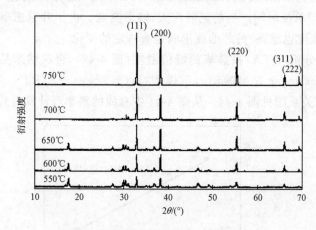

图 4-46　不同焙烧温度下 CdO 的 XRD 图

随着焙烧温度的升高，衍射峰逐渐尖锐，衍射强度逐渐增加，晶化特征逐渐明显。焙烧温度对 CdO 晶粒尺寸的变化见图 4-47，利用 XRD 数据按式（4-1）估算晶粒尺寸在 30～45nm。由图 4-47 可知 CdO 晶粒大小随焙烧温度的升高而增大。

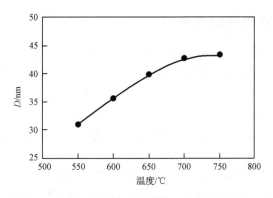

图 4-47　焙烧温度对 CdO 纳米晶粒径的影响

4.7.5　晶粒长大活化能的计算

根据晶体生长动力学方程(4-22),当试样在不同焙烧温度相同焙烧时间条件下,则晶粒粒径长大活化能[37]可简化为:

$$\ln D = -\frac{E}{RT} + B_1 \tag{4-30}$$

式中:D 为焙烧后晶粒平均尺寸(nm);E 为晶粒长大的活化能(kJ·mol^{-1});R 为气体常数(8.314J·mol^{-1}·K^{-1});T 为反应时的热力学温度(K);B_1 为常数。从式(4-30)可知晶粒平均尺寸与热处理温度的倒数 $1/T$ 成指数关系。以 $\ln D$ 对 $1/T$ 作图,所得直线的斜率即可计算粒径长大活化能。根据图 4-47 所得的晶粒平均尺寸,将 $\ln D$ 对 $1/T$ 作图 4-48,根据直线的斜率即可计算出纳米晶 CdO 粒径长大的活化能。

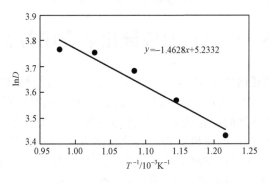

图 4-48　CdO 的 $\ln D$-$1/T$ 关系图

图 4-48 中直线的斜率即为 CdO 纳米晶的晶粒生长活化能 $E = 12.162$kJ·mol^{-1}。晶粒长大活化能较小,说明合成的纳米晶 CdO 颗粒表面活性较高,晶粒尺寸易受焙烧温度的影响,热处理过程的晶粒长大主要以晶界扩散为主。

4.7.6　纳米晶微观形貌分析

用透射电镜来观察超微粉末的粒度是一种绝对的测定方法，它具有直观性和可靠性。该方法不仅能观察到纳米粒子的粒径，而且能观察到其形态，利用高倍透射电镜还能观察到颗粒的微细结构和测定晶格相等。采用透射电子显微镜（TEM）对 700℃ 焙烧 2h 的 CdO 粉末进行形貌分析，实验结果如图 4-49 所示。由图 4-49 可知，CdO 晶粒与晶粒之间界面清楚，说明合成的 CdO 纳米晶分散性好，其平均粒径为 30～50nm 之间，与 XRD 衍射分析结果基本一致，晶粒呈类球型。用透射电镜观察到的颗粒粒径，往往不一定是原生粒子，纳米粒子往往是由比其更小的原生粒子组成，而在制备电镜观察样品时，很难使它们全部分散成原生粒子。这也是用透射电镜法测定纳米粒子时一般平均粒径比用 X 射线衍射法大的原因。

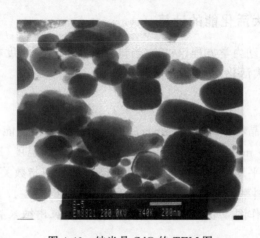

图 4-49　纳米晶 CdO 的 TEM 图

4.8　Co₃O₄ 的机械化学合成与表征

金属氧化物四氧化三钴（Co_3O_4）具有正常的尖晶石结构，Co^{2+} 占据八面体位置，在空气中低于 800℃ 时十分稳定，具有较高的稳定性，是一种优良的催化材料，作为高温催化丙烷燃烧的催化剂有其独特的效果[41]。高纯超微细的 Co_3O_4 是制造热敏和压敏电极、彩色电视机玻壳以及高级青花瓷的重要原料，在 ZnO 压敏陶瓷中引入 Co_3O_4，用 XRD、SEM 和电子探针（EPMA）分析结果表明，在 ZnO 压敏陶瓷中 Co 离子以 Co^{3+} 的形式存在，多数 Co 离子已溶入 ZnO 晶格中，形成替位或填隙缺陷，但它基本不影响 ZnO 晶粒的生长，电性能测试结果表明，适当的 Co_3O_4 含量能提高 ZnO 压敏陶瓷的非线性系数和通流能力，并显著降低漏电流和限制电压，然而过多的 Co_3O_4 则会对回升区大电流特性带来损害[42]。Co_3O_4 的主要制备方法有激光沉积法、溶胶-凝胶法、还原-氧化法、水热氧化法和钴盐水解法，这些方法的工艺比较复杂,成本较高[43,44]。本节采用机械化学法制备纳米晶 Co_3O_4 材料,探讨了合成纳米晶 Co_3O_4 材料的机理,并详细分析了热处理过程 Co_3O_4 纳米晶的晶化动力学。

4.8.1　合成过程分析

准确称取物质的量比 1：2.5 的 $Co(NO_3)_2 \cdot 6H_2O$(A. R.)和 NH_4HCO_3(A. R.)放入玛瑙研钵中,并加入一定量的 NaCl 作稀释剂,在室温条件下用玻璃棒混合均匀,研磨 30min 直至体系颜色稳定,产物经超声波分散,蒸馏水和乙醇先后洗涤,烘干后得到前驱体。将前驱体加入适量 NaCl 混合均匀,置于马弗炉中加热升温至 300℃,恒温 2h 后,随炉冷却,再经超声波分散、蒸馏水洗涤、烘干,即得 Co_3O_4 黑色纳米晶粉末。

以 $Co(NO_3)_2 \cdot 6H_2O$ 和 NH_4HCO_3 为原料室温条件下在玛瑙研钵中进行研磨,研磨时有气体放出,并伴随有 NH_3 味,反应体系逐步变为润湿状,说明 $Co(NO_3)_2 \cdot 6H_2O$ 中含有的结晶水释放出,体系的颜色先由红色变为褐色,最后变为黑色。根据所观察到的现象认为,反应体系被研磨时部分 NH_4HCO_3 在钴盐释放出的水分作用下分解放出 CO_2 和 NH_3,同时 Co^{2+} 生成 $Co_2(OH)_2CO_3$,发生的固-固反应为:

$$2Co(NO_3)_2 \cdot 6H_2O + 5NH_4HCO_3 \rightarrow Co_2(OH)_2CO_3$$
$$+ 4NH_4NO_3 + NH_3 \uparrow + 4CO_2 \uparrow + 14H_2O \qquad (4\text{-}31)$$

由于生成的 $Co_2(OH)_2CO_3$ 随着研磨时间的增加,反应(4-31)向右进行,因此颜色逐步加深,直至黑色。产物经超声波分散,蒸馏水、乙醇先后洗涤,放入干燥器中烘干获得前驱体 $Co_2(OH)_2CO_3$。图 4-50 的 XRD 图表明,所获得的前驱体为无定形结构;将前驱体在 300℃ 下焙烧 2h 后,又有新的衍射特征峰出现,与标准的 JCPDS

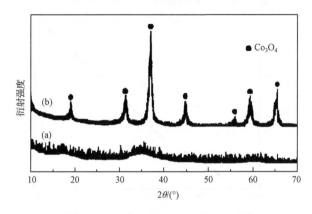

图 4-50　合成 Co_3O_4 过程的 XRD 图

(a) 无定形前驱体;(b) 300℃焙烧 2h 后的成品

卡片对比表明是 Co_3O_4 相,分解反应可表示为:

$$Co_2(OH)_2CO_3 \rightarrow 2Co_3O_4 + 3CO_2\uparrow + 3H_2O \qquad (4-32)$$

4.8.2　焙烧温度对纳米晶粒径的影响

实验研究了不同焙烧温度对晶粒尺寸的影响。分别将经 300℃、400℃、500℃ 和 600℃焙烧 2h 的样品进行 XRD 测试,不同焙烧温度的 XRD 图如图 4-51 所示。随着焙烧温度的升高,衍射峰逐渐尖锐,晶化特征逐渐明显。焙烧温度对 Co_3O_4 晶粒尺寸的变化见图 4-52,晶粒尺寸集中于 10~40nm,由图 4-52 可以看出 Co_3O_4 晶粒大小随焙烧温度的升高而增大。

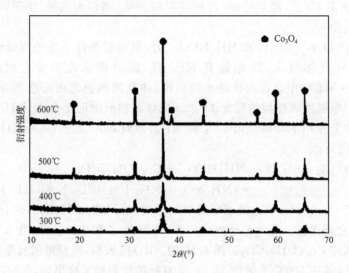

图 4-51　不同焙烧温度下 Co_3O_4 的 XRD 图

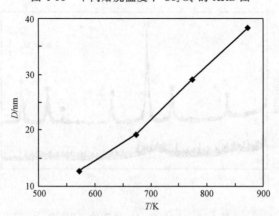

图 4-52　焙烧温度和 Co_3O_4 纳米晶粒径关系图

4.8.3　合成动力学研究

对前驱体 $Co_2(OH)_2CO_3$ 进行差热分析（DTA），实验过程中，以 Al_2O_3 作为参比物。升温速率（β）分别为 3、5、10 和 15℃·min^{-1}，为了方便处理数据，不同升温速率下的差热曲线仅取 250～350℃ 部分，如图 4-53 所示。从图 4-53 中可以看出，当升温速率分别为 3、5、10 和 15℃·min^{-1} 时，对应的峰值温度分别为 220℃、226℃、232℃和 244℃。随着升温速率的增加，则 dH/dT 越大，即单位时间产生的热效应大，峰形变宽。由于升温速率增大，热惯性也越大，峰值温度也越高；另外曲线形状也有一定的变化。

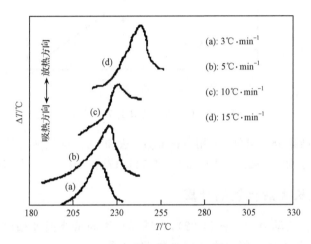

图 4-53　前驱体的 DTA 图

根据差热分析（DTA）吸热峰的峰值温度（图 4-53），合成纳米晶 Co_3O_4 的活化能可以根据 Kissinger 提出的动力学模型进行计算。$\ln(\beta/T^2)$-$1/T$ 关系图见图 4-54。从图 4-54 中直线的斜率可计算得到合成 Co_3O_4 的活化能 $E_1=132.77$kJ·mol^{-1}。

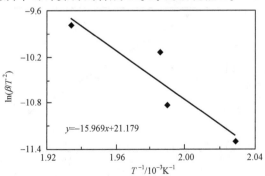

图 4-54　Co_3O_4 的 $\ln(\beta/T^2)$-$1/T$ 关系图

除了 Kissinger 方程,另外普遍使用 Ozawa 方法来分析纳米晶材料合成过程的非等温动力学,并可以计算晶粒形成的活化能,利用方程 $\ln\beta=-E/RT+A_2$(A_2 为常数)。根据图 4-53 的数据,获得 $\ln\beta$-$1/T$ 关系图(见图 4-55),从图 4-55 中直线的斜率可计算得到合成 Co_3O_4 活化能 $E_2=141.17\text{kJ}\cdot\text{mol}^{-1}$。

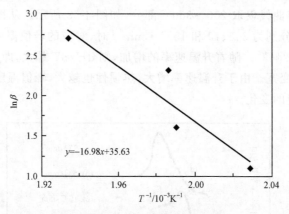

图 4-55　Co_3O_4 的 $\ln\beta$-$1/T$ 关系图

根据实验结果分析可知,利用 Kissinger 法和 Ozawa 法所计算的晶粒生成动力学的活化能分别为 $132.77\text{kJ}\cdot\text{mol}^{-1}$ 和 $141.17\text{kJ}\cdot\text{mol}^{-1}$,差别不大。

4.8.4　晶粒长大活化能的计算

根据晶体生长动力学方程(4-22),当试样在不同焙烧温度相同焙烧时间条件下,则晶粒粒径长大活化能可由式(4-30)计算所得。

从式(4-30)可知晶粒平均尺寸与热处理温度的倒数 $1/T$ 成指数关系。以 $\ln D$ 对 $1/T$ 作图,所得直线的斜率即可计算粒径长大活化能。根据图 4-53 所得的晶粒平均尺寸,将 $\ln D$ 对 $1/T$ 作图 4-56,根据的直线斜率即可计算出纳米晶 CdO 粒径长大的活化能。从图 4-56 中直线的斜率可计算 Co_3O_4 晶粒长大的活化能 $E_3=$

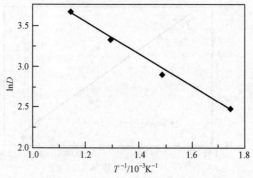

图 4-56　Co_3O_4 的 $\ln D$-$1/T$ 关系图

$15.44\mathrm{kJ} \cdot \mathrm{mol}^{-1}$。这表明,纳米晶尺寸极易受焙烧温度的影响,晶粒长大活化能较小,说明合成的纳米级 Co_3O_4 颗粒表面活性较高,热处理过程的晶粒长大主要以界面扩散为主。

4.9　TiO_2 的机械化学合成与表征

TiO_2 是一种 n 型半导体材料,具有三种晶体结构(如图 4-57 所示):金红石型(rutile)、锐钛矿型(anatase)和板钛矿型(brookite)。

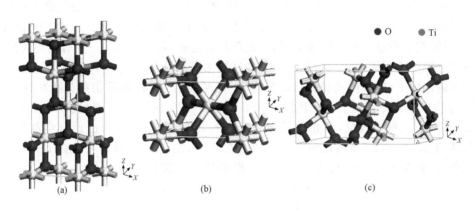

图 4-57　TiO_2 的晶体结构
(a) 锐钛矿型;(b) 金红石型;(c) 板钛矿型

板钛矿结构的 TiO_2 属于正交晶系,锐钛矿和金红石结构的 TiO_2 属于正方晶系。在三种晶型中锐钛矿(A)型和金红石(R)型的 TiO_2 应用较为广泛。金红石型和锐钛矿型的配位体虽然都是 Ti-O_6 八面体,但其配位体的结晶方位不同,金红石的 Ti-O_6 八面体之间的 Ti-Ti 距离较锐钛矿中的 Ti-Ti 近,因而活化能比锐钛矿高。金红石型是热力学稳定相,锐钛矿型是亚稳相,从锐钛矿到金红石的相变是不可逆相变,不存在特定的相变温度,通常有较宽的相变温度范围。所以金红石型比锐钛矿型更稳定而致密,有较高的硬度、密度、介电常数及折射率,其遮盖力和着色力也较高。而锐钛矿型在可见光短波部分的反射率比金红石型高,并且对紫外线的吸收能力比金红石型低,光催化活性比金红石型高。所以两种晶型的物理性能的差别决定了各自不同的应用。二氧化钛是一种重要的无机功能材料。主要用途为:感光材料、气体传感器、温度传感器、磁记录材料、汽车面漆、光催化剂、化妆品、食品包装材料、陶瓷添加剂、树脂油墨着色剂、硅橡胶补强剂、固定润滑剂的添加剂等[45,46]。

目前,国内外制备二氧化钛超细颗粒的方法主要有:钛醇盐(Ti(OR)₄)液相水解法和气相水解法;四氯化钛(TiCl₄)高温氧化法、气相氢氧焰水解法、液相法等;硫酸氧钛(TiOSO₄)液相水解法、溶胶法等[47,48]。一般情况下,液相法能够制备均匀性好、纯度高的超细颗粒,但成本较高,工艺流程较长,粉体的后处理过程中,易产生硬团聚;而气相反应因本身就系高温反应,适宜制备金红石型二氧化钛,但对设备耐腐蚀性质要求高,对大气污染严重,投资大,技术难度大。我国的二氧化钛基本均采用硫酸法和氯化法生产,由于过程中难以保证粒子形态均匀,且杂质无法去除,只能制成低档次的二氧化钛,附加值很低,不足以抵消再生时所花的费用,企业再利用积极性差。本节以钛铁矿为原料,利用机械化学固相反应,制备金红石型二氧化钛。

4.9.1　实验方法

本节利用机械化学固相反应,直接以钛铁矿($FeTiO_3$)为原料,通过高能球磨的固相反应技术,经过焙烧和酸浸,最终获得金红石型二氧化钛。具体工艺过程为:将钛铁矿通过振动磨超细加工,以提高其活化能,和单质硫按一定的比例混合,利用行星磨进行固相反应。高能球磨的过程中要求在氮气气氛下进行,在机械力化学的作用下,使单质硫和钛铁矿反应,一定时间后,由 X 射线衍射分析可知,有 FeS_2 生成。将球磨后的前驱体同样在氮气保护气的条件下,高温焙烧,球磨和焙烧均以 N_2 为保护气氛,防止单质硫在反应过程中被氧化,此时已经有金红石型 TiO_2 生成,而 FeS_2 又转化为 FeS,在酸浸作用下,经过滤、干燥即可除去 FeS 和其他杂质,获得金红石型 TiO_2。其工艺流程如图 4-58 所示。

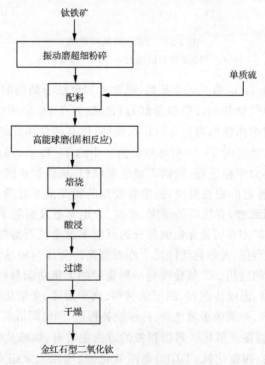

图 4-58　机械化学法合成金红石型 TiO_2 的工艺流程

4.9.2　合成过程分析

取 15g 钛铁矿,振动磨 15min;与单质硫以质量比 6∶2.5 的配比混合,取混合物 10g 放入球罐中,球的质量为 200g(Φ20mm 的大球 6 个,Φ10mm 的小球 4 个),充入 N_2(≥99.5%)保护气,利用行星磨球磨 30h,X 射线衍射图如图 4-59(b)所示;将球磨后的试样在气氛电阻炉中进行焙烧,同样是在 N_2 气氛的条件下,800℃ 煅烧 2h,焙烧后 X 射线衍射图如图 4-59(c)所示;取 10%(质量分数)的稀盐酸 40mL,连同冷却后试样放入 60mL 的烧杯中,酸浸 10h,除去铁和其他的杂质,然后真空抽滤,用蒸馏水多次洗涤,将滤出物用电热恒温鼓风干燥箱 100℃ 烘干 2h,制得最终产物。X 射线衍射如图 4-59(d)所示,分析可知属于四方晶系,为金红石型二氧化钛。

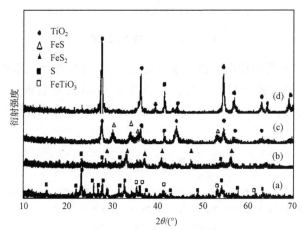

图 4-59　合成 TiO_2 过程的 XRD 图
(a)原料;(b)球磨 30h;(c)800℃焙烧;(d)酸浸后所得产物

从图 4-59 可知,将钛铁矿和单质硫混合后,研磨 30h 后,其物相发生变化,除了硫的晶相外,钛铁矿的晶相已经消失,说明钛铁矿和单质硫在机械力的作用下,发生了化学反应,生成了 FeS_2,将球磨后的样品经 800℃ 进行热处理焙烧之后,生成了 TiO_2 和 FeS,经过酸浸之后,盐酸与 FeS 发生化学反应,经过抽滤洗涤之后即可得到金红石型 TiO_2。

4.10　CuO 的机械化学合成与表征

将物质的量比 1∶2 的 $CuCl_2 \cdot 2H_2O$(AR)与 NaOH(AR)置于研钵中,并加入一定量的 NaCl,一经研磨,立即有黑色产物生成,充分研磨 30min,反应体系的颜色由浅蓝色完全变成黑色。产物经超声波分散,蒸馏水、乙醇先后洗涤,放入干燥器中烘干,即得 CuO 纳米粉体。对前驱体进行热分析和 XRD 分析(图 4-60),发现产物即为 CuO,说明在室温条件下,经研磨一步即可生成 CuO 纳米晶。

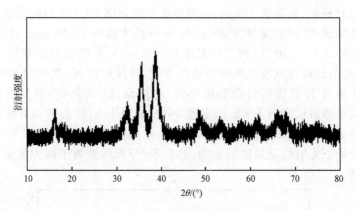

图 4-60　CuO 的 XRD 图

　　图 4-60 是经室温固相反应法一步生成的 CuO 的 X 射线粉末衍射图谱。由图可知分解产物的峰位置和强度均与标准卡片上 CuO 的衍射数据一致,并无杂质峰,说明产物纯度高。虽然在研磨过程中加入了稀释剂 NaCl,但 CuO 的结晶并不完全,晶形较差。

参 考 文 献

[1] 敖伟琴. 机械化学合成氧化物纳米晶及其复合掺杂的研究[D]. 硕士学位论文. 中南大学,2004.

[2] 沈兴. 热分析与非等温固相反应动力学[M]. 北京:冶金工业出版社,1995.

[3] 李树棠. 晶体射线衍射学基础[M]. 北京:冶金工业出版社,1990.

[4] 杨南如. 无机非金属材料测试方法[M]. 武汉:武汉工业大学出版社,1993.

[5] 张立德,牟季美著. 纳米材料和纳米结构[M]. 北京:科学出版社,2001.

[6] 杨华明,杜春芳,欧阳静,等. 掺杂纳米 SnO_2 气敏传感器的研究进展[J]. MEMS 器件与技术,2005,(4):145-149.

[7] Leite E R, Longo E, Varela J A, et al. A new method to control particle size and particle size distribution of SnO_2 nanoparticles for gas sensor applications[J]. Advanced Materials,2000,12(13):965-968.

[8] Yang H, Hu Y, Tang A, et al. Synthesis of tin oxide nanoparticles by mechanochemical reaction[J]. Journal of Alloys and Compounds, 2004, 363 (1-2):271-274.

[9] Hai B, Tang K. Synthesis of SnO_2 nanocrystals via a solvothermal process[J]. Journal of Crystal Growth, 2001, 225 (1):92-95.

[10] 刘承科. 大学化学[M]. 长沙:中南工业大学出版社,1999.

[11] Yang H, Zhang X, Tang A, et al. Formation of zinc oxide nanoparticles by mechanochemical reaction [J]. Materials Science and Technology, 2004, 20 (11):1493-1495.

[12] Yang H, Xiao Y, Liu K. Chemical Precipitation Synthesis and Optical Properties of ZnO/SiO_2 Nanocomposites[J]. Journal of the American Ceramic Society, 2008, 91(5) 1591-1596.

[13] Yang H, Nie S. Freeze-drying synthesis and optical properties of nanocrystalline ZnO/SnO_2 composites

[J]. Journal of Optoelectronics and Advanced Materials，2008，10（1）：197-200.

[14] 曹茂盛，关长斌，徐甲强著. 纳米材料导论[M]. 哈尔滨：哈尔滨工业大学出版社，2001.

[15] 桑商斌，杨幼平，李杰. 纳米氧化锌制备过程成核与生长控制[J]. 铜业工程，2002，(3)：10-12.

[16] 天津化工研究院编. 无机盐工业手册[M]. 北京：化学工业出版社，1994.

[17] Zhang F B，Zhou Y K，Li H L. Nanocrystalline NiO as an electrode material for electrochemical capaci-tor [J]. Materials Chemistry and Physics，2004，83：260-264.

[18] Dennis J L，Gerbrand M，Van D J，et al. Synthesis and characterization of MCM-41 supported nickel oxide catalysts [J]. Microporous and Mesoporous Materials，2001，44-45：401-407.

[19] Nam K W，Kim K B. A study of the preparation of NiO electrode via electrochemical route for superca-pacitor applications and their charge storage mechanism[J]. Journal of The Electrochemical Society，2002，149(3)：A346-354.

[20] Khadar M A，Biju V，Inoue A. Effect of finite size on the magnetization behavior of nanostructured nickel oxide [J]. Materials Research Bulletin，2003，38(8)：1341-1349.

[21] Jin K K，Shi W R. Chemical vapor deposition of nickel oxide films from Ni(C$_5$H$_5$)$_2$/O$_2$[J]. Thin Solid Films，2001，391：57-61.

[22] Wei X，Li F，Yan Z F. Synthesis and electrochemical properties of mesoporous nickel oxide[J]. Journal of Power Sources，2004，134：324-330.

[23] Lin I J，Nadiv S. Review of the phase transformation and synthesis of inorganic solids obtained by me-chanical treatment[J]. Materials Science and Engineering，1979，39：193-209.

[24] 徐甲强，田志壮，陈玉萍. 贵金属催化剂对氧化镍气敏特性的影响[J]. 郑州轻工业学院学报，1997，12(2)：71-74.

[25] Venkat S，John W W. Capacitance studies of oxide films formed via electrochemical precipitation[J]. Journal of Power Sources，2002，108：15-20.

[26] 张向超，杨华明，杨武国，等. 固相合成 In$_2$O$_3$ 纳米晶及动力学的研究[J]. 稀有金属，2004，28(5)：867-871.

[27] Yang H，Tang A，Zhang X，et al. In$_2$O$_3$ nanoparticles synthesized by mechanochemical processing[J]. Scripta Materialia，2004，50：413-415.

[28] Imai H，Tominaga A. Ultraviolet-laser-induced crystallization of sol-gel derived indium oxide films[J]. Journal of Sol-Gel Science and Technology，1998，13：991-994.

[29] Baca L，Plewa J，Pach L. Kinetic analysis of crystallization of α-Al$_2$O$_3$ by dynamic DTA technique[J]. Journal of Thermal Analysis and Calorimetry，2001，66：803-813.

[30] Malek J. Kinetic analysis of crystallization processes in amorphous materials[J]. Thermochimica Acta，2000，355：239-253.

[31] Waclawska I. Kinetic study of crystallization borates and borate glasses[J]. Journal of Alloys and Com-pounds，1996，244：52-58.

[32] Wang H，Gao Y. Crystallization kinetics of an amorphous Zr-Cu-Ni alloy：calculation of the activation energy[J]. Journal of Alloys and Compounds，2003，353：200-204.

[33] Okada K，Kaneda J，Takei T，et al. Crystallization kinetics of mullite from polymeric Al$_2$O$_3$-SiO$_2$ xero-gels[J]. Materials Letters，2003，57(21)：3155-3159.

[34] Suryanarayana C，Boldyrev V V. The science and technology of mechanical alloying[J]. Materials Sci-ence and Engineering A，2001，304/306：151-158.

[35] 胡林华,戴松元,王孔嘉. 溶胶-凝胶法制备的纳米 TiO_2 结构相变及晶体生长动力学[J]. 物理学报, 2003,52(9):2135-2140.

[36] Koga N, Tanaka H. Apparent kinetic behavior of thermal decomposition of synthetic malachite[J]. Thermochimica Acta, 1999,340/341:387-394.

[37] Cheng K. Evaluation of crystallization kinetics of glasses by non-isothermal analysis[J]. Journal of Materials Science,2001,36:1043-1048.

[38] Yang Huaming, Qiu Guanzhou, Zhang Xiangchao, et al. Preparation of CdO nanoparticles by mechanochemical reaction[J]. Journal of Nanoparticle Research, 2004, 6 (5):539-542.

[39] Gurumurugan K, Mangalaraj D, Narayandass S K. Structural characterization of cadmium oxide thin films deposited by spray pyrolysis[J]. Journal of Crystal Growth, 1995 , 147:355-358.

[40] 杨华明,张科,史蓉蓉, 等. CdO 纳米晶的固相合成及晶化动力学研究[J]. 材料科学与工程学报. 2005, 23(4):503-504.

[41] 杨华明,李云龙,唐爱东,等. 固相合成 Co_3O_4 纳米晶及晶化动力学研究[J]. 材料热处理学报,2005,26 (4):1-4.

[42] Yin Ming, Wu Chun-Kwei, Lou Yongbing, et al. Copper oxide nanocrystals[J]. Journal of the American Chemical Society, 2005,127(26): 9504-9511.

[43] He T, Chen D R, Jiao X L. Controlled Synthesis of Co_3O_4 Nanoparticles through Oriented Aggregation [J]. Chemistry of Materials, 2004,16(4): 737-743.

[44] Yang Huaming, Hu Yuehua, Zhang Xiangchao, et al. Mechanochemical synthesis of cobalt oxide nanoparticles[J]. Materials Letters, 2004, 58 (3-4):387-389.

[45] Diebold U. Structure and properties of TiO_2 surfaces: a brief review [J]. Applied Physics A-materials, 76 (5), 2003: 681-687.

[46] 张向超,杨华明,陶秋芬. TiO_2 基纳米材料第一性原理计算模拟的研究进展[J]. 材料工程,2008(1): 74-80

[47] Chen X B, Samuel S, Mao S S. Titanium dioxide nanomaterials: synthesis, properties, modifications and applications[J]. Chemical Reviews. 2007,107,2891-2959.

[48] Kuang D, Brillet J, Gratzel M, et al. Application of highly ordered TiO_2 nanotube arrays in flexible dye-sensitized solar cells[J]. ACS Nano. 2008,2(6):1113-1114.

第5章 机械化学合成复合/掺杂金属氧化物纳米晶

5.1 引 言

复合/掺杂金属氧化物的合成是无机化学与材料科学之间的交叉研究领域,它的发展将对深化物质结构与反应的认识及开发高技术新材料具有重要意义[1]。近年来,以新构思、新方法为基础,利用机械化学法已合成了许多新型的无机化合物,它们在工业、农业、医药、材料等领域得到了广泛的应用,已成为新型材料研究的热点和前沿。

机械化学是一门新兴的学科,对机械化学效应的研究目前仍然十分匮乏,缺乏实验和分析技术的有力支持,一些反应机理仍需进一步探讨。在这种情况下,对其在制备纳米材料方面进行研究就具有十分重要的意义。机械化学法在几十年研究过程中取得的成果表明,这门学科具有广阔的发展前景,特别是在制备纳米材料方面,以其独特的魅力吸引了众多学者的兴趣。

固相反应通常需要在高温下长时间才能完成,所需的设备复杂,能源消耗大。而利用金属氯化物和 NaOH(或 Na_2CO_3)作为原料,NaCl 作为稀释剂,采取机械化学方法,利用机械能即可引发化学反应。机械化学所用的设备简单,又是一个常温合成过程,大大地减少了能量消耗[2]。

本章在合成复合/掺杂金属氧纳米晶材料过程中,利用 DTA、TG、XRD、XPS、SEM、TEM 等进行了测试分析,探索了机械化学法制备纳米晶材料的一些规律,分析讨论了掺杂量、焙烧温度、掺杂氧化物种类对主体材料纳米晶结构的影响,并初步讨论了晶粒生长过程的活化能。利用合成的复合/掺杂氧化物纳米晶材料,制作厚膜烧结型气敏元件,分析了不同测试条件对性能的影响,在确定最佳测试条件下,着重研究气敏元件的灵敏度、选择性、稳定性和响应恢复特性等气敏性能,并初步探讨了复合/掺杂氧化物纳米晶的气敏机理。

5.2 实 验 方 法

5.2.1 实验方案

5.2.1.1 复合/掺杂金属氧化物合成方案一

固相机械化学反应的发生起始于两个反应物分子的扩散接触,接着发生化学反应,生成产物分子。此时生成的产物分子分散在母体反应物中,只能当作一种杂质或缺陷的分散存在,只有当产物分子集积到一定大小,才能出现产物的晶核,从而完成成核过程。随着晶核的长大,达到一定的大小后出现产物的独立晶相。可见,固相反应经历四个阶段,即扩散—反应—成核—生长,但由于各阶段进行的速率在不同的反应体系或同一反应体系不同的反应条件下不尽相同,使得各个阶段的特征并非清晰可辨。室温下,充分的研磨不仅使反应的固体颗粒直径减小以充分接触,而且也提供了反应得以进行的热量,当反应引发后,根据热力学公式 $\Delta G = \Delta H - T\Delta S$,固体反应中 $\Delta S \approx 0$,则 $\Delta H < 0$。因此,固相反应大多是放热反应,这些热量促使反应物分子相结合,提供了反应中的成核条件,在受热条件下,原子成核、结晶,并形成微细颗粒。

采用室温固相机械化学反应合成复合/掺杂金属氧化物纳米晶,以 In_2O_3/SnO_2 为例来说明实验技术路线。通过化合物 $SnCl_2 \cdot 2H_2O$、$InCl_3 \cdot 4H_2O$ 和 $NaOH$ 在机械力作用下诱发固相反应,并引入反应产物 $NaCl$ 作为稀释剂。因为研磨过程中原料在磨介的反复冲撞下,承受剪切、摩擦和压缩等多种力的作用,经历反复的挤压、冲击及粉碎过程,原料的粒径不断减小,比表面积不断增大。发生固-固反应:

$$SnCl_2 \cdot 2H_2O + InCl_3 \cdot 4H_2O + 5NaOH \xrightarrow{xNaCl} (x+5)NaCl$$
$$+ SnO + In(OH)_3 + 7H_2O \qquad (5-1)$$

先制得前驱体。然后经热处理,

$$(x+5)NaCl + 2SnO + O_2 + 2In(OH)_3 \longrightarrow (x+5)NaCl$$
$$+ 2SnO_2 + In_2O_3 + 3H_2O \qquad (5-2)$$

热处理后,试样在焙烧炉中自然冷却至室温,即得半成品。将半成品经过溶解、超声波分散振荡,蒸馏水洗涤,真空抽滤,无水乙醇淋洗,最后把抽滤后的产品放入烘箱中烘干,得到复合/掺杂金属氧化物纳米晶材料。

5.2.1.2 复合/掺杂金属氧化物合成方案二

采用高能球磨机械化学反应合成复合/掺杂金属氧化物纳米晶,也即以机械力作为反应的驱动力,制备纳米晶材料。称取所需原料并混合,在行星磨中进行高能球磨,再对产物进行热处理,在热处理过程中,因为前驱体发生氧化(或分解)反应,得到氧化物,最后对生成物进行一定的除杂处理,就可得到成品。

以 CdO/SnO_2 为例来说明实验技术路线。

(1) 原料处理

将原料 $SnCl_2 \cdot 2H_2O$、$CdCl_2 \cdot 2.5H_2O$、Na_2CO_3 与 $NaCl$ 在真空干燥箱中进行预处理,除去结晶水、烘干,防止球磨过程中物料结块,达到固相反应要求,通过 DTA/TG 结果确定原料预处理温度。

（2）球磨

按反应配比称取原料,加入适量的稀释剂 NaCl,并混合在行星研磨机中球磨得到前驱体。在高速球磨过程发生如下反应：

$$SnCl_2 + CdCl_2 + 2Na_2CO_3 \xrightarrow{xNaCl} (x+4)NaCl + SnO + CdCO_3 + CO_2 \quad (5-3)$$

（3）热处理

将步骤(2)中得到的前驱体在温度控制器中进行热处理,得到半成品,发生如下反应：

$$(x+4)NaCl + 2SnO + O_2 + CdCO_3 \longrightarrow (x+4)NaCl + 2SnO_2 + CdO + CO_2$$
$$\quad (5-4)$$

（4）后处理

真空抽滤过程中对半成品进行反复的冲洗,以除去其中的 NaCl;把抽滤后的产品放入烘箱中烘干,得到复合/掺杂金属氧化物纳米晶材料。

5.2.2　实验的工艺流程

实验流程简图如图 5-1 所示。

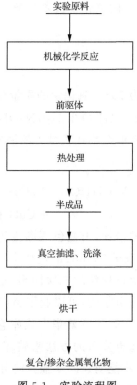

图 5-1　实验流程图

5.3 In_2O_3/CuO 复合纳米晶的合成与表征

氧化铜（CuO）作为一种多功能精细无机材料，在印染、陶瓷、玻璃及医药等领域的应用已有数十年的历史，且在催化领域可作为催化剂的主要活性成分。近年来在氧化、加氢、NO_x 还原、CO 及碳氢化合物燃烧、精细化工合成、氧电极催化等多种催化反应中也得到了广泛的应用[3]。氧化铜作为火箭推进剂的燃烧催化剂，不仅可明显提高均质推进剂的燃速，降低压强指数，而且对高氯酸铵（AP）复合推进剂亦有较好的催化效果。三氧化二铟（In_2O_3）属于 n 型半导体氧化物，广泛应用于荧光屏、玻璃、陶瓷、化学试剂、低汞和无汞碱性电池的添加剂、催化剂、气敏材料等领域[4]。而 CuO 纳米材料的制备方法以及与其他组分或载体的作用状况及催化活性等成为当前功能材料发展的研究热点之一。氧化铜、氧化铟复合氧化物应用于催化材料领域，它们之间存在着协同效应，且氧化铜与氧化铟的相互作用对其催化活性有显著影响，不仅可以提高此类催化剂的储氧能力，使催化剂的储氧量增加，而且催化剂粒子的强度、催化活性均具有良好的效果，成为一种优良的催化剂或催化剂载体。同时，由于单一的氧化铟成本较高，通过制备复合氧化物，还可以降低成本。

5.3.1 合成过程的分析

配制氧化铜的质量分数为 70%，氧化铟的质量分数为 30% 的复合氧化物。称取 $CuCl_2 \cdot 2H_2O$ 5.94g，$InCl_3 \cdot 4H_2O$ 2.51g，NaOH 3.82g 和 NaCl 6.2g，一并放入玛瑙研钵中，进行研磨，原料混合物在机械力的诱发下，迅速反应，并有大量的热放出，发生固相反应：

$$CuCl_2 \cdot 2H_2O + InCl_3 \cdot 4H_2O + 5NaOH \xrightarrow{xNaCl} (x+5)NaCl$$
$$+ CuO + In(OH)_3 + 7H_2O \qquad (5-5)$$

混合粉末随着研磨时间的增加，由蓝色逐渐变为绿色，最后逐渐变为黑色，研磨 30min，用蒸馏水将样品冲洗至 250mL 的烧杯中，利用超声波分散 5min，超声波在实验过程中的作用主要是阻止颗粒的二次团聚，也就是软团聚。软团聚主要是由颗粒间的库仑力和范德华力引起的，可以利用超声波施加机械能的方式来消除。对于颗粒间的硬团聚，除了颗粒间的范德华力或库仑力外，还存在化学键的作用。这种化学键的作用是无法用超声分散的方法来破坏的。因此，当颗粒分散到一定程度后，延长超声分散时间并不能明显改变颗粒的分散性。然后真空抽滤，用蒸馏水多次洗涤，并用无水乙醇淋洗，除去其中的 NaCl，将滤出物用电热恒温鼓风干燥

箱 100℃烘干 2h,然后进行 X 射线衍射分析,如图 5-2 中(a)所示,将烘干的试样在
电阻炉中进行焙烧,600℃恒温 2h,发生反应:

$$CuO + 2In(OH)_3 \longrightarrow CuO + In_2O_3 + 3H_2O \qquad (5-6)$$

焙烧后 X 射线衍射图如图 5-2 中(b)所示,即获得 In_2O_3/CuO 复合氧化物。

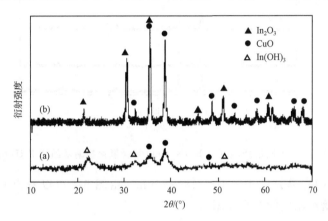

图 5-2　合成 CuO/In_2O_3 过程的 XRD 图

(a) 前驱体;(b) In_2O_3/CuO 复合纳米晶

从图 5-2 中可以看出:原料混合物经过研磨后生成前驱体 $In(OH)_3$ 和 CuO,
直接有 CuO 生成,只是特征衍射峰较宽,结晶不完全,晶型较差,这是由于 Cu 盐与
NaOH 固相反应生成 CuO 过程是分两步进行的,第一步生成 $Cu(OH)_2$,第二步
$Cu(OH)_2$ 脱水生成终产物 CuO。$Cu(OH)_2$ 脱水是一个吸热过程,在 Cu 盐与
NaOH 的化学反应中,只要反应一发生,就有少量的水生成,NaOH 溶解放出热
量,促使 $Cu(OH)_2$ 迅速分解生成 CuO。但因受反应条件限制,固相反应物之间的
接触并不十分均一,因而生成的 CuO 结晶并不完好。而 $In(OH)_3$ 的热稳定性较
好,实验过程中产生的热量并不能促使其产生脱水反应。前驱体经过焙烧后,CuO
的晶形趋于完整,同时有 In_2O_3 生成,表明利用机械化学法能有效地合成 $In_2O_3/$
CuO 复合氧化物。

5.3.2　焙烧温度对纳米晶的影响

实验研究了不同焙烧温度对晶粒尺寸的影响。分别将经 550、600、650 和
700℃焙烧 2h 的样品进行 XRD 测试,XRD 测试结果如图 5-3 所示。

从图 5-3 中可知,随着焙烧温度的升高,衍射峰逐渐尖锐,衍射强度逐渐增加,
晶化特征逐渐明显,结晶逐渐完全。焙烧温度对 In_2O_3/CuO 复合氧化物晶粒尺寸
的影响见图 5-4,利用 XRD 数据按式(4-1)估算晶粒尺寸,CuO 晶粒尺寸集中于

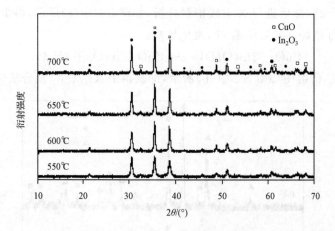

图 5-3　不同焙烧温度下 In_2O_3/CuO 复合氧化物纳米晶的 XRD 图

$19\sim32nm$，In_2O_3 晶粒尺寸集中于 $18\sim25nm$。由图 5-4 可以看出 CuO 和 In_2O_3 晶粒大小随焙烧温度的升高而增大。

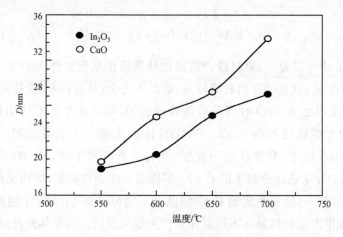

图 5-4　焙烧温度对 In_2O_3/CuO 复合氧化物纳米晶粒径的影响

5.3.3　晶粒长大活化能的计算

　　CuO-In_2O_3 复合氧化物纳米晶粒径长大活化能可以根据式(4-27)计算。从式 (4-27)可知晶粒平均尺寸与热处理温度的倒数 $1/T$ 成指数关系。以 $\ln D$-$1/T$ 作图，所得直线的斜率即可计算粒径长大活化能。根据图 5-4 所得的晶粒平均尺寸，将 $\ln D$-$1/T$ 作图 5-5，根据线性回归的直线斜率即可计算出纳米晶 CuO 和 In_2O_3 粒径长大的活化能。

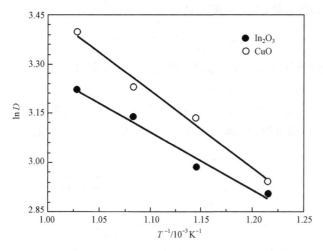

图 5-5　In_2O_3/CuO 复合氧化物的 $\ln D\text{-}1/T$ 关系图

从图 5-5 中直线的斜率即可计算 CuO 和 In_2O_3 纳米晶的晶粒生长活化能分别为 $19.5 kJ \cdot mol^{-1}$ 和 $14.6 kJ \cdot mol^{-1}$,晶粒长大活化能较小,说明合成的纳米晶 CuO 和 In_2O_3 颗粒表面活性较高,晶粒尺寸易受焙烧温度的影响,热处理过程的晶粒长大主要以界面扩散为主。纳米晶 CuO 的晶粒生长活化能比 In_2O_3 的大,说明了在相同热处理条件下 CuO 的晶粒长大速率比 In_2O_3 的小,进而说明 CuO 的晶粒尺寸比 In_2O_3 晶粒尺寸大的原因(如图 5-4 所示)。

5.3.4　焙烧温度对晶格常数的影响

对于合成的 In_2O_3/CuO 复合氧化物纳米晶,其晶格常数受焙烧温度影响,对微观晶体结构产生明显影响,进而影响材料的性能,因此通过分析不同的实验条件对 In_2O_3 的晶格常数和晶格畸变的变化,有助于进一步研究材料的性能。

In_2O_3 属于立方晶系。根据布拉格方程[5]:

$$2d_{hkl}\sin\theta = \lambda \tag{5-7}$$

即

$$d_{hkl}^2 = \frac{\lambda^2}{4\sin^2\theta} \tag{5-8}$$

对于立方晶系[6]:

$$\frac{1}{d_{hkl}^2} = \frac{h^2+k^2+l^2}{a^2} \tag{5-9}$$

则

$$d_{hkl}^2 = \frac{a^2}{h^2+k^2+l^2} \tag{5-10}$$

将式(5-10)代入式(5-8)可得晶格常数:

$$a = \frac{\lambda}{2\sin\theta}\sqrt{h^2 + k^2 + l^2} \tag{5-11}$$

式中:d_{hkl} 为晶面间距(nm);hkl 为晶面指数;θ 为 X 射线入射角(°);a 为晶格常数(nm);λ 为 X 射线波长(0.154056nm)。

采用式(5-11)分别计算图 4-34 和图 5-3 中 In_2O_3 的三强线所对应晶面(222)、(440)、(400)的晶格常数,取其平均值。计算结果如图 5-6 所示。

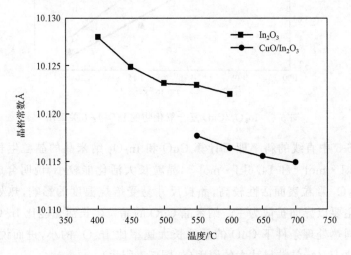

图 5-6　In_2O_3 晶格常数随焙烧温度变化曲线

图 5-6 显示了 In_2O_3 的晶格常数随焙烧温度变化而变化的曲线,从图 5-6 中可知,加入氧化物 CuO 后,In_2O_3 的晶格常数明显减小,而且 In_2O_3 的晶格常数随着焙烧温度的升高逐渐减小。In_2O_3/CuO 复合氧化物纳米晶中 In_2O_3 的晶格常数比单一氧化物 In_2O_3 的晶格常数小,是由于 Cu^{2+} 离子半径(73pm)比 In^{3+} 离子半径(81pm)小,当 Cu^{2+} 代替 In^{3+} 进入 In_2O_3 四面体空位时,引起四面体中阳离子半径的减小,使晶体结构产生变化,进而使其晶格常数减小。可见,通过复合/掺杂其他金属氧化物,能有效地改善晶体结构,进而可能提高纳米晶材料的性能。

5.4　Co_3O_4/CuO 复合纳米晶的合成与表征

Co_3O_4 是一种优良的催化剂材料,例如利用其作为高温催化丙烷燃烧的催化剂有其独特的效果。高纯超细的 Co_3O_4 是制造热敏和压敏电极、彩色电视机玻壳以及高级青花瓷重要原料[7,8]。作为一种多功能精细无机材料,CuO 纳米材料的制备方法以及与其他组分或载体的作用状况和催化活性等是当前功能材料发展的研究热点之一。氧化铜、氧化钴复合氧化物应用于催化材料领域,它们之间存在着协同效应,且氧化铜与氧化钴的相互作用对其催化活性有显著影响,不仅可以提高此类催化剂的储氧能力,使催化剂的储氧量增加,而且催化剂粒子的强度、催化活性均具有良好的效果,成为一种优良的催化剂或催化剂载体。

5.4.1　合成过程分析

配制氧化铜的质量分数为 70％,四氧化三钴的质量分数为 30％的复合氧化物。称取 $CuCl_2 \cdot 2H_2O$ 5g,$CoCl_2 \cdot 6H_2O$ 2.964g,NaOH 3.343g 和 NaCl 5.5g,一并放入玛瑙研钵中,进行研磨,原料混合物在机械力的诱发下,迅速反应,并有大量的热放出,发生固相反应:

$$CuCl_2 \cdot 2H_2O + CoCl_2 \cdot 6H_2O + 4NaOH \xrightarrow{xNaCl} (x+4)NaCl$$
$$+ CuO + Co(OH)_2 + 9H_2O \quad (5\text{-}12)$$

混合粉末随着研磨时间的增加,逐渐变为黑色,研磨 30min,用蒸馏水将试样冲洗至 250mL 的烧杯中,利用超声波分散 5min,然后真空抽滤,用蒸馏水多次洗涤,并用无水乙醇淋洗,除去 NaCl,用 0.10mol · L^{-1} AgNO₃ 检测不到 Cl^- 的存在,将其滤出物用电热恒温鼓风干燥箱 100℃烘干 2h,然后进行 DTA/TG 热分析,X 射线衍射图如图 5-7 中(a)所示,将烘干的试样在电阻炉中进行焙烧,600℃恒温 2h,发生反应:

$$CuO + 6Co(OH)_2 + O_2 \longrightarrow CuO + 2Co_3O_4 + 6H_2O \quad (5\text{-}13)$$

焙烧后 XRD 结果如图 5-7(b),表明获得的产物是 Co_3O_4/CuO 复合氧化物。

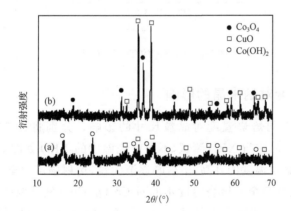

图 5-7　合成 Co_3O_4/CuO 过程的 XRD 图

(a) 前驱体;(b) Co_3O_4/CuO 复合纳米晶

从图 5-7 中可以看出:原料混合物经过研磨后生成前驱体 $Co(OH)_2$ 和 CuO,只是特征衍射峰较宽,结晶并不完全,晶形较差,前驱体经过焙烧后,生成物的特征衍射峰更加尖锐,且其强度显著增强,晶形趋于完全。与标准的 JCPDS 卡片对比,说明产物为 Co_3O_4 和 CuO 复合氧化物纳米晶材料。

5.4.2　前驱体的热分析

对 Co_3O_4/CuO 复合氧化物的前驱体进行热重分析(图 5-8),升温速率为 $10℃ \cdot min^{-1}$,初始质量为 6.84mg,从 DTG 曲线可以看出,在 60～150℃ 和 195～255℃ 温度范围有两个明显的放热峰,第一个放热峰应该是前驱体脱去吸附水引起的,而第二个放热峰是由于脱去结构水所致。对应的 TG 曲线可知,从 60～150℃ 和 195～255℃ 有两个明显的失重过程,对应的失重量分别为 7.60％ 和 6.73％,第二个失重量与前驱体中 $Co(OH)_2$ 热分解的 H_2O 理论失重量 6.34％ 基本一致,进一步说明了第二个放热峰应该是 $Co(OH)_2$ 热分解失去 H_2O 引起的。

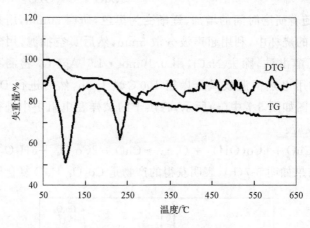

图 5-8　前驱体的 TG-DTG 图

5.4.3　焙烧温度对纳米晶的影响

实验研究了不同焙烧温度对晶粒尺寸的影响。分别将经 550、600、650 和 700℃ 焙烧 2h 的样品进行 XRD 测试,不同焙烧温度的 XRD 如图 5-9 所示。从图 5-9 中可知,随着焙烧温度的升高,衍射峰逐渐尖锐,衍射强度逐渐增加,晶化特征逐渐明显,结晶逐渐完全。焙烧温度不同对 Co_3O_4/CuO 复合氧化物晶粒尺寸的变化见图 5-10,利用 XRD 数据按式(4-1)估算晶粒尺寸,CuO 晶粒尺寸集中于 25～35nm,Co_3O_4 晶粒尺寸集中于 25～42nm。由图 5-10 可以看出 CuO 和 Co_3O_4 晶粒随焙烧温度的升高而增大。

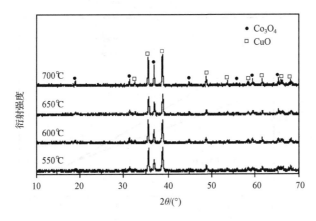

图 5-9　不同焙烧温度下 Co_3O_4/CuO 复合氧化物纳米晶的 XRD 图

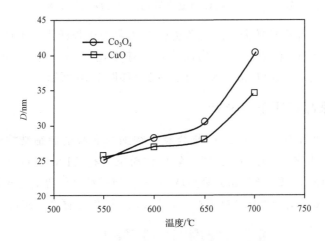

图 5-10　焙烧温度对 Co_3O_4/CuO 复合氧化物纳米晶粒径的影响

5.4.4　晶粒长大活化能的计算

Co_3O_4/CuO 复合氧化物纳米晶粒径长大活化能同样可以根据式(4-27)计算。从式(4-27)可知晶粒平均尺寸与热处理温度的倒数 $1/T$ 成指数关系。以 $\ln D$ 对 $1/T$ 作图,所得直线的斜率即可计算粒径长大活化能。根据图 5-10 所得的晶粒平均尺寸,将 $\ln D$ 对 $1/T$ 作图 5-11,根据线性回归的直线斜率即可计算出纳米晶 CuO 和 Co_3O_4 粒径长大的活化能。

从图 5-11 中直线的斜率即可计算 CuO 和 Co_3O_4 纳米晶的晶粒生长活化能分别为 $12.4\text{kJ} \cdot \text{mol}^{-1}$ 和 $19.6\text{kJ} \cdot \text{mol}^{-1}$,晶粒长大活化能较小,说明合成的纳米晶 CuO 和 In_2O_3 颗粒表面活性较高,晶粒尺寸易受焙烧温度的影响,热处理过程的

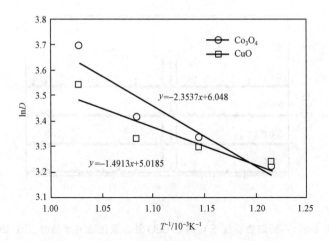

图 5-11　Co_3O_4/CuO 复合氧化物的 $\ln D$-$1/T$ 关系图

晶粒长大主要以界面扩散为主。纳米晶 CuO 的晶粒生长活化能比 Co_3O_4 的小,说明了在相同热处理条件下 CuO 的晶粒长大速率比 Co_3O_4 的大,进一步说明了 CuO 的晶粒尺寸比 Co_3O_4 晶粒尺寸小的原因(如图 5-10 所示)。

5.4.5　纳米晶微观形貌分析

为了进一步了解 Co_3O_4/CuO 复合氧化物纳米晶粒的微细结构和形态,实验对 700℃焙烧 2h 的 Co_3O_4/CuO 复合氧化物粉末进行 TEM 分析,实验结果如图 5-12 所示。由图 5-12 可知,晶粒呈类球型,晶粒与晶粒之间界面比较清楚,说明合成的 Co_3O_4/CuO 复合氧化物纳米晶分散性比较好,但还存在一定的团聚。

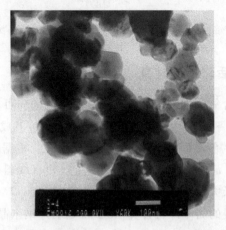

图 5-12　纳米晶 Co_3O_4/CuO 的 TEM 图

5.5　In_2O_3/SnO_2复合/掺杂纳米晶的合成与表征

SnO_2 呈 n 型半导体结构,具有优异的光电性能和气敏特性,广泛应用于敏感材料、液晶显示、催化剂、电极材料、保护涂层及太阳能电池等技术领域[9]。围绕SnO_2 为基体材料的气体传感器的研究十分活跃。研究表明 SnO_2 纳米晶掺杂与否直接影响到元件的气敏特性,掺杂能大幅度提高元件的灵敏度。In_2O_3 是 n 型半导体氧化物,具有良好的气敏特性。

铟锡氧化物(简称 ITO)是 In_2O_3 掺 Sn 的半导体材料,其薄膜由于具有一系列独特性能,如:可见光透过率高达 95% 以上;对紫外线其吸收率$\geqslant$85%;对红外线其反射率$\geqslant$70%;对微波其衰减率$\geqslant$85%;导电性能和加工性能良好;同时对衬底具有很好的附着性和稳定性;膜层硬度高且既耐磨又耐化学腐蚀等[10],引起了人们的广泛关注。因为 ITO 薄膜具有良好的透明性与导电性,同时还具有良好的刻蚀性,因而它被大量地用于 LCD、ELD、ECD、HDTV 等电子工业方面;作为一种典型的透明表面发热器,可用于汽车、火车、轮船、飞机等交通工具的玻璃视窗上,使其能够除雾防霜;ITO 粉不仅对电磁波具有吸收能力,还能吸收可见光和红外光,可以用作隐身材料,不但能在较宽的频带范围内逃避雷达的侦察,而且能起到红外隐身的作用。由于 ITO 薄膜所具有的折射率在 1.8～1.9 的范围内,使它适合于硅太阳电池的减反射涂层和光生电流的收集,它还可以用作异质结型非晶硅太阳能电池的透明电极。除上述用途外,ITO 薄膜还可用于低压钠灯、滑水眼镜、冷冻箱显示器、烘箱炉门以及医疗用喉镜等[11,12]。本节着重讨论 In_2O_3/SnO_2 复合/掺杂氧化物纳米晶作为气敏材料的气敏性能。

5.5.1　合成过程分析

以 $InCl_3 \cdot 4H_2O$、$SnCl_2 \cdot 2H_2O$ 和 NaOH 为原料,引入反应产物 NaCl 作为稀释剂,按一定的比例准确称取,放入玛瑙研钵中,反应物充分混合后,经研磨,便在室温下发生反应,反应剧烈并伴随大量热量放出。研磨 30min,然后经蒸馏水洗涤,超声波分散,真空抽滤,除去 NaCl,100℃真空干燥 2h,即得前驱体。将前驱体置于焙烧炉 600～700℃焙烧并恒温 2h 生成 In_2O_3/SnO_2 复合/掺杂氧化物纳米晶。

以合成 30%(质量分数)In_2O_3/SnO_2 复合氧化物为例,说明复合/掺杂 In_2O_3/SnO_2 纳米晶合成过程的基本步骤和现象,其他不同掺杂量所需原料的配比如表 5-1 所示。以 $InCl_3 \cdot 4H_2O$、$SnCl_2 \cdot 2H_2O$ 和 NaOH 为原料,加入适量反应产物 NaCl 作为稀释剂进行研磨,因为研磨过程中原料在研磨介质的反复冲撞下,承受剪切、摩擦和压缩等多种力的作用,经历反复的挤压、冲击及粉碎过程,原料的粒径不断减小,比表面积不断增大,表面活性增加,进而发生固-固反应:

$$SnCl_2 \cdot 2H_2O + InCl_3 \cdot 4H_2O + 5NaOH \xrightarrow{xNaCl} In(OH)_3$$
$$+ 5NaCl + SnO + 7H_2O \qquad (5\text{-}14)$$

表 5-1　不同掺杂量原料的配比

掺杂量（质量分数）/%	$SnCl_2 \cdot 2H_2O/g$	$InCl_3 \cdot 4H_2O/g$	NaOH/g	NaCl/g
0	6.77	0	2.40	8.00
1	7.41	0.11	2.67	10.00
3	7.26	0.37	2.71	10.00
5	7.11	0.53	2.74	10.00
10	6.74	1.06	2.82	10.00
30	4.19	2.53	2.52	9.00

充分洗涤除去 NaCl，用 $0.10\text{mol} \cdot \text{L}^{-1}$ $AgNO_3$ 检测不到 Cl^- 的存在，得到的前驱体只有 SnO 和 $In(OH)_3$，焙烧前驱体：

$$2In(OH)_3 + 2SnO + O_2 \xrightarrow{x\text{NaCl}} In_2O_3 + 2SnO_2 + 3H_2O \qquad (5\text{-}15)$$

即合成半导体 In_2O_3/SnO_2 复合氧化物纳米晶。图 5-13 所示为 $InCl_3 \cdot 4H_2O$、$SnCl_2 \cdot 2H_2O$ 和 NaOH 混合粉末由原料经过研磨、焙烧过程的 X 射线衍射图，由图 5-13 中可以看出：初始粉末经过研磨，发生固相反应后出现 SnO 和 $In(OH)_3$ 的衍射峰，将前驱体在 700℃下焙烧 2h 后，又有新的衍射特征峰出现，与标准的 JCPDS 卡片对比，表明是 SnO_2 和 In_2O_3 复合氧化物。

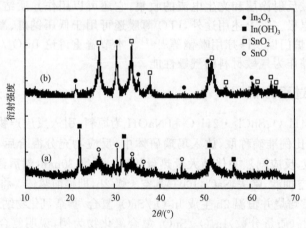

图 5-13　合成 In_2O_3/SnO_2 过程的 XRD 图

（a）前驱体；（b）In_2O_3/SnO_2 复合纳米晶

5.5.2　前驱体的热分析

对 In_2O_3：SnO_2 质量比为 3：7 复合氧化物的前驱体进行热重分析（图 5-14），升温速率为 10℃ · min^{-1}，初始质量为 8.05mg，从 DTG 曲线可以看出，在 50～160℃ 和 200～280℃ 温度范围有两个明显的放热峰，第一个放热峰应该是前驱体脱去吸附水引起的,而第二个放热峰是由于脱去结构水所致。对应的 TG 曲线可知,从 50～160℃和 200～280℃有两个明显的失重过程,对应的失重量分别为 4.13％和 6.56％,第二个失重量与前驱体中 In(OH)₃ 热分解的 H₂O 理论失重量 5.93％基本一致,从而进一步说明了第二个放热峰应该是 In(OH)₃ 热分解失去 H₂O 引起的。

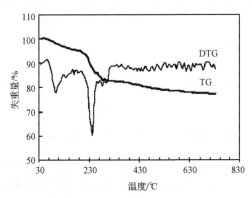

图 5-14　前驱体的 TG-DTG 图

5.5.3　掺杂量对纳米晶的影响

在机械化学合成材料过程中,除了合成过程工艺参数对材料微观结构有影响外,不同掺杂量对材料的结构及性能有着直接的影响,因此本文着重研究了不同掺杂量对 In₂O₃/SnO₂ 纳米晶的影响,将掺杂量为 0、1％、3％、5％、10％、30％(质量分数)的 CdO/SnO₂ 在 700℃焙烧 2h。不同掺杂量 In₂O₃/SnO₂ 的 XRD 图谱如图 5-15 所示。In₂O₃ 不同掺杂量对主体材料 SnO₂ 晶粒尺寸的影响如图 5-16 所示。

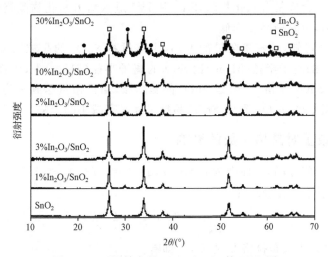

图 5-15　不同掺杂量 In₂O₃/SnO₂ 的 XRD 图

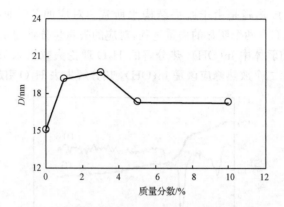

图 5-16　In$_2$O$_3$ 不同掺杂量对 SnO$_2$ 晶粒尺寸的影响

从图 5-15 可知,In$_2$O$_3$ 不同掺杂量对 SnO$_2$ 的晶体结构均产生明显的影响。当没有掺杂时,SnO$_2$ 的 XRD 特征峰清晰可辨,晶形相当完好,与标准的 JCPDS 卡片对比,表明为四方晶系的 SnO$_2$。随着 In$_2$O$_3$ 不同掺杂量的加入,SnO$_2$ 的 XRD 图谱有一定的变化:In$_2$O$_3$ 掺杂量从 1‰增加到 5‰,XRD 图谱还仅有 SnO$_2$ 的特征峰,随着掺杂量的增加,衍射峰逐渐尖锐,衍射强度逐渐增加,晶化特征逐渐明显,只是 SnO$_2$ 出现一定程度的晶型转变,有少量斜方晶系的 SnO$_2$ 特征峰出现;当 In$_2$O$_3$ 掺杂量增加到 10‰时,除了四方和斜方的 SnO$_2$ 特征峰外,已经有 In$_2$O$_3$ 衍射特征峰出现,但可能由于其相对含量还比较低,In$_2$O$_3$ 晶形不太完全,结晶也不十分完整,另外,四方的 SnO$_2$ 衍射峰出现了一定程度的宽化;当 In$_2$O$_3$ 掺杂量为 30‰时,In$_2$O$_3$ 的衍射峰已经清晰可辨,只是 In$_2$O$_3$ 和 SnO$_2$ 的衍射峰均出现宽化现象,可能由于合成复合氧化物时,Sn^{4+} 和 In^{3+} 进入对方氧化物晶格中,生成固溶体或产生缺陷,引起结晶度降低。

从图 5-16 可知,随着掺杂量的增加,主体材料 SnO$_2$ 的晶粒尺寸先增加后降低。由于 In^{3+} 的离子半径(81pm)比 Sn^{4+} 的离子半径(71pm)大,当掺杂量比较小时,In^{3+} 进入 SnO$_2$ 晶格中,引起 SnO$_2$ 晶胞膨胀,当掺杂量达到一定程度时,In^{3+} 和 O^{2-} 生成氧化物 In$_2$O$_3$,致使 SnO$_2$ 晶粒尺寸又有减小的趋势。

5.5.4　掺杂量对晶格常数的影响

SnO$_2$ 属于四方晶系,标准为 $a=b\neq c$, $a=b=4.738$Å, $c=3.188$Å, $\alpha=\beta=\gamma=90°$。其晶面间距计算公式为[6]:

$$\frac{1}{d_{hkl}^2} = \frac{h^2}{a^2} + \frac{k^2}{b^2} + \frac{l^2}{c^2} \tag{5-16}$$

将式(5-16)代入布拉格方程(5-7),即有:

$$\frac{4\sin^2\theta}{\lambda^2} = \frac{h^2}{a^2} + \frac{k^2}{b^2} + \frac{l^2}{c^2} \tag{5-17}$$

根据 X 射线衍射分析结果(图 5-15),在不同掺杂量 XRD 图谱中,X 射线波长 λ 和不同晶面的入射角 θ 已知,对于 SnO_2 的三强峰(110)、(101)、(211),其晶面指数(hkl)同样已知,即可进一步根据式(5-17)分析 In_2O_3 不同掺杂量对主体材料 SnO_2 晶格常数的影响,如图 5-17 所示。

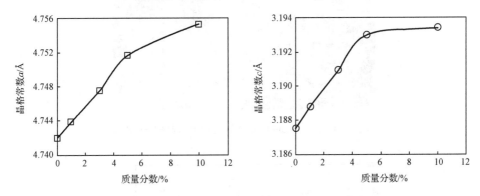

图 5-17　SnO_2 晶格常数随 In_2O_3 掺杂量变化曲线

图 5-17 显示了 SnO_2 的晶格常数随 In_2O_3 掺杂量变化的曲线,从图 5-17 可知,由 X 射线衍射分析结果所得的 SnO_2 晶格常数 a 和 c 与标准点阵参数差别不大。加入氧化物 In_2O_3 后,SnO_2 的晶格常数 a 和 c 明显增大,而且 SnO_2 的晶格常数 a 和 c 随着 In_2O_3 掺杂量的增加逐渐增大。In_2O_3/SnO_2 复合/掺杂氧化物纳米晶中 SnO_2 的晶格常数比单一氧化物 SnO_2 的晶格常数大,是由于 Sn^{4+} 离子半径(71pm)比 In^{3+} 离子半径(81pm)小,当 In^{3+} 取代 Sn^{4+} 进入 SnO_2 晶胞,引起 SnO_2 晶格畸变,使晶体结构产生变化,进而使其晶格常数增大。

5.5.5　纳米晶微观形貌分析

为了进一步了解 In_2O_3/SnO_2 复合/掺杂氧化物纳米晶粒的微细结构和形态,实验采用 Sirion200 型扫描电镜分析仪,对 700℃ 焙烧 2h 的 30％In_2O_3/SnO_2 复合氧化物粉末进行 SEM 分析,实验结果如图 5-18 所示。由图可知,晶粒呈球型或类球型,颗粒形貌有差异,粒子的平均粒径约 20nm,与由谢勒公式计算结果基本吻合。

5.5.6　掺杂纳米晶的光电子能谱分析

为了深入研究 In_2O_3/SnO_2 纳米材料表面所含元素及其化学价态与氧化态,并分析了各元素的相对含量,进一步证实设计的掺杂量。实验采用英国 VG 公司 MK-II 型电子能谱分析仪,对 700℃ 焙烧 2h 的 30％In_2O_3/SnO_2 和 SnO_2 进行 XPS 分析,实验结果如图 5-19 所示,图中曲线(1)和(2)分别表示 SnO_2 和 30％ In_2O_3/SnO_2 的 XPS 能谱。

图 5-18　In₂O₃/SnO₂ 复合氧化物纳米晶的 SEM 图

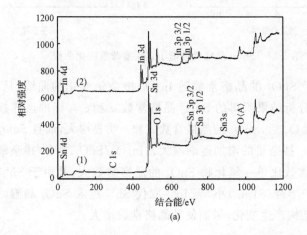

(a)

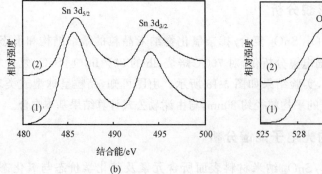

(b)

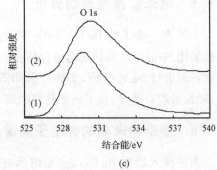

(c)

图 5-19　XPS 能谱图

(a) In₂O₃/SnO₂ XPS 能谱图；(b) Sn 的 3d 轨道能谱；(c) O 的 1s 轨道能谱

(1) SnO₂；(2) 30% In₂O₃/SnO₂

从图 5-19(a)可以看出 SnO_2 中 Sn 原子的 $4d$、$3d_{5/2}$、$3d_{3/2}$、$3p_{3/2}$、$3p_{1/2}$、$3s$ 和 $C1s$ 和 $O1s$、$O\langle A\rangle$ 轨道的特征谱线,掺杂 30% In_2O_3/SnO_2 中又出现了 In 原子的 $4d$、$3d_{5/2}$、$3d_{3/2}$、$3p_{3/2}$、$3p_{1/2}$ 轨道的特征谱线,同时 Sn 原子的各轨道能谱均出现不同程度的偏移,其中 $3d_{5/2}$ 和 $3d_{3/2}$ 轨道结合能分别从 485.95eV、494.35eV 偏移到 486.15eV 和 494.55eV,均增加了 0.2eV;O 原子的轨道结合能从 529.75eV 偏移到 530.4eV,增加了 0.65eV。通过掺杂 In_2O_3 改变了 SnO_2 的晶体结构,氧原子的结合能增加了 0.65eV,说明原子的电负性增加,材料的表面活性提高。Sn、In 和 O 原子的相对含量还可以利用这些元素的 XPS 峰的面积进行计算,计算结果如表 5-2 所示,可以看出所合成的材料中 In_2O_3 与 SnO_2 的比值与其预先要掺杂的比例基本一致,说明采用机械化学法可以实现金属氧化物的复合掺杂,有望通过较高含量的 In 的掺杂赋予 In_2O_3/SnO_2 材料以较高的气敏性能。

表 5-2　In_2O_3/SnO_2 的 XPS 能谱分析化学组成结果

元素	中心位置/eV	摩尔分数/%	物相	质量分数/%
In	443.85	24.67	In_2O_3	29.6842
O	530.40	21.17		
Sn	485.80	54.26	SnO_2	70.3158

5.6　CdO/SnO_2 复合/掺杂纳米晶的合成与表征

从近年气敏材料发展趋势看,通过掺入贵金属和某些氧化物添加剂可得到某种气体选择性较好的气敏材料。利用贵金属的掺杂来提高 SnO_2 传感器的选择性和灵敏度已有许多报道。但贵金属价格较高且通常不易通过简单的化学方法获得均匀掺杂的样品[13]。因此,寻找有特定结构的、灵敏度和选择性都较好的复合氧化物气敏材料已成为研究的一个重要方向。

CdO-SnO_2 体系具有以下特点[14]:CdO-SnO_2 体系的电导率较小,并可通过控制 Cd/Sn 比及烧结温度来制得所需电阻值的气敏元件;$CdSnO_3$、$CdSn_2O_4$ 都有很好的热稳定性,能在 1050℃ 下稳定存在;CdO-SnO_2 体系的气敏性不受材料粒径的影响。$CdSnO_3$ 系钙钛矿结构的 n 型氧化物半导体,它的电导激活能是 0.87eV,禁带宽度 1.74eV,$CdSnO_3$ 表现出良好的气敏性能,对 C_2H_5OH、C_2H_2 特别是 C_2H_5OH 有高的灵敏度,在汽油环境中对 C_2H_5OH 的选择性较好,在 H_2 或 CO 环境中对 C_2H_2 的选择性也好,$CdSnO_3$ 可作为乙醇敏及乙炔敏材料[15,16]。本节采用机械化学法合成不同掺杂量的 CdO/SnO_2 复合/掺杂氧化物纳米晶材料。

5.6.1　合成过程分析

以 $SnCl_2$、$CdCl_2$ 和 Na_2CO_3 为原料进行球磨,引入反应产物 NaCl 作为稀释剂,球磨过程中原料在球磨介质的反复冲撞下,承受冲击、剪切、摩擦和压缩等多种力的作用,经历反复的挤压、冲击及粉碎过程,原料的粒径不断减小,比表面积不断增大。因此原料球磨一段时间后得到前驱体的活性显著提高,可以在较低温度下对前驱体进行焙烧就得到 CdO/SnO_2 复合/掺杂氧化物纳米晶。

以合成 30%(质量分数)CdO/SnO_2 复合氧化物为例,说明复合/掺杂 CdO/SnO_2 纳米晶合成过程的基本步骤和现象,其他不同掺杂量所需原料的配比如表 5-3 所示。先将原料 $SnCl_2 \cdot 2H_2O$、$CdCl_2 \cdot 2.5H_2O$、Na_2CO_3 和 NaCl 在 180℃干燥 10h 进行脱水处理,防止在球磨过程中原料结块,致使反应不充分。

表 5-3　不同掺杂量原料的配比

掺杂量(质量分数)/%	$SnCl_2/g$	$CdCl_2/g$	Na_2CO_3/g	NaCl/g
1	6.97	0.07	3.93	10
3	6.83	0.21	3.93	10
5	6.69	0.36	3.94	10
10	6.33	0.71	3.95	10
30	4.93	2.14	3.99	10
50	3.52	3.57	4.03	10

将原料 $SnCl_2$、$CdCl_2$ 和 Na_2CO_3 按一定质量百分比称取,加入一定的稀释剂 NaCl,然后将预处理的混合原料和不锈钢球放入 250mL 的不锈钢球磨罐中,按 15∶1 的球料比(Φ20mm 钢球 8 个,Φ10mm 钢球 10 个,共 300g),在 KM-10 型行星球磨机中研磨 6h,发生反应如下:

$$SnCl_2 + CdCl_2 + 2Na_2CO_3 \xrightarrow{xNaCl} CdCO_3 + SnO + 4NaCl + CO_2 \quad (5\text{-}18)$$

制备出前驱体。将前驱体在 700℃下焙烧 2h,发生以下反应:

$$2SnO + O_2 + CdCO_3 \xrightarrow{xNaCl} CdO + 2SnO_2 + CO_2 \quad (5\text{-}19)$$

自然冷却后,经蒸馏水洗涤、超声波分散、真空抽滤,除去 NaCl,烘干即得 CdO/SnO_2 复合氧化物纳米晶。不同复合/掺杂量的 CdO/SnO_2 的 XRD 图谱如图 5-20 所示。CdO 不同掺杂量对 SnO_2 晶粒尺寸的影响如图 5-21 所示。

从图 5-20 可知,CdO 不同掺杂量对 SnO_2 的晶体结构均产生不同的影响。当掺杂量为 1% 时,XRD 特征峰清晰可辨,衍射峰的强度相当大,晶形相当完好,与标准的 JCPDS 卡片对比,表明为四方晶系的 SnO_2,但也存在少量的斜方 SnO_2。随着 CdO 不同掺杂量的加入,SnO_2 的 XRD 图谱有一定的变化。CdO 掺杂量从

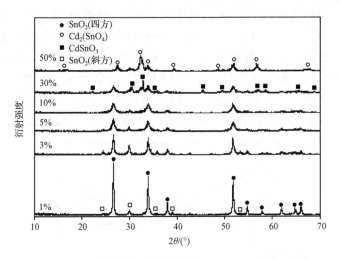

图 5-20　不同掺杂(复合)量的 CdO/SnO$_2$ 的 XRD 图

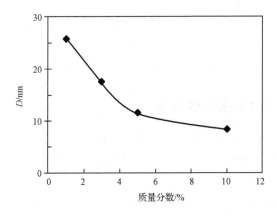

图 5-21　CdO 不同掺杂量对 SnO$_2$ 晶粒尺寸的影响

3％增加到 10％,XRD 图谱仍只有 SnO$_2$ 的特征峰,随着掺杂量的增加,衍射峰逐渐宽化,衍射强度逐渐减小,结晶不好,仍有斜方 SnO$_2$ 特征峰出现;当 CdO 掺杂量增加到 30％时,除了四方 SnO$_2$ 的特征峰外,还有 CdSnO$_3$ 复合氧化物的衍射特征峰出现,但可能由于其相对含量还比较低,CdSnO$_3$ 晶形不太完全,结晶也不十分完整。另外,四方的 SnO$_2$ 衍射峰出现了一定程度的宽化。当 CdO 掺杂量为 50％时,又出现了 Cd$_2$(SnO$_4$)复合氧化物,同时还存在 CdSnO$_3$ 的特征峰。根据谢勒公式计算主体材料 SnO$_2$ 的晶粒尺寸在 8～25nm 左右(见图 5-20),且随着 CdO 掺杂量的增加逐渐降低。

5.6.2　前驱体的热分析

对 30％CdO/SnO$_2$ 复合氧化物的前驱体进行热重分析(图 5-22),升温速率为

$10\,^{\circ}\mathrm{C}\cdot\mathrm{min}^{-1}$，初始质量为 7.82mg。从 DTG 曲线可以看出，在 $60\sim170\,^{\circ}\mathrm{C}$ 和 $330\sim$ $430\,^{\circ}\mathrm{C}$ 温度范围有两个明显的放热峰，第一个是由于前驱体脱去吸附水引起的，而第二个则是前驱体 $CdCO_3$ 分解放出 CO_2。对应的 TG 曲线可知，从 $60\sim160\,^{\circ}\mathrm{C}$ 和 $200\sim280\,^{\circ}\mathrm{C}$ 有两个明显的失重过程，对应的失重量分别为 6.56% 和 10.87%，第二个失重量与前驱体中 $CdCO_3$ 热分解的 CO_2 理论失重量 9.99% 基本一致，从而进一步说明了第二个放热峰应该是 $CdCO_3$ 热分解放出 CO_2 引起的。

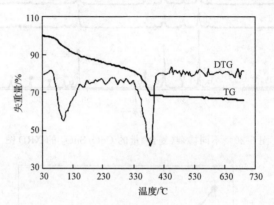

图 5-22　前驱体的 TG-DTG 图

5.6.3　焙烧温度对纳米晶的影响

本节研究了不同焙烧温度对主体材料 SnO_2 晶粒尺寸的影响。将掺杂 1% 的 CdO/SnO_2 分别经 600、650、700 和 $750\,^{\circ}\mathrm{C}$ 焙烧 2h 的样品进行 XRD 测试，XRD 结果如图 5-23 所示。

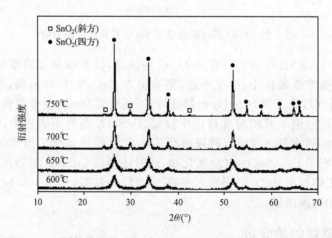

图 5-23　不同焙烧温度下 1% CdO/SnO_2 氧化物纳米晶的 XRD 图

从图 5-23 中可知,随着焙烧温度的升高,衍射峰逐渐尖锐,衍射峰强度逐渐增加,晶化特征逐渐明显,结晶逐渐完全。同时随着焙烧温度的升高,纳米晶 SnO_2 出现了晶型转变,在 700℃ 已经有斜方 SnO_2 的特征峰出现。焙烧温度对 CdO 掺杂 SnO_2 氧化物晶粒尺寸的变化见图 5-24,利用 XRD 数据按谢勒公式估算晶粒尺寸,SnO_2 晶粒尺寸约为 5～25nm。由图 5-24 可知 SnO_2 晶粒大小随焙烧温度的升高而增大。

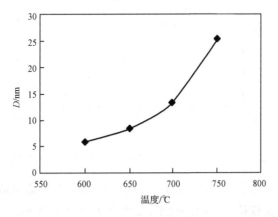

图 5-24　焙烧温度对 1% CdO/SnO_2 掺杂氧化物纳米晶粒径的影响

低温时,颗粒处于结构转变期,缺陷较多,晶粒主要按双球模型聚结,原始晶粒间仅仅是点接触,不可能聚集更多粒子,就凝聚在一起的各个晶粒而言并无明显长大,所以晶粒尺寸较小;但随着温度升高,更大一些的凝聚体中心距增大,难以进一步凝聚,凝聚体处于自我调整时期,颗粒的晶体结构渐趋完善,体系达到较低的能量状态而稳定存在,故晶粒尺寸增长处于"自保阶段",晶粒相比前一阶段有较明显的长大;进一步提高热处理温度,烧结的驱动力越大,在较大的驱动力的作用下,小粒子之间可熔合形成较大的粒子,样品中细晶粒将缓缓增长,这种晶粒长大并不是小晶粒的相互凝结,而是凝集体内晶粒表面扩散和晶界位移的结果,晶粒尺寸增长显著。可见,较低温度下焙烧,粉末 XRD 峰的宽化是纳米微晶中无序的界面结构以及晶粒中的大量缺陷所致,这是由于晶粒中晶胞的排列取向不同,尤其是在晶面和颗粒界面上原子的排列较为无序;同时晶粒中存在晶格缺陷,尤其是大量的氧缺位,以及样品处理过程中的微应变等。随着焙烧温度的升高,衍射特征峰的强度增加,晶粒尺寸大幅度增加。

5.6.4　晶粒长大活化能的计算

CdO/SnO_2 掺杂氧化物纳米晶粒径长大活化能同样可以根据式(4-27)计算。从式(4-27)可知晶粒平均尺寸与热处理温度的倒数 $1/T$ 成指数关系。以 $\ln D$-$1/T$

作图,所得直线的斜率即可计算粒径长大活化能。根据图 5-24 所得的晶粒平均尺寸,将 $\ln D$-$1/T$ 作图 5-25,根据线性回归的直线斜率即可计算出主体材料 SnO_2 纳米晶粒径长大的活化能。

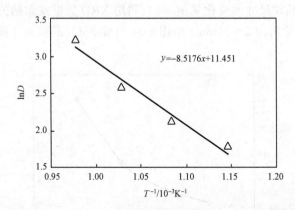

$$y = -8.5176x + 11.451$$

图 5-25　CdO/SnO$_2$ 掺杂氧化物的 $\ln D$-$1/T$ 关系图

从图 5-25 中直线的斜率即可计算主体材料 SnO_2 纳米晶的晶粒生长活化能为 $70.82 kJ \cdot mol^{-1}$,晶粒长大活化能较小,说明合成的纳米晶 SnO_2 颗粒表面活性较高,晶粒尺寸易受焙烧温度的影响,热处理过程的晶粒长大主要以界面扩散为主。

5.6.5　焙烧温度对晶格常数的影响

根据掺杂 1%CdO/SnO$_2$ 不同焙烧温度的 X 射线衍射分析结果(图 5-23),由计算 SnO_2 晶格常数的公式(5-17),即可分析不同热处理温度对主体材料 SnO_2 晶格常数的影响,如图 5-26 所示。

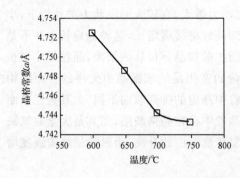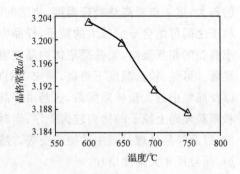

图 5-26　焙烧温度对 SnO_2 晶格常数的影响

图 5-26 显示了主体材料 SnO_2 的晶格常数随焙烧温度变化的曲线,从图可知,由 X 射线衍射分析结果所得的 SnO_2 晶格常数 a 和 c 与标准点阵参数差别不大。

随着焙烧温度的升高,晶格常数呈减小趋势,而且更加接近 SnO_2 的标准点阵参数,因为随着焙烧温度的升高,晶体内部的缺陷减少,晶格畸变减小,结晶逐渐完全,晶形逐渐完好。

5.6.6　掺杂量对晶格常数的影响

根据不同掺杂量 CdO/SnO_2 的 X 射线衍射分析结果(图 5-20),由计算 SnO_2 晶格常数的公式(5-17),即可分析 CdO 不同掺杂量对主体材料 SnO_2 晶格常数的影响,如图 5-27 所示。

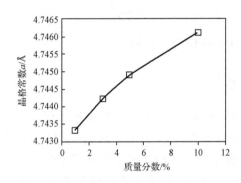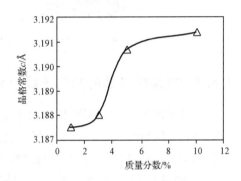

图 5-27　SnO_2 晶格常数随 CdO 掺杂量变化曲线

图 5-27 显示了 SnO_2 的晶格常数随 CdO 掺杂量变化的曲线,从图 5-27 可知,由 X 射线衍射分析结果所得的 SnO_2 晶格常数 a 和 c 与标准点阵参数差别不大。加入氧化物 CdO 后,SnO_2 的晶格常数 a 和 c 明显增大,而且 SnO_2 的晶格常数 a 和 c 随着 CdO 掺杂量的增加逐渐增大。CdO/SnO_2 掺杂氧化物纳米晶中 SnO_2 的晶格常数比单一氧化物 SnO_2 的晶格常数大,是由于 Sn^{4+} 离子半径(71pm)比 Cd^{2+} 离子半径(97pm)小,当 Cd^{2+} 取代 Sn^{4+} 进入 SnO_2 晶胞,引起 SnO_2 晶格畸变,使晶体结构产生变化,进而使其晶格常数增大。

5.6.7　纳米晶微观形貌分析

为了进一步了解 CdO/SnO_2 复合/掺杂氧化物纳米晶粒的微细结构和形态,实验采用 Sirion200 型扫描电镜分析仪,对 700℃焙烧 2h 的 30% In_2O_3/SnO_2 复合氧化物粉末进行 SEM 分析,实验结果如图 5-28 所示。由图可知,晶粒呈球型或类球型,颗粒形貌有一定差异,晶粒的平均粒径在 20nm 左右,与由谢勒公式计算结果基本吻合。

图 5-28　CdO/SnO₂ 复合氧化物纳米晶的 SEM 图

5.6.8　掺杂纳米晶的光电子能谱分析

采用英国 VG 公司 MK-II 型电子能谱分析仪,对 700℃焙烧 2h 的 10％、30％ CdO/SnO₂ 和 SnO₂ 进行 XPS 分析,实验结果如图 5-29 所示。从图 5-29(a)可以看出 SnO₂ 中 Sn、O 原子的电子轨道结合能,图 5-29(b)、(c)又出现了 Cd 原子特征谱线,随着 CdO 的掺杂量从 10％增加到 30％,Sn 各原子轨道结合能的强度逐渐减小,Cd 各原子轨道结合能的强度逐渐增加。不同掺杂量的纳米晶材料中 Sn、Cd 和 O 原子主峰的电子轨道结合能如表 5-4 所示。

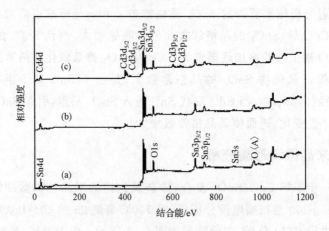

图 5-29　样品的 XPS 谱图

(a) SnO₂;(b) 10％CdO/SnO₂;(c) 30％CdO/SnO₂

表 5-4　XPS 能谱分析 CdO/SnO$_2$ 电子结合能

不同掺杂量	O1s/eV	Sn3d$_{5/2}$/eV	Sn3d$_{3/2}$/eV	Cd3d$_{5/2}$/eV	Cd3d$_{3/2}$/eV
SnO$_2$	529.75	485.60	494.10		
10%CdO/SnO$_2$	530.05	485.85	494.20	411.25	422.90
30%CdO/SnO$_2$	530.40	486.25	494.70	411.55	423.20

从表中的数据可知,与 SnO$_2$ 相比,10% 和 30% 的 CdO/SnO$_2$ 的 O1s 结合能分别增加了 0.30eV 和 0.35eV,Sn3d$_{5/2}$结合能分别增加了 0.25eV 和 0.4eV,说明通过掺杂 CdO 改变了 SnO$_2$ 的晶体结构,氧原子的结合能增加,原子的电负性增强,提高了材料的表面活性。Sn、Cd 和 O 原子的相对含量还可以利用这些元素的 XPS 峰的面积进行计算,CdO 的含量分别为 9.96% 和 30.12%,可见所合成的材料中 CdO 与 SnO$_2$ 的比值与其预先要掺杂的比例基本一致,说明采用机械化学法可以实现金属氧化物的复合掺杂,有望通过较高含量的 Cd 的掺杂赋予 CdO/SnO$_2$ 材料以较高的气敏性能。

5.6.9　掺杂纳米晶含量的确定

为了进一步确定所制备的掺杂 CdO/SnO$_2$ 氧化物纳米晶中 CdO 的含量,对 5%CdO/SnO$_2$ 进行 EDAX 能谱分析,结果如表 5-5 所示。从图中可以看出,试样中含有 Cd、Sn 和 O 三种元素。对应氧化物 CdO 和 SnO$_2$ 的含量分别为 4.97% 和 95.03%。结果比实验拟定的掺杂量 5% 稍小,可能由于在合成过程中有少量损失。实验结果进一步证实了合成的掺杂氧化物纳米晶中确实含有 CdO,但 X 射线衍射不能显示其特征峰,是由于其掺杂量相对较小的原因。

表 5-5　CdO/SnO$_2$ EDAX 能谱化学组成分析结果

元素	质量分数/%	摩尔分数/%	射线类型	化合物	质量分数/%
Cd	4.35	1.99	L	CdO	4.97
O	20.8	65.99	K	O	
Sn	74.85	32.02	L	SnO$_2$	95.03

5.7　NiO/SnO$_2$ 复合纳米晶的机械化学合成与表征

纳米 SnO$_2$ 和 NiO 是两种应用广泛的材料。NiO 具有优良的气敏感、热敏感、光吸收、电致发光、催化活性等,在电容电极、燃料电池电极、传感器、催化剂和电致变色薄膜等方面有着广泛的应用。纳米 NiO 因其表面积大,电导率高,在电化学电容器领域受到了广泛的关注。纳米 SnO$_2$ 比表面大、高活性、低熔点、导热性好,且具有湿敏、气敏等功能。SnO_2 是重要的电子材料、陶瓷材料和化工材料,在陶瓷工业中用作釉料及搪瓷的乳浊剂,由于其难溶于玻璃及釉料中,还可用作颜料的载体;在电工电子材料工业中,SnO_2 及其掺和物可用于电极材料、导电材料、薄膜电阻器、光电子器件、敏感材料、荧光灯等领域;在化工方面的应用主要是作为催化剂和化工原料。SnO_2 是最重要的气敏材料之一,以 SnO_2 为基体原料,添加少量其他材料制成的气体传感器可以检测多种易燃、易爆及有毒有害的气体。纳米复合氧化物是由多种元素复合而成,使其在结构和性能上得到互补和叠加,加上纳米粒子所具有的各种效应,从而产生独特的综合性能[17]。本节利用机械化学法制备 NiO/SnO_2 纳米复合氧化物,并着重分析其电化学性能。

5.7.1　实验方法

　　$NiCl_2 \cdot 6H_2O$、$SnCl_4 \cdot 5H_2O$ 和 NaOH 按摩尔比为 1∶1∶6 分别称取,然后再称取以上三者总质量 1/2 的 NaCl。将称量好的药品混合倒入玛瑙研钵手动研磨 40min,由于 $SnCl_4$ 和 NaOH 都有吸水性,刚开始样品会黏稠,随着研磨时间的加长,样品逐渐变得干燥,最后得到绿色粉末状的前驱体 S1。将前驱体 S1 放入恒温鼓风干燥箱中,80℃烘干。取部分烘干的样品,分别置于电炉中以 400、500、600、700 和 800℃焙烧 2h。样品冷却后抽滤洗涤,再烘干,得到 5 个产品。

　　取焙烧温度为 600℃和 800℃的样品进行电化学性能检测。先按 85％样品,10％乙炔黑,5％聚四氟乙烯的比例(质量分数)制得电极原料浆,三者混合均匀,烘干,涂于 7mm×8mm 的镍网上,并用油压机在 30MPa 压力下制片,制得 NiO/SnO_2 电极,再次烘干。将电极在配置好的 $6mol \cdot L^{-1}$ KOH 电解液中浸泡 24h,以保证 NiO/SnO_2 电极材料被电解液完全润湿。将它与 10mm×8mm 铂电极同浸泡在 $6mol \cdot L^{-1}$ KOH 溶液中,并用标准甘汞电极作参比电极构成三电极测试系统。用上海辰华仪器公司生产的 CHI660a 型电化学测试系统测试循环伏安曲线,工作电极的电压为 $-1.2 \sim 0.4$V,扫描速率分别为 5、8、10 和 $20mV \cdot s^{-1}$。

5.7.2　前驱体的热分析

　　对固相机械化学法合成的前驱体 S1 进行热重分析,升温速率为 $10℃ \cdot min^{-1}$,初始质量为 13.788mg。图 5-30 为前驱体 S1 的 TG/DSC 曲线。

　　由图 5-30 可知,前驱体 S1 在 100℃左右即有一明显的吸热效应,峰顶温度是 99℃,并伴随有一定量的失重,这是样品中吸附水的脱除过程。另一吸热峰出现在前驱体 DSC 曲线的 230℃附近,并伴随有一定量的失重,这主要是因为前驱体在这一温度发生分解,可能是氢氧化锡和氢氧化镍分解为氧化物,这一阶段的失重量为 1.62％,与理论上的失重量 19.38％相差较大,原因是前驱体未经洗涤,其中含有大量的 NaCl 残留。

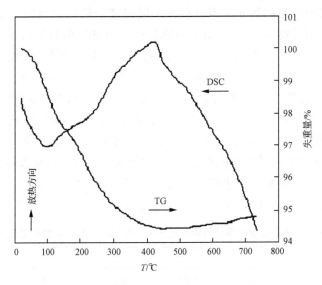

图 5-30 前驱体 S1 的 TG 和 DSC 曲线

5.7.3 焙烧温度对纳米晶的影响

实验研究了不同焙烧温度对晶粒微观结构的影响。分别将前驱体经 400、500、600、700、800℃ 焙烧 2h 的样品进行 XRD 测试,不同焙烧温度的 XRD 如图 5-31所示。由图 5-31 可知,当焙烧温度较低时,得到产物的衍射峰不明显,只能

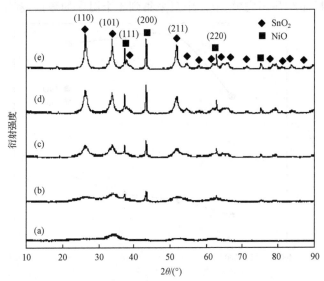

图 5-31 不同焙烧温度下 NiO/SnO₂ 的 X 射线衍射图

(a) 400℃;(b) 500℃;(c) 600℃;(d) 700℃;(e) 800℃

较模糊的确定出产物的物相。但是由在不同温度焙烧的产物的 XRD 图谱可知，产物中只包含两种物相，即立方结构的氧化镍和四方结构的氧化锡。随着焙烧温度的升高，NiO 和 SnO₂ 的结晶逐渐完好，特征衍射峰逐渐尖锐，表明产物的结晶程度逐渐增强。氧化镍和氧化锡的晶粒尺寸分别由 XRD 结果的（200）和（110）晶面根据式（4-1）计算所得。而两者的晶格常数则分别根据 XRD 结果中 NiO 的（111）（200）（220）和 SnO₂（110）（101）（211）晶面，其中，SnO₂ 属四方晶系和 NiO 属立方晶系，根据式（5-17）和式（5-11）计算求其平均值，结果列于表 5-6。由于 400℃焙烧后获得的样品的结晶不够完整，故无法计算其晶格常数和晶粒尺寸。由表可知两种氧化物的晶粒尺寸相差较大，说明在相同的焙烧条件下，NiO 和 SnO₂ 两种晶体的长大存在一定差异。

表 5-6　XRD 图中数据计算所得的 SnO₂ 和 NiO 的晶格常数和晶粒尺寸

焙烧温度 $T/℃$	NiO		SnO₂		
	D/nm	a/nm	D/nm	a/nm	c/nm
500	30.3	0.4185	6.5	0.4701	0.3155
600	42.1	0.4184	9.6	0.4745	0.3183
700	42.1	0.4185	11.1	0.4744	0.3188
800	40.9	0.4183	14.7	0.4743	0.3191

　　焙烧温度对 NiO/SnO₂ 复合氧化物纳米晶粒尺寸的变化见图 5-32。由于 400℃焙烧的样品结晶不完整，故图中只采集到 4 个温度的数据，利用 XRD 数据按

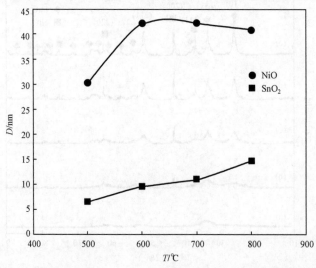

图 5-32　焙烧温度对 NiO/SnO₂ 复合氧化物纳米晶粒径的影响

式(4-1)估算晶粒尺寸,SnO_2 晶粒尺寸集中于 7～15nm,NiO 晶粒尺寸集中于 30～42nm。由图可以看出,随着焙烧温度的升高,SnO_2 晶粒尺寸逐渐增大,而 NiO 晶粒尺寸在温度较低时随着焙烧温度的升高而增大,但当焙烧温度大于 600℃以后,其晶粒尺寸随着焙烧温度的升高变化并不明显。

5.7.4 晶粒长大活化能的计算

根据晶体生长动力学方程(4-21),当试样在不同焙烧温度相同焙烧时间条件下,则 NiO/SnO_2 复合氧化物纳米晶粒径长大活化能同样可以根据式(4-27)计算。从式(4-27)可知晶粒平均尺寸与热处理温度的倒数 $1/T$ 成指数关系。以 $\ln D$ 对 $1/T$ 作图,所得直线的斜率即可计算粒径长大活化能。根据图 5-32 所得的晶粒平均尺寸,将 $\ln D$ 对 $1/T$ 作图(图 5-33),根据线性回归的直线斜率即可计算出纳米晶 NiO 和 SnO_2 粒径长大的活化能。

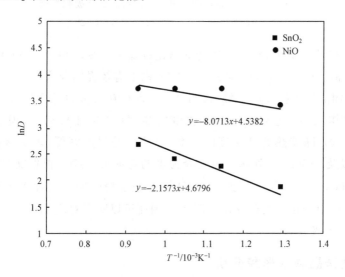

图 5-33　NiO/SnO_2 复合氧化物的 $\ln D$-$1/T$ 关系图

从图 5-33 中直线的斜率即可计算 SnO_2 和 NiO 纳米晶的晶粒生长活化能分别为 17.9kJ·mol^{-1} 和 67.1kJ·mol^{-1}。其中,SnO_2 晶粒长大活化能比 NiO 的小,说明在相同的热处理条件下,SnO_2 的晶粒长大速率比 NiO 的小,进而说明 SnO_2 的晶粒尺寸比 NiO 晶粒尺寸小的原因。

5.7.5 红外光谱分析

图 5-34 所示为 NiO/SnO_2 纳米复合氧化物及前驱体 S1 的红外吸收光谱。

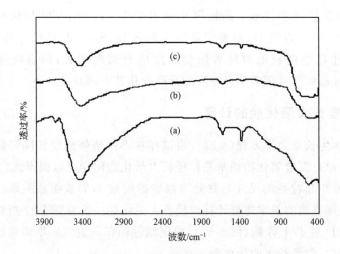

图 5-34　NiO/SnO₂ 纳米复合氧化物的红外吸收光谱

(a) 前驱体 S1；(b) 400℃/2h；(c) 600℃/2h

　　从图 5-34 中可以看出，前驱体的图谱比较复杂一些，400℃的与 600℃的相比，图谱十分相似。(a)(b)(c) 在 3400cm⁻¹ 左右内都有较强的吸收带，为羟基吸收带，即—OH 基团的伸缩振动吸收峰，说明微粒表面存在大量的活性基团，对水分子有强烈的吸收作用；对应 3400cm⁻¹ 吸收带的强度(a)＞(b)＞(c)，说明活性相比 (a)＞(b)＞(c)，随着热处理温度的升高，吸收带的强度降低，表明活性降低。在 1630cm⁻¹ 以及 1380cm⁻¹ 处两个吸收峰为水的弯曲振动峰。根据文献[18]，可以判定 520～530cm⁻¹ 左右的峰主要是 Sn-O 键的振动峰。NiO 这种无水氧化物具有 NaCl 结构，在 465cm⁻¹ 处有吸收谱带[19]。因而可以断定对应 470cm⁻¹ 左右的峰是 Ni-O 键的振动吸收峰。

5.7.6　纳米晶微观形貌分析

　　为了进一步了解 NiO/SnO₂ 复合氧化物纳米晶的微细结构和形态，对经 600℃焙烧 2h 后的 NiO/SnO₂ 复合氧化物粉末进行了扫描电镜分析。实验结果如图 5-35 所示。由图 5-35 可知，晶粒形状无规则，颗粒之间有一定的团聚，颗粒的平均粒径为 20nm 左右。与由谢勒公式计算结果基本吻合。

　　图 5-36 为 EDS 分析图谱，可以看出该纳米复合物粉末组分为 Sn、Ni、O 元素，其中还发现有 Au、Cu 和 Zn 元素，这是实验检测设备引入的。另外，我们还可获知 O、Sn、Ni 元素的质量分数以及三元素的物质的量之比。其中，元素物质的量之比为 O：Sn：Ni 为 55.03：21.44：22.73，与理论值 3：1：1 有一定的差距，可能受制备样品过程中喷金在颗粒表面有 Au 存在等因素的影响。

图 5-35　NiO/SnO$_2$ 纳米复合氧化物的 SEM 图

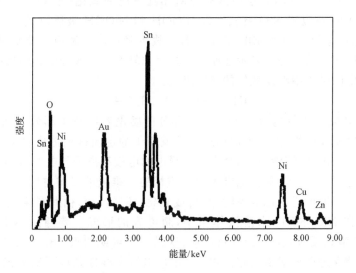

图 5-36　NiO/SnO$_2$ 纳米复合氧化物的 EDS 图谱

5.7.7　循环伏安测试曲线

图 5-37 是固相法经 600℃焙烧后的样品制成的电极的 5 次完整的循环伏安曲线叠加图。由图 5-37 可知：电压扫描范围从−1.2V 到 0.4V，扫描范围较宽，得到了完全闭合的 CV 曲线。曲线共出现了 8 个峰（标注如图 5-37 中）。

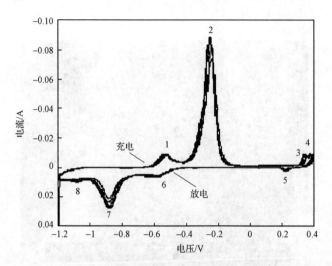

图 5-37　NiO/SnO₂ 电极在 6mol·L⁻¹KOH 溶液的 CV 曲线(扫描速度为 8mV·s⁻¹)

　　NiO 电极在 0～0.4V 电压内有一对相互对应的氧化-还原峰,分别在 0.35V 和 0.2V 附近,对应着 NiO 被氧化为 NiOOH 和 NiOOH 被还原成为 NiO 的电化学反应,也对应着 NiO 的充电-放电过程。故可确定峰 3 和峰 5 分别对应 NiO 的氧化和还原峰。其中峰 4 表示还原析氧过程。峰 2、7 和 8 处所起的反应为不可逆的。充放电的过程中涉及氧气的还原反应:

$$4OH^- \longrightarrow O_2 + 2H_2O + 4e^- \qquad (5-20)$$

　　NiO 电极形成的电容包括占主要部分的赝电容以及少部分的双电层电容。双电层电容是在电极/溶液界面通过电子或离子的定向排列造成电荷的对峙所产生的。对一个电极/溶液体系,会在电子导电的电极和离子导电的电解质溶液界面上形成双电层。赝电容是在电极表面或体相的二维或准二维空间产生,这时电活性物质发生高度可逆的化学吸附/脱附或氧化/还原反应,由此产生电荷储存而形成电容。在 NiO/KOH 水溶液体系中,赝电容的形成主要通过 NiO 与电解质 KOH 水溶液以反应式(5-20)进行反应,这是一个可逆的氧化还原反应,由此可实现电荷的储存进而形成赝电容。单一 SnO₂ 电极在酸性条件下比较稳定[20],而有关 SnO₂ 电极在强碱性电解液中的充放电行为的报道极少[21,22]。NiO 电极充放电时发生如下反应:

$$NiO + OH^- \longrightarrow NiOOH + e^- \qquad (5-21)$$

　　随着扫描次数的增加,峰电流值有变化,峰的位置也产生了一些移动。所以对峰 1、峰 2、峰 3、峰 5、峰 6 和峰 7 的 5 次扫描获得的实验数据(包括峰电位 E_p,半峰电位 E_h,峰电流 i_p 和峰面积 A_h)进行了列表(如表 5-7 至表 5-12),并总结了数据的变化趋势。由表可知:除峰 6 外,其余峰的峰电流都呈增大的趋势,这可能是因为刚开始电极材料的活性没有被完全激活,随着氧化还原反应的循环进行,其活性变得越来越高,因而充放电电流峰值会增加。另外由表可知,氧化峰的峰电位随着扫描次数的增加,都是向负向移动,而还原峰的则是向正向移动。

表 5-7 峰 1 在不同扫描次数中获得的数据

峰 1	峰电位 E_p/V	半峰电位 E_h/V	峰电流 i_p/10^{-3}A	峰面积 A_h/10^{-2}C
第 1 次	−0.519	−0.564	−5.899	−3.433
第 2 次	−0.530	−0.565	−7.042	−3.395
第 3 次	−0.538	−0.572	−7.259	−3.469
第 4 次	−0.541	−0.575	−7.265	−3.436
第 5 次	−0.542	−0.577	−7.291	−3.505
变化趋势	负向移动	负向移动	增大	增大

表 5-8 峰 2 在不同扫描次数中获得的数据

峰 2	峰电位 E_p/V	半峰电位 E_h/V	峰电流 i_p/10^{-2}A	峰面积 A_h/10^{-1}C
第 1 次	−0.242	−0.283	−7.172	−4.448
第 2 次	−0.242	−0.279	−8.036	−4.963
第 3 次	−0.247	−0.286	−8.339	−5.402
第 4 次	−0.250	−0.288	−8.496	−5.430
第 5 次	−0.251	−0.290	−8.599	−5.599
变化趋势	负向移动	负向移动	增大	增大

表 5-9 峰 3 在不同扫描次数中获得的数据

峰 3	峰电位 E_p/V	半峰电位 E_h/V	峰电流 i_p/10^{-3}A	峰面积 A_h/10^{-3}C
第 1 次	0.360	0.349	−2.740	−4.056
第 2 次	0.356	0.345	−2.874	−4.034
第 3 次	0.348	0.337	−3.264	−4.882
第 4 次	0.345	0.334	−3.457	−4.934
第 5 次	0.343	0.332	−3.721	−5.309
变化趋势	负向移动	负向移动	增大	增大

表 5-10 峰 5 在不同扫描次数中获得的数据

峰 5	峰电位 E_p/V	半峰电位 E_h/V	峰电流 i_p/10^{-3}A	峰面积 A_h/10^{-3}C
第 1 次	0.212	0.231	1.996	5.751
第 2 次	0.218	0.236	2.170	6.169
第 3 次	0.226	0.244	2.331	6.623
第 4 次	0.230	0.247	2.522	6.738
第 5 次	0.231	0.248	2.633	6.979
变化趋势	正向移动	正向移动	增大	增大

表 5-11　峰 6 在不同扫描次数中获得的数据

峰 6	峰电位 E_p/V	半峰电位 E_h/V	峰电流 i_p/10^{-3}A	峰面积 A_h/10^{-2}C
第 1 次	−0.588	−0.542	3.264	2.015
第 2 次	−0.577	−0.531	3.117	1.899
第 3 次	−0.568	−0.522	3.018	1.827
第 4 次	−0.565	−0.519	2.892	1.756
第 5 次	−0.564	−0.518	2.804	1.714
变化趋势	正向移动	正向移动	减小	减小

表 5-12　峰 7 在不同扫描次数中获得的数据

峰 7	峰电位 E_p/V	半峰电位 E_h/V	峰电流 i_p/10^{-2}A	峰面积 A_h/10^{-2}C
第 1 次	−0.887	−0.843	1.436	9.164
第 2 次	−0.888	−0.841	1.674	11.13
第 3 次	−0.880	−0.833	1.899	12.29
第 4 次	−0.881	−0.831	1.993	13.89
第 5 次	−0.882	−0.830	2.091	14.81
变化趋势	波动较小	正向移动	增大	增大

根据表中数据(取第五次的扫描数据),峰 5 和峰 3 的峰电位之差 $\Delta E_p =$ 112mV,峰电流之比 $i_{pc}/i_{pa} = 1.41$,这两个值都与可逆电极反应的标准值差距较远[41]($\Delta E_p = 60$mV,$i_{pc}/i_{pa} = 1$)。说明此充放电的过程可逆性不好。

图 5-38 为 600℃和 800℃焙烧得到的样品电极的循环伏安曲线对比图。由图

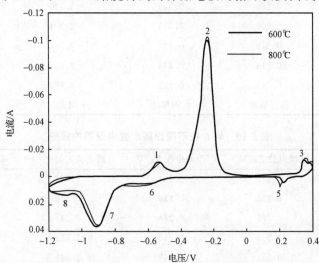

图 5-38　600℃和 800℃焙烧的样品电极的 CV 曲线(扫描速度为 10mV·s^{-1})

5-38 可知,两曲线形状基本相似,相应峰的峰电流和峰电位差别细微。600℃和800℃对应 NiO 的氧化峰 3 基本重合,峰电流 800℃的稍大于 600℃,对于还原峰5,峰电流 800℃的明显大于 600℃的,峰电位 800℃的明显小于 600℃的,可见,600℃焙烧后所得的 NiO 的可逆性比 800℃焙烧得到的要好。

　　图 5-39 为 600℃焙烧得到的样品电极在 4 个扫描速率($5,8,10,20\mathrm{mV} \cdot \mathrm{s}^{-1}$)下的 CV 曲线叠加图。它是用来测试电极的电流响应性质的方法。一般理想可逆电极的响应峰电位是不随扫描速率而变化的。由图 5-39 可以看出:随着扫描速率的增大,氧化峰峰电位向正向移动,而还原峰峰电位则向负向移动。这个与前面提到 600℃焙烧得到的样品电极在同一扫描速率下随着扫描次数增多的变化一致。NiO 的充放电峰电位之差 ΔE_p 随着扫描速率的增大而增加,所以 NiO 电极是一种非理想准可逆电极。这与文献中报道的一致[23]。另外可以看出,随着扫描速率的减小,CV 曲线有对称性增强的趋势,电流峰值也随着减小。

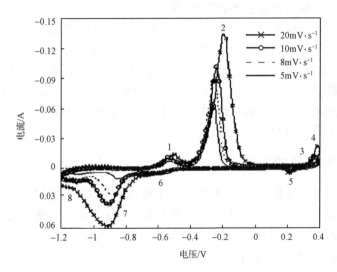

图 5-39　600℃焙烧得到的样品电极在不同扫描速率下的 CV 曲线

5.7.8　比电容值的计算

　　电容量 C 是衡量电极电荷储存能力的重要参数,它的值是单位电压变化引起的电极所储存的电荷变化的量。

　　根据式(4-11)计算出 600℃处理所得样品电极,在扫描速度为 $8\mathrm{mV} \cdot \mathrm{s}^{-1}$ 时其比电容值可达 $351.2\mathrm{F} \cdot \mathrm{g}^{-1}$。由图 5-38 可知,600℃和 800℃的 CV 曲线面积相差不大,根据式(4-11)可得出:800℃和 600℃处理所得样品电极,在扫描速度为 $10\mathrm{mV} \cdot \mathrm{s}^{-1}$ 时其比电容值分别为 $256.59\mathrm{F} \cdot \mathrm{g}^{-1}$ 和 $357.45\mathrm{F} \cdot \mathrm{g}^{-1}$。这两个数值比报道过的单一 NiO 电极的比电容值 $209\mathrm{F} \cdot \mathrm{g}^{-1}$ 都要大。

5.8　复合/掺杂金属氧化物用于气敏元件的性能研究

现代工业的发展一方面为人类创造出巨大的财富,另一方面却给生态环境带来严重的污染。工业中使用的气体原料和在生产过程中产生的气体的种类和数量随着工业的发展越来越多。这些气体中,有毒性气体和可燃性气体不仅污染环境,而且有产生爆炸、火灾、使人中毒的危险。对这些气体迅速准确地检测将有效地防止此类恶性事件的发生。此外,汽车工业的蓬勃发展、家庭液化气、煤气和天然气的广泛使用也对气体传感器提出了更广、更高的要求。

气体传感器主要工作原理是被检测气体与传感器表面发生反应(物理吸附或化学吸附),引起表面某种性质变化(电阻、电导、电压、阻抗等),将这种变化转变为电信号,通过对电信号的分析,可以得到有关气体浓度、成分等信息,当某种有毒气体浓度超过一定值时自动报警,安全可靠[24]。

材料与器件一体化是气体传感器的一大特征。因此,气敏性能、气敏材料和气敏器件构成了气体传感器研究中的主要内容[25]。其中器件的结构设计、器件制备技术、器件工作方式构成了气敏器件的研究内容;气敏材料的制备技术、表征技术以及气敏性能的测试技术构成了气敏材料的研究内容;而气敏的本质及其与被测物种间的关系则构成了气敏性能的研究内容。以上所有研究成果的综合促成了气体传感器的发展与进步。

5.8.1　气敏元件的制作

一个完美的气体传感器,应有如下几个特点[26]:①选择性好,能够在多种气体共存情况下仅对目标气体有明显反应;②灵敏度高;③长期工作稳定性好;④响应时间快;⑤寿命长;⑥成本低,使用维修方便。

5.8.1.1　气敏元件的制作

利用已经合成的复合/掺杂氧化物纳米晶材料,制作厚膜烧结型气敏元件,制作工艺流程如图 5-40 所示,其制作方法如下:

(1) 将 Φ2mm、长 4mm 的陶瓷管依次用 A 液(H_2O:氨水:H_2O_2=5:1:2)和 B 液(H_2O:浓 HCl:H_2O_2=6:1:1)80℃煮 5min,然后用去离子水清洗,晾干备用。

(2) 将金粉浆均匀地涂敷在陶瓷管的两端,间距保持为 2.0mm,将 Φ0.03mm 或 Φ0.04mm 的 Pt 丝粘在两端的金浆上,自然干燥后,置于高温炉中加热至 700℃,固化 15min,自然冷却至室温备用。

(3) 把合成的气敏材料先放入玛瑙研钵干磨一定时间,在加入有机黏合剂和无机黏合剂(水玻璃),再湿磨一定时间,即可得浆料。

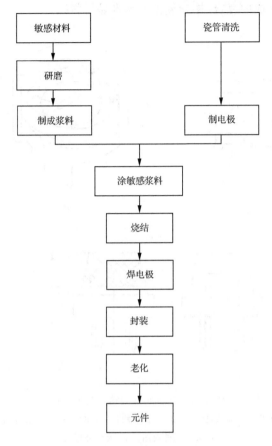

图 5-40　制作元件的工艺流程图

（4）把浆料均匀涂敷于制备好带有电极的陶瓷管上，自然干燥后，在 600℃ 焙烧 2h。

（5）用 Φ0.03mm 铂丝绕成 20 匝线圈，内径为 0.05mm 的加热电阻，阻值为 20Ω 左右，并与陶瓷管两端的电极引线一起焊接在基座的管脚上，装上不锈钢网罩，在一定功率条件下通电老化即得气敏元件。

5.8.1.2　气敏元件的结构图

气敏元件是气体传感器的核心部分，它的性能直接影响着传感器的性能，其制作有很多不同的类型[27]。本节制备的 SnO_2 基气体传感器属于厚膜烧结型，元件采用旁热式结构，气敏元件结构及外观图如图 5-41 所示，其中（a）为元件结构剖面图；（b）为元件的外观图；（c）为元件外形尺寸。传感器底座有六只引脚，其中两只是加热器电极引脚，其余为元件电极引脚，外罩为双层不锈钢网（100 目），核心部分是一个陶瓷管，在管内放进高阻加热电阻丝，管外两端涂有梳状金电极和引线，在电极中间涂有合成的复合/掺杂氧化物纳米晶材料。

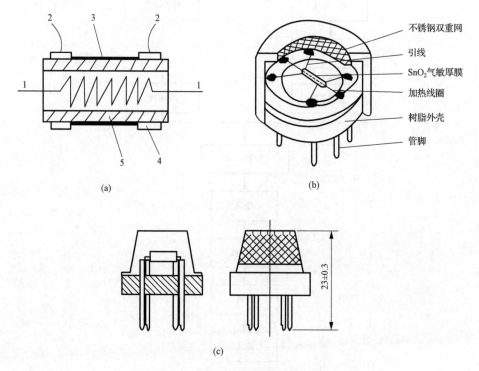

图 5-41　气敏元件的结构与外观图

（a）元件结构剖面图：1. 加热电阻丝；2. 电极引线；3. SnO$_2$ 厚膜层；4. 金电极；5. 陶瓷管；

（b）元件的外观图；（c）元件外形尺寸

5.8.2　气敏性能测试系统

气体传感器的测试方式因工作模式的不同而有所区别，大体上可分为直流测量法和交流测量法。本节采用了直流测量法，测试基本电路图如图 5-42 所示。

气敏元件的测试电路，在静态情况下，采用电压取样法测试元件的气敏特性。R_L 为负载电阻。当元件的电阻变化时，可通过负载电阻上电压的变化来换算。

实验中取电路电压（参考电压）$V_H = 5V$（DC），负载电阻 R_L 可取 100Ω、$0.51k\Omega$、$1k\Omega$、$4.7k\Omega$、$10k\Omega$、$100k\Omega$、$470k\Omega$、$1M\Omega$ 几种不同的阻值。由图 5-42 所示的电路图可知：

$$R_0 = \left(\frac{5}{V_0} - 1\right)R_L \tag{5-22}$$

$$R_c = \left(\frac{5}{V_c} - 1\right)R_L \tag{5-23}$$

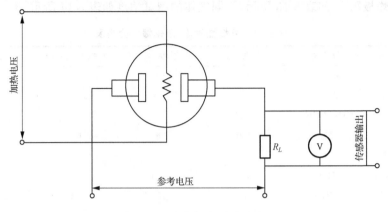

图 5-42　元件基本测试电路

式中：R_0 和 R_c 分别为气敏元件在空气和被测气体中的电阻；V_0 为元件在空气中负载电阻 R_L 取一固定值时 R_L 两端的电压输出值；V_c 为元件在被测气体浓度为 c 时 R_L 两端的电压输出值。

由于气敏元件性能易受到温湿度、干扰气体等外界条件的影响，应用产品在测试标定时须在专用的配气箱内提供相对标准的气氛条件（洁净空气、标定气样），以提高测量的准确性、可靠性。

一般情形下，由配气箱容积和注入配气箱的标准气体体积，可直接计算出气体或液体的浓度。本实验中确定气体浓度由下式计算[28]：

$$v = \frac{273 + T_R}{273 + T_B} \times V \times C \times 10^{-6} \tag{5-24}$$

式中：v 为需注入气体的体积（mL）；V 为配气箱容积（mL）；C 为欲配制气体的浓度（ppm）；T_R 为室温（℃）；T_B 为试验箱内温度（℃）。

当测试液体时，注入液体转化为气体浓度（体积百分比）时，转化的气体浓度可由式（5-25）计算[21]。

$$v = \frac{(273 + T_R) \times V \times C \times 10^{-9} \times m}{(273 + T_B) \times 22.4 \times d \times p} \tag{5-25}$$

式中：v 为需注入液体的体积（mL）；V 为配气箱容积（mL）；C 为欲配制气体的浓度（ppm）；T_R 为室温（℃）；T_B 为试验箱内温度（℃）；m 为分子量（g）；d 为液体密度（$g \cdot cm^{-3}$）；p 为液体纯度。并假定在测试条件下，1mol 的液体完全转化为 22.4L 的气体。这样，由注入配气箱中的毫升数，就可以转化为相应的气体体积比（ppm）。实验中配气箱的容积约为 30L。

本次测试在测试温度为（20±2）℃，湿度为（30±5）%RH 的条件下，采用 2～15V 的测试电压，2～7V 的加热电压，负载电阻为 4.7kΩ 和 1MΩ 对制作的传感器的气敏性能进行测试。实验中，分别对不同的易燃、易爆的气体进行测试，这些气体的爆炸极限[17]如表 5-13 所示,不同气体的测试浓度如表 5-14 所示。

表 5-13　可燃性气体、液体爆炸分类表

气体名称	分子式	下限/%	上限/%	比重(空气=1)	发火点/℃
酒精	C_2H_5OH	3.3	19	1.58	392
汽油	C_5-C_9	1.2	7.5	3~4	260
丙酮	CH_3COCH_3	2.15	13	2.0	
氢气	H_2	4.0	75	0.069	585
一氧化碳	CO	12.5	74	0.967	608
硫化氢	H_2S	12.5	72.4		
甲烷	CH_4	5	15	0.55	537.8
丁烷	C_4H_{10}	1.9	8.5	2	

表 5-14　不同气体的测试浓度

测试气体	不同实验气体的浓度/ppm
H_2S	1、3、5、10、20
CO	50、100、200、500、1000
C_4H_{10}	100、300、500、1000、2000
H_2	100、300、500、1000、2000
C_5-C_9(汽油)	100、300、500、1000、2000
CH_3COCH_3	10、30、50、100、200、400、600、1000
C_2H_5OH	10、30、50、100、200、400、600、1000
CH_4	1000、3000、5000、10000

5.8.3　复合/掺杂金属氧化物气敏性能的研究

利用合成的复合/掺杂氧化物纳米晶材料,制作厚膜烧结型气敏元件,利用 HWC-30A 气敏元件测试系统进行气敏元件性能研究。本节着重研究 CdO/SnO_2 复合/掺杂氧化物和 In_2O_3/SnO_2 复合氧化物纳米晶材料的气敏性能。

5.8.3.1　加热电压与灵敏度的关系

气体传感器的灵敏度是衡量气体传感器好坏的重要指标。就物理意义而言,气敏元件的灵敏度是指元件对被检测气体的敏感程度。半导体氧化物气敏材料的敏感性能与其表面气体的化学吸附有关。氧化性和还原性气体都可以在气敏材料表面形成化学吸附,同时伴有电子转移,引起气敏材料的电学性质发生变化等现象。对电阻式传感器来说,通常用气敏元件在一定浓度的检测气体中的电阻与正常空气中的电阻之比来表示灵敏度 $S^{[29]}$。为了使用简便,有时用取样电阻的输出电压比或输出电压来表示灵敏度。灵敏度根据下式计算[17]:

$$S = \frac{R_S}{R_0} \tag{5-26}$$

式中：R_0 为在正常空气条件下（或洁净空气条件下）气敏元件的电阻值，又称静态电阻或正常电阻；R_S 为气敏元件在一定浓度的检测气体中的电阻值。

　　气体传感器的灵敏度受温度影响显著。元件表面的工作温度对气体的吸附、吸附气体间的化学反应及反应产物的脱附等的影响很大，进而影响到气敏元件的性能[30]。因为敏感元件的作用是通过检测气体在敏感体表面的化学吸附和氧化-还原实现的，而这些反应均受温度的控制。传感器有其最佳工作温度和检测灵敏度适宜的温度范围。因此，元件必须加热，且加热电压对元件灵敏度影响很大。

　　将使用 30％In_2O_3/SnO_2 复合氧化物纳米晶制作的元件分别置于 1000ppm 的 H_2 中，改变加热电压测其灵敏度，分别由式(5-22)和式(5-23)计算出元件在空气和 1000ppm H_2 中的电阻，两者的比值即表示灵敏度。元件的加热电压和灵敏度的关系结果见图 5-43。

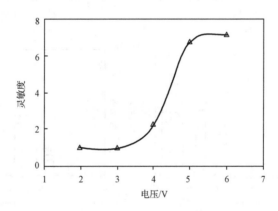

图 5-43　元件加热电压与气敏性能的关系

　　由图 5-43 可见，元件灵敏度较其他气体受加热电压影响较大。随着加热电压的增加，灵敏度呈增加趋势。加热电压小于 4V 时，其灵敏度增加的并不是太明显。当加热电压为 5V 时，元件的灵敏度迅速增大，但当电压达到 6V 时，虽然灵敏度也有一定的增加，但并不是十分明显。所以，在研究元件气敏性能时，元件的加热电压定为 5V。

　　这是因为气敏元件表面吸附 O^{2-}、O^- 的多少与工作温度有关，加热电压过低，元件工作温度就低，化学吸附氧少，表面活性低，与被测气体发生氧化还原反应的作用较弱，因而灵敏度也会较低。加热电压过高，元件工作温度就高，与被测气体发生氧化还原反应过快，而部分地抑制了被测气体的扩散，也会导致灵敏度下降。因此，通过控制加热电压，来控制元件的工作温度，对实现元件对气体的气敏性能检测很有利。

5.8.3.2　灵敏度与气体浓度的关系

利用合成的 $30\%In_2O_3/SnO_2$ 复合氧化物纳米晶材料,制作成气敏元件。采用静态配气法分别在不同气氛和浓度中进行测试,并与 SnO_2 的性能比较,测试结果见图 5-44 所示。图 5-44 中,(a)、(b)、(c)和(d)分别表示气敏元件在不同浓度的氢气、汽油、丙酮和乙醇气氛中的灵敏度(气体的单位均为 ppm)。

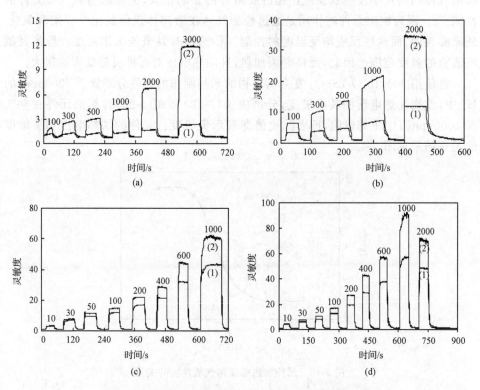

图 5-44　不同气体浓度与气敏元件灵敏度的关系图

(1) SnO_2;(2) $30\%In_2O_3/SnO_2$

(a) 氢气;(b) 汽油;(c) 丙酮;(d) 乙醇

由图 5-44 可知,SnO_2 的灵敏度随着测试气体浓度的增加,均呈现增大的趋势,而且,通过复合/掺杂,In_2O_3/SnO_2 基气体传感器的灵敏度明显增大,但是气体种类的不同,存在一定的差异。

在氢气气氛中如图 5-44(a)所示,SnO_2 的灵敏度在 2～3 之间,而 In_2O_3/SnO_2 的灵敏度在 2～12 之间,当氢气的浓度达到 3000ppm 时,其灵敏度达到 12.4,比 SnO_2 提高了近六倍。在汽油气氛中如图 5-44(b)所示,当气体浓度为 100 和 2000ppm 时,SnO_2 的灵敏度分别为 3.4 和 11.8,而 In_2O_3/SnO_2 的灵敏度分别为 6.4 和 34.6,分别提高了 2 和 3 倍左右。在丙酮气氛中如图 5-44(c)所示,SnO_2 和

In_2O_3/SnO_2 的灵敏度随着丙酮浓度的增加而增加,当气体的浓度从 10ppm 增加到 1000ppm 时,SnO_2 的灵敏度均为 3.2,而 In_2O_3/SnO_2 的灵敏度分别为 43.1 和 62.4,分别提高了 14 和 20 倍左右。在乙醇气氛中如图 5-44(d)所示,当气体的浓度从 10ppm 增加到 1000ppm 时,SnO_2 和 In_2O_3/SnO_2 的灵敏度随着乙醇浓度的增加而增加,1000ppm 时,In_2O_3/SnO_2 的灵敏度达到最大值 91.6;浓度达成一定值时,元件对气体的灵敏度基本达到饱和,乙醇浓度增加到 2000ppm 时,它们的灵敏度均有所降低。

5.8.3.3　灵敏度与掺杂量的关系

利用合成的 SnO_2、10％和 30％CdO/SnO_2 复合/掺杂氧化物纳米晶材料,制作成气敏元件。采用静态配气法,分别在不同浓度的氢气、乙醇、丙酮和汽油气氛中进行测试。不同掺杂量对灵敏度的影响如图 5-45 所示。

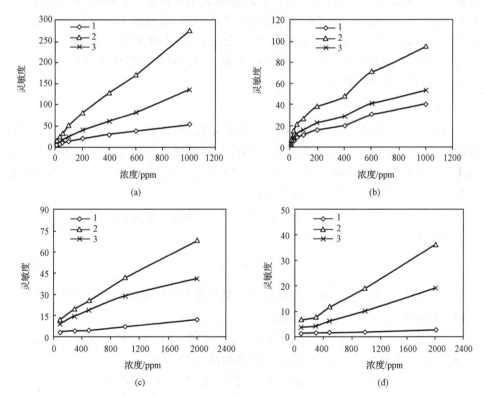

图 5-45　不同掺杂量与气敏元件灵敏度的关系图

1. SnO_2;2. 10％CdO/SnO_2;3. 30％CdO/SnO_2

(a) 乙醇;(b) 丙酮;(c) 汽油;(d) 氢气

由图 5-45 可知,SnO_2 的灵敏度相对较低,在酒精和丙酮气氛中随着气体浓度的增加而增加,但在汽油和氢气气氛中随着气体浓度的增加灵敏度提高并不明显。

通过复合/掺杂 CdO，SnO₂ 的灵敏度提高相当明显，但灵敏度并不是随着掺杂量的增加而增加，10％CdO/SnO₂ 的灵敏度要比 30％CdO/SnO₂ 的灵敏度提高得更加明显。在 1000ppm 的乙醇和丙酮，2000ppm 的汽油和氢气气氛中，SnO₂ 的灵敏度分别为 52.4、40.3、12 和 2.5；10％CdO/SnO₂ 的灵敏度分别为 276.9、95.4、68.7 和 36.3，分别提高了 5.3、2.1、5.7 和 14.5 倍；而 30％CdO/SnO₂ 的灵敏度分别为 135.3、54、41.1 和 19.1，分别提高了 2.6、1.4、3.4 和 7.9 倍。

可见，纯 SnO₂ 对气体的灵敏度很小，掺入 CdO 后灵敏度显著提高，这是因为敏感体表面存在溢出效应，掺杂剂 CdO 微粒对被检测气体有较大的亲和作用，随着材料纳米化，比表面积增大，被测气体将更多地在其表面附着，CdO 镶嵌在敏感体表面，当 CdO 微粒掺杂浓度达到一定值时，被吸附气体将从添加剂上溢出，向敏感体表面迁移，进一步和表面吸附氧或晶格氧起反应，并产生一系列的电子过程，促进了氧化物之间的有效协同效应，所以金属氧化物提高了催化效应引起的电子转移，提供了更多的电子（或者空穴），提高了电导率，即提高了元件对检测气体的灵敏度。但是，当掺杂量足够大时，会发生杂质堆积，或由于补偿性缺陷，破坏晶体结构，将会改变基体原有结构，打破各氧化物之间的有效协同作用，反而降低了电导率，所以灵敏度有所降低。

5.8.3.4　选择性的测试分析

气体传感器的选择性在实际应用中非常重要，理论要求是在相同环境中对被检测气体有较好的灵敏度，而对其他气体没有灵敏度或灵敏度很小。若气体传感器不仅对所检测的气体敏感，而且对其他多种气体也敏感，在实际应用中如用作报警器，就可能会出现错误、随便报警等情况[17]。

气体传感器的选择性表示在相同条件下，接触同一浓度，不同种类气体时，灵敏度的相对变化，由式（5-27）表示[17]。

$$K = \frac{S_1}{S_2} \tag{5-27}$$

式中：S_1 为气敏元件在一种一定浓度的检测气体中的灵敏度；S_2 为气敏元件在另一种相同浓度的检测气体中的灵敏度。

分别研究了 SnO₂、10％、30％CdO/SnO₂ 和 30％In₂O₃/SnO₂ 在不同检测气体中选择性，气体的浓度均为 1000ppm，结果如图 5-46 所示。

由图 5-46 可知，乙醇和丙酮对汽油、丁烷、氢气、一氧化碳、甲烷均表现出良好的选择性，根据选择性的计算公式（5-27），即可计算气敏元件的选择性。乙醇和丙酮对汽油、丁烷、氢气、一氧化碳、甲烷的选择性，纯 SnO₂ 气敏元件分别为 7.7、9.4、30.8、40.3、47.6 和 5.8、7.2、23.7、31、36.7；30％In₂O₃/SnO₂ 气敏元件的选择性分别为 4.5、18.2、13.6、71.4、84.4 和 2.2、8.7、6.5、34.2、40.5；10％CdO/SnO₂ 气敏元件的选择性分别为 6.6、36.9、14.5、98.9、131.8 和 2.3、12.7、5、34.1、

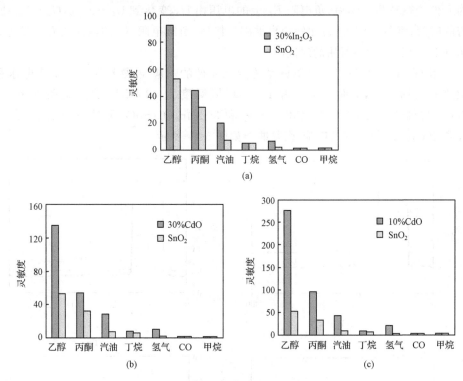

图 5-46　气敏元件的选择性

(a) 30％In$_2$O$_3$/SnO$_2$；(b) 30％CdO/SnO$_2$；(c) 10％CdO/SnO$_2$

45.4；30％CdO/SnO$_2$ 气敏元件的选择性分别为 4.7、17.8、13.2、104.1、123 和 1.9、7.6、5.3、41.5、49.1。根据计算结果可知，通过复合/掺杂 CdO 和 In$_2$O$_3$、乙醇和丙酮对丁烷、一氧化碳和甲烷的选择性显著提高，而对氢气和汽油的选择性有所降低。其中，10％CdO/SnO$_2$ 气敏元件的乙醇对甲烷的选择性高达 131.8，比纯 SnO$_2$ 提高了近三倍。

5.8.3.5　响应恢复特性的研究

响应恢复特性也是气体传感器的一个重要特性参数[20]。气敏元件遇到还原性气体后或脱离还原性气体后，气敏元件的电阻值要经过一定时间后才能达到稳定值。原则上讲，响应、恢复越快越好，即气体传感器一接触或脱离气体，或气体浓度一有变化，器件阻值马上随之变化到其确定阻值，但实际上是很难办到的，总要有一段时间才能到达稳定值[22]。

响应时间为元件接触检测气体后其电阻增量达到稳态增量的 90％所需时间，它标志着元件对被测气体的响应速度；恢复时间为元件脱离被测气体至阻值恢复到稳定阻值 90％所需时间，它反映元件对被测气体的脱附速度。定义响应时间 t_{res}

为元件接触被测气体后，负电阻 R_L 上的电压由 U_0 变化到 $U_0 + 90\%(U_X - U_0)$ 所需的时间；恢复时间 t_{rev} 为元件脱离被测气体后，负载电阻 R_L 的电压由 U_X 恢复到 $U_0 + 10\%(U_X - U_0)$ 所用的时间[31]。

用 HWC-30A 气敏元件测试系统测试元件的响应-恢复特性。在工作电压和加热电压均为 5V，环境温度为 18℃，环境湿度为 48％RH 的测试条件下，纯 SnO_2、$10\%CdO/SnO_2$、$30\%CdO/SnO_2$ 和 $30\%In_2O_3/SnO_2$ 元件对 200ppm 的乙醇和 1000ppm 的氢气的响应-恢复曲线如图 5-47 所示。

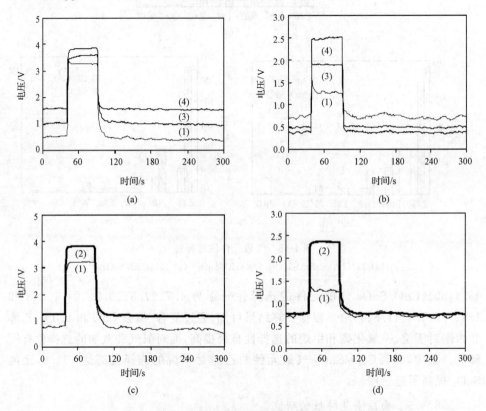

图 5-47　气敏元件的响应恢复特性

(1) SnO_2；(2) $30\%In_2O_3/SnO_2$；(3) $30\%CdO/SnO_2$；(4) $10\%CdO/SnO_2$

(a) CdO/SnO_2 对乙醇响应恢复特性；(b) CdO/SnO_2 对氢气响应恢复特性；

(c) In_2O_3/SnO_2 对乙醇响应恢复特性；(d) In_2O_3/SnO_2 对氢气响应恢复特性

由图 5-47 可看出，元件接触被测气体后，阻值降低，负载电压升高；反之，脱离被测气体后，负载电压降低，通过掺杂复合 CdO 和 In_2O_3 能够有效缩短元件的响应和恢复时间。在 200ppm 的乙醇气氛中，纯 SnO_2 的响应和恢复时间分别为 3s 和 13s；而 $10\%CdO/SnO_2$ 的响应和恢复时间分别为 1s 和 5s；$30\%CdO/SnO_2$ 的响应和恢复时间分别为 1s 和 6s；$30\%In_2O_3/SnO_2$ 的响应和恢复时间分别为 2s 和

4s。在 1000ppm 的氢气气氛中,纯 SnO_2 的响应和恢复时间分别为 6s 和 18s;而 10％CdO/SnO_2 的响应和恢复时间分别为 1s 和 6s;30％CdO/SnO_2 的响应和恢复时间分别为 1s 和 6s;30％In_2O_3/SnO_2 的响应和恢复时间分别为 2s 和 7s。因为掺杂剂 CdO 和 In_2O_3 微粒对被检测气体有较大的亲和作用,随着材料纳米化,比表面积增大,促进了掺杂氧化物与主体材料 SnO_2 之间的有效协同效应,加快了吸附和脱附被测气体的速度,有效地降低了响应和恢复时间。

5.8.4　复合/掺杂金属氧化物气敏机理探讨

复合金属氧化物及其掺杂半导体材料的气敏机理是表面电导模型,对气体的种类和浓度进行检测,主要是依据其吸附气体前后电导率的不同。当空气中的氧化学吸附在半导体的表面,电子由半导体的表面移向吸附氧,于是半导体表面形成了电荷耗尽层,结果使半导体中的电子浓度下降,电导率下降。当半导体表面接触还原性气体时,导致半导体表面电荷耗尽层的消失或减小,半导体电子浓度增加,电导率上升。因此半导体氧化物气体传感器是根据材料的电阻变化来检测环境中的各种气体。

同一基体材料气敏性能的优劣除与材料本身物理化学性质有关外,很大程度上还取决于材料的制备方法、掺杂和表面改性等技术的使用。因为制备方法、掺杂和表面修饰技术常能改变材料的比表面积、吸附氧 O^{n-} 数量和表面催化反应速率,影响电子、空穴的释放、传递和注入,进而影响材料对气体的灵敏度、选择性和响应恢复时间等气敏特性。

5.8.4.1　金属氧化物导电机理

纯 SnO_2 理论上属典型绝缘体,但由于存在晶格氧缺位,在禁带内形成 $E_d = -0.15eV$ 的施主能级,向导带提供 $10^{15} \sim 10^{18} cm^{-3}$ 浓度的电子,故 SnO_2 具有 n 型半导体性质。掺杂其他元素能形成浅施主能级,掺杂＞1.0％(质量分数)时,电阻率可达 $10^{-1} \sim 10^{-4} \Omega \cdot cm$,所以掺杂 SnO_2 属导电 n 型半导体材料,导电性质介于传统半导体(如 Si、Ge、GaAs)和金属之间。

为使金属氧化物具有导电性,必须使费米半球的重心偏离动量空间原点,使被电子占据的能级和空能级之间不存在能隙(禁带),否则一束光入射会很容易引起光电效应。光子由于激发了电子失去能量而衰减,为了不产生光电效应,要求"禁带"宽度必须大于光子能量。SnO_2 "禁带"宽度与 300nm 波长的紫外线相对应。如果 SnO_2 太纯,则导电性较差,但可利用"载流子密度"与"杂质半导体"性能的关系加以解决。即将其他金属氧化物作"施主"按一定比例复合或掺杂,增加载流子密度,从而出现空穴导电[2]。

根据半导体的电子理论,半导体的电导率由下式给出:

$$\sigma = ne\mu_e + pe\mu_h \tag{5-28}$$

式中：σ 为电导率；n 为电子载流子浓度；p 为空穴载流子浓度；μ_e 和 μ_h 分别为电子及空穴的迁移率，而迁移率则取决于载流子的散射机制。设载流子的散射弛豫时间为 τ，则有如下关系式：

$$\mu_e = \frac{e\tau_e}{m_e} \tag{5-29}$$

$$\mu_h = \frac{e\tau_h}{m_h} \tag{5-30}$$

式中：m_e 与 m_h 分别为电子和空穴的有效质量，τ_e 和 τ_h 分别为电子及空穴的散射弛豫时间。对于未掺杂半导体，晶格振动散射为主要散射；对于掺杂半导体，杂质散射是另一个主要散射机理。晶格散射迁移率 μ_L 与热力学温度之间关系为：

$$\mu_L = a_L T^{\frac{3}{2}} \tag{5-31}$$

杂质散射迁移率 μ_I 与热力学温度之间关系为：

$$\mu_I = a_I T^{-\frac{3}{2}} \tag{5-32}$$

$$a_L \propto \frac{1}{N_L} \qquad a_I \propto \frac{1}{N_I} \tag{5-33}$$

$$\frac{1}{\tau} = \frac{1}{\tau_e} + \frac{1}{\tau_I} \tag{5-34}$$

式中：N_L 和 N_I 分别为掺杂受主和施主密度；a_L 和 a_I 均为与载流子的有效质量有关的参数。随着杂质含量的增加，a_I 急剧减小。

从式(5-28)～(5-34)可以看出，电导率的大小受到载流子浓度及载流子迁移率的影响，而载流子的迁移率大小与散射机理有关。温度升高，μ_L 随温度升高而升高，μ_I 则随着温度升高而下降。

如果同时计入这两种散射机理，则由式(5-34)知：

$$\frac{1}{\mu} = \frac{1}{a_L} T^{\frac{3}{2}} + \frac{1}{a_I} T^{-\frac{3}{2}} \tag{5-35}$$

由式(5-35)可知，低温下电离杂质的散射占主要地位，而在高温下主要应考虑晶格振动的散射作用。

复合金属氧化物及其掺杂气敏材料的导电特征是 n 型或是 p 型半导体，取决于材料本性和制备过程中所形成的缺陷类型。当形成的是氧空位 $V_o^{··}$（M^{2+} 或高温反应晶格氧逃逸、室温捕获周围价带电子）等缺陷时，该材料就是 n 型半导体；当形成的是正离子空位 $V_M^{×}$（M^{2+} 不足）等缺陷时，该材料就是 p 型半导体。

掺杂不同价态离子如 Cd^{2+}、In^{3+} 等，不仅可增加颗粒的比表面积、提高材料的气敏性能，而且还能改变材料的导电能力。高价态金属离子取代晶格中正离子可使 n 型材料的电导增加，低价态金属离子取代晶格中正离子可使 n 型材料的电导下降。反之用低价态金属离子取代 p 型半导体晶格中正离子，材料电阻将上升。

5.8.4.2　复合/掺杂金属氧化物气敏机理模型

与元素半导体、化合物半导体和有机半导体相比，金属氧化物半导体已成功地用于检测多种气体，如 CO、CO_2、H_2、NH_3、SO_x、NO_x、水蒸气等不同等级的商用传感器。与此同时，致力于借助催化剂和其他方法调控表面化学性质以改善传感器选择性、灵敏度和响应特性的研究工作正方兴未艾。然而，金属氧化物半导体气敏传感器的工作机理由于气敏效应较复杂还有待深入探索。本节讨论了金属氧化物半导体表面气-气、气-固反应过程，建立了分析气敏作用机理的理论模型。

（1）晶粒表面吸附反应和空间电荷层

通常金属氧化物半导体（如 SnO_2）用作检测还原性气体、可氧化气体以及 H_2、CO、碳氧化合物和其他有机气体的传感器，这类传感器工作时绝大多数是表面发生氧吸附。这些吸附氧是物理吸附态（O_{2ads}^-）或化学吸附态（O_{ads}^-、O_{ads}^{2-}）取决于温度[32]。例如，当多晶 SnO_2 陶瓷表面温度较低时（<150℃），吸附氧大多是 O_{2ads}^-，随着温度升高（150℃<T<200℃），O_{2ads}^- 转变为 O_{ads}^- 和 O_{ads}^{2-}。根据半导体物理的基本原理，吸附态的氧离子在半导体晶粒表面感应出空间电荷层（图5-48），求解泊松方程可得空间电荷层电势变化规律为：

$$V(X) = V_0 \exp\left(-\frac{X}{L_D}\right) \qquad (5-36)$$

$$L_D = \left(\frac{\varepsilon_s KT}{N_D e^2}\right)^{\frac{1}{2}} \qquad (5-37)$$

式中：L_D 是德拜长度，表征氧离子吸附引起空间电荷层厚度的数量级。L_D 的大小由半导体掺杂浓度 N_D 调节。

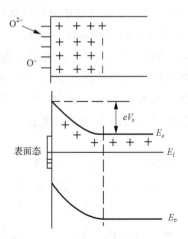

图5-48　晶粒表面的空间电荷层

根据耗尽近似求解泊松方程,求得表面势垒高度 V_s 和空间电荷层宽度 X_D 为:

$$V_s = \frac{eN_s^2}{2\varepsilon_s N_D} \tag{5-38}$$

$$X_D = \left(\frac{2\varepsilon_s V_s}{eN_D}\right)^{\frac{1}{2}} \tag{5-39}$$

式中: N_s 是吸附氧离子产生的表面态密度,其最大值约为 $10^{12} \sim 10^{13} \mathrm{cm}^{-2}$;表面势垒最大高度约为 $0.5 \sim 1.0\mathrm{eV}$。

(2) 表面化学反应与传感电阻

由于 n 型材料初始氧吸附导致材料电阻升高,故气体传感器多选用 n 型金属氧化物半导体而不是 p 型,这一点有利于检测还原性气体[33]。对 n 型材料,如 n-SnO_2,发生在表面的化学变化涉及两种主要的反应,空气中的氧在表面夺取电子变成化学吸附氧,即:

$$O_2 + 2e^- \longrightarrow 2O_{ads}^- \tag{5-40}$$

吸附态的氧离子使电导率下降。这种效应在晶界是非常显著的。事实上,方程(5-40)仅仅是表面反应简单的描述。上述反应也可借助 $O_2^-{}_{ads}$ 或 O_{ads}^{2-} 完成。通常,因为高价离子的不稳定性可排除二价吸附氧的作用。鉴于 O_{ads}^- 相对 O_{ads}^{2-} 有较高的反应率,O_{ads}^{2-} 与还原性气体不发生明显的反应,而且在中等温度范围内 O_{ads}^{2-} 脱附成 O_{ads}^-,与环境气氛中的还原性气体作用会发生相反的反应,即:

$$R + O_{ads}^- \longrightarrow RO_{ads} + e^- \tag{5-41}$$

还原性气体从化学吸附态的氧离子移走一个电子释放回导带,增加了传感器电阻。上述两种相反方向的化学反应在给定还原性气体浓度时达到稳态平衡。

(3) 传感器电阻与势垒高度和耗尽层宽度的关系

上述讨论仅适用于单个晶粒。然而,单个晶粒的灵敏度太低以致无实用价值。事实上,金属氧化物半导体气敏传感器是由大量晶粒构成的多晶薄膜或多晶烧结体。传感器工作时,电子从一晶粒到另一晶粒时,必须穿过晶界势垒和表面耗尽层。基于这种导电模式,传感器电阻由下述模型控制[34,35]。

(a) 晶界势垒控制

晶粒本身电阻较低,传感器电阻主要决定于晶粒之间接触电阻,即由晶界势垒控制。图 5-49 给出晶粒间接触状况和势垒。流过传感器电流要克服晶界势垒,并遵守下述关系式:

$$I(T) = I_0(P_{O_2}, T)\exp\left(-\frac{eV_s}{kT}\right) \tag{5-42}$$

式中: eV_s 为晶界势垒高度; I_0 是与氧分压 P_{O_2} 和温度 T 有关的常数; k 为玻尔兹

曼常量。由式(5-36)和式(5-42)可知,流过传感器的电流对表面吸附氧离子密度 N_s 非常敏感。

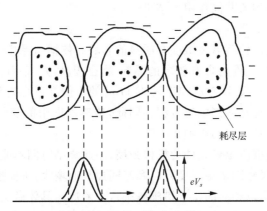

图 5-49　晶粒间界势垒模型

SnO₂ 未掺杂时,施主浓度 N_I 为一定值,而表面氧离子浓度 N_s 受控于吸附的覆盖度。SnO₂ 掺杂后,N_I 会发生变化,当掺杂物的原子半径小于 Sn 原子半径时,掺杂原子在 SnO₂ 晶体中形成中间原子,并电离出自由电子,加大了 SnO₂ 的有效施主浓度;当掺杂物原子半径大于 Sn 离子半径时,掺杂原子就取代 Sn 原子,若掺杂物原子的化合价低于 Sn 原子,则相对于原有晶格会形成负电中心,它可以把空穴束缚在其周围,在禁带引入受主能级,从而减小 SnO₂ 的有效施主浓度。

(b)颈部沟道控制模式

充分烧结的金属氧化物半导体,晶粒间可形成如图 5-50 所示的颈部,此时传感器电阻由颈部控制。设颈部是半径为 d 的圆柱,晶粒表面耗尽区宽度为 X_d,则颈部沟道截面积为:

$$S = \pi(d - X_d)^2 \tag{5-43}$$

流过传感器的电流满足如下关系:

$$I \propto \pi(d - X_d)^2 \tag{5-44}$$

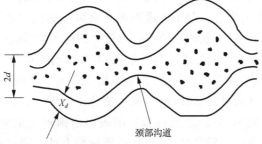

图 5-50　晶粒颈部沟道控制模型

因为 $X_d \propto V_s^{1/2}$[见式(5-39)],因而流过传感器电流敏感于表面氧吸附-脱附以及氧与还原性气体的反应。实际上,在低浓度还原性气氛中,传感器电阻的明显变化是晶界势垒与颈部沟道共同作用的结果[36]。

(4)晶粒尺寸效应

晶粒尺寸对气体传感器灵敏度有明显的影响。依据晶界势垒模型和颈部沟道控制模型,若传感器元件内含有较多的晶粒-晶粒接触,则气-固、气-气反应对传感器电阻的影响同晶粒尺寸(D)与德拜长度(L_D)的比值有密切关系。因为载流子穿过晶界接触面的输运是限制电流过程。因此,传感器电阻的变化(或灵敏度)在相当大的程度上受晶粒尺寸的影响。

烧结时间与温度决定着元件的机械强度,因此烧结时间不能太短,烧结温度不能太低,但是晶粒尺寸随烧结温度升高和时间加长而增大,进而使灵敏度降低。依据上述分析,即可采取相应的工艺措施解决这个矛盾。具体做法是,首先根据对元件机械强度的要求确定烧结温度和时间,然后通过控制掺入受主杂质浓度调节晶粒尺寸[37]。例如,在 SnO_2 中掺入 1‰ 的 CdO,由于杂质补偿作用使施主浓度 N_D 降低,从而使 L_D 增大到原来的 40 倍左右,相对地减小了晶粒尺寸[28]。

(5)催化剂的作用

气敏作用的机理基础是在金属氧化物半导体表面发生的气-气、气-固反应,其中氧离子吸附-脱附以及与还原性气体的反应起了关键作用。氧离子吸附数量是温度的函数,因而传感器灵敏度亦是温度的函数[29]。

加入少量的某些金属或金属氧化物添加剂是改善气敏传感器灵敏度和选择性的有效措施[38]。常用的添加剂的金属元素如 Pt、Pd、Ag 等,催化剂通过两种机制影响晶粒间接触电阻和传感器电阻,即溢出效应和费米能级控制效应。

众所周知,晶体能带理论是对无限大的晶体而言的。当谈到表面时,即意味着晶体中晶格原子的有序排列在界面处发生中断,或者可以将表面视为一种对晶格的强烈扰动。由于固体内部的许多电子性质取决于势能在固体内部的三维周期性变化,所以由于表面的存在而使其中一维失去周期性,引起表面附近和表面上的电子态的变化,从而使表面电子性质不同于体内[29]。因此在表面处除了存在着体内的能态外,还应出现表面态。关于表面态的概念可以从化学角度来说明。晶格在表面处突然中止,表面最外层的原子将有未配对的电子,进而表面原子在一侧没有最近邻原子就会使化学键悬挂在晶体外边的空间,即有未被饱和的键,这个键称为悬键;与之对应的电子能态就是表面态,对应的能级称为表面能级。

表面能级的位置既可能在禁带中,又可能位于价带中。只有那些位于禁带中的表面态才能被探测到,而位于允许带中的表面态则被大量的允许能态所淹没。因此一般认为表面态位于禁带之中,而且是连续分布的。表面能态的电子占据概率服从费米分布[28],即一个能量为正的能级被电子占有的概率为:

$$f(E) = \frac{1}{e^{(E-E_F)/kT} + 1} \tag{5-45}$$

式中：$f(E)$ 为费米分布函数；E_F 为费米能级（eV）；k 为玻尔兹曼常量（J·K^{-1}）；T_F 为热力学温度（K）。

气敏半导体材料 SnO_2 是一种多晶材料，当掺杂其他金属氧化物后，在 SnO_2 多晶表面上存在大量的悬键和失配位错[30]。这些悬键和失配位错可以形成表面能级，即 SnO_2 晶体表面存在大量的本征态及其他表面态，且在费米能级 E_F 以下的表面态基本为电子所占据。当 SnO_2 薄膜接触到还原性气体时，由于还原性气体的逸出功较低，因而气体分子向 SnO_2 交出电子。因为在 E_F 以上的表面能态基本上是空着的，因此从气体分子来的电子占据 E_F 以上的能级，并且首先占据靠近 E_F 的表面能级，随着气体浓度增大，电子占据的能级数目也增大。所以，气敏性能（灵敏度）也随之增加。

5.8.4.3　In_2O_3/SnO_2 纳米晶气敏机理探讨

SnO_2 是金属氧化物半导体电阻型气体传感器的主要材料[39]。当半导体 SnO_2 表面吸附一层外来原子以后，由于不同物质之间的接受电子的能级不同，将引起电子从外来原子向半导体，或从半导体向外来原子的迁移，由此引起能带弯曲，使功函数和电导率发生变化。当在一定温度条件下，SnO_2 表面处空气中的氧原子，接受电子的能级比 n 型半导体的费米能级低，在吸附后引起导电电子由 n 型半导体向氧原子移动使氧原子成为氧离子。由于电子移向氧原子，使靠近表面的静电场增加，能带向上弯曲形成表面空间电荷层[40]，阻碍电子继续向表面移动，随着氧离子吸附量的增加，电子向表面移动越来越困难，最后达到表面和内部费米能级一致的平衡状态。

In_2O_3 同样属于 n 型半导体，In_2O_3 掺杂 SnO_2，可在晶界处导致 In^{3+} 取代 Sn^{4+}，具体反应式如下：

$$In_2O_3 \xrightarrow{SnO_2} 2In'_{Sn} + V_O^{\cdot\cdot} + 2O_O^{\times} + 1/2O_2 \tag{5-46}$$

In^{3+} 的离子半径（81pm）比 Sn^{4+} 的离子半径（71pm）大 14%，所以，In^{3+} 较难进入 SnO_2 晶粒深处，容易分布在 SnO_2 晶粒间界上。又由于 In_2O_3 结构不同于 SnO_2 的结构，所以它阻碍相邻 SnO_2 晶粒的相互融合，即抑制了 SnO_2 晶粒的进一步生长。同时替位所产生的氧空位 $V_O^{\cdot\cdot}$，不仅有效地提高了 SnO_2 晶粒的电导率，而且能有效地提高晶粒的费米能级，相应提高了势垒高度，进而提高了其作为敏感材料的气敏性能。

掺杂的 SnO_2 能带结构如图 5-51 所示，直接带隙 $E_{g0} = 3.7eV$，这取决于材料中氧空位缺陷的多少，但施主能级是适度浅能级（0.03~0.15eV），表面吸附氧形成的表面能级即电位热垒为 0.3~0.6eV，这对于气体传感器来说容易获得非常适用的电特性。其导带电子的有效质量 $m_c \approx 0.35m$，m 是为自由电子的质量，价带电子的质量 m_v 未知，费米能级 E_F 位于导带和价带中间[41]。在 SnO_2 中掺入 In_2O_3 之后，在导带底下面形成了 n 型杂质能级。随着掺入 In_2O_3 的量增加，费米能级逐渐上移，当 E_F 移至导带底时所对应的载流子浓度为临界值 n_c。临界值 n_c 的大小由莫特准则(Mott's Criterion)得到：

$$a_0 n_c \approx 0.25 \tag{5-47}$$

式中：a_0 为有效玻尔半径，约为 1.3nm，由此得出 $n_c = 7.1 \times 10^{18} \cdot cm^{-3}$。在临界密度以上，费米能级由导带的最高占据态决定，有

$$E_F = 2m_c \hbar^2 k_F^2 \tag{5-48}$$

$$k_F = (3\pi n_e)^{\frac{1}{3}} \tag{5-49}$$

式中：n_e 为自由电子密度；k_F 为费米波数。

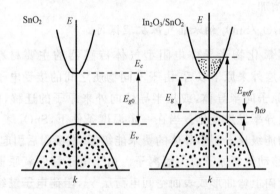

图 5-51　In_2O_3/SnO_2 能带结构简图

由于 30%In_2O_3/SnO_2 是重掺杂，其结果是导带中低能态被电子填充，由于杂质原子的电子波函数发生显著重叠，孤立的杂质能级扩展成能带，它与导带底相连形成新的简并导带，其尾部深入到禁带中，这又使原来的禁带变窄。E_g 为 30% In_2O_3/SnO_2 的禁带宽度，E_{geff} 为 30%In_2O_3/SnO_2 的有效禁带宽度，E_c、E_v 分别为导带底及价带顶的能量，$\hbar\omega$ 为跃迁至价带顶的能量，在吸收峰附近，光子能量 $\hbar\omega$ 接近材料的禁带宽度。

氧吸附在半导体表面时，吸附的氧分子从半导体表面获得电子，形成受主能级。从而使表面带负电：

$$1/2O_2 + ne \longrightarrow O_{ads}^{n-} \tag{5-50}$$

式中：O_{ads}^{n-} 表示吸附氧；e 表示电子电荷；n 表示 0、1、2 的某个数。

施主和受主氧化物释放出的部分分子氧会被吸附在晶粒的表面处，这样就会增加晶界处的电子态，从而俘获晶粒表层的部分负电荷，以形成晶界的势垒和晶粒表层的耗尽层[42]。晶粒表层中的带正电的施主核($V_o^{\cdot}$、$V_o^{\cdot\cdot}$)的数量比带负电的受

主核 In_{Sn}^- 多许多,净余的正电荷与晶界层上吸附的氧离子(O_{ads}^-、O_{ads}^{2-})所带的负电荷达到动态平衡,从而形成耗尽层和肖特基势垒。

在气敏性能测试过程中,表面反应过程中释放的电子转移到导带中成为载流子,从而引起元件电导增加,掺入 In_2O_3 之后,元件的灵敏度提高、选择性增强、响应恢复时间变短都与材料表面状态改变密切相关[43]。灵敏度的提高和选择性增强是由于表面吸附氧的浓度增加,即单位表面积吸附氧的数量增加和在较低温度下易形成活性大的 O_{ads}^{2-} 引起,这与前面提到的电导减小的原因一致,响应恢复时间的缩短与反应物和产物吸附脱附速度加快有关,掺入 In_2O_3 后,元件的电导减小可能与材料表面吸附氧的量增大有关,表面氧吸附活化能减小,材料表面更有利于气体的吸附和脱附。

5.8.4.4　CdO/SnO₂ 纳米晶气敏机理探讨

为了改善 SnO_2 基气体传感器的性能,通常是加入催化剂。本实验通过掺杂其他半导体金属氧化物,改变半导体 SnO_2 导带和价带之间的能隙,提高了 SnO_2 的晶体内部或表面活性,从而降低被测气体的化学吸附的活化能,可有效提高元件的灵敏度和缩短响应-恢复时间等气敏性能;同时也克服了目前工业上贵金属(Pt、Pd 等)作为添加剂改善气敏性能成本昂贵的弊端。

在合成复合/掺杂 CdO/SnO_2 纳米晶材料时,由于扩散的作用,Cd^{2+} 离子取代 Sn^{4+} 离子,形成固溶体,固溶体发生电离,产生空穴[44]。

$$Cd_{Sn}^{\times} \longleftrightarrow Cd_{Sn}{}' + h^{\cdot} \quad Cd_{Sn}{}' \longleftrightarrow Cd_{Sn}{}'' + h^{\cdot} \qquad (5-51)$$

因此,复合/掺杂 CdO/SnO_2 纳米晶材料的电导由式(5-51)所描述的导电机制共同作用的结果。随着 CdO 的加入,空穴(h)将根据方程式(5-51)产生。部分 Cd^{2+} 能进入晶格取代 Sn^{4+},具体反应式如下:

$$CdO \xrightarrow{SnO_2} Cd_{Sn}{}' + V_o^{\cdot\cdot} + O_o^{\times} \qquad (5-52)$$

但 Cd^{2+} 进入 SnO_2 晶格取代 Sn^{4+} 的难度较大。因 Cd^{2+} 的离子半径(97pm)大于 Sn^{4+} 的离子半径(71pm),Cd^{2+} 取代 Sn^{4+} 会引起晶格畸变。CdO 主要分布在 SnO_2 晶粒间界上。相临的晶粒若要相互融合长成更大晶粒,必须首先将晶界上的 CdO 融入晶格,这需要外界提供更多的能量。即 CdO 的掺入,并不有利于 SnO_2 晶粒的相互融合,客观上起到阻止 SnO_2 晶粒生长的作用,可以推断出 Cd 的含量越高,样品的晶粒越小。

传感器电导率由于这些空穴的自由电子的损耗而降低。然而,空穴的形成被 CdO 掺杂 SnO_2 限制,而 CdO 的掺杂量和 SnO_2 的晶粒尺寸以及晶体结构有着密切的联系。当晶粒尺寸(D)接近或小于 2 倍表面空间电荷层厚度(L)时,SnO_2 的灵敏度将会大大的提高。另一方面,掺杂可以有效控制 n 型半导体的德拜长度

(L_D)，当低价离子取代一部分 Sn^{4+} 可能会提高德拜长度(L_D)的值。Cd 掺杂有可能会产生以上两种效应，即通过 Cd^{2+} 取代 Sn^{4+} 来减小晶粒尺寸和增加德拜长度。这就是掺杂 CdO 能够提高气敏元件对 H_2 和乙醇灵敏度的原因[45]。此外，通过机械化学法合成的复合/掺杂金属氧化物纳米晶材料，由于机械研磨作用，存在大量的缺陷，部分掺杂氧化物为无定形结构，使材料具有更高的活性，从而提高材料的气敏性能。

CdO 掺杂 SnO_2 改变了材料的物相及表面态，使得元件表面的吸附氧状态发生变化，还原性气体是与材料表面吸附氧起反应，释放出电子成为载流子，引起元件电阻的增加，从而实现了检测的目的[46]。现以乙醇为例说明气敏机理：

$$C_2H_5OH \longrightarrow C_2H_2 + H_2O \tag{5-53}$$

$$C_2H_5OH \longrightarrow CH_3CHO^- + H^+ \tag{5-54}$$

$$C_2H_5OH + 6O_{ads}^{-} \longrightarrow 2CO_2 + 3H_2O + 6ne \tag{5-55}$$

在气体检测过程中，一方面还原性气体 C_2H_5OH 与化学吸附氧进行反应使表面势垒降低，载流子数目明显增加，电阻下降；另一方面掺杂 CdO 后，C_2H_5OH 的催化氧化产生脱氢作用，产生中间体 CH_3CHO^- 和 C_2H_2，提高了传感器的灵敏度。因此 CdO 掺杂 SnO_2 气体传感器具有良好的气敏特性[47]。

检测 H_2 气体时，10% CdO 掺杂 SnO_2 材料表现出良好的气敏特性，而且 CdO 掺杂 SnO_2 材料对 H_2 具有良好的选择性。就一氧化碳、甲烷等气体来说，可以通过"溢出效应"促进 H_2 分离来解释其气敏机理。

$$H_2(g) \longleftrightarrow H + H \tag{5-56}$$

我们知道，氢原子与表面晶格氧($O_o^{\times}$)或化学吸附氧反应具有更高的活性，氢原子作为一个施主[40]，发生反应：

$$H + O_o^{\times} \longleftrightarrow [OH]_o^{\cdot} + e' \tag{5-57}$$

随着氢气浓度的增加，以及工作温度的升高，氢原子的浓度逐渐增加，发生还原反应，如式(5-58)表示：

$$H + [OH]_o^{\cdot} \longleftrightarrow H_2O + V_o^{\cdot\cdot} + e' \tag{5-58}$$

或者氢原子与化学吸附氧作用（如 O_{ads}^-）：

$$H + O_{ads}^- \longleftrightarrow (OH)_{ads}^- \tag{5-59}$$

$$H + (OH)_{ads}^- \longleftrightarrow H_2O(g) + e' \tag{5-60}$$

上面提到的反应机制促进了导电性的增加，但很难判断哪种反应机制占主导作用。当气敏元件在低浓度 H_2 中低温工作时，化学反应(5-58)、(5-59)由于化学吸附氧更高的活性首先发生；相对地，当气敏元件在高浓度 H_2 中高温工作时，化学反应(5-56)、(5-57)对导电性的增加可能占主导作用，进而提高气敏性能。

参 考 文 献

[1] 马运柱,范景莲,黄伯云,等. 超细(W,Ni,Fe)复合氧化物粉末制备工艺的研究[J]. 稀有金属,2003, 27 (6):676-679.

[2] 张向超. 复合/掺杂金属氧化物纳米晶的机械化学合成及气敏性能研究[D]. 硕士学位论文. 中南大学,2005.

[3] Yang H, Zhang X, Tang A, et al. Mechanochemical synthesis of In_2O_3/CuO nanocomposites[J]. Materials Chemistry and Physics, 2004,86:330-332.

[4] Wang T, Pan Q, Zhang J. In_2O_3 Ultrafine powder synthesis by sol-gel method[J]. Journal of Shanghai University, 2001,5(4):331-333.

[5] 浙江大学等. 硅酸盐物理化学[M]. 北京:中国建筑工业出版社. 1980,193-194.

[6] Salehi A. Selectivity enhancement of indium-doped SnO_2 gas sensors[J]. Thin Solid Films, 2002,416: 260-263.

[7] Yin M, Wu C K, Lou Y, et al. Copper oxide nanocrystals[J]. Journal of the American Chemical Society. 127(26) (2005) 9506 - 9511.

[8] Tang A, Yang H, Zhang X. Mechanochemical route to synthesize Co_3O_4/CuO composite nanopowders [J]. International Journal of Physical Sciences,2006,1 (2):101-105.

[9] Yasuhiro S. Acetaldehyde gas-sensing properties & surface chemistry of SnO_2-based sensor materials [J]. Journal of the Electrochemical Society, 1999, 146(3):1222-1226.

[10] Nakao T, Nakada T, Nakayama Y, et al. Characterization of indium tin oxide film and practical ITO film by electron microscopy[J]. Thin Solid Films, 2000,370:155-162.

[11] Yang H, Han S, Wang L, et al. Preparation and characterization of indium-doped tin dioxide nanocrystalline powders[J]. Materials Chemistry and Physics,1998,56:153-156.

[12] Yang H, Zhang X, Tang A. Mechanosynthesis and gas-sensing properties of In_2O_3/SnO_2 nanocomposites[J]. Nanotechnology,2006, 17:2860-2864.

[13] Yang H, Zhang X, Qiu G, et al. Chemical synthesis of nanocrystalline ZrO_2-SnO_2 composite powders [J]. Rare Metals, 2004, 23 (2):182-184.

[14] 张天舒,沈瑜生,范华军,等. CdO-SnO_2 复合氧化物的组成与性能[J]. 应用化学, 1994,11(1):108-110.

[15] Napo K, Kadi F, Bernede J C, et al. Improvement of the properties of commercial SnO_2 by Cd treatment[J]. Thin Solid Films,2003,427:386-390.

[16] Li X, Coutts T. The properties of cadmium tin oxide thin-film compounds prepared by linear combinatorial synthesis [J]. Applied Surface Science,2004,223:138-143.

[17] Yang H, Tao Q, Zhang X, et al. Solid-state synthesis and electrochemical property of SnO_2/NiO nanomaterials[J]. Journal of Alloys and Compounds, 2008, 459:98-102.

[18] 吴春春,杨辉,陆文伟. sol-gel 法制备 ATO 透明导电薄膜[J]. 电子元件与材料,2005,43-45.

[19] 陆佩文. 无机材料科学基础[M]. 武汉:武汉工业大学出版社,1996,53-56.

[20] Sandu I, Brousse T, Schleich D M. SnO_2 negative electrode for lithium ion cell:in situ Mossbauer investigation of chemical changes upon discharge[J]. Journal of Solid State Chemistry, 2004,177: 4332-4340.

[21] Refaey S A M, Taha F, Hasanin T H A. Electrochemical behavior of Sn-Ni nanostructured compound in alkaline media and the effect of halide ions[J]. Applied surface science,2004,227:416-428.

[22] Sivashanmugam A, Prem K T, Renganathan N G. Electrochemical behavior of Sn/SnO$_2$ mixtures for use as anode in lithium rechargeable batteries[J]. Power Source,2005,114:195-203.

[23] 杨华明,欧阳静,唐爱东. NiO 纳米晶的机械化学合成及电化学性能[J]. 硅酸盐学报,2005, 33(19):1115-1119.

[24] 李科杰. 新编传感器技术手册[M]. 北京:国防工业出版社,2002.

[25] 唐一科,刁宇翔. 纳米气敏材料的研究现状与发展[J]. 云南环境科学, 2004,23(2):1-3.

[26] Zhao S, Wei P, Chen S. Enhancement of trimethylamine sensitivity of MOCVD-SnO$_2$ thin film gas sensor by thorium[J]. Sensors and Actuators B,2000,62(2):115-120.

[27] 牛德芳. 半导体传感器原理及其应用[M]. 辽宁:大连理工大学出版社,1993.

[28] 中华人民共和国国家技术监督局. GB/T 15653-1995. 中华人民共和国国家标准—金属氧化物半导体气敏元件测试方法[S]. 北京: 中国标准出版社,1996-04-01.

[29] 唐贤远,刘歧山. 传感器原理及其应用[M]. 四川:电子科技大学出版社,2000.

[30] Yang H, Hu Y, Qiu G. Preparation of antimony-doped SnO$_2$ nanocry stallites[J]. Materials Research Bulletin,2002,37:2453-2458.

[31] 李凡,吴炳尧. 机械合金化-新型的固态合金化方法[J]. 机械工程材料,1999,23(4):22-26.

[32] 田敬民,李守智. 金属氧化物半导体气敏机理探析[J]. 西安理工大学学报,2002,18(2):144-147.

[33] Boes A C, Kalpana D. Synthesis and characterization of nanocrystalline SnO$_2$ and fabrication of lithium cell using nano-SnO$_2$[J]. Journal of Power Sources, 2002,107(1):138-141.

[34] 邹正光,李金莲,陈寒元. 高能球磨在复合材料制备中的应用[J]. 桂林工学院学报,2002,22(4):174-178.

[35] 杨建广,唐浚堂,唐朝波,等. 锑掺杂二氧化锡薄膜的导电机理及其理论电导率[J]. 微纳电子技术,2004,(4):18-21.

[36] 常剑,蒋登高,詹自力,等. 半导体金属氧化物气敏材料敏感机理概述[J]. 传感器世界,2003,(8):14-18.

[37] 蒋朝伦,陶明德. 多晶氧化物半导体中晶界对电导的影响[J]. 电子元件与材料,2003, 22(6):11-13.

[38] Violet S, Renu P, Ravi V. Synthesis of nanocrystalline rutile[J],Ceramics International,2005, 31:555-557.

[39] Yang H, Song X, Zhang X, et al. Synthesis of vanadium-doped SnO$_2$ nanoparticles by chemical co-precipitation method[J]. Materials Letters,2003,57:3124-3127.

[40] Ki Y K, Seung B P. Preparation and property control of nano-sized indium tin oxide particle[J]. Materials Chemistry and Physics,2004,86:210-221.

[41] Zeng K, Zhu F, Hu J, et al. Investigation of mechanical properties of transparent conducting oxide thin films[J]. Thin Solid Films,2003,443:60-65.

[42] Aroutiounian V M, Aghababian G S. To the theory of semiconductor gas sensors[J]. Sensors and Actuators B, 1998, 50:80-84.

[43] Kwok H S, Sun X W, Kim D H. Pulsed laser deposited crystalline ultrathin indium tin oxide films and their conduction mechanisms[J]. Thin Solid Films,1998,335:299-302.

[44] Yang H, Su X, Tang A. Mechanochemical synthesis of cadmium-doped Tin oxide nanoparticles[J]. International Journal of Nanoscience, 2006, 5(1):91-98.

[45] Zhang T, Hing P, Li Y, et al. Selective detection of ethanol vapor and hydrogen using Cd-doped SnO$_2$-

based sensors[J]. Sensors and Actuators B, 1999, 60: 208-215.

[46] Chu X, Cheng Z. High sensitivity chlorine gas sensors using CdSnO$_3$ thick filmprepared by co-precipitation method[J]. Sensors and Actuators B, 2004, 98: 215-217.

[47] Li X, Timothy G, Timothy C. The property of cadmium tin oxide thin-film compounds prepared by linear combinatorial synthesis[J]. Applied Surface Science, 2004, 223: 138-143.

第6章 机械化学合成三元化合物

6.1 引　言

超细粉体的合成是一个新兴的研究课题,许多新材料所需的粉末原料大多通过化学法(气相、液相、固相法)合成,而对于机械法合成粉末则研究得较少。随着粉末数量需求的急增,用机械法合成陶瓷粉末显得尤为重要[1]。有学者曾经用振动磨合成了 $NiMoO_4$、$Ti(BH_4)_3$ 和 $PbTiO_3$ 粉末[2,3]。搅拌磨作为一种高效的超细粉碎设备,已合成了 Ni-Ti-Cu、Ni-Ti 等许多非晶态合金粉末[4]。

6.2 β-$Ca_3(PO_4)_2$ 的机械化学合成与表征

磷酸钙是典型的生物陶瓷材料,其主要成分 Ca,P 与骨矿物的组成相似,而 β-TCP[β-$Ca_3(PO_4)_2$,β-磷酸三钙]陶瓷以其显著的生物降解功能和良好的生物相容性,已广泛应用于骨缺损的修复和骨置换材料,是一种很有发展前途的生物陶瓷材料[5]。β-TCP 粉末作为磷酸三钙陶瓷的基本原料,要求其粉末粒径小,这样才能充分保证 β-TCP 陶瓷的强度和其他性能。

过去制备 β-TCP 粉末可分为干法和湿法两类[3]。干法合成以焦磷酸钙和碳酸钙为原料在高温下通过固相反应生成 β-TCP,湿法合成法则通过硝酸钙溶液和磷酸氢二钙溶液反应获得;干法合成的时间较长(1000℃、24h),β-TCP 的平均粒径大(8.06μm),而湿法的缺点是过程难以控制,以及 β-TCP 粉末的化学组成不稳定。日本的岛山素弘曾设想用磷酸氢钙和碳酸钙(摩尔比 2:1)作原料,在内径75mm、长 90mm、转速 50r/min 的小型球磨机内用干、湿法来合成 β-TCP 粉末,在室温下细磨 24h,将料浆在 80℃下烘干,干燥的粉末经 750℃热处理 1h,但没有成功。所以寻求用新方法合成 β-TCP 已成为十分迫切的课题。本节借助搅拌球磨过程的机械化学效应,开展机械化学法合成 β-TCP 陶瓷粉末的初步研究。

6.2.1 实验方法

实验所用原料均为分析纯,磷酸二氢钙[$Ca(H_2PO_4)_2 \cdot H_2O$]、氢氧化钙[$Ca(OH)_2$]分别产自上海试剂四厂和常州锰城试剂化工厂。

按磷酸二氢钙/氢氧化钙=1:2(摩尔比)进行配料,混合粉末为 400g,配加

1.6kg 的蒸馏水。用粒径 5mm 的氧化锆球(4kg)作介质,在搅拌磨中磨至一定时间取样,抽滤后在 80℃下烘干,再在箱式电阻炉内进行热处理。

6.2.2 粉末的机械化学合成反应

实验首先考虑的是由搅拌磨机械化学法直接合成的粉体是否为 β-TCP。磨矿时间对粉末平均粒径(d)的影响见图 6-1,可以看出,随时间的延长,粉末粒径逐渐趋于稳定,磨矿 1h 后平均粒径几乎没有变化。

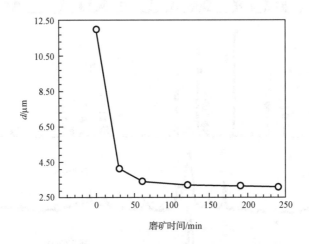

图 6-1 合成粉末的平均粒径随细磨时间的变化

经 XRD 图分析,细磨 30min 后衍射图中出现无定形的结构,45min 后无定形结构占很大比例,60min 基本上都转变成无定形,以后一直以这种状态存在,所以可以证实机械化学法直接合成的粉末并不是 β-TCP,而是一种无定形结构。

参照以前一些学者的经验,如将合成的粉末经 700℃热处理 1h,对照附录 β-TCP 的 ASTM 卡片可看出基本相符,可以肯定转变为 β-TCP 结构(见图 6-2)。从图 6-3 粉末的电子衍射图中也可看出,直接合成的粉末,其图中几乎没有特征斑点,说明是一种无定形的产物;而经热处理后,则有明显的衍射斑点出现,证明其结晶比较完整。

6.2.3 热处理条件的影响

实验进一步考察了热处理条件对 β-TCP 粉末粒度的影响,合成的粉末经过 700℃或 800℃处理 60~120min 后,都全部转变为 β-TCP 粉末,而且从图 6-4 可以看出,β-TCP 粉末的粒径相对比较稳定。

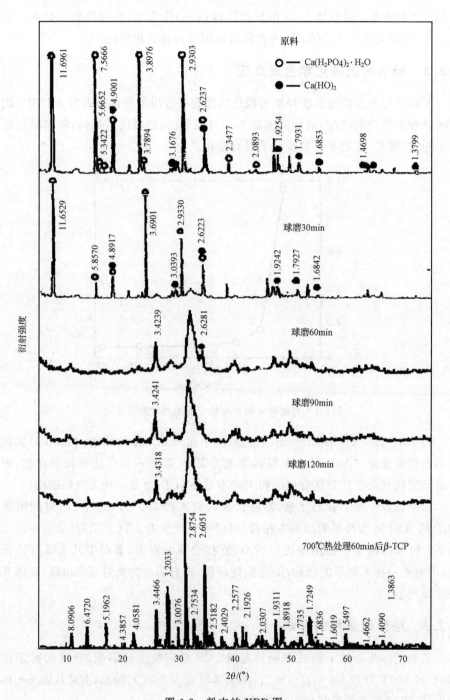

图 6-2 粉末的 XRD 图

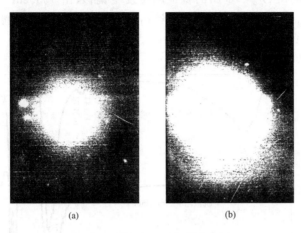

图 6-3　粉末的电子衍射花样图

(a) 直接合成的粉末；(b) 经 700℃处理 1h 的粉末

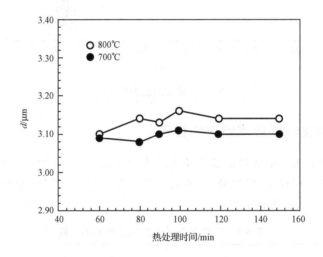

图 6-4　热处理条件对粉末平均粒径的影响(细磨 1h 的粉末)

6.2.4　机械化学合成过程的红外分析

机械化学合成过程中粉末的 IR 谱图，如图 6-5 所示。从图 6-5 中可以看出，原料的红外谱图中 $3429cm^{-1}$ 处为 $Ca(OH)_2$ 中 OH^- 和 $Ca(H_2PO_4)_2 \cdot H_2O$ 中结晶水的伸缩振动，$1637cm^{-1}$ 为结晶水的弯曲振动，$565cm^{-1}$，$603cm^{-1}$，$472cm^{-1}$ 为 Ca-OH 的弯曲振动。机械化学反应 60min 后，明显的特征是结晶水中 OH^- 的弯曲振动和伸缩振动峰都消失，说明生成的产物中不可能含有结晶水；由于 P-O 间键合作用的不同,$[PO_4]^{3-}$ 基团的特征峰位发生偏移,由 $1035cm^{-1}$,$962cm^{-1}$ 分别移至 $1043cm^{-1}$,$945cm^{-1}$ 处,联系 X 射线衍射分析,可以知道,机械化学反应的直接产物是无定形的 $Ca_3(PO_4)_2$。

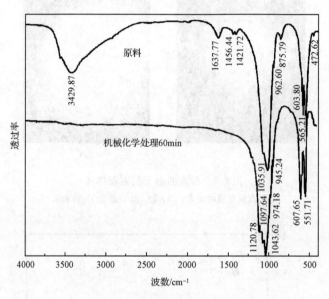

图 6-5　粉末的红外光谱图

6.2.5　机械化学法合成粉末的性质

与传统的干法和湿法合成 β-TCP 粉末比较(见表 6-1),用机械化学法合成的 β-TCP 粉末平均粒径小,粒度分布(见表 6-2)较为均匀,从 TEM 形貌分析中说明,颗粒形状较为规则(见图 6-6)。

表 6-1　不同方法制备 β-TCP 粉末的比较

方法	干法	湿法	机械化学法
平均粒径/μm	8.06	5.63	3.09

表 6-2　机械化学法合成的 β-TCP 粉末的粒度组成

粒级/μm	5.5~3.9	3.9~2.8	-2.8
粒度组成(质量分数)/%	26.2	32.5	41.4

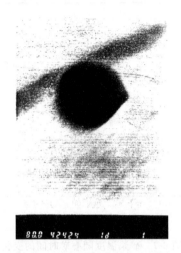

图 6-6　β-TCP 粉末的 TEM 图

6.2.6　机械化学合成的讨论

Ca(H₂PO₄)₂ 和 Ca(OH)₂ 颗粒在细磨过程中充分混合,两者相互黏附在一起。在超细磨初期,Ca(H₂PO₄)₂ 和 Ca(OH)₂ 颗粒较大,两种颗粒之间因表面力而产生的黏附作用比较弱,机械力的作用很容易使 Ca(H₂PO₄)₂ 和 Ca(OH)₂ 颗粒间形成的界面迅速被破坏。

随着超细磨过程的进行,Ca(H₂PO₄)₂ 和 Ca(OH)₂ 颗粒进一步微细化,表面能增大,使两种颗粒间的相互作用力增强。此外,细磨过程中施加的压力以及 Ca(H₂PO₄)₂ 和 Ca(OH)₂ 产生的变形,会使两种颗粒的表面充分接触,接触面积增大而有利于颗粒间的黏附;并且颗粒的相对运动,表面摩擦时局部面积上产生压力也会增强这种黏附作用,这样的结合强度较大,两颗粒的"界面反应"反复进行。

当 Ca(H₂PO₄)₂ 和 Ca(OH)₂ 两颗粒越来越小,OH⁻ 与 [H₂PO₄]⁻ 由于键合作用而生成 H₂O,随着机械力的强烈作用,生成的 H₂O 分子渐渐脱除,形成两颗粒的一种内在动力;再加上颗粒越小,表面能迅速增大,也成为扩散的一种推动力;细磨过程中矿浆温度的升高(图 6-7)进一步促进了 Ca(H₂PO₄)₂ 和 Ca(OH)₂ 相互间向基体内的扩散,结果在界面处形成一种无定形的成分,机械力的作用不断使这种生成的无定形物质脱离基体颗粒,脱落的无定形物质聚结成团,这种反应重复进行。

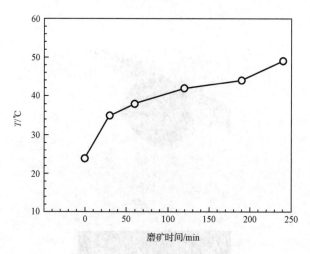

图 6-7　矿浆温度随磨矿时间的变化

6.3　MFe_2O_4 型铁酸盐的机械化学合成与表征

铁酸盐是一类以 Fe(Ⅲ)氧化物为主要成分的复合氧化物。组成为 MFe_2O_4 的铁酸盐大多数具有尖晶石结构,即 O^{2-} 离子为立方最密集堆积排列,M^{2+} 和 Fe^{3+} 离子按一定的规律填充在 O^{2-} 离子堆积所形成的四面体和八面体空隙中。尖晶石型复合氧化物 MFe_2O_4 是一类重要的无机非金属材料,被广泛地应用于不同领域,尤其纳米尺度粒子的制备,更是开拓了其应用前景。MFe_2O_4 作为磁性材料,其突出的优点是电阻率高、磁谱特性好,极适宜在高频和超高频下应用,可用作磁头材料、磁矩材料、微波磁性材料等。纯的铁酸盐和掺锰铁酸盐在计算机存储系统和交换开关上有很广泛的应用。同时,尖晶石型铁酸盐中的 Fe^{3+} 可被还原至低价态 Fe^{2+},生成氧缺位的复合氧化物 $MFe_2O_{4-\delta}(\delta<1)$,同时不改变尖晶石晶格构型,而且在再氧化时能恢复至原来的状态,从而可反复使用。而且它具有选择性好、反应温度低、无副产物等优点,这为 CO_2、SO_2 和 NO_2 等物质的转化和利用提供了一个有效的途径[6,7]。所以,铁酸盐化合物具有良好的结构稳定性和催化性能。它作为催化剂已实际应用于合成氨、F-T 合成及乙苯、丁烯等的氧化脱氢反应中[8]。此外,铁酸盐也是一种气敏材料,又可作为耐高温的一类颜料用于搪瓷、陶瓷的着色[9]。因此,对铁酸盐纳米晶材料的研究显得尤为重要。

铁酸盐纳米材料由于其独特的物理化学性质,其制备方法受到广泛的重视。传统的固态铁酸盐材料一般是通过 Fe_2O_3 与其他金属氧化物(或碳酸盐等)在高温条件下的固态化学反应而制得。随着科学技术的发展,已发展了很多的制备方法。制备铁酸盐纳米晶材料的常用方法的特点如表 6-3 所示。

表 6-3 铁酸盐合成方法的特点

合成方法	特　点
化学共沉淀法	工艺简单,易得到纯相和控制粒度;但不易洗涤、过滤,且需高温设备
水热合成法	需耐高温和耐高压设备,不易产业化
溶胶-凝胶法	产物粒径小、分散均匀、具有较高的磁学性能;但其成本也相应较高
微乳液法	产物粒径小、粒度均匀分布;但工艺较复杂,成本较高
喷雾热解法	分解后的气体往往具有腐蚀性,直接影响设备的寿命
醇盐水解法	产物纯度高、粒径小且易控制粒度;但原料成本昂贵,合成周期长
低温燃烧合成法	自身燃烧放热可达到反应温度,合成速度快
自蔓延高温合成	利用反应物内部的化学能反应,工艺简单、生产率高、产品纯度高
机械化学法	无外部热能供给的干式高能球磨,工艺简单,成本低,易于产业化

以上介绍的几种方法都是合成铁酸盐超细颗粒的有效方法。机械化学合成法是近年发展起来的,通过高能球磨的作用使不同元素或其化合物相互作用,是形成纳米晶材料的新方法。本章介绍利用机械化学法合成了系列的铁酸盐 MFe_2O_4 ($M=Zn$、Ni、Cu、Mg、Co、Cd 等)纳米晶材料。表 6-4 列出了合成铁酸盐纳米晶材料的原料及热力学计算。

表 6-4 机械化学合成纳米晶铁酸盐

铁酸盐	原料	Gibbs 自由能
$ZnFe_2O_4$	ZnO,Fe_2O_3	$\Delta G_1^0 = -9600 + 3.8T$
$NiFe_2O_4$	NiO,Fe_2O_3	$\Delta G_2^0 = -19900 - 3.77T$
$MgFe_2O_4$	MgO,Fe_2O_3	$\Delta G_3^0 = -11300 + 9.46T$
$CuFe_2O_4$	CuO,Fe_2O_3	$\Delta G_4^0 = 13380 + 16.72T$
$CoFe_2O_4$	$CoCl_2$,$FeCl_3$,$NaOH$	$\Delta G_5^0 = -982290 - 23.34T$
$CdFe_2O_4$	$CdCl_2$,$FeCl_3$,$NaOH$	$\Delta G_6^0 = -927352 - 8.08T$

6.3.1 实验方法

6.3.1.1 实验原理

方案 1:直接利用机械化学法,生成铁酸盐纳米晶材料。以 Fe_2O_3,MO($M=Zn,Ni,Mg,Cu$)为原料进行球磨。因为球磨过程中原料在球磨介质的反复冲撞下,承受冲击、剪切、摩擦和压缩多种力的作用,经历反复的挤压、冷焊及粉碎过程,原料的粒径不断减小,比表面积不断增大,比表面能不断增大,因此原料球磨一定时间后得到前驱体的活性显著提高。再对前驱体进行焙烧就可以在较低温度下得到对应的铁酸盐纳米晶材料。

方案 2:以化学共沉淀法辅助机械化学法生成铁酸盐纳米晶材料。先将原料 $MCl_2(M＝Co,Cd)$,$FeCl_3$,$NaOH$ 的混合溶液在磁力搅拌的作用下得到沉淀,经过洗涤、干燥,然后在机械力的作用下研磨得到前驱体,最后焙烧前驱体生成纳米晶材料。球磨用共沉淀法得到的前驱体,可以显著提高物质的活性。且在焙烧过程中沉淀中的氢氧化物会脱羟基水得到对应的活性很大的氧化物。该氧化物在较低温度下可以发生固相反应生成对应的铁酸盐纳米晶材料。

国外有关学者采用机械化学合成 ZnS、CdS、Ce_2S_2 和 Cr_2O_3 过程中加入 $NaCl$ 作为稀释剂[32,34],可以抑制自维持反应的发生,使铁酸盐以超细微粒的形式缓慢析出。同时,由于大量的 $NaCl$ 晶体颗粒的阻隔,就使得铁酸盐粒子分散,在热处理过程中不易发生团聚。在我们的实验中也选择 $NaCl$ 作为稀释剂是因为:①方案 2 的反应本身就有 $NaCl$ 的生成,不会引入新的杂质。而且 $NaCl$ 容易除去;②$NaCl$ 的颗粒较大,可以很好地充当隔离粒子,防止发生铁酸盐颗粒的团聚;③$NaCl$ 具有良好的热稳定性,在热处理过程中不会发生热分解,不会影响我们所需要的反应过程。此外,在实验中用乙醇淋洗滤饼,超声波分散悬浊液都有利于颗粒的分散。

6.3.1.2　实验步骤

由实验原理我们拟定具体实验步骤如下:

方案 1 的实验步骤为($M＝Zn,Ni,Mg,Cu$):

(1) 称取原料 MO,Fe_2O_3,$NaCl$,$MO/Fe_2O_3＝1:1$(摩尔比)。

(2) 原料的预处理,即在 100℃干燥箱中烘干原料约 10h。

(3) 将原料和钢球混合放入球罐中,按一定的球料比(10～20)在机械力作用下进行研磨,球磨时间为 2～8h。

(4) 将球磨后的样品在 550～800℃下焙烧 2h,过滤、洗涤除去 $NaCl$,即得成品。

方案 2 的步骤如下($M＝Cd,Co$):

(1) 称取原料 $MCl_2:FeCl_3:NaOH＝1:2:8$(摩尔比)。

(2) 把原料配成溶液在 60～70℃温度条件下磁力搅拌 1h。

(3) 过滤搅拌后的产物分别用蒸馏水洗涤,乙醇淋洗 2～3 次。

(4) 烘干滤饼,向烘干的滤饼中加适量的 $NaCl$ 用玛瑙研钵研细。

(5) 将烘干后的滤饼和钢球混合放入钢罐中,按一定的球料比(10～20)在机械力作用下进行研磨,球磨时间为 2～8h。

(6) 在 600～800℃下焙烧球磨后的样品,过滤、洗涤除去 $NaCl$,即得成品。

6.3.2　ZnFe$_2$O$_4$ 的机械化学合成与表征

6.3.2.1　合成过程的分析

将原料 α-Fe$_2$O$_3$（天津化学试剂公司，分析纯）和 ZnO（上海医药上海化学试剂公司，分析纯）按摩尔比为 1∶1 准确称取，加入一定的稀释剂 NaCl，在真空干燥箱中 100℃预处理 10h，除去原料中的吸附水，防止球磨过程中的团聚结块。将预处理的混合原料和不锈钢球按 20∶1 的球料比，放入 250mL 的不锈钢球磨罐中，在 XM-2A 型行星球磨机中研磨 6h，制备出前驱体。将前驱体在 600～800℃下焙烧 2h，经蒸馏水洗涤、超声波分散、真空抽滤，除去 NaCl，烘干即得 ZnFe$_2$O$_4$ 纳米晶[10]。图 6-8 为 α-Fe$_2$O$_3$ 和 ZnO 混合粉末由原料经过不同时间的球磨、焙烧过程后的 X 射线衍射图。

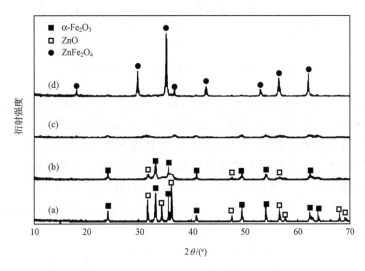

图 6-8　ZnO＋Fe$_2$O$_3$ 反应过程 XRD 图

(a) 原料；(b) 球磨 4h；(c) 球磨 8h；(d) 球磨 8h 后 600℃焙烧 2h

由图 6-8 可以看出：初始粉末的衍射图主要由 α-Fe$_2$O$_3$ 和 ZnO 的衍射峰组成，球磨 4h 没出现铁酸锌晶相，还是只有 α-Fe$_2$O$_3$ 和 ZnO 的晶相，相比初始粉末而言，衍射峰的强度减弱，说明在机械力的作用下，初始粉末的微观结构已经发生变化。球磨 8h 后出现了无定形的铁酸锌相，且衍射峰强度很小。表明通过机械球磨已经反应生成了铁酸锌，只是结晶不是很好，主要是无定形的相。前驱体 600℃条件下焙烧 1h，XRD 图谱出现的特征峰明显，与标准粉晶衍射卡片对比，表明反应生成铁酸锌，且铁酸锌晶粒结晶较好。经过上述分析，可以推断以 Fe$_2$O$_3$、ZnO 为原料制备铁酸锌纳米晶，其反应式为：

$$ZnO＋Fe_2O_3 = ZnFe_2O_4 \tag{6-1}$$

6.3.2.2　热处理温度对晶粒的影响

分别将经 550、600、650 和 700℃温度热处理 2h 的样品进行 XRD 测试，不同焙烧温度的 XRD 如图 6-9 所示。

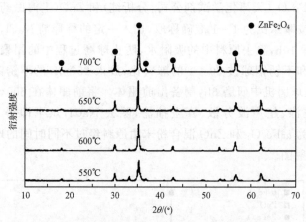

图 6-9　不同焙烧温度下 $ZnFe_2O_4$ 的 XRD 图

从图 6-9 可知，随着焙烧温度的升高，衍射峰逐渐尖锐，衍射强度逐渐增加，晶化特征逐渐明显。在 550℃下焙烧得到的成品中氧化铁相较多。在 650℃下焙烧后的成品中仍含有氧化铁相，但是相当少。焙烧温度为 700℃时，成品中全为铁酸锌的衍射特征峰。这表明随着焙烧温度的升高，铁酸锌的结晶度越好。焙烧温度对 $ZnFe_2O_4$ 晶粒尺寸的变化见图 6-10，利用 XRD 数据按式(4-1)估算晶粒尺寸，晶粒尺寸集中于 16～35nm，由图 6-10 可以看出 $ZnFe_2O_4$ 晶粒大小随焙烧温度的升高而增大。

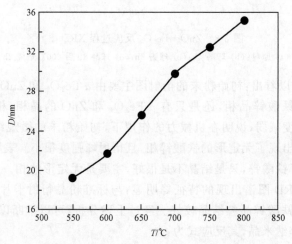

图 6-10　焙烧温度对 $ZnFe_2O_4$ 纳米晶粒径的影响

6.3.2.3　晶粒长大活化能的计算

$ZnFe_2O_4$ 纳米晶粒径长大活化能同样可以根据式(4-27)计算。从式(4-27)可知晶粒平均尺寸与热处理温度的倒数 $1/T$ 成指数关系。以 $\ln D$ 对 $1/T$ 作图,所得直线的斜率即可计算粒径长大活化能。根据图 6-10 所得的晶粒平均尺寸,将 $\ln D$ 对 $1/T$ 作图 6-11,根据线性回归的直线斜率即可计算出纳米晶 $ZnFe_2O_4$ 粒径长大的活化能。

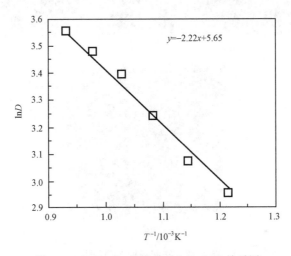

图 6-11　$ZnFe_2O_4$ 纳米晶的 $\ln D$-$1/T$ 关系图

从图 6-11 中直线的斜率,可计算 $ZnFe_2O_4$ 纳米晶的晶粒长大活化能为 $18.5kJ \cdot mol^{-1}$,晶粒长大活化能较小,说明合成的纳米晶 $ZnFe_2O_4$ 颗粒表面活性较高,晶粒尺寸易受焙烧温度的影响,热处理过程的晶粒长大主要以界面扩散为主。

6.3.2.4　纳米晶微观形貌分析(SEM)

为了进一步了解 $ZnFe_2O_4$ 纳米晶粒的微观结构和颗粒形貌,对在 650℃ 下制备出的铁酸锌进行了扫描电镜分析和能谱分析。实验结果如图 6-12 所示。由图 6-12 可知,晶粒呈球型或类球型,颗粒形貌有一定差异,颗粒之间存在一定的团聚。能谱分析结果如图 6-13 所示,由能谱分析可以得出 O 的质量百分比为 27.74%,Zn 的质量百分比为 17.89%,Fe 的质量百分比为 54.37%。也就是说 ZnO 的含量为 22.2713%,Fe_2O_3 的含量为 77.7287%。

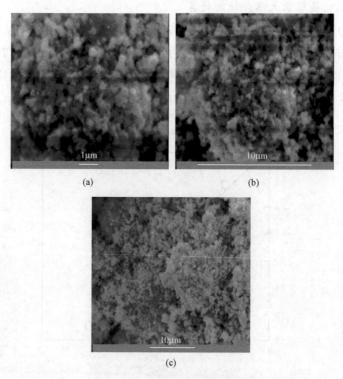

图 6-12　铁酸锌的 SEM 图谱

(a) 12000×；(b) 8000×；(c) 3000×

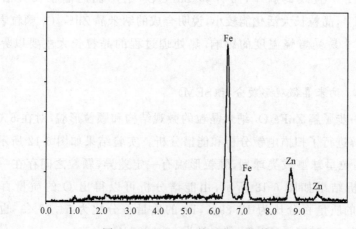

图 6-13　$ZnFe_2O_4$ 的 EDAX 能谱图

6.3.3　NiFe₂O₄ 的机械化学合成与表征

6.3.3.1　合成过程的分析

将原料 α-Fe₂O₃(天津化学试剂公司,分析纯)和 NiO(上海山海工学团实验二厂,分析纯)按摩尔比为 1∶1 准确称取,加入一定的稀释剂 NaCl,在真空干燥箱中 100℃预处理 10h,除去原料中的吸附水,防止球磨过程中的团聚结块。然后将预处理的混合原料和不锈钢球按球料比 20∶1,放入 250mL 的不锈钢球磨罐中,在 XM-2A 型行星球磨机中研磨 6h,制备出前驱体。将前驱体在 600~800℃下焙烧 2h,经蒸馏水洗涤、超声波分散、真空抽滤,除去 NaCl,烘干即得 NiFe₂O₄ 纳米晶。

图 6-14 所示为 α-Fe₂O₃ 和 NiO 混合粉末由原料经过球磨、焙烧过程的 X 射线衍射图,由图 a 中可以看出:初始粉末的衍射图主要由 α-Fe₂O₃ 和 NiO 的衍射峰组成,经过 6h 球磨后,出现 NiFe₂O₄ 的衍射峰,只是衍射峰宽化,且衍射强度比较弱,说明已经有 NiFe₂O₄ 相生成,但结晶并不完整。将球磨后的前驱体在 600℃焙烧 2h 后,衍射峰变窄、强度增加,结晶已经相当完好,与标准的 XRD 卡片对比表明是尖晶石型 NiFe₂O₄。

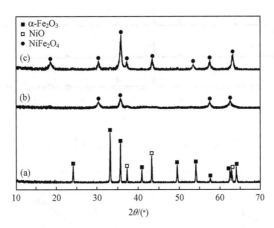

图 6-14　合成 NiFe₂O₄ 过程的 XRD 图
(a)原料(α-Fe₂O₃ 和 NiO 混合物);
(b)球磨 6h 后的前驱体;(c)600℃焙烧 2h 后的样品

以 α-Fe₂O₃ 和 NiO 为原料进行球磨,球磨过程中原料在球磨介质的反复冲撞下,承受冲击、剪切、摩擦和压缩等多种力的作用,经历反复的挤压、冷焊及粉碎过程,原料的粒径不断减小,比表面积不断增大。因此原料球磨一段时间后得到前驱体的活性显著提高,可以在较低温度下对前驱体进行焙烧就得到 NiFe₂O₄ 纳米晶。

采用机械化学方法制备纳米晶 NiFe₂O₄,要利用机械力引发固相反应。用这种方法制备纳米晶材料,其中很关键的是控制反应的速度。如果反应进行太快,由于球磨介质的强烈冲击和磨剥作用,就会发生自维持反应,使球磨罐中的温度迅速上升,可能导致反应物以大块状的形式存在,抑制了反应的进一步发生,所以常加入稳定的稀释剂(如 NaCl)以稳定球磨和热处理过程的颗粒团聚[11]。

6.3.3.2　热处理温度对纳米晶的影响

实验研究了不同焙烧温度对 $NiFe_2O_4$ 晶粒尺寸的影响,晶粒尺寸按式(4-1)计算。分别将经 600、650、700、750 和 800℃ 热处理 2h 的样品进行 XRD 测试,不同焙烧温度的 XRD 图如图 6-15 所示。随着焙烧温度的升高,衍射峰逐渐尖锐,晶化特征逐渐明显。焙烧温度对 $NiFe_2O_4$ 晶粒尺寸的变化见图 6-16,由图 6-16 可以看出 $NiFe_2O_4$ 晶粒大小随焙烧温度的升高而急剧增大。

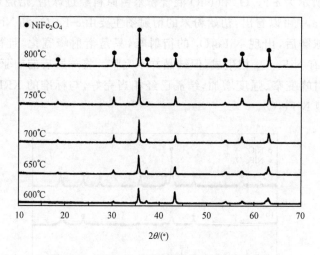

图 6-15　$NiFe_2O_4$ 不同焙烧温度的 XRD 图

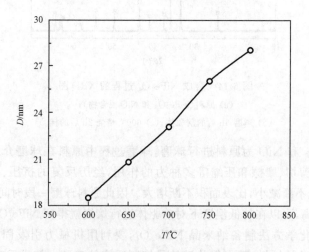

图 6-16　焙烧温度对 $NiFe_2O_4$ 晶粒尺寸的影响

　　低温时,颗粒处于结构转变期,缺陷较多,晶粒主要按双球模型聚结,原始晶粒
间仅仅是点接触,不可能聚集更多粒子,就凝聚在一起的各个晶粒而言并无明显长
大,所以晶粒尺寸较小;但随着温度升高,更大一些的凝聚体中心距增大,难以进一
步凝聚,凝聚体处于自我调整时期,颗粒的晶体结构渐趋完善,体系达到较低的能
量状态而稳定存在,故晶粒尺寸增长处于"自保阶段",晶粒相比前一阶段有较明显
的长大;进一步提高热处理温度,烧结的驱动力越大,小粒子之间可熔合而形成较
大的粒子,样品中细晶粒将缓缓增长,这种晶粒长大并不是小晶粒的相互凝结,而
是凝集体内晶粒表面扩散和晶界位移的结果,晶粒尺寸增长显著[12]。热处理温度
升高,衍射峰的强度增加,这时由于晶粒中晶胞的排列取向不同,尤其是在晶面和
颗粒界面上原子的排列较为无序;同时晶粒中存在晶格缺陷,尤其是大量的氧缺
位,以及样品处理过程中的微应变,而最主要的是晶粒减少而引起衍射峰的宽化。

6.3.3.3　晶粒长大活化能的计算

　　$NiFe_2O_4$ 纳米晶粒径长大活化能同样可以根据式(4-27)计算。从式(4-27)可
知晶粒平均尺寸与热处理温度的倒数 $1/T$ 成指数关系。以 $\ln D$ 对 $1/T$ 作图,所得
直线的斜率即可计算粒径长大活化能。根据图 6-16 所得的晶粒平均尺寸,将 $\ln D$
对 $1/T$ 作图 6-17,根据线性回归的直线斜率即可计算出纳米晶 $NiFe_2O_4$ 粒径长大
的活化能。

　　从图 6-17 中直线的斜率,即可计算 $NiFe_2O_4$ 纳米晶的晶粒生长活化能为
$16.70kJ \cdot mol^{-1}$,晶粒长大活化能较小,说明合成的纳米晶 $NiFe_2O_4$ 颗粒表面活
性较高,晶粒尺寸易受焙烧温度的影响,热处理过程的晶粒长大主要以界面扩散
为主。

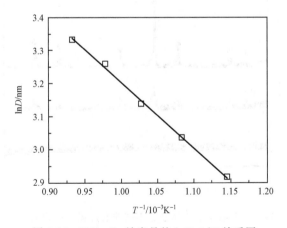

图 6-17　$NiFe_2O_4$ 纳米晶的 $\ln D$-$1/T$ 关系图

6.3.4　CoFe$_2$O$_4$ 的机械化学合成与表征

6.3.4.1　合成过程的分析

按摩尔比为 1∶2∶8 准确称取实验原料 CoCl$_2$ · 6H$_2$O,FeCl$_3$ · 6H$_2$O 和 NaOH（均为分析纯）,用去离子水分别溶解原料,将 NaOH 溶液逐滴加入到 CoCl$_2$ · 6H$_2$O 和 FeCl$_3$ · 6H$_2$O 的混合溶液中,在 60～70℃温度条件下磁力搅拌 1h,将搅拌后的产物用蒸馏水洗涤,超声波分散,真空抽滤,100℃烘干 2h 得到前驱体,加入一定量的 NaCl 后,用玛瑙研钵研磨混合物,将研磨后混合物和不锈钢球按球料比 20∶1,放入 250mL 的不锈钢球磨罐中,在 XM-2A 型行星球磨机中研磨 4h,制备出半成品。将半成品在 600～800℃下焙烧 2h,经蒸馏水洗涤、超声波分散、真空抽滤,除去 NaCl,烘干即得 CoFe$_2$O$_4$ 纳米晶。

图 6-18 为 CoCl$_2$ · 6H$_2$O、FeCl$_3$ · 6H$_2$O 和 NaOH 化学共沉淀得到前驱体及经过不同时间的球磨和焙烧过程后产物的 X 射线衍射图。从图 6-18 可以看出,CoCl$_2$ · 6H$_2$O,FeCl$_3$ · 6H$_2$O 和 NaOH 经过化学共沉淀反应,生产的前驱体主要为无定形,前驱体经过 4h 的球磨之后,已经生成 CoFe$_2$O$_4$ 的晶相,衍射峰的强度不是太高,CoFe$_2$O$_4$ 的结晶并不完全。再经过 600℃下焙烧 2h 后,所得的铁酸钴相已经相当完全,而且结晶度较好。由此可见,先利用化学共沉淀合成前驱体,再通过机械化学法合成铁酸盐,不仅可以利用化学共沉淀合成高纯的物质,而且通过机械球磨可以提高物质合成的活化能,降低合成温度,制备化学性质稳定的 CoFe$_2$O$_4$ 纳米晶材料[13]。

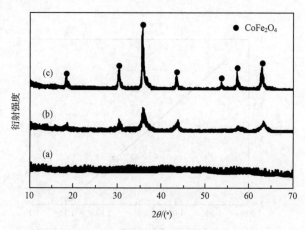

图 6-18　CoFe$_2$O$_4$ 前驱体及经不同球磨过程后产物的 XRD 图

(a) 化学共沉淀得到的前驱体;(b) 球磨 4h 后样品;(c) 600℃焙烧 2h 后的样品

6.3.4.2　热处理温度对纳米晶的影响

实验研究了不同焙烧温度对 $CoFe_2O_4$ 晶粒尺寸的影响,晶粒尺寸按式(4-1)计算。分别将经 600、650、750 和 800℃ 温度热处理 2h 的样品进行 XRD 测试,不同焙烧温度的 XRD 图如图 6-19 所示。

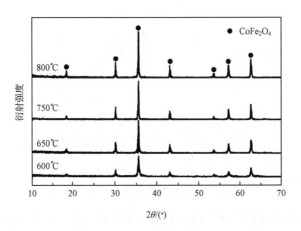

图 6-19　$CoFe_2O_4$ 不同焙烧温度的 XRD 图

随着焙烧温度的升高,衍射峰逐渐尖锐,晶化特征逐渐明显,表明随着焙烧温度的提高,铁酸钴的结晶变好。焙烧温度对 $CoFe_2O_4$ 晶粒尺寸的变化见图 6-20,由图 6-20 可以看出 $CoFe_2O_4$ 晶粒大小随焙烧温度的升高而增大。

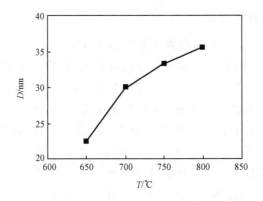

图 6-20　焙烧温度对 $CoFe_2O_4$ 晶粒尺寸的影响

6.3.4.3　晶粒长大活化能的计算

$CoFe_2O_4$ 纳米晶粒径长大活化能同样可以根据式(4-27)计算。从式(4-27)可知晶粒平均尺寸与热处理温度的倒数 $1/T$ 成指数关系。以 $\ln D$ 对 $1/T$ 作图,所得直线的斜率即可计算粒径长大活化能。根据图 6-20 所得的晶粒平均尺寸,将 $\ln D$

对 $1/T$ 作图 6-21,根据线性回归的直线斜率即可计算出纳米晶 $CoFe_2O_4$ 粒径长大的活化能。

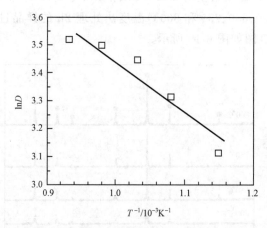

图 6-21　$CoFe_2O_4$ 纳米晶的 $\ln D$-$1/T$ 关系图

从图 6-21 中直线的斜率,即可计算 $CoFe_2O_4$ 纳米晶的晶粒生长活化能为 $15.54kJ \cdot mol^{-1}$,晶粒长大活化能较小,说明合成的纳米晶 $CoFe_2O_4$ 颗粒表面活性较高,晶粒尺寸易受焙烧温度的影响,热处理过程的晶粒长大主要以界面扩散为主。

6.3.5　$CdFe_2O_4$ 的机械化学合成与表征

6.3.5.1　合成过程的分析

按摩尔比为 1∶2∶8 准确称取实验原料 $CdCl_2 \cdot 2.5H_2O$,$FeCl_3 \cdot 6H_2O$ 和 NaOH(均为分析纯),用去离子水溶解分别溶解原料,将 NaOH 溶液逐滴加入到 $CdCl_2 \cdot 2.5H_2O$ 和 $FeCl_3 \cdot 6H_2O$ 的混合溶液中,在 $60\sim70℃$ 温度条件下磁力搅拌 1h,将搅拌后的产物经蒸馏水洗涤,超声波分散,真空抽滤,100℃烘干 2h 得到前驱体,加入一定量的 NaCl 后,用玛瑙研钵研磨混合物,将研磨后混合物和不锈钢球按 20∶1 的球料比,放入 250mL 的不锈钢球磨罐中,在 XM-2A 型行星球磨机中研磨 4h,制备出半成品。将半成品在 $600\sim800℃$ 下焙烧 2h,经蒸馏水洗涤、超声波分散,真空抽滤,除去 NaCl,烘干即得 $CdFe_2O_4$ 纳米晶。

6.3.5.2　焙烧温度对纳米晶的影响

实验研究了不同焙烧温度对 $CdFe_2O_4$ 晶粒尺寸的影响,晶粒尺寸按式(4-1)计算。分别将经 650、700、750 和 800℃ 温度热处理 2h 的样品进行 XRD 测试,不同焙烧温度的 XRD 图如图 6-22 所示。从图 6-22 中可以看出,经 650、700、750℃和 800℃ 焙烧温度,产物的衍射特征峰全部为 $CdFe_2O_4$ 的晶相,随着焙烧温度的升高,CdFe$_2$O$_4$ 衍射峰逐渐尖锐,晶化特征逐渐明显,表明随着焙烧温度的提高 CdFe$_2$O$_4$ 的结晶越来越好。焙烧温度对 CdFe$_2$O$_4$ 晶粒尺寸的变化见图 6-23,由图 6-23可以看出 CdFe$_2$O$_4$ 晶粒大小随焙烧温度的升高而增大。

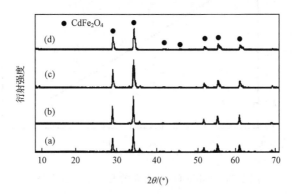

图 6-22　CdFe$_2$O$_4$ 在不同温度焙烧后的产物的 XRD 图

(a) 650℃;(b) 700℃;(c) 750℃;(d) 800℃

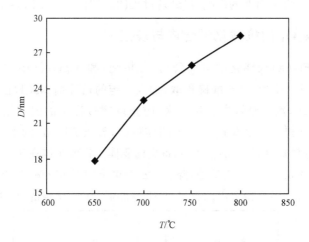

图 6-23　焙烧温度对 CdFe$_2$O$_4$ 晶粒尺寸的影响

6.3.5.3　晶粒长大活化能的计算

CoFe$_2$O$_4$ 纳米晶粒径长大活化能同样可以根据式(4-27)计算。从式(4-27)可知晶粒平均尺寸与热处理温度的倒数 $1/T$ 成指数关系。以 $\ln D$ 对 $1/T$ 作图,根据所得直线的斜率即可计算粒径长大活化能。根据图 6-23 所得的晶粒平均尺寸,将 $\ln D$ 对 $1/T$ 作图 6-24,根据线性回归的直线斜率即可计算出纳米晶 CoFe$_2$O$_4$ 粒径长大的活化能。

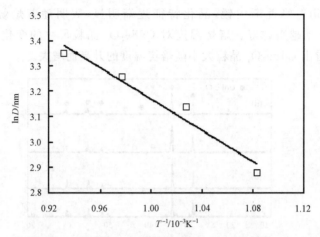

图 6-24　CdFe$_2$O$_4$ 纳米晶的 $\ln D$-$1/T$ 关系图

从图 6-24 中直线的斜率,即可计算 CdFe$_2$O$_4$ 纳米晶的晶粒生长活化能为 25.36kJ·mol^{-1},晶粒长大活化能较小,说明合成的纳米晶 CdFe$_2$O$_4$ 颗粒表面活性较高,晶粒尺寸易受焙烧温度的影响,热处理过程的晶粒长大主要以界面扩散为主。

6.3.6　MgFe$_2$O$_4$ 的机械化学合成与表征

将原料 α-Fe$_2$O$_3$(天津化学试剂公司,分析纯)和 MgO(湘中化学试剂开发中心,分析纯)按摩尔比为 1∶1 准确称取,加入一定的稀释剂 NaCl,在真空干燥箱中 100℃预处理 10h,除去原料中的吸附水,防止球磨过程中的团聚结块。然后将预处理的混合原料和不锈钢球按 20∶1 的球料比,放入 250mL 的不锈钢球磨罐中,在 XM-2A 型行星球磨机中研磨 8h,制备出前驱体。将前驱体在 800℃下焙烧 2h,经蒸馏水洗涤、超声波分散、真空抽滤,除去 NaCl,烘干即得 MgFe$_2$O$_4$ 纳米晶。图 6-25 为 α-Fe$_2$O$_3$ 和 MgO 混合粉末由原料经过 8h 球磨后 800℃焙烧的 X 射线衍射图。

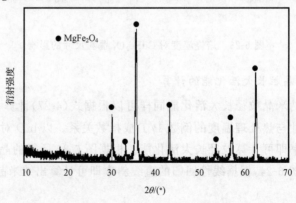

图 6-25　MgFe$_2$O$_4$ 的 XRD 图

由图 6-25 可以看出，α-Fe_2O_3 和 MgO 混合粉末由原料经过 8h 球磨后 800℃ 焙烧 2h 后，产物的晶相主要由 $MgFe_2O_4$ 组成。

6.3.7　$CuFe_2O_4$ 的机械化学合成与表征

方案 1 在制备以上几种物质取得了很大的成功。受它的启发我们尝试了室温固相法，利用玛瑙研磨的方式来合成铁酸铜。具体方法如下：

（1）称取摩尔比为 1：2：8 的 $CuCl_2 \cdot 2H_2O$、$FeCl_3 \cdot 6H_2O$ 和 NaOH 共 10g。

（2）把原料放入玛瑙研磨中研磨 40min。

（3）将球磨后的样品制成悬浊液。用超声波分散 5min。

（4）过滤悬浊液，用乙醇淋滤饼 3 次。

（5）烘干滤饼。

（6）在 600℃ 下焙烧烘干后的滤饼 2h，滤去 NaCl 得成品。

图 6-26 为 $CuCl_2 \cdot 2H_2O$、$FeCl_3 \cdot 6H_2O$ 和 NaOH 在室温条件下，在机械力作用下发生化学反应，经 600℃ 下焙烧 2h 后 XRD 图。由图 6-26 可以看出，$CuCl_2 \cdot 2H_2O$、$FeCl_3 \cdot 6H_2O$ 和 NaOH 在室温条件下，在机械力作用下发生化学反应，经 600℃ 下焙烧 2h 后，产物的晶相主要由 $CuFe_2O_4$ 组成。

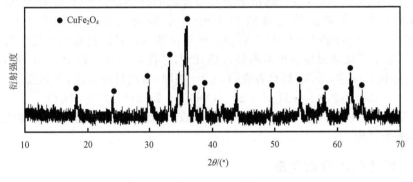

图 6-26　$CuFe_2O_4$ 的 XRD 图

6.4　机械化学合成机理的探讨

机械化学是研究机械能和化学能之间相互转化关系的一门新兴学科，很多从热力学角度不能解释的反应，可以用机械化学的观点得到充分证明。一些要求加热加压才能进行或加热加压也难以进行的粉末间反应，经机械力的作用可诱发化学反应，在低温下即能进行[14]。机械化学合成反应的机理十分复杂，目前还处于探索、发展阶段。

6.4.1　粉体间的机械扩散

对于两种无机固体粉末混合研磨引发的机械化学反应，可以引入"机械扩散"

(mechanic diffusion)的概念。

美国物理学家 Ruoff[15] 曾在 20 世纪 60 年代提出过"机械扩散"这个概念——机械扩散是一种新发现的真实的扩散过程。但"机械扩散"这个理论在机械化学中的研究一直没有得到足够的重视,这是由于一直来对机械化学的研究主要集中在粉体表面性质、晶体结构和化学位移的变化,及通过机械化学作用而产生的粉体活化、改性等效果上,对粉体机械化学作用下的热力学和动力学没有加以足够的重视;另一方面,由于机械化学过程的复杂性,许多表征粉体性质变化的在线检测很难进行,也给"机械扩散"的研究带来了困难。

在磨矿过程中,"机械扩散"的基本特点表现在:当无机固体颗粒的尺寸在微米级时,颗粒就会出现"微塑性"的特征。以合成 β-TCP 为例,在机械化学合成过程中,原料 $Ca(H_2PO_4)_2$ 与 $Ca(OH)_2$ 在球磨过程中的相互扩散实际上可以看作是一种强烈的"机械扩散"过程。

根据 Ruoff 提出的理论,颗粒扩散系数与应变速率有如下关系:

$$D_T = 1 + B \, | \, \varepsilon \, | \, / D_0 \tag{6-2}$$

式中: D_T 为颗粒在发生塑性变形时的扩散系数; D_0 为颗粒未发生变形时的扩散系数; $|\varepsilon|$ 为应变速率的绝对值; B 为常数。

经 X 射线衍射表明,由机械化学法直接合成的并不是 β-TCP 粉末,而是一种无定形的结构,在未经热处理的粉末的 X 射线衍射图中也没有发现原料 $Ca(H_2PO_4)_2 \cdot H_2O$ 和 $Ca(OH)_2$ 的衍射峰,这说明这两种原料在机械化学过程中相互间已发生了化学反应。但只有经过热处理,才能转变为 β-TCP,红外检测再次证实,机械化学反应 60min 后已存在 $[PO_4]^{3-}$ 基团,所以可以肯定,下列反应

$$Ca(H_2PO_4)_2 \cdot H_2O + 2Ca(OH)_2 = Ca_3(PO_4)_2 + 5H_2O$$

事实上在搅拌磨机械化学合成过程中就已完成,只是通过热处理才最终转变为 β-TCP 粉末的结构。

6.4.2　粉体间的界面反应

对于粉末间的反应,由于机械作用导致粉末间也发生一定的界面之间反应的现象,就涉及"界面反应",并且有:

$$r_k = k c_i \tag{6-3}$$
$$r_D = (c - c_i) D / x \tag{6-4}$$

式中: r_k 为界面反应速度; k 为界面反应速度常数; c_i 为界面反应物的浓度; r_D 为扩散速度; D 为扩散系数; x 为扩散层厚度。

平衡状态时有 $r_k = r_D$,即有:

$$c_i = \frac{(D/x)c}{k + (D/x)} \tag{6-5}$$

将式(6-5)代入式(6-3),粉体总反应速度可表示为:

$$r_0 = \frac{k(D/x)c}{k + (D/x)} \tag{6-6}$$

① 当 $D/x \gg k$ 时,可表示为:

$$r_k = kc \qquad (6\text{-}7)$$

② 当 $D/x \ll k$ 时,则可表示为:

$$r_D = cD/x \qquad (6\text{-}8)$$

对于粉末的搅拌磨机械化学法合成过程,可以解释为:反应初期,当原料颗粒的粒度较大时,合成反应主要以"机械扩散"为主;随着颗粒粒度的急剧减小,粉体的表面活性大大增强,表面能也作为一种推动力,促进了粉末间的"界面反应"更加活跃。所以机械化学法合成粉末的过程,实际上是"机械扩散"和"界面反应"共同作用的结果[16]。

6.4.3　机械化学合成过程的模型

依据上述分析,提出 $Ca(H_2PO_4)_2 \cdot H_2O + 2Ca(OH)_2 = Ca_3(PO_4)_2 + 5H_2O$ 的机械化学合成反应过程示意图,见图 6-27。

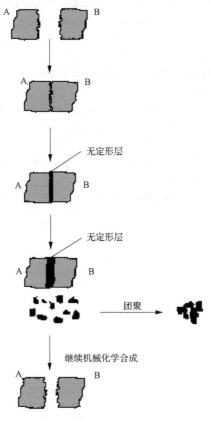

图 6-27　机械化学合成反应过程的示意图

A. $Ca(H_2PO_4)_2 \cdot H_2O$;B. $Ca(OH)_2$

参 考 文 献

[1] 杨华明,唐爱东.搅拌磨在超细粉制备中的应用[J].矿产综合利用,1997(1):33-37.

[2] Dallavlle J M. The Technology of Fine Particles[M]. New York, Pitman Published,1993.

[3] 王零森编著.特种陶瓷[M].长沙:中南工业大学出版社,1996.

[4] 杨华明,邱冠周.机械合金化(MA)技术新进展[J].稀有金属,1998,22(4):313-316.

[5] 杨华明,邱冠周.机械化学法合成 β-TCP 粉末研究[J].化工冶金,1999,20(1):62-65.

[6] 杨华明,张向超,唐爱东,等.机械化学法合成铁酸盐纳米晶材料进展[J].材料科学与工程学报,2003,
21(4):56-59.

[7] Mohammed E M, Malini K A, Joy P A, et al. Modification of dielectric and mechanical properties of
rubber ferrite composites containing manganese zinc ferrite[J]. Materials Research Bulletion,2002,37:
753-768.

[8] Goya G F. Nanocrystalline $CuFe_2O_4$ obtained by mechanical grinding[J]. Journal of Materials Science
Letters,1997,16:563-565.

[9] 刘辉,魏雨.纳米级铁酸盐粉体材料合成的进展[J].功能材料,2000,31(2):124-126.

[10] Yang H, Zhang X, Yang W, et al. Synthesis of $ZnFe_2O_4$ nanocrystallites by mechanochemical reaction
[J]. Journal of Physical Chemistry Solids,2004,65:1329-1332.

[11] Yang H, Zhang X, Qiu G, et al. Formation of $NiFe_2O_4$ nano- crystallites by mechanochemical reaction
[J]. Materials Research Bulletin,2004,39:833-837.

[12] 杨华明,张向超,杨武国,等. $NiFe_2O_4$ 纳米晶的合成及焙烧动力学研究[J].中南大学学报(自然科学
版),2004,35(3):368-371.

[13] Yang H, Zhang X, Qiu G. Cobalt Ferrite Nanoparticles Prepared by Coprecipitation/ Mechanochemical
Treatment[J]. Chemical Letter,2004,33(7):826-828.

[14] Suryanarayana C. Mechanical alloying and milling[J]. Progress in Materials Science, 2001,46:1-186.

[15] Ruoff A L. Enhanced diffusion during plastic deformation by mechanical diffusion[J]. Journal of Applied
Physics, 1967,38(10):3999-4003.

[16] 杨华明.搅拌磨超细粉碎及机械化学的研究[D].长沙:中南工业大学,1998.

第7章 机械化学改性超细粉体材料

7.1 引 言

现代新材料的设计和功能化,离不开作为原料或填料的粉体表面性质的设计和功能化。粉体材料表面改性,是指根据应用需要有目的地改变粉体表面的物化性质,如表面晶体结构和官能团、表面能、表面润湿性、电能、表面吸附和反应特性等。石英粉、滑石粉、碳酸钙(轻质或重质)等非金属矿粉体材料作为填料直接加入橡胶、塑料、油漆、油墨等有机物中,可以降低材料成本,并可以赋予材料某些特殊的物理性能和化学性能。但由于彼此间极性差异较大,相容性差,界面结合力小,不易分散,过多添加往往导致材料机械性能下降以及易脆化等缺点[1]。因此,必须对非金属矿粉体表面进行改性处理,改善其表面的物理化学性能。表面改性处理是当今非金属矿物粉体从一般填料变为功能性填料所必需的重要加工手段之一[2]。表面改性通过改变矿物填料原有的表面性质(亲油率、吸油率、浸润性、混合物黏度等),以改善矿物填料与有机聚合物之间的亲和性、相容性以及加工流动性和分散性,提高填料与聚合物相界面之间的结合力,使复合材料的综合性能得到显著提高;并且增加填充量,可降低生产成本,从而使非功能的矿物填料转变为功能填料,提高其与有机聚合物、树脂等的相容性、分散性,以提高上述高分子材料的机械强度以及光学性能和耐候性。新型材料的发展依赖于提高填料的应用性能,故非金属矿物粉体填料在当今有机高聚物复合材料及高分子中占有重要地位。

粉体表面改性的方法主要有涂覆改性、表面化学改性、沉淀反应改性、胶囊化改性、接枝改性五种。这些方法都需要先制备出超细粉体,再用特殊的改性设备(混合搅拌机、流态化床或反应釜)对超细粉体进行表面改性处理。虽然多年来在工艺技术与应用方面取得了很大的进展,但也存在几个明显的问题:

(1) 传统的改性设备在改性时仅能提供简单的搅拌混合,不能使粉体产生与改性剂有效亲和的表面活性,因而改性剂在粉体表面附着力很弱,改性产品使用效果差。

(2) 采用改性剂直接加入到粉体中,药剂分散作用差,粉体团聚严重,药剂吸附不均匀,用量大,生产成本高。

(3) 改性工艺及改性效果在相当程度上受到超细粉碎技术及超细粉体性能的

影响。

这些问题是制约粉体表面改性技术发展的主要因素。解决以上问题的关键在于开发一种新的、能够强有力促进改性过程,特别是能够增强粉体表面反应活性的工艺方法,同时又能强化改性剂的分散作用,均匀附着于粉体表面。为此国内外学者经过长期研究,于 20 世纪 90 年代初提出了一种崭新的粉体改性方法——机械化学改性[3]。机械化学改性是利用超细粉碎及其他强烈机械力作用有目的地对矿物表面进行激活[4]。机械化学改性有两层含义:第一,利用矿物超细粉碎过程中机械应力的作用激活矿物表面,使表面晶体结构与物理化学性质发生变化,从而实现改性,满足应用需要;第二,利用机械应力对表面的激活和由此产生的离子和游离基,引发单体烯烃类有机物聚合,或使偶联剂等表面改性剂高效反应附着而实现改性。显然,机械化学改性既是一种独立的改性方法,也可视为是表面化学改性和接枝改性等改性方法的实现与促进手段。

目前国内外对粉体机械化学改性的研究尚停留在实验室探索阶段,主要是日本、美国的一些学者进行了相关的工作,国内也有关于重钙和硅灰石机械化学改性的初步研究报道,对机械化学改性的工艺及机理没有深入的系统研究,无法准确评价机械化学改性的效果[5]。

本章借助搅拌磨超细粉碎的高效性,系统研究机械化学改性超细粉体材料的工艺,多方位评价粉体机械化学改性的效果,考察改性粉体的特性,采用不同方法、从不同角度重点分析粉体机械化学改性的机理,考察了无机组合粒子机械化学改性的技术特点及改性粉体在聚合物中的应用特点。

7.2　机械化学湿法改性超细粉体材料

7.2.1　实验方法

实验过程中采用深圳生产的 D 5mm 氧化锆球(密度 6.31g · cm^{-3})和郑州生产的 D 3mm 玻璃球(密度 2.50g · cm^{-3})作介质,南京大学生产的 ND-7 硅烷作为滑石粉的改性剂(本实验中以 ND 表示),原料滑石粉(-325 目 100%)的用量为 2.0kg。先将氧化锆球装入搅拌磨中,然后倒入滑石粉,称取所需的硅烷加入滑石粉中,配加相应磨矿浓度的蒸馏水,进行细磨,至一定时间取样,经真空抽滤、洗涤、烘干,即得到用于检测的滑石粉,检测项目及所用仪器见表 7-1。

用接触角 θ、渗透速度 t_F 及 IR、DTA、XPS、TEM 等方法综合评价粉体机械化学改性的效果。

表 7-1　测试项目与所用仪器

测试项目	所用仪器
白度	ZBD 型白度仪
IR	470FT-IR 红外光谱仪（KBr 压片法）
XPS	Microlab MK-Ⅱ光电子能谱仪
ζ-电位	Zetaplus-Zeta 电位分析仪
TEM	H-800 分析电镜（超声波分散样品）
DTA	PCR-1 差热分析仪（升温速率 10℃・min^{-1}）
接触角	JJC-2 粉末接触角测量仪
粉体粒径(d)	SKC-2000 型光透式粒度分析仪
矿浆黏度(η)	球体转动法（以标准硅油和水作参照）

渗透速度：称等量的粉末在精密压力机上压成 Φ10mm 的圆形薄片，将薄片放在塑料板上，用 1mL 的注射器在薄片的圆心处滴一小水滴，并开始计时，计算水渗至薄片边缘的时间，取 5 次重复实验的平均值，即为渗透速度 t_F。

7.2.2　机械化学湿法改性的工艺研究

7.2.2.1　磨矿浓度对粉体改性效果的影响

在粉体机械化学改性中，磨矿浓度与生产成本及粉体改性效果密切相关。从图 7-1 中可以看出：

（1）磨矿浓度相同时，不同磨矿时间对粉体的改性效果相差很大。60min 时的改性效果不佳，如 65％（质量分数）的浓度时粉体的接触角为 91°（原矿滑石粉的接触角为 78°）。当磨矿时间超过 90min 后，改性效果非常好，如磨矿浓度为 65％（质量分数）时，粉体的接触角达到 161°，100min 时和 90min 时的改性效果无明显的区别。

（2）磨矿时间相同的情况下，改性效果随磨矿浓度的提高而产生一定的波动。这主要与磨矿浓度提高而引起的矿浆黏度、粉体分散性及细磨对粉体表面作用力的影响等因素有关。

（3）从研究结果来看，65％的磨矿浓度下细磨 90min 是比较合适的。

7.2.2.2　改性剂用量对粉体改性效果的影响

改性剂用量关系到生产成本，应以最少的用量达到最佳的改性效果。实验结果见图 7-2，从图中可以了解到，硅烷用量并不是越多越好，用量太多反而会影响改性剂的有效吸附；当然磨矿时间的长短也有一个适度。当硅烷用量超过 1.0％后，粉体的接触角趋于一个相对稳定的状态。

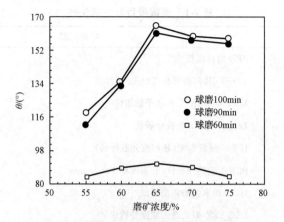

图 7-1　磨矿浓度对粉体接触角的影响

ND 用量 1.0%,球料比 4,氧化锆球

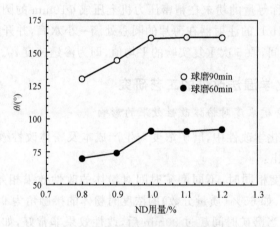

图 7-2　ND 用量对粉体接触角的影响

磨矿浓度 65%,球料比 4,氧化锆球

用常规的改性方法,硅烷的用量大多在 1.5% 以上;而采用机械化学改性,超细磨 90min 后,粉体的比表面积为 25518cm² · g⁻¹,实验所用 ND 的最小包覆面积为 280m² · g⁻¹,用 ND 作改性剂,从理论上计算所需的硅烷用量为:

$$硅烷用量 = \frac{粉体比表面积(cm^2 \cdot g^{-1})}{硅烷最小包覆面积(cm^2 \cdot g^{-1})} \times 100\% = 0.91\% \qquad (7-1)$$

所以用机械化学法进行粉体改性,其改性剂的用量与理论计算的较接近,说明所加入的改性剂得到了充分的使用,因此机械化学改性在减小改性剂用量上取得了明显的突破,比传统方法相比,改性剂用量降低了约 1/3,这对实际生产有重大的意义[6]。

7.2.2.3　改性剂加入方式对粉体改性效果的影响

用最少量的改性剂通过最合适的加入方式以达到良好的改性效果,这是作为一种新工艺所必须考虑的问题。从实验所采用的三种加入方式看(见图7-3),随细磨过程同时加入改性剂的效果最好,这会给实际生产带来许多便利。而相比之下其他两种方式的改性效果并不是很理想。

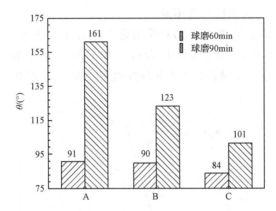

图 7-3　改性剂加入方式对粉体接触角的影响

A. 随磨矿一起加入；B. 细磨至一半时间时加入；C. 结束前 5min 加入

磨矿浓度 65％,ND 用量 1.0％,球料比 4,氧化锆球

7.2.2.4　球料比对粉体改性效果的影响

实际研究中,应尽可能减少单位质量粉体的介质用量——球料比。从图 7-4 的结果来看,提高球料比对粉体改性有利,但另一方面考虑,球料比提高意味着生产成本和一次投资以及能耗的增加,所以从优化的角度出发,选择球料比为 4 是比

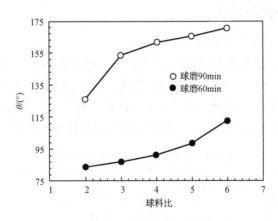

图 7-4　球料比对粉体接触角的影响

磨矿浓度 65％,ND 用量 1.0％,氧化锆球

较合适的。对于一些要求粉体接触角较高的实际情况,可以适当提高机械化学改性中的球料比。

7.2.2.5　介质种类对粉体改性效果的影响

由于氧化锆球价格昂贵,如果能用其他介质代替,又能达到同样的改性效果,这是比较实际的考虑。实验选用了 D 3mm 的玻璃球介质进行比较,根据与氧化锆球的体积相同来计算玻璃球的用量。

从图 7-5 的结果来看,玻璃球的效果明显比氧化锆球差,如细磨 2.5h 后粉体的接触角才 91°。这是由于氧化锆球密度大,对粉体的细磨、活化作用较强,从而十分有利于粉体表面的迅速活化及硅烷对粉体新鲜表面的吸附,达到有效改性的目的。

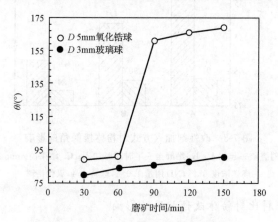

图 7-5　介质种类对粉体接触角的影响

磨矿浓度 65%,ND 用量 1.0%,球料比 4

7.2.3　改性粉体的性质

7.2.3.1　改性粉体的粒度

改性粉体除了其表面得到改性外,在粒度上也应满足其一定的使用要求。

从表 7-2 的比较中了解到,在相同的细磨条件下,机械化学改性后,粉体的粒度比未加硅烷的要小,这个粒度与功能性填料的粒度要求($1\sim2\mu m$)是相一致的,粒度组成见图 7-6,从另一角度可以认为,硅烷除作改性剂使用外,也有良好的助磨作用。

表 7-2　改性滑石粉的粒度与比表面积

样　　品	平均粒径/μm	比表面积/$cm^2 \cdot g^{-1}$
滑石粉原矿	16.5	2684
改性滑石粉[a]	1.36	25 518
超细滑石粉[b]	2.21	18 350

注:细磨条件:磨矿浓度 65%,球料比 4,时间 90min,a-1.0%ND,b-无 ND。

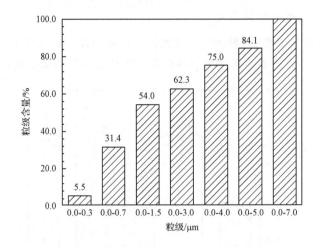

图 7-6　改性滑石粉的粒度组成

7.2.3.2　改性剂在粉体表面的包覆率

为了进一步分析硅烷在滑石粉表面的包覆情况,通过对改性粉体进行过滤、洗涤后,除掉游离的硅烷,80℃下干燥至粉体恒重,然后称取 10.000g 改性粉体在电阻炉内 250℃左右处理 2h,计算其失重量为 0.093g。从 DTA 分析中我们了解到,滑石粉在 250℃以前未发生变化,所以失重量应为吸附的硅烷质量,可以推断硅烷的吸附量为 0.0093g/1g(滑石粉)。已知硅烷分子的断面积为 $11.2 \times 10^{-20} m^2$,则滑石粉表面硅烷的包覆率可由下式计算[7]:

$$n = (M/q) \cdot (N_A a_0/F) \tag{7-2}$$

式中:n 表示包覆率(%);M 表示改性剂在粉体表面的吸附量(g);q 表示改性剂的相对分子质量;N_A 为阿伏伽德罗常量(6.023×10^{23});a_0 表示改性剂分子的断面积(m^2);F 表示粉体的比表面积($m^2 \cdot g^{-1}$)。

由上式计算可得机械化学改性后,硅烷在滑石粉表面的包覆率 $n = 91.0\%$,而用常规方法对粉体进行改性,硅烷的包覆率仅为 $77\% \sim 80\%$。该计算表明,用机械化学法进行粉体改性,从降低改性剂用量、工艺的简单化和改性粉体的性质来看,效果都是令人满意的。

7.2.3.3　改性粉体的渗透速度

与未改性的粉体相比较,经机械化学改性的滑石粉对水的渗透速度要慢得多:改性滑石粉 $t_F = 201.5s$,而未改性滑石粉 $t_F = 20.3s$,两者 t_F 相差近 10 倍,说明改性后,滑石粉的疏水性大大增强。

7.2.3.4　改性粉体的白度

经过机械化学改性后,粉体的白度比原矿白度(89.5%)提高了2个百分点,达到91.8%(图7-7),这表明机械化学改性能从整体上改善粉体的应用性能。

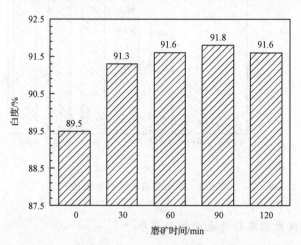

图 7-7　改性滑石粉的白度

磨矿浓度 65%,ND 用量 1.0%,球料比 4,氧化锆球

7.2.4　机械化学湿法改性的机理

7.2.4.1　机械化学效应在粉体改性中的作用

机械化学改性的过程有两层含义[8]:

(1)利用超细粉碎过程中机械应力的作用激活粉体表面,使粉体表面晶体结构与物理化学性质发生变化,从而实现改性,满足应用需要;

(2)利用机械应力对粉体表面的激活和由此产生的离子和游离基,与硅烷发生高效反应附着而实现改性。

超细粉碎过程中,借助搅拌磨的高效性,可以对粉体进行活化,增大粉体的表面能,为改性过程的顺利进行提供了必要的条件。

另外超细粉碎过程中还伴随着矿浆温度的变化(图7-8)。随着磨矿过程的进行,矿浆温度也逐步升高,磨矿 90min 时,矿浆温度达到 50℃,温度的升高为机械化学改性创造了更有利的条件,因而改性效率高、效果显著。

7.2.4.2　改性剂在机械化学改性中的行为

改性剂是对粉体表面实施改性的一种药剂,可以通过分析加入硅烷前后矿浆黏度的变化(图7-9)来考察改性剂在机械化学改性中的作用。

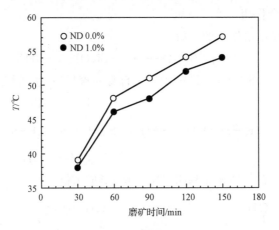

图 7-8　矿浆温度的变化

磨矿浓度 65％，球料比 4，氧化锆球，室温 27℃

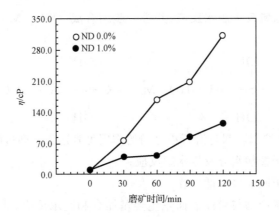

图 7-9　矿浆黏度的变化

磨矿浓度 65％，球料比 4，氧化锆球，室温 27℃

　　可以看出加入硅烷后，矿浆的黏度急剧降低，如 90min 时未加硅烷的矿浆黏度为 207.4cP，而加 1.0％硅烷后矿浆黏度降至 83.9cP，降低了近 60％，明显改善了超细粉碎及机械化学改性过程粉体分散的环境。所以从助磨剂的作用原则来衡量，硅烷其实也是一种高效的助磨剂。

7.2.4.3　改性剂与粉体的键合作用

　　实验所用改性剂 ND-7 硅烷的分子式为：

$$C_6H_5 \text{—} NH \text{—} CH_2 \text{—} Si(OC_2H_5)_3$$

硅烷与滑石粉的相互作用，随着硅烷的水解、聚合等反应及超细粉碎的进行而发生一系列的键合作用。

（1）改性剂在水溶液中的水解：

$$R{-}SiX_3 + 3H_2O \longrightarrow R{-}Si(OH)_3 + 3HX$$

（2）生成的 $R{-}Si(OH)_3$ 进一步发生自身缩聚反应，生成聚硅氧烷：

$$3R{-}Si(OH)_3 \longrightarrow HO{-}\underset{\underset{OH}{|}}{\overset{\overset{R}{|}}{Si}}{-}O{-}\underset{\underset{OH}{|}}{\overset{\overset{R}{|}}{Si}}{-}O{-}\underset{\underset{OH}{|}}{\overset{\overset{R}{|}}{Si}}{-}OH$$

（3）硅烷与滑石粉的表面基团（HO—M）形成氢键：

$$R{-}\underset{\underset{OH}{|}}{\overset{\overset{OH}{|}}{Si}}{-}OH + HO{-}M \longrightarrow R{-}\underset{\underset{OH}{|}}{\overset{\overset{OH}{|}}{Si}}{-}O \quad O \cdots \underset{H}{\overset{H}{}} M$$

（4）形成的氢键反生脱水反应，并进一步缩合成—SiO—M 共价键，实现表面改性的效果：

$$R{-}\underset{\underset{OH}{|}}{\overset{\overset{OH}{|}}{Si}}{-}OH + HO{-}M \longrightarrow R{-}\underset{\underset{OH}{|}}{\overset{\overset{OH}{|}}{Si}}{-}OM + H_2O$$

综上所述，硅烷偶联剂与滑石粉之间的作用可表述为下列过程：

（1）硅烷分子接触水分发生水解反应；

（2）硅烷分子间缩聚成低聚物；

（3）硅烷水解产物与粉体表面发生羟基缩合和脱水反应，低聚物与粉体表面羟基形成氢键；

（4）脱水反应发生，氢键转化为共价键。

经过上述反应过程，粉体表面最终被—R 基所覆盖，形成界面区域。超细粉碎过程的粒度减小和矿浆温度的升高以及搅拌磨强烈的搅拌、分散作用，为机械化学改性过程快速、有效地进行提供了极为有利的条件[9]。

7.2.4.4　改性剂对粉体表面的吸附

研究改性剂对粉体表面的吸附是为了进一步确定改性剂在粉体表面的存在状态，可通过差热分析、光电子能谱、红外光谱和 TEM 来进行。

另外根据国内外红外漫反射的一般理论[10]和滑石粉的漫反射红外光谱的研究表明（图 7-10），未改性滑石粉的 Kubelka-Munk 函数 R_∞ 的积分强度 $F(R_\infty)=0.10$，而经硅烷改性的滑石粉，其相应的积分强度 $F(R_\infty)=0.31$，这是由于粉体表面有机基团的存在提高了粉体的漫反射强度。

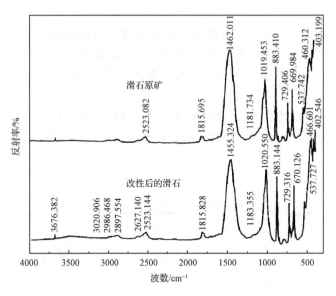

图 7-10　滑石粉的漫反射红外光谱图

图 7-11 是滑石粉的红外光谱图,从图中可以看出:

(1) 在改性滑石粉的红外光谱图中于 3020cm^{-1},2896cm^{-1} 处出现了 N-H、C-H 的特征峰位,这是由硅烷引入的;

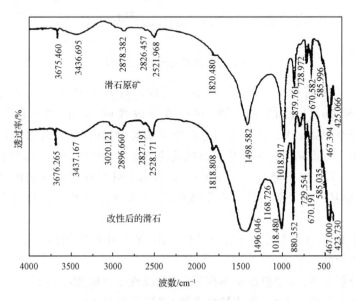

图 7-11　滑石粉的红外光谱图

（2）出现了 1168cm⁻¹ 新的峰位，这是硅烷改性剂上的 Si-O 键的伸缩振动产生的；

（3）1498cm⁻¹,1018cm⁻¹ 处的谱带逐渐增宽,这说明硅烷在滑石粉表面的吸附及与滑石粉的键合作用,使得 Si-O 键的伸缩振动增强；

（4）由于超细粉碎过程伴随着机械化学效应,使得有些谱带处的锐度亦发生一定的变化。

从图 7-12 滑石粉的 DTA 曲线中可以了解到,改性滑石粉在 205℃ 处有一个明显的峰,这是硅烷改性剂的接枝物分解的特征,这充分证实滑石粉表面确实吸附有硅烷改性剂。

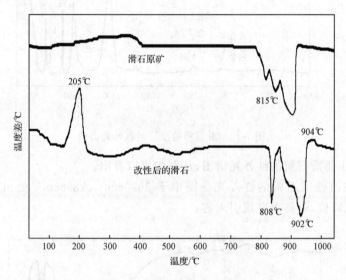

图 7-12　滑石粉的 DTA 曲线

图 7-13 是滑石粉改性前后的 XPS 整谱图。图 7-14、图 7-15 分别为改性前后滑石粉中 Si 2p,O 1s 的 XPS 图,可以看出改性后 Si 2p 的结合能由原矿的 102.8eV 降至 102.2eV。这一方面是由于超细磨引起的(结合前面的机械化学变化研究),另一方面是因为滑石粉表面硅烷的吸附而导致的;而 O 1s 结合能的变化也是如此(由 531.6eV 降至 531.2eV)。这表明了硅烷在滑石粉表面并非简单的物理作用,而是一种复杂的化学吸附效应,能大大增强改性剂在粉体表面的吸附强度。

从图 7-16 的 TEM 高倍分析中可以看出,滑石粉颗粒的边缘已有包覆层,这是改性剂作用的结果。

以上分析表明,通过机械化学作用,硅烷改性剂已吸附于超细滑石粉表面,并发生了一系列的键合作用,形成接枝产物,实施了表面改性。

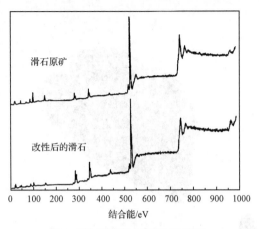

图 7-13　滑石粉的 XPS 整谱图

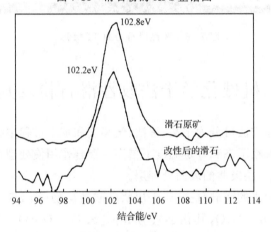

图 7-14　滑石粉中 Si 2p 的 XPS 谱图

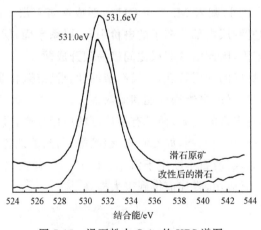

图 7-15　滑石粉中 O 1s 的 XPS 谱图

图 7-16　改性滑石粉的 TEM 形貌

7.3　机械化学干法改性滑石粉及其应用

填料表面处理方法可分为干法、湿法、气相法和加工过程中处理法四种。干法处理的原理是填料在干态和一定温度下借高速混合作用使处理剂均匀地作用于填料颗粒表面,形成一层极薄的表面处理层。

滑石是一种含水的镁硅酸盐,属于层状硅酸盐矿物(图 7-17)。滑石的主要成分是 $3MgO \cdot 4SiO_2 \cdot H_2O$,其化学式为 $Mg_3[Si_4O_{10}](OH)_2$,理论化学组成为:MgO 31.9%,SiO_2 63.4%,H_2O 4.7%。滑石的结构是由硅氧四面体构成硅氧层,在上下两层硅氧层中间,配入 Mg^{2+} 和 OH^-,形成镁氢氧层。两层硅氧层和一层镁氢氧层所组成的复网层内部各离子的电价中和,联系牢固;层与层之间靠微弱的余键相吸,联系不牢固,因此沿着双层之间极易裂开成薄片。

滑石晶体具有良好的片层解理,并具有亲油性、滑腻感、化学性质稳定、耐强酸及强碱,同时还具有良好的电绝缘性能和耐热性。

滑石在我国具有丰富的资源,而且有很广泛的应用范围,具有很多其他矿物不可替代的用途,但一般比较低档,如滑石瓷、镁橄榄石瓷、墙地瓷、匣钵窑具等行业。近年来随着应用的深入,滑石不断用于汽车、高档家具、甚至航空航天,在塑料、油漆、橡胶行业得到广泛应用,附加值得到很大提高[11]。

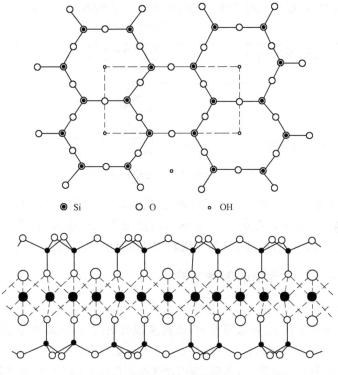

图 7-17　滑石的晶体结构

7.3.1　机械化学干法改性实验方法

本节采用的原料是 1250 目(粒径 $D=10\mu m$)和 2500 目(粒径 $D=5\mu m$)滑石粉。滑石粉加入聚丙烯(PP)主要是增强 PP 材料的刚度、硬度及抗冲击性能,对填充 PP 滑石粉一般需要进行预处理。

采用的工艺条件为:处理温度 80℃,硅烷、钛酸酯偶联剂分别用乙醇配制成 50％浓度的溶液,钛酸酯偶联剂(NDZ-01)用量为滑石粉质量的 0.5％;5μm 滑石粉中,硅烷偶联剂(KH-550)用量为滑石粉质量的 0.8％,10μm 滑石粉中,硅烷偶联剂(KH-550)用量为滑石粉质量的 0.5％;25L 高速混合机为表面处理设备,其带有自动控温系统和无级调速电机。超细滑石粉表面处理的流程如图 7-18 所示。

具体操作:①高速混合机开机,并调节预热温度至 80℃;②待升温到预定温度(80℃),称取滑石粉 1500g 放入高速混合室,保持温度并在 800r·min⁻¹ 条件下高速混合分散;③分别按不同粒度滑石粉要求配制表面处理剂,按比例称取定量的偶联剂,稀释剂乙醇分别与偶联剂按质量比 1∶1 配入,于烧杯中用玻璃棒充分搅匀;④待滑石粉预热达 20～30min 后,用注射器将表面活性剂钛酸酯偶联剂、硅烷偶

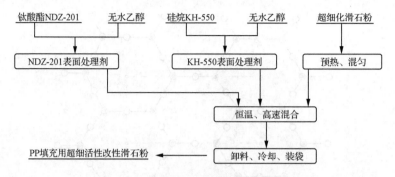

图 7-18　超细滑石粉表面处理的流程

联剂乙醇溶液分别以雾状注于滑石粉表面,确保表面处理剂均匀分散,同时使物料在 $1000r \cdot min^{-1}$ 条件下充分作用;⑤继续高速搅拌到规定时间;⑥达到规定时间后停机卸料,冷却装袋,得到 PP 填充用超细活性改性滑石粉。

7.3.2　滑石粉/聚合物的制备工艺

滑石/PP 复合材料的制备工艺流程如图 7-19。将滑石按一定配比与 PP 树脂(树脂中加入少量的助剂)配成混合料,经高速混合机混合 5min,然后在双螺杆挤出机中于 190～230℃、螺杆转速为 $120r \cdot min^{-1}$ 及一定压力条件下挤出造粒,粒料经冷却后注塑成型,制得标准样条,之后,按国家标准测试样条的力学性能和热学性能。

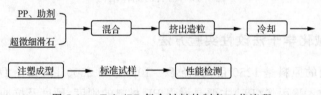

图 7-19　Talc/PP 复合材料的制备工艺流程

注塑工艺条件设定见表 7-3。

表 7-3　注塑工艺条件设定

注塑成型工艺		保险杠	方向盘	仪表板	布线卡
	一区	195	195	190	195
	二区	210	210	200	205
注塑温度	三区	220	220	210	215
/℃	四区	225	225	220	220
	五区	230	230	220	220
	喷嘴	225	225	215	215

续表

注塑成型工艺		保险杠	方向盘	仪表板	布线卡
注射压力 /MPa	一级	70	65	47	62
	二级	75	65	47	62
	三级	60	65	47	62
保压压力/MPa		60	60	47	62
注射时间/s		89	20	18	20
保压时间/s		200	120	150	180

7.3.3　性能检测

本节主要考察复合材料力学性能和高温使用性能,测试依据国家标准如表 7-4 所示。

表 7-4　Talc/PP 复合材料性能检测标准

性能检测项目	国家标准	备注
拉伸强度	GB/T1040-92 塑料拉伸性能实验方法	I 型试样
弯曲强度	GB/T1042-79 塑料弯曲性能实验方法	静态三点式弯曲负荷
弯曲模量	GB/T1040-92 塑料拉伸性能实验方法	静态三点式弯曲负荷
冲击强度	GB1843-92 塑料悬臂梁冲击实验方法	常温,悬臂梁 IZOD 缺口
热变形温度	GB-1634	负载 450kPa,变形量为 0.33mm

7.3.4　改性滑石粉对复合材料力学性能的影响

考察滑石在聚丙烯 PPT3543 复合材料体系中的应用试验,其性能检测如表 7-5 所示。

表 7-5　Talc 在改性聚丙烯中的性能

编号	滑石粒度 /μm	滑石用量 /%	熔融指数 /g·10min⁻¹	拉伸强度 /MPa	断裂伸长率 /%	缺口冲击强度 /kJ·m⁻²	弯曲强度 /MPa	成型收率 /%
0	纯 PP	0	18.0	23.5	39.0	10.1	23.9	2.14
1		15	12.0	22.8	47.0	10.8	37.9	1.67
2	5	20	12.4	23.7	59.0	10.3	34.9	1.59
3		25	12.4	23.5	44.0	8.8	33.8	1.50
4		30	12.9	22.6	31.0	6.8	33.2	1.47
5		15	12.3	23.3	48.0	17.8	37.1	1.66
6	10	20	12.2	24.3	47.0	14.3	37.5	1.49
7		25	12.9	24.1	38.0	10.3	33.6	1.40

注:所用 PP 型号为美国 3543,配方按 PP 加 Talc 和为 100% 计算,其他用量为:WO(白油 10#)120mL,硬脂酸钙 15g,PEW(聚乙烯蜡)50g,抗氧剂(1010)5g,辅助抗氧剂(168)10g。

7.3.4.1　滑石粉粒度对复合材料的力学性能的影响

表 7-5 列出了两种不同粒径下,滑石粉填充 PP 的力学性能的变化(所用数据来自某塑料厂)。其中 A(5μm)型滑石粉粒度比 B(10μm)型滑石小。由表 7-5 不难得出,滑石粉的粒度对填充效果有一定的影响,粒度较大的滑石粉填充的材料的综合性能不及粒度较小的材料,特别是断裂伸长率与悬臂梁缺口冲击强度下降很快,但与未加入滑石粉的复合材料相比,其缺口冲击强度有所提高,虽然滑石粉加入量较少,也能引起明显变化,这说明无机粒子填充 PP 对其强度影响比较大。究其原因,主要是因为宏观上,滑石粉填充聚丙烯为两相结构,即由聚丙烯为连续相的基体和滑石粉为分散相的多组分组成。

微观上,复合体系中,填料与高聚物结合界面上各物质间的分布和结合情况是很复杂的。聚丙烯是非极性聚合物,具有疏水性,与滑石粉黏接性小。在 PP/弹性体/滑石粉复合材料中,尽管滑石粉经偶联剂处理过,但它与 PP/弹性体基体的相容性十分有限,导致无法形成完整的黏接面,也就无法均匀地传递应力,因而滑石粉的加入使体系的韧性及抗冲击性能有所下降。然而,随着滑石粉粒径尺寸的减小,复合体系中界面区的比表面积增大,这样有利于均匀地传递应力,致使材料的韧性及抗冲击性能呈上升趋势。

滑石粉粒径大,与基体树脂的界面结合力差,在受到冲击力作用时易于从基体树脂中剥离出来,而且粒径大不利于分散,容易引起应力集中,导致材料的强度较低。

7.3.4.2　滑石粉含量对复合材料的力学性能的影响

(1) 滑石粉含量对拉伸性能的影响

由图 7-20 我们可以看出,随着滑石粉含量的增加,复合体系的拉伸强度先降低后升高再降低。这是因为随着滑石的加入量增加,滑石的刚性和 PP 的韧性结

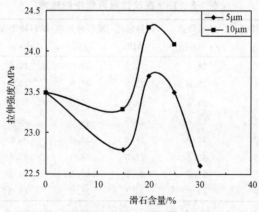

图 7-20　滑石粉含量对拉伸性能的影响

合,拉伸强度加强,当滑石的加入量增加到一定程度时,滑石的刚性过大而 PP 的韧性减弱,故复合体系的拉伸强度减弱。原因应主要归结于材料晶形的变化、结晶度的变化和滑石粉片状结构的贡献。

(2) 滑石粉含量对断裂性能的影响

由图 7-21 我们可以看出,随着滑石粉含量的增加,复合体系的断裂伸长率先上升后急剧降低。这是因为随着滑石粉含量的增加,分散在基体中的刚性粒子数目增加,PP 和滑石粉的结合,使韧性上升。之后,随着滑石粉含量的增加,滑石粉与基体树脂间形成的界面区增多,由于两相界面的黏结力较树脂自身的凝聚力弱,故界面区在受到外力作用时成为体系中的薄弱环节,导致整个体系的强度和变形能力降低。

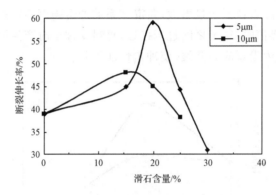

图 7-21　滑石粉含量对断裂性能的影响

滑石粉经表面处理后,韧性提高,一方面增加了滑石和聚丙烯的黏结力;另一方面消除了滑石粒子间的相互作用。无机相滑石粉是小分子无机物,有机相 PP 是高分子聚合物。它们之间亲和力弱,相界面分层明显,影响其力学性能。加入偶联剂后,提高了无机填料滑石与 PP 大分子的结合力,聚合物可充分包容无机填料,消除了界面,使相容性得到改善。就滑石本身结构来说,滑石层间依靠弱的范德华键结合在一起,当对其施加剪切作用时,很容易发生层间的相互滑动,所以它也是一种优异的润滑剂。另外,偶联剂在滑石粉与 PP 之间发生渗透而起到增强作用,使熔体黏度下降,加工流动性变好,减少了粉体析出。因此加入偶联剂能达到降低能耗,实现高填充以降低成本的目的,得到性能优良的滑石粉填充 PP 塑料制品[12,13]。

(3) 滑石粉含量对冲击性能的影响

由图 7-22 不难看出,复合材料的冲击性能随着滑石粉含量的增多先是升高,而后又急剧下降。这可以用刚性无机颗粒加入聚合物基体中的应力场和应力集中发生的变化来解释。把无机颗粒看作球状颗粒,基体对颗粒的作用力在两极为效应力,在赤道位置为压应力。由于力的相互作用,球粒赤道附近位置的聚合物基体会受到来自无机颗粒的压应力作用,由 Inoue 等提出的 Mises 屈服判据:

$$(\sigma_x - \sigma_y)^2 + (\sigma_y - \sigma_z)^2 + (\sigma_z - \sigma_x)^2 = 6K^2 \tag{7-3}$$

式中,σ_x,σ_y,σ_z 为沿直角坐标三个轴向的应力,K 为材料系数。当三个轴应力既有拉应力又有压应力时,有利于屈服的产生。另外,由于在两极是拉应力作用,当无机颗粒与聚合物之间的界面黏结力较弱时,会在两极首先发生界面脱黏,使颗粒周围相当于形成一个空穴。由单个空穴的应力分析可知,在空穴赤道面上的应力为本体应力的 3 倍。因此,在本体应力尚未达到基体屈服应力时,局部已经产生屈服,综合的效应使聚合物的韧性提高。如果刚性粒子的填充量太小,分散浓度太低,它们吸收的塑性形变能将会很小,这时承担和分散应力的主要是基体,不能起明显的增韧作用,随着粒子含量增大,共混体系的冲击强度不断提高。但当填料加入量达到某一临界值时,粒子之间过于接近,材料受冲击时产生微裂纹和塑性变形太大,几乎发展成为宏观应力开裂,使冲击性能下降。

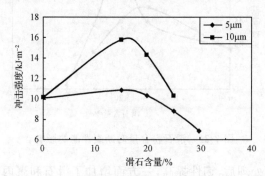

图 7-22　滑石粉含量对冲击性能的影响

（4）滑石粉含量对弯曲强度的影响

由图 7-23 我们可以看出,随着滑石粉含量的增加,复合体系的弯曲强度先上升后缓慢下降。这是因为滑石的加入使复合体系的刚性加强,复合体系的弯曲强

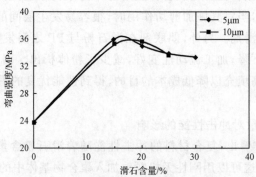

图 7-23　滑石粉含量对弯曲强度的影响

度相应加强,后又随着滑石粉含量的增加,PP 的韧性下降,复合体系的脆性上升,故复合体系的弯曲强度缓慢下降。

7.3.5　改性滑石粉聚合物复合材料结晶动力学研究

7.3.5.1　非等温结晶动力学研究

(1) DSC 测量

用 Perkin-Elmer 示差扫描量热仪(DSC-7)研究 PP 及滑石/PP 复合材料的非等温结晶动力学,气氛为氮气,称取约 10mg 试样,以 20K · min^{-1} 速率升至 463K,使样品全熔,保持 10min 以消除样品的热历史,然后按冷却速率 2.5、5、10、20、40K · min^{-1} 分别降温并记录 DSC 曲线。

(2) DSC 实验样品标定

结晶动力学结晶样品标定见表 7-6。

表 7-6　结晶动力学结晶样品标定

样品名称	滑石粒度/μm	滑石质量分数/%	PP 质量分数/%	是否改性
PP	—	0	100	—
Ta10	5	10	90	是
Ta15	5	15	85	是
Ta20	5	20	80	是
Ta10-15	10	15	85	是
Ta15-0	5	15	85	否

(3) 复合材料的非等温结晶

图 7-24 所示是 PP 及滑石/PP 复合材料的 DSC 非等温结晶曲线,降温速率分别为 2.5、5、10、20 和 40 K · min^{-1}。图 7-24 表明,随着降温速率的增大,PP 及滑石/PP 复合材料的结晶峰变宽,结晶峰位置和结晶温度(可以从最低点的温度来判断) T_p 向低温方向移动,可见降温速率的增大,导致结晶时过冷程度增加,即 T_p 变低。同时,在较低温度下分子链活动性较差,结晶的完善程度差异也大,结晶峰变宽。另外发现在相同降温速率下,滑石/PP 复合材料的结晶温度高于聚丙烯的 T_p,表明滑石粉的加入使得聚丙烯的结晶温度明显提高。这是由于滑石与聚丙烯之间存在强的界面作用,聚丙烯链段易于吸附成核使结晶更为容易,导致聚丙烯在冷却时于较高的温度下就可以发生结晶现象。

(4) 复合材料的结晶度计算

用 DSC 方法研究 PP 与滑石/PP 复合材料的非等温结晶动力学,可以从图 7-24 中得到聚合物的结晶热熔,从而求得聚合物的结晶度:

$$X_c = \{\Delta H_c / [(1-\eta)\Delta H_m^0]\} \times 100\% \tag{7-4}$$

式中：ΔH_c 为样品的结晶热焓；ΔH_m^0 为完全结晶的 PP 的聚合物熔融热焓（209 J·g^{-1}）；η 为加入物质质量分数。

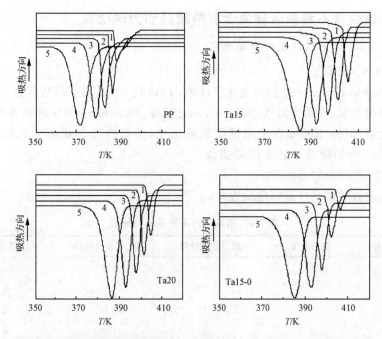

图 7-24　不同条件下 PP 及 Talc/PP 复合材料的 DSC 非等温结晶曲线

1-2.5K·min^{-1}；2-5 K·min^{-1}；3-10 K·min^{-1}；4-20 K·min^{-1}；5-40 K·min^{-1}

　　根据式(7-4)计算出 4 种试样不同冷却过程的结晶度并列于图 7-25 中。由图 7-25 可见，同一组成，随冷却速率的增大，PP、Ta15、Ta20 呈现结晶度下降的趋势；在相同的冷却速率下进行结晶时，改性滑石粉含量为 15％的 Ta15 试样结晶度明显高于 PP 本体的结晶度，且随冷却速率增大结晶度下降幅度变小。但未改性滑石含量为 15％的 Ta15-0 试样的结晶度比 PP 本体有所提高，随冷却速率的降低

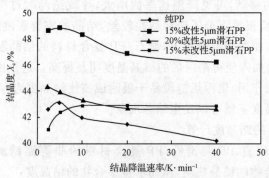

图 7-25　PP 及 Talc/PP 复合材料结晶度随冷却速率变化图

呈现下降的趋势。可见超细滑石粉对 PP 具有明显的促进结晶作用,但继续提高滑石含量(Ta20 试样)这种作用变得不明显,甚至出现了下降趋势。对于未改性滑石粉来说可能由于界面的未饱和键与 PP 具有结合的一面,故具有促进结晶的作用;另外由于存在与基体 PP 界面的不相容,使得未改性滑石粉既具有促进结晶的一面又具有随降温速率下降结晶度下降的一面。

(5)结晶动力学分析

在任意结晶温度时的相对结晶度 X_t 可以用下式进行计算:

$$X_t = \int_{T_0}^{T} (\mathrm{d}H_c/\mathrm{d}T)\mathrm{d}T \Big/ \int_{T_0}^{T_\infty} (\mathrm{d}H_c/\mathrm{d}T)\mathrm{d}T \tag{7-5}$$

式中:T_0 表示开始结晶时的温度,T_∞ 表示结晶完成时的温度。图 7-24 可相应转换为相对结晶度 X_t 与温度 T 的关系,如图 7-26 所示。

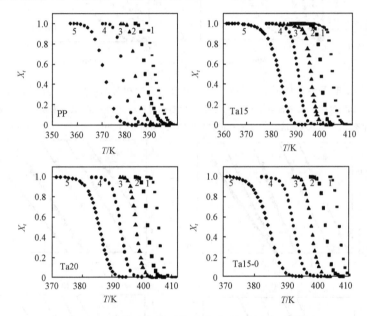

图 7-26 非等温条件下结晶度 X_t 与温度 T 的关系

降温速率:1-2.5 K·min^{-1};2-5 K·min^{-1};3-10 K·min^{-1};4-20 K·min^{-1};5-40K·min^{-1}

Avrami 方程表示的是相对结晶度与时间 t 的函数关系,因此必须进行时温转化,利用 $t = (T_0 - T)/\Phi$ 进行换算。图 7-27 显示了 PP 及滑石/PP 复合材料的相对结晶度 X_t 与时间 t 之间的关系。

以 $\ln[-\ln(1-X_t)]$ 对 $\ln t$ 作图得图 7-28,可得到 K 及 n 值,考虑到非等温结晶特点,对 K_c 用冷却速率修正

$$\ln K_c = \ln K/\Phi \tag{7-6}$$

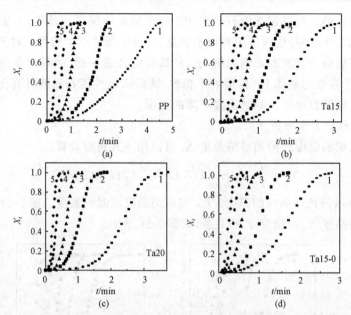

图 7-27　非等温条件下 PP 及滑石/PP 复合材料的相对结晶度 X_t 与时间 t 关系

(a) 纯 PP；(b) 15％改性 $5\mu m$ 滑石填充 PP；(c) 20％改性 $5\mu m$ 滑石填充 PP；(d) 15％未改性 $5\mu m$ 滑石填充 PP

降温速率：1-2.5 K · min^{-1}，2-5 K · min^{-1}，3-10 K · min^{-1}，4-20K · min^{-1}，5-40 K · min^{-1}

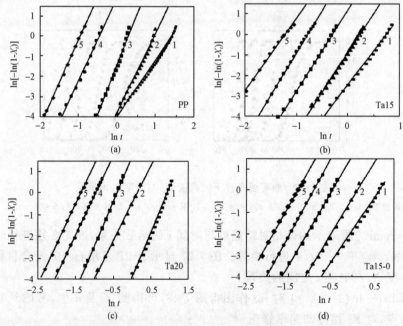

图 7-28　非等温条件下 PP 及滑石/PP 复合材料的 $\ln[-\ln(1-X_t)]\sim\ln t$

(a) 纯 PP；(b) 15％改性 $5\mu m$ 滑石填充 PP；(c) 20％改性 $5\mu m$ 滑石填充 PP；(d) 15％未改性 $5\mu m$ 滑石填充 PP

降温速率：1-2.5 K · min^{-1}，2-5 K · min^{-1}，3-10K · min^{-1}，4-20K · min^{-1}，5-40K · min^{-1}

　　由此计算出的 K_c 值及 K 、n 均列于表 7-7 中,表 7-7 中同时列出了半结晶时间 $t_{1/2}$ 。表 7-7 数据表明,同一组成, K_c 随冷却速率的增大而增大;半结晶时间 $t_{1/2}$ 缩短,说明冷却速率越大,体系的结晶速率越大。这是由于冷却速率很小时,由熔融态向结晶转变的过程较慢,冷却速率对结晶的影响较弱,随冷却速率增加,结晶起始温度降低,结晶受冷却速率影响较大,使 K_c 变大,这意味着冷却速率对体系结晶有明显的影响;在同一冷却速率下,滑石/PP 复合材料 K_c 均高于 PP,半结晶时间明显缩短,但影响程度不是一致的,Ta20 比 Ta15 结晶速率大,Ta15-0 比 Ta20 结晶速率大。

表 7-7　PP 及 Talc/PP 复合材料非等温结晶动力参数表

	R /K·min^{-1}	ΔH_c /J·g^{-1}	X_c /%	n	K	K_c	$t_{1/2}$ /min
	2.5	89.12	42.64	2.91	0.01	0.16	3.77
	5	90.08	43.10	3.73	0.02	0.46	2.46
PP	10	87.71	41.97	7.54	0.20	0.85	1.26
	20	86.68	41.47	4.93	9.39	1.12	0.59
	40	84.14	40.59	4.62	74.44	1.11	0.36
	2.5	86.4	48.63	4.88	0.01	0.16	2.63
	5	86.66	48.78	7.33	0.05	0.55	1.61
Ta15	10	87.8	48.30	4.88	1.23	1.02	0.88
	20	83.08	46.77	4.20	13.07	1.14	0.49
	40	82.06	46.19	3.58	37.34	1.09	0.32
	2.5	74.18	44.37	4.79	0.01	0.16	2.37
	5	73.38	43.89	4.64	0.28	0.78	1.21
Ta20	10	72.47	43.34	4.77	2.92	1.11	0.74
	20	71.39	42.70	3.81	33.78	1.19	0.36
	40	71.33	42.66	3.47	89.12	1.12	0.24
	2.5	73.01	41.10	3.44	0.11	0.41	1.71
	5	77.3	42.39	4.09	0.44	0.85	1.25
Ta15-0	10	76.16	42.87	4.44	3.22	1.12	0.705
	20	76.18	42.88	3.95	20.70	1.16	0.42
	40	76.21	42.90	3.39	50.05	1.10	0.27

　　非等温条件下 PP 及滑石/PP 复合材料的 n 值介于 3~6 之间,n 值的变化表明滑石在聚丙烯结晶过程中起到异相成核作用,导致聚丙烯的结晶成核和结晶生长方式发生了变化。

由于结晶度 $C(T)$ 与冷却速率、温度及时间有关，利用 $C(T)$ 下 Φ 与 t 的关系，以 $\ln\Phi$ 对 $\ln t$ 作图，得斜率为 $-\alpha$，截距为 $F(T)$。所得数据列于表 7-8。数据表明，$F(T)$ 值随滑石添加量增加而降低，同样添加量下未改性滑石比改性滑石低，说明滑石的加入增加了体系的结晶速率，这与前述结论一致。

表 7-8　PP 及 Talc/PP 复合材料 $F(T)$ 和 α 值

	$1-C(T)$	$F(T)$	α
	0.1	17.96	1.16
	0.3	13.87	1.12
PP	0.5	12.30	1.12
	0.7	10.49	1.15
	0.9	7.17	1.22
	0.1	13.60	1.41
	0.3	10.28	1.32
Ta15	0.5	8.76	1.28
	0.7	7.31	1.27
	0.9	7.58	0.94
	0.1	9.68	1.29
	0.3	7.77	1.22
Ta20	0.5	6.69	1.19
	0.7	7.64	1.17
	0.9	7.58	0.94
	0.1	9.30	1.58
	0.3	7.10	1.50
Ta15-0	0.5	7.75	1.48
	0.7	4.44	1.50
	0.9	2.61	1.56

7.3.5.2　等温结晶研究

(1) DSC 测量

称取约 10mg 试样，采用 Perkin-Elmer 示差扫描量热仪（DSC-7），首先以 20K·min^{-1} 速率升至 463K，使样品全熔，保温 10min 消除样品的热历史，所有操作在氮气氛围中进行，将保持在 463K 熔融的样品以 100K·min^{-1} 降至结晶温度 T_c 进行结晶并记录 DSC 曲线。T_c 分别为 110、115、120、125℃。

(2) 滑石对滑石/PP 复合材料等温结晶动力学的影响

图 7-29 为 PP 及滑石/PP 在不同温度下的 DSC 曲线，可以看出，随着结晶温

度的提高,DSC 曲线的吸热峰明显右移,说明结晶所用时间延长,结晶速率下降。可以看出滑石/PP 复合材料的结晶放热峰位置以及峰形和纯 PP 有明显不同,滑石的加入使结晶时间大幅度减少,结晶放热峰峰宽也明显变窄。这说明由于滑石的加入对聚丙烯有明显的成核作用,从而提高了结晶速率。滑石/PP 中的晶核含量大大高于纯 PP,特别是超细滑石分散后,相当于成核剂的数量大幅度提高。滑石/PP 的结晶过程主要以异相成核为主,而纯 PP 的结晶过程中均相成核与异相成核方式并存。均相成核需要足够长的时间,所以纯 PP 的结晶速率要比滑石/PP 慢。

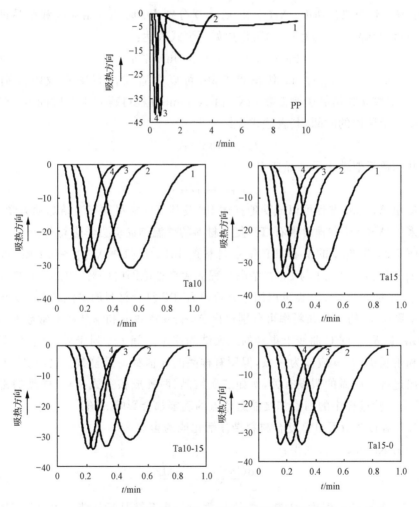

图 7-29　PP 及 Talc/PP 在不同温度下的 DSC 曲线

等温结晶:1-125℃;2-120℃;3-115℃;4-110℃

利用 Avrami 方程可以对等温结晶动力学进行较全面的分析,Avrami 方程的基本形式如下：

$$1 - X_t = \exp(-Kt^n) \tag{7-7}$$

式中：n 为 Avrami 指数，决定于结晶的成核机理和生长方式；K_n 为 Avrami 结晶速率常数，与成核速率和结晶速率有关，X_t 是相对结晶度，定义为：

$$X_t = \frac{X_t(t)}{X_t(\infty)} = \frac{\int_0^t (\mathrm{d}H(t)/\mathrm{d}t)\,\mathrm{d}t}{\int_0^\infty (\mathrm{d}H(t)/\mathrm{d}t)\,\mathrm{d}t} \tag{7-8}$$

式中：$\mathrm{d}H/\mathrm{d}t$ 为热流速率，$X_t(t)$ 和 $X_t(\infty)$ 分别为 t 时刻的结晶度和结晶过程完全结束后的结晶度。方程（7-7）可以用如下形式表达：

$$\ln[-\ln(1 - X_t)] = \ln K + n\ln t \tag{7-9}$$

以 $\ln[-\ln(1 - X_t)]$ 对 $\ln t$ 作图得 7-30，可以由直线的斜率和截距分别求得 Avrami 指数 n 和结晶速率常数 $\ln K$。由 Avrami 方程可得到半晶时间 $t_{1/2}$ 即结晶进行到一半所用的时间，其表达式为：

$$t_{1/2} = (\ln 2/K)^{1/n} \tag{7-10}$$

可用其倒数近似地表示结晶速率：

$$G_{1/2} = 1/t_{1/2} \tag{7-11}$$

　　使用 Avrami 方程可以成功地描述 PP 及其复合材料的等温结晶动力学，因此本文采用 Avrami 方程对滑石/PP 复合材料的等温结晶动力学进行分析。

　　图 7-30 为典型的滑石/PP 复合材料的 $\ln[-\ln(1 - X_t)] \sim \ln t$ 图，可以看出，$\ln[-\ln(1 - X_t)]$ 与 $\ln t$ 在结晶过程的大部分范围内（5%～95%）有良好的线性关系，说明 Avrami 方程可以用来分析滑石/PP 复合材料的等温结晶动力学。

　　由图 7-30 的截距和斜率可分别得出 Avrami 指数 n 和结晶速率常数 $K_\circ n$、K、$t_{1/2}$、$G_{1/2}$ 以及从 DSC 曲线上得到的最大结晶速率时间 $t_{\max}$ 列于表 7-9。根据结晶成核和生长机理，n 应该为整数，但所有样品的 n 值都不是整数。这与 Avrami 方程导出过程中所做的假设有关，例如二次结晶、两种成核方式并存、样品的密度变化、甚至实验过程中的因素如结晶起始点的确定都会影响 n 值。

　　（3）滑石对滑石/PP 复合材料结晶活化能的影响

　　利用 Kissinger 公式得：

$$\frac{\mathrm{d}(\ln K)}{\mathrm{d}(1/T_p)} = -\frac{\Delta E}{R} \tag{7-12}$$

式中：T_p 表示结晶温度；R 表示气体常数；ΔE 表示结晶活化能。求出的 PP 及滑石/PP 复合材料的结晶活化能列于表 7-9。

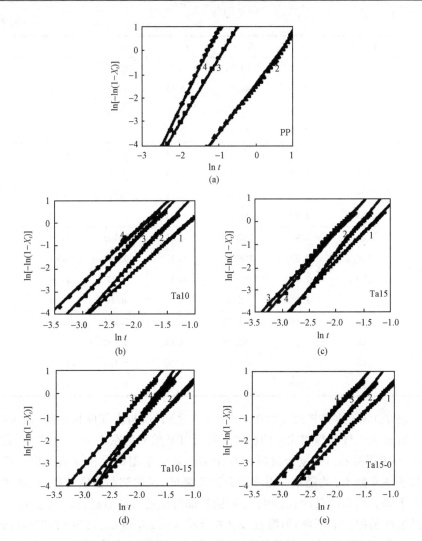

图 7-30　等温条件下 PP 及 Talc/PP 复合材料的 $\ln[-\ln(1-X_t)]\sim\ln t$ 图

（a）纯 PP；（b）含 10％改性 5μm 滑石填充 PP；（c）含 15％改性 5μm 滑石填充 PP；

（d）含 15％改性 10μm 滑石填充 PP；（e）含 15％未改性 5μm 滑石填充 PP

等温结晶：1-125℃,2-120℃,3-115℃,4-110℃

表 7-9　等温结晶动力学参数表

	T_c /℃	n	K / s^{-n}	$t_{1/2}$ /s	t_{max} /s	$G_{1/2}$ / s^{-1}	ΔE
	110	3.20	50.70	0.26	0.253	3.85	
PP	115	2.72	47.27	0.38	0.373	2.61	250.89
	120	2.70	26.59	1.66	1.653	0.60	

	T_c /℃	n	K / s^{-n}	$t_{1/2}$ /s	t_{max}/s	$G_{1/2}$ / s^{-1}	ΔE
Ta10	110	2.32	76.59	0.13	0.113	7.69	223.17
	115	2.57	84.03	0.15	0.13	6.67	
	120	2.69	51.07	0.20	0.18	7.00	
	125	2.24	12.33	0.27	0.256	3.70	
Ta15	110	2.70	114.87	0.14	0.126	7.14	187.99
	115	2.56	109.98	0.14	0.116	7.14	
	120	2.96	89.95	0.19	0.176	7.26	
	125	2.47	24.63	0.24	0.223	4.17	
Ta10-15	110	3.45	282.93	0.18	0.163	7.56	233.23
	115	2.82	208.66	0.13	0.123	7.69	
	120	2.90	93.08	0.18	0.17	7.56	
	125	2.55	22.56	0.25	0.24	4.00	
Ta17-0	110	2.86	151.15	0.15	0.125	6.67	247.46
	115	2.90	167.50	0.15	0.135	6.67	
	120	3.07	58.45	0.20	0.183	7.00	
	125	2.60	23.32	0.26	0.243	3.85	

从表 7-9 看到纯 PP 的 n 值在 $2.7\sim3.2$ 之间,这与文献值相一致,认为纯 PP 同时具有异相成核与均相成核的机理。滑石/PP 的 n 值在 $2.5\sim3.4$ 之间,其平均值为 3.0,说明滑石/PP 复合材料的等温结晶属于典型的异相成核机理。所有样品结晶速率常数 K_n 均随结晶温度的升高而降低,说明结晶温度升高,成核和生长速率都下降。所有样品的 $t_{1/2}$ 和 t_{max} 都随结晶温度的提高而延长,结晶速率 $G_{1/2}$ 均随结晶温度的提高而下降,但滑石/PP 复合材料的 $t_{1/2}$ 和 t_{max} 比纯 PP 增加得慢,在结晶温度较高时这种趋势表现更为明显。说明滑石/PP 复合材料对结晶温度的依赖性比纯 PP 低。这一结果表明滑石/PP 复合材料与纯 PP 有着不同的结晶过程,由于滑石/PP 含有可作为成核剂的滑石,经过超细处理的滑石会在结晶过程中演化成大量的晶核,因此滑石/PP 复合材料以异相成核为主,对温度的依赖性较小。而纯 PP 同时具有异相成核与均相成核的机理,因此纯 PP 结晶的温度依赖性较高,特别是在结晶温度较高时,结晶速率 $G_{1/2}$ 更低。由滑石/PP 复合材料的结晶活化能可见滑石的加入降低了聚丙烯的结晶活化能,因为滑石与聚丙烯之间强的相互作用,使聚丙烯在结晶运动中链段排列所需的能量降低,也就是说复合材料降低的那部分结晶活化能是由滑石与聚丙烯的作用提供的。这充分说明滑石在聚丙烯结晶过程中起到了异相成核的作用。

7.3.6　结晶动力学与复合材料性能的关系

影响聚丙烯及其复合材料力学性能的主要因素有:①基体本身的聚集结构——结晶度、晶粒大小及其分布、晶粒间的连接强度;②刚性粒子第二相的粒径及其在基体中的分布状况,两相间的分布状态等。对于纯 PP 而言,通过改变 PP 分子量分布、热处理及加成核剂等手段,可导致 PP 聚集态结构产生变化从而影响其力学性能。总的趋势为:结晶度的增加对拉伸强度有利,而对于断裂韧性不利。细化晶粒有助于断裂韧性的提高,而晶粒的连接密度可能对材料的影响更大。但如何确定结构和区分各结晶形态参量的影响及其力学性能的定量关系有待进一步研究。

在聚丙烯结晶过程中,填充滑石可以大大缩短结晶时间,尤其是初始结晶时间,在初始结晶阶段主要是晶核的形成,因此填充滑石后聚丙烯可以生成比纯聚丙烯多得多的初始晶核,有利于晶粒的细化;由于滑石的填加,在聚丙烯的生长阶段,使得聚丙烯的生长受到限制,阻碍晶粒的进一步长大,也使得聚丙烯球晶的晶粒相对纯聚丙烯的要小。

由于填充超细改性滑石粉,其粒度细,改性后亲油性增强,使得滑石表面吸附性及化学反应性增强,这样有利于促进聚丙烯的结晶,因此,填加滑石后聚丙烯的结晶度有一定的提高。

7.3.7　改性滑石粉/聚合物的应用研究

7.3.7.1　应用评价

表 7-10 为本实验室改性超细滑石粉在某塑料研究院用于聚丙烯 PPT30 复合材料体系中的应用试验。

表 7-10　Talc 在聚丙烯 PPT30 中的应用效果

编号	滑石粒度 /μm	PPT30	滑石用量	熔融指数 /$g \cdot 10min^{-1}$	拉伸强度 /MPa	断裂伸长率 /%	弯曲强度 /MPa	弯曲模量 /MPa	缺口冲击强度 /$kJ \cdot m^{-2}$
1	5	90	10	2.4	39.0	48.6	51.8	1813	6.3
2	5	85	15	2.5	39.2	34.0	54.8	2007	6.5
3	5	80	20	2.6	40.0	33.4	57.5	2202	6.7
4	5	75	25	3.0	39.6	27.8	56.3	2418	7.9
5	10	85	15	3.2	39.2	24.6	53.6	2066	6.4
6	10	80	20	2.7	38.1	36.1	54.6	2227	6.0

注:(1) 纯 PP 的缺口冲击强度为 7.6kJ · m⁻²;(2) 抗氧剂(1010) 0.2%(质量分数);(3) 润滑剂 A 0.3%(质量分数),润滑剂 B 0.4%(质量分数);(4) PPT30 和 Talc 用量为质量分数(%)。

该塑料研究院最后给予我室加工滑石改性聚丙烯的评价如下：

① 滑石改善 PP 的冲击性能，并显著提高其弯曲模量和弯曲强度。

② 滑石含量小于 25％（质量分数）时，材料的拉伸强度和缺口冲击强度基本保持不变，超过 25％时，缺口冲击强度虽略有下降，但仍高于纯聚丙烯。

③ 与 10μm 滑石相比，5μm 滑石更有利于提高材料的冲击韧性。

④ 滑石填充 PP 可达到增强增韧的效果，所制备的材料尤其适合对弯曲模量和强度要求较高的汽车零部件。

⑤ 与一般滑石粉填充料相比，材料的外观光泽更好。

在中石化某分公司塑料研究所考察了实验室改性滑石在均聚 PP、共聚 PP1、共聚 PP2 和均聚 PP/共聚 PP 复合体系中的应用性能。其应用情况如表 7-11 所示。

表 7-11　Talc 在基础树脂中的应用性能

编号	均聚 PP	共聚 PP1	共聚 PP2	熔融指数 /g·10min^{-1}	拉伸强度 /MPa	断裂强度 /MPa	断裂伸长率 /％	弯曲强度 /MPa	弯曲模量 /MPa	缺口冲击强度（23℃）/J·m^{-2}
1	100			0.22	36.58	24.46	23.04	37.51	1873	58.92
2		100		1.26	26.93	17.03	40.71	30.96	1818	82.50
3			100	0.23	27.05	12.86	136.8	23.11	1148	92.03
4	50	50		0.37	31.57	14.01	47.47	34.46	1877	72.60
5	50		50	0.18	32.69	13.62	52.27	29.86	1482	73.16
6	50		50	0.21	32.93	13.89	57.77	30.52	1568	83.77
7	50		50	0.19	33.26	13.71	60.77	30.69	1545	76.73

备注：（1）Talc 含量为 30％（质量分数）；（2）抗氧化剂 1010/168＝0.1/0.2；（3）1～5 号 Talc 为 4μm，6 号为 5μm，7 号为 10μm。

该中石化塑料研究所最后给予我室滑石改性聚丙烯的评价如下：

① 滑石对提高 PP 的刚性效果明显；

② 滑石对复合聚丙烯体系的冲击韧性影响小于国内同类无机填料；

③ 对共聚 PP1 的综合性能平衡较好；

④ 滑石粒径大小对均聚 PP/共聚 PP2 复合材料性能影响不大。

7.3.7.2　改性滑石粉在实际体系中的应用效果

在应用于实际生产体系的汽车布线卡专用料中加入本实验室提供的机械化学干法改性超细滑石粉，所得情况如表 7-12 所示。

表 7-12　Talc 在汽车材料实际体系中的应用性能

编号	拉伸强度 /MPa	断裂强度 /MPa	断裂伸长率 /%	弯曲强度 /MPa	弯曲模量 /MPa	缺口冲击强度(23℃) /J・m^{-2}
1	29.29	20.15	27.54	28.15	1396	67.71
2	29.88	19.66	28.67	29.19	1537	67.52
3	30.32	17.18	36.64	21.02	1681	66.22

备注：(1) Talc 含量为 40%(质量分数)；(2) 1 号 Talc 为 4μm，2 号为 5μm，3 号为国内同类产品；(3) 抗氧化剂 1010/168＝0.1/0.2；

通过改性滑石粉应用于汽车线卡专用料的应用试验研究，得出如下结论：

① 我室提供的改性滑石用于实际体系中，材料综合性能优于国内同类产品；

② 考虑到综合使用效果和加工工艺，在实际体系中，5μm 粒径的滑石实用性较好。

7.3.7.3　实际体系应用性能

实际体系包括汽车用保险杠、仪表板、蓄电池槽体、方向盘专用料。所制备的滑石/PP 专用料性能、相应应用领域的技术指标及与国内外同类产品的性能对比分别见表 7-13～表 7-16。

表 7-13　PP/ Talc 汽车保险杠专用料的性能及对比

项目	熔融指数 /g・10min^{-1}	拉伸强度 /MPa	断裂伸长率 /%	弯曲强度 /MPa	弯曲模量 /MPa	缺口冲击强度(23℃) /J・m^{-2}	热变形温度 /℃
技术指标	1.9～2.5	≥18.0	≥200	≥20.0	≥600	≥450	≥85
本实验室	2.0	18.2	325	21.0	753	462	89
美国 Himont Inc	7.0～6.0	17.0	400	20.5	—	500	—
日本三菱油化公司	1.7～22.0	17.0	200	19.0～24.0	—	490	106
扬子石化公司	2.0～6.0	16.0	200	—	600～900	400～650	85～90

表 7-14　PP/Talc 汽车蓄电池槽体专用料的性能及对比

性能指标	MFR /g·10min^{-1}	拉伸强度 /MPa	断裂伸长率 /%	弯曲模量 /GPa	缺口冲击强度(23℃) /J·m^{-1}	热变形温度/℃
技术指标	2.0~6.0	≥30.0	≥25	≥1.0	≥70	≥100
本实验室	2.7	31.2	27.9	1.05	73	101
美国 Himont Inc	3.0~7.0	27.0	26.0	0.9	70	65
风帆蓄电池厂	1.2~3.0	20.0	30.0	—	100	85

表 7-15　PP/Talc 汽车仪表板专用料的性能及对比

项目	MFR /g·10min^{-1}	拉伸强度 /MPa	断裂伸长率 /%	弯曲强度 /MPa	缺口冲击强度(23℃) /J·m^{-2}	热变形温度 /℃	成型收缩率 /%
技术指标	7.0~8.0	≥27.0	≥10	≥26.0	≥70.0	≥115	≤1.1
本实验室	6.4	27.0	65	32.0	107.0	125	0.7
美国 Himont Inc	9.0~10.0				77.0	120	—
日本三菱油化公司	3.0	26.4	50	31.4	88.0	124	1.1
天津大发	3.0~7.0	34.8	7~10	47.0	24.6~38.0	145~156	—
燕山石化	4.5	22.0	12	29.7	100.0	131	0.4

表 7-16　PP/Talc 汽车方向盘专用料的性能及对比

性能指标	MFR /g·10min^{-1}	拉伸强度 /MPa	断裂伸长率 /%	弯曲强度 /MPa	缺口冲击强度(23℃) /J·m^{-2}	热变形温度 /℃
技术指标	1.0~3.0	≥26.0	≥50	≥28.0	≥150	≥100
本实验室	1.0	27.6	132	31.5	157	117
燕山 1300	1.1	30.0	50	—	17kJ·m^{-2}	105

　　从实际体系用于制备汽车材料专用料的应用性能与对比中可以得出以下结论:

　　① 本实验室所提供的超细滑石粉在各基础和实际体系中的材料外观优于现有同类产品;

　　② 本实验室所提供的滑石在基础树脂和实际体系中性能优于同类产品,尤以

5μm 粒径最好；

③ 本实验室提供的滑石改性 PP 的实际体系可作为制备汽车保险杠、仪表盘、蓄电池槽体、方向盘等汽车材料的专用料，材料的综合性能分别达到相应的技术指标，并优于现有国内外同类产品的性能。

7.3.8　工业试验

7.3.8.1　某塑料厂工业应用结果

本实验室提供的 5μm 活性超微细滑石粉用于生产微型汽车保险杠、方向盘、仪表板和布线卡专用料。其专用料理化性能情况如表 7-17 所示。

表 7-17　专用料理化性能

实测性能	保险杠	方向盘	仪表板	布线卡
MFR /g·10min^{-1}	2.0	1.0	6.4	1.5
拉伸强度/MPa	18.2	27.6	27.0	26.7
断裂强度/MPa	325	132	65	102
弯曲强度/MPa	21.0	31.5	32.0	31.2
弯曲模量/MPa	753	—	—	1390
缺口冲击强度(23℃) /J·m^{-2}	462	157	105	89
热变形温度/℃	89	117	125	115
成型收缩率/%	—	—	0.70	0.71

改性滑石粉用于某塑料厂提供的工业配方的工业试验定性结果如表 7-18 所示。从以上工业实验定性结果可以看出本实验室提供的改性滑石粉基本上可以用于汽车材料，为此进行了进一步工业试验以佐证。

表 7-18　工业试验定性结果

成型情况	保险杠专用料	方向盘专用料	仪表板专用料	布线卡专用料
加工流变性能	流动性优于原专用料	良好，与原专用料等同	流动性优与原专用料	良好，与原专用料等同
加工稳定性	良好	良好	良好	良好
成型周期	与原专用料等同	与原专用料等同	稍短于原专用料	与原专用料等同
次品率	低	低	低	低
收缩偏差	优于原专用料	合格	优于原专用料	优于原专用料
外观	无污点色泽均匀	无污点色泽均匀	无污点色泽均匀	均匀、平整
动态破坏实验	通过	通过	通过	通过

7.3.8.2　某塑料有限公司工业试验结果

（1）改性 PPN1 保险杠专用料

本实验室提供的超细滑石粉用于改性 PPN1 的保险杠专用料，通过企业标准 Q/HXS 001-2001，ISO 9001：2000 的结果如表 7-19。

表 7-19　超细滑石粉改性 PPN1 保险杠专用料实验结果

序号	测试项目	单　位	测试方法	技术指标	中南大学
1	熔体流动速率	$g \cdot 10min^{-1}$	GB3682	7.5	7.7
2	拉伸强度	MPa	GB1040	17.0	18.2
3	断裂伸长率	%	GB1040	650	660
4	缺口冲击强度	$kJ \cdot m^{-2}$	GB1843	30	31
5	弯曲强度	MPa	GB1043	22	23
6	成型收缩率	%	GB15585	1.3	1.3
7	颜色		目测并与样板对比	一致性	一致性

从以上工业试验结果可以看出本实验室提供某塑料有限公司的改性滑石粉全部达到 PPN1 保险杠汽车材料的各项性能要求，可以用于 PPN1 保险杠汽车材料的生产。

（2）改性 PPN1 仪表板专用料

超细滑石粉用于改性 PPN1 的仪表板专用料，通过企业标准 Q/HXS 001-2001，ISO 9001：2000 的结果如表 7-20。

表 7-20　超细滑石粉改性 PPN1 仪表板专用料实验结果

序号	测试项目	单　位	测试方法	技术指标	中南大学
1	熔体流动速率	$g \cdot 10min^{-1}$	GB3682	10.0	10.1
2	拉伸强度	MPa	GB1040	22	24
3	断裂伸长率	%	GB1040	40	45
4	缺口冲击强度	$kJ \cdot m^{-2}$	GB1843	10.0	11.8
5	弯曲强度	MPa	GB1043	30.0	33.5
6	成型收缩率	%	GB15585	1.0	1.0
7	颜色		目测并与样板对比	一致性	一致性

从以上工业试验结果可以看出，本实验室提供杭州兴宇塑料有限公司的改性滑石粉全部达到 PPN1 仪表板汽车材料的各项性能要求，可以用于 PPN1 仪表板汽车材料的生产。

7.3.8.3　某汽车工程塑料有限责任公司工业试验结果

本实验室提供的超细滑石粉在某汽车工程塑料有限责任公司用于轻型卡车仪

表板、汽车保险杠的结果如表 7-21。

表 7-21　某汽车工程塑料有限责任公司工业试验结果

检测项目	单　位	检测标准 GB	轻卡仪表板 YB5384A 专用料	德国标准 DIN	汽车保险杠 S11-PP20425 专用料
密　　度	g·cm^{-3}	GB1033	— /1.03	DIN53479	无要求
熔体流动速率	g·10min^{-1}	GB3682	≥7.0/7.5	DIN53765	≥37.0/44.30
平均模缩率	%	GB/T15585	0.7～0.8/0.80	GB/T15585$^{\#}$	0.9～1.0/1.00
拉伸强度	MPa	GB1040	≥20.0 /21.3	DIN53455	≥18.0/23.70
断裂伸长率	%	GB1040	≥10 /256	DIN53455	≥20/556
悬臂梁冲击强度	kJ·m^{-2}	GB1843	≥7.0 / 21.60	DIN53453	≥27.0/37.6 *
弯曲强度	MPa	GB9341	≥26.0/ 28.1	DIN53452	≥ 18.0/33.9
弯曲弹性模量	MPa	GB9341	≥1500/1596	DIN53452	≥1100/1300

注：数据中 A/B，A-企业技术标准，B-试验检测数据；(a) 轻卡仪表板按 GB 标准，汽车保险杠按 DIN 标准；(b) ♯无德国标准，按 GB 标准；(c) * 缺口冲击强度。

　　从以上工业试验结果可以看出本实验室提供某汽车工程塑料有限责任公司的改性滑石粉全部达到轻卡汽车仪表板和汽车保险杠的各项性能要求，可以用于汽车仪表板和汽车保险杠零部件汽车材料的生产。

7.4　机械化学改性无机组合粒子及应用

7.4.1　实验方法

　　滑石在聚合物填充改性中应用最广泛，基础研究相对成熟，而硅灰石是近年来才开发利用的一种新型无机填料。硅灰石显针状、纤维状形貌，可用作聚合物增强填料。我国硅灰石资源特别丰富，储量约 2 亿 t，保有储量 13265 万 t，位居世界首位，目前正在寻求高技术高附加值应用途径[14]。经综合考虑，本节以硅灰石为中心，硅灰石与滑石为基本组合而进行研究，同时探寻能与硅灰石产生良好协同作用的其他无机粒子。前人的研究表明，普通超细粒子填充聚合物时，在提高填充体系的刚度、模量、硬度、热变形温度和冲击强度的同时，会不同程度地降低材料的拉伸强度、断裂伸长率等性能（与基体树脂相比）[15]。为达到同时增强增韧的目的，首先想到的就是用纳米粒子填充，但是纳米粒子价格昂贵，单独用纳米粒子填充势必大幅度提高材料成本，目前市场无法接受。为此，实验确定了如下的粒子组合方案：

① W/T(W∶T＝1∶1)超细组合粒子作 PP 无机粒子填充用量试验($\phi_f =$ 0～55％,质量分数),根据 WT/PP 复合材料综合性能确定无机粒子的最佳填充量;

② W、T、W＋T、W＋B、W＋C、W＋T＋B、W＋B＋T＋C 七组粒子经超细加工和表面改性处理后填充 PP,考察不同种类粒子的组合对 PP 复合材料性能影响;

③ 在 W/T 组合中,研究 W 与 T 的不同配比对 WT/PP 复合材料性能影响;

④ 在 W/T 组合中,研究 W 和 T 的细度对 WT/PP 复合材料性能影响;

⑤ 在 W/T 组合中加入少量 N,研究纳米粒子对 N/WT/PP 复合材料性能影响。

采用的无机刚性粒子有滑石(talc)、硅灰石(wollastonite)、重晶石(barite)、碳酸钙(calcium carbonate)、石英(quartz)等五种超细粒子以及纳米 Al_2O_3(nano-Al_2O_3)。本节中用粒子英文大写首字母表示:T-滑石、W-硅灰石、B-重晶石、C-重质碳酸钙、Q-石英、N-纳米 Al_2O_3。

7.4.2　机械化学超细加工组合粒子

实验采用干法搅拌球磨工艺,如图 7-31 所示。超细加工的具体操作如下:首先将磨机筒体固定于机架合适的位置(过高则搅拌器会抵触桶体底部而使其不能正常运转,过低则由于磨介密度大于待磨物料密度而沉积到底部,进而使靠近筒体底部的磨介起不到有效研磨物料的作用)。每次称取待磨物料 1kg,研磨介质氧化锆球 4kg(Φ5mm),倒入磨机筒体,盖上上盖,通入冷却水,开动电机进行超细处理。每隔一段时间应停机检查物料是否黏附于筒壁或集结与筒体底部,若出现该情况则应将其撬散以确保物料得到充分均匀的研磨。磨到规定时间后,停机取出磨料,分出研磨介质即得所需的超细产品,检测产品粒度、白度等性能。

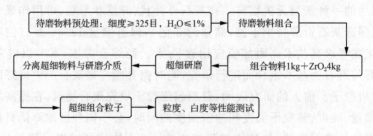

图 7-31　组合粒子超细处理的流程示意图

超细组合粒子的组合条件及性能如表 7-22 所示。D_{50}、$D[4,3]$、$D[3,2]$分别为体积中径值、体积平均径和表面积平均径。

表 7-22　PP 填充改性用超细组合粒子

编号	制备条件	白度/%	D_{50} /μm	比表面积 /m² · g⁻¹	D_{90} /μm	$D[4,3]$ /μm	$D[3,2]$ /μm
1#	WT(1∶1)ᵃ,GH2.0hᵇ	84.65	4.297	2.75142	23.362	9.392	2.181
2#	W,G2.0hᶜ	73.60	7.894	1.81303	44.368	16.972	3.309
3#	T,G2.0h	89.33	6.213	1.79075	23.645	9.979	3.351
4#	WB(1∶1),GH2.0h	79.69	3.716	3.30286	23.456	9.067	1.817
5#	WC(1∶1),GH2.0h	80.61	4.425	3.10699	32.514	13.480	1.931
6#	WTB(1∶1∶1),GH2.0h	84.59	3.659	3.25745	19.731	8.125	1.842
7#	WTBC(1∶1∶1∶1),GH2.0h	87.12	3.562	3.33373	22.835	8.483	1.800
8#	$W_2^d Q_4$(1∶1), G	77.17	4.070	2.69085	22.572	11.484	2.230
9#	$W_{0-0.7-1-1.7-2}$ (1∶2∶2∶4∶3)	76.06	7.713	2.02538	44.895	17.822	2.962
10#	WT(6∶4),GH2.0h	84.19	4.446	2.57243	19.165	7.938	2.332
11#	WT(4∶6),GH2.0h	86.69	4.494	2.52162	18.282	7.683	2.379
12#	WT(7∶3),GH2.0h	83.30	4.697	2.45523	18.232	7.713	2.444
13#	$W_{2.0}T_{0.5}$(1∶1)	81.11	6.026	2.01820	26.425	10.817	2.973
14#	$W_{2.0}T_{1.0}$(1∶1)	83.16	7.034	2.51078	19.791	8.193	2.390
15#	$W_{2.0}T_{1.5}$(1∶1)	83.14	4.673	2.68866	27.110	11.50	2.232
16#	$W_{0.5}T_{2.0}$(1∶1)	83.65	7.107	1.67269	22.862	9.826	3.105
17#	$W_{1.0}T_{2.0}$(1∶1)	83.41	7.972	1.93232	21.517	9.511	2.675
18#	$W_{1.5}T_{2.0}$(1∶1)	82.64	4.947	2.2432	23.688	9.794	3.587
19#	[WT(1∶1),GH2.h] N(100∶1)	83.98	6.015	1.55535	19.543	9.024	3.858
20#	[WT(1∶1),GH2.h] N(100∶3)	84.32	7.143	1.45767	29.607	12.932	4.116
21#	[WT(1∶1),GH2.h] N(100∶5)	83.90	6.167	1.57204	24.343	11.460	3.817
22#	[WT(1∶1),GH2.h] N(100∶8)	84.69	6.208	1.46871	21.734	9.864	4.085

注：a 括号内的比值表示括号前的组合粒子各组分之质量比；b 干混磨 2h；c 干磨 2h；d 下标表示该粒子干磨时间。

7.4.3　组合粒子的机械化学改性

组合粒子表面处理的试验分两步走：第一步，采用烧杯小型试验探索表面处理的工艺参数及影响组合粒子表面处理效果的因素；第二步，参考探索性试验得出的优化工艺参数，进行 PP 填充用无机组合粒子表面改性处理。探索性试验采用干法工艺，流程如图 7-32 所示。表面处理效果采用改性粒子悬浮体黏度来表征：相同温度下，固液间相容性强则悬浮体黏度低，相容性弱则悬浮体黏度高。测试中用有机环氧树脂作溶剂，因此黏度越低，表明粒子与有机物相容性越强，表面处理效果越好[16,17]。

图 7-32　无机粒子表面处理原则流程

7.4.3.1　表面处理剂用量

硅灰石和滑石组合粒子（W/T＝1∶1）50g，改性温度 80℃，改性时间 30min，改变钛酸酯偶联剂的用量（0～1.5%，以改性粒子为 100%，下同），表面处理效果如图 7-33 所示。图 7-34 则是石英粉末的改性效果随偶联剂用量的变化情况，试验采用了硅烷偶联剂 KH-550 及硅烷/钛酸酯混合偶联剂 NDZ-KH（1∶1），其他条件相同。图 7-35 是经过湿法搅拌球磨后的石英粉的改性效果随钛酸酯偶联剂用量的变化曲线。

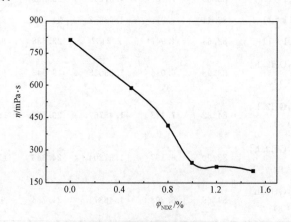

图 7-33　钛酸酯用量对硅灰石/滑石（W/T）
组合粒子表面处理效果的影响

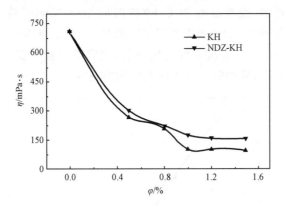

图 7-34　改性剂用量对粉石英表面处理效果的影响

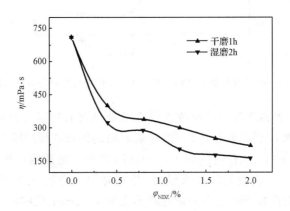

图 7-35　钛酸酯用量对石英粉表面处理效果的影响

　　由曲线看出,无机粒子的表面处理效果随改性剂用量的增加而增强。对硅灰石/滑石组合粒子而言,钛酸酯偶联剂用量在 1.0%(质量分数)以前,表面处理效果随偶联剂增加显著提高;当用量超过 1.0%时,增加偶联剂用量,粒子悬浮液黏度降低幅度明显减缓,逐渐趋于恒值。在用钛酸酯偶联剂处理石英粉试验中,偶联剂用量在 0.5%~2.0%之间变化时,改性粒子的悬浮液黏度呈直线下降趋势。硅烷或硅烷/钛酸酯混合偶联剂用量对无机粒子改性效果有相似的影响。综合考虑,在无机粒子表面处理中,硅烷或钛酸酯的用量在 0.8%~1.5%即可达到良好的改性效果。

7.4.3.2　表面处理时间

　　一方面要使表面处理剂在高速搅拌作用下充分混合均匀,另一方面,表面处理剂与无机粒子表面官能团作用和反应充分需要一定的时间。取硅灰石/滑石(W/T=1∶1)组合粒子 50g 置于烧杯中进行改性处理,表面处理剂为 1.0%(质量分数)的钛酸酯偶联剂,改性温度 80℃,改性时间 10～50min,粒子的改性效果如图 7-36所示。由图可知,随着表面处理时间的延长,粒子悬浮液黏度降低,尤其是在处理时间 $t \leqslant 30min$ 时,黏度下降特别显著,表明组合粒子表面处理的效果显著增强;当 $t \geqslant 30min$ 后,处理时间对改性效果的影响减弱。

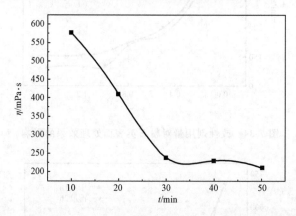

图 7-36　时间对硅灰石/滑石(W/T)组合粒子表面处理效果的影响

图 7-37 所示的曲线是石英粉改性效果随处理时间的变化趋势。试验中分别采用 1.2％的钛酸酯偶联剂和 0.5％的硅烷偶联剂作石英超细粉表面处理剂,表面处理温度固定为 80℃,改性时间在 10～50min 之间。由曲线可见,处理时间达到 30min 后的无机粒子表面处理效果较好,并随时间的增加,改性效果提高越来越小。综上所述,无机粒子的表面处理时间不能少于 30min,但时间过长对改性效果提高意义不大,并且降低生产效率,浪费能源,提高生产成本。故生产中可确定无机粒子的表面处理时间为 30min。

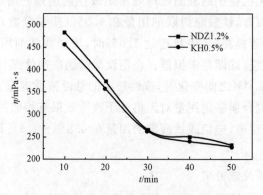

图 7-37　时间对粉石英表面处理效果的影响

7.4.3.3　表面处理温度

温度高有利于处理剂的均匀分散,有利于偶联剂与粒子表面官能团发生化学反应。试验固定表面处理时间 30min,考察表面处理温度对无机粒子表面改性效果的影响。

图 7-38 表明了 1.0%(质量分数)钛酸酯对硅灰石/滑石组合粒子的改性效果随处理温度的变化情况。图 7-39 则是处理温度对超细石英粉改性效果的影响,试验分别采用 1.2%的钛酸酯与 0.5%的硅烷偶联剂为表面处理剂。从图中可以看出,粒子改性效果随处理温度的升高而提升,而当温度达到 80℃时,改性效果的变化趋于平缓。从节能角度考虑,表面处理温度可确定为 80℃。

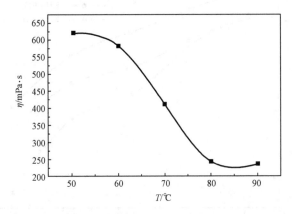

图 7-38　温度对硅灰石/滑石(W/T)组合粒子改性效果的影响

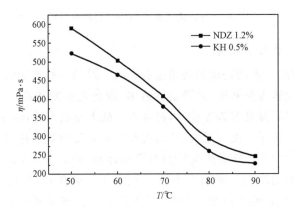

图 7-39　温度对石英粉表面改性效果的影响

7.4.3.4　表面处理剂种类

不同种类偶联剂与粒子表面作用的机理不同,因而不同表面处理剂对无机粒子的改性效果存在较大的差别。从图 7-37 与图 7-39 可知,在超细粉石英的表面处理中,硅烷偶联剂的改性效果比钛酸酯偶联剂好。如图中所示,在其他表面处理条件一致的情况下,0.5%(质量分数)的硅烷与 1.2%钛酸酯偶联剂的改性效果相当。

　　图 7-40 所示曲线是三种不同的表面处理剂对不同细度的石英粉末的表面处理效果:钛酸酯 1.2%、硅烷 1.0%、硅烷/钛酸酯(质量比 1:1)混合偶联剂 1.0%。由图可以看出,硅烷的改性效果优于混合偶联剂,而混合偶联剂的改性效果明显优于钛酸酯偶联剂。

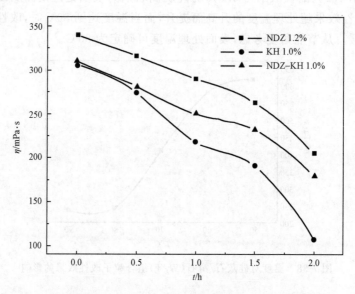

图 7-40　球磨时间与表面处理剂种类对石英粉改性效果的影响

7.4.3.5　无机粒子细度

　　无机粒子细度对表面处理的效果也有影响。对同一种粒子而言,粒度越小,比表面积越大,颗粒表面的断键、残键密度越多,因此表面能越高。偶联剂与无机粒子表面断键的作用,降低其表面能量,提高粒子的表面疏水性;断键越多,与偶联剂的作用点也越多,作用强度也越大,从而表现出来的改性效果越好。图 7-40 中,未磨石英粉过 325 目筛,以该粉末为原料分别搅拌球磨 0.5h、1.0h、1.5h、2.0h 后进行表面处理,所得的改性效果如图 7-40 曲线所示。硅灰石/滑石、硅灰石/碳酸钙等组合粒子中硅灰石粒子越细,组合粒子表面处理的效果越好,其关系曲线如图 7-41 所示。从图 7-41 可见,硅灰石的粒度组合对改性效果的影响十分显著,这可能是由于硅灰石呈针状,未经搅拌球磨长径比大,改性操作时不利于改性剂的充分混匀;球磨后,粒度变小的同时长径比也变小,有利于粒子与改性剂的充分混匀,进而改善组合粒子的表面处理效果。

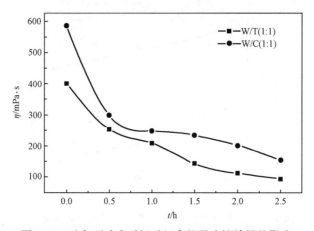

图 7-41　硅灰石球磨时间对组合粒子改性效果的影响

7.4.3.6　组合粒子成分

试验研究了不同组成的组合粒子的表面处理效果,改性条件均为处理温度 80℃、以 1.0%(质量分数)的钛酸酯偶联剂为表面处理剂、处理时间 30min。图 7-42考察硅灰石/滑石组合粒子中滑石的含量对改性效果的影响;图 7-43 表明碳酸钙含量对硅灰石/碳酸钙组合粒子表面处理效果的影响情况;图 7-44 显示重晶石的含量对硅灰石/重晶石组合粒子表面处理效果的影响。从图中曲线可以看出,组合粒子中滑石、碳酸钙与重晶石含量增加,组合粒子的改性效果变好。由于滑石本身的润湿角(64°)比硅灰石大,即滑石比硅灰石的疏水性强,因此组合粒子的改性效果随滑石份额的增加而增强。对于重晶石较碳酸钙而言,粒子长径比小,较硅灰石流动性好、易分散,一方面会改善表面处理剂的分散状况,另一方面可减小悬浮液中粒子间内摩擦力,因而显示的表观黏度随重晶石和碳酸钙量的增加而降低。从上述的分析可知,单纯的硅灰石粉末改性效果比较差,这主要是由于其针状形貌导致分散困难;其他无机粒子的加入有利于提高粒子的改性效果,为后续的材料制备提供良好的原材料,这也是本实验采用组合粒子的理由之一。

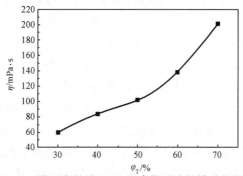

图 7-42　滑石含量对 W/T 组合粒子改性效果的影响

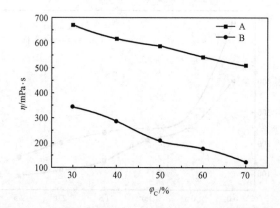

图 7-43　碳酸钙含量对 W/C 组合粒子改性效果的影响

碳酸钙未磨,A 硅灰石未磨,B 硅灰石磨 2h

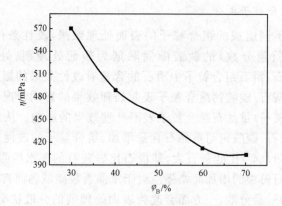

图 7-44　重晶石含量对 W/B 组合粒子改性效果的影响

7.4.3.7　填充 PP 用组合粒子机械化学改性工艺的确定

根据条件试验结果确定组合粒子表面处理的工艺条件为:处理温度 80～100℃,处理时间 30min,以硅烷/钛酸酯(质量比 1∶1)混合偶联剂为表面处理剂,处理剂用量为无机粒子的 1.0%。以 25L 高速混合机为表面处理设备,带有自动控温系统和无级调速电机。组合粒子表面处理 2h 的流程如图 7-45 所示。

具体操作:①高速混合机开机,并调节预热温度至 80～100℃;②称取待处理的无机粒子 X_f g 放入高速混合机,并高速混匀;③配制表面处理剂,偶联剂的用量 $Y = 0.5\% \cdot X_f$(KH-550)$+0.5\% \cdot X_f$(NDZ-201),稀释剂无水乙醇与偶联剂按质量比 4∶1 配入,于烧杯中用玻璃棒充分搅匀;④待无机粒子达到预定温度(80～100℃)后用注射器以雾状加入表面处理剂,并确保表面处理剂的均匀分散;⑤继续高速搅拌 10min,转速在 800r·min⁻¹ 以上,之后可适当降低混合机的转速,持续到规定的时间；⑥停机卸料，冷却装袋，即得 PP 填充改性用组合无机刚性粒子。

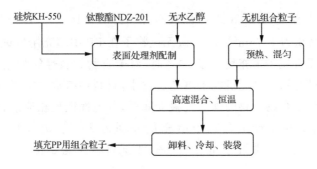

图 7-45　组合粒子表面处理原则工艺流程

7.4.4　机械化学改性组合粒子的应用

7.4.4.1　实验流程

无机组合粒子/PP 复合材料的制备工艺如图 7-46 所示。无机组合粒子与 PP 树脂按一定比例配成混合料（另加少量助剂），经高速混合机混合 3min，然后进入双螺杆挤出机挤出粒料，挤出温度 190～210℃，螺杆转速 120r·min⁻¹；粒料再注射成型为标准试验样条；最后按国家标准检测样条的力学性能和热学性能，见表 7-23。此外还检测了复合体系熔体在 230℃温度下的动态黏度。

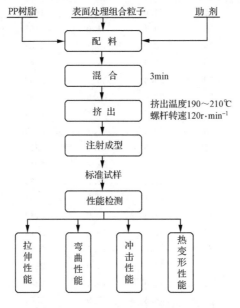

图 7-46　无机组合粒子/PP 复合材料制备工艺流程

7.4.4.2　实验方法

首先用 1# 组合粒子 WT，即硅灰石/滑石，质量比 1：1，体积中位径 $D_{50}=$ 4.3μm，比表面积为 2.75m^2 · g^{-1}，做无机粒子在 PP 中填充用量试验。前人的研究表明，普通无机粒子填充量小于 20％时，对聚合物材料性能如刚度、硬度、冲击韧性的提高不明显，并且无机粒子填充量过小，材料制备成本降低有限；若无机粒子填充量过大，聚合物材料的强度大幅度降低，其他性能也相应恶化，使材料失去使用价值。故实验设计组合粒子填充量分别为 20％、30％、35％、40％、45％、55％，无机粒子与 PP 树脂总和为 100％，测试材料性能如表 7-23 中 M-1～M-6 所示。

表 7-23　无机组合粒子/PP 复合材料性能

填充物编号	产品编号	填充量/%	σ_T/MPa	σ_Y/MPa	E_Y/MPa	T_C/℃	P_I/J · m^{-1}
纯 PP	M-0	0	37.8	47.1	1447	109	27.5
1#	M-1	20	34.0	43.9	1773	121	30.9
	M-2	30	32.7	43.1	2008	134	34.8
	M-3	35	30.4	42.3	2293	153	40.6
	M-4	40	28.9	38.4	2018	155	40.3
	M-5	45	24.0	36.5	1994	140	37.6
	M-6	55	21.3	34.1	1800	123	34.0
2#	M-7	35	21.2	30.5	1754	132	32.6
3#	M-8	35	24.0	32.6	1877	140	33.4
4#	M-9	35	29.1	41.0	2408	147	28.4
5#	M-10	35	28.0	40.1	2033	144	39.1
6#	M-11	35	33.3	44.9	2441	159	41.7
7#	M-12	35	26.5	38.4	2009	140	39.5
8#	M-13	35	22.0	30.9	1809	130	33.0
9#	M-14	35	23.1	31.4	1844	136	34.1
10#	M-15	35	30.0	41.1	2202	144	39.1
11#	M-16	35	32.6	44.8	2314	160	44.3
12#	M-17	35	28.4	38.4	2015	139	37.9
13#	M-18	35	27.2	38.5	2029	149	37.9
14#	M-19	35	28.1	38.8	2104	156	38.8
15#	M-20	35	28.8	39.0	2149	148	40.8
16#	M-21	35	30.9	40.9	2215	152	40.5
17#	M-22	35	31.4	42.1	2301	150	41.8
18#	M-23	35	32.1	43.0	2314	158	43.6
19#	M-24	35	34.8	47.4	2387	153	52.9
20#	M-25	35	46.5	67.9	2504	153	70.4
21#	M-26	35	59.6	82.0	2771	155	107.5
22#	M-27	35	67.4	100.7	2943	159	130.8

根据 M-1～M-6 号材料的综合性能确定 PP 中无机粒子的最佳填充量 X。从表中数据可以看出,WT/PP 材料的拉伸强度与弯曲强度随无机粒子用量的增加而降低,而弯曲模量、冲击强度及热变形温度等性能先随无机粒子用量的增加而出现最大值,之后随无机粒子用量材料的增加性能降低。另一方面,PP 材料在实际应用中,成为性能瓶颈的是刚度、冲击韧性和高温使用性能,强度性能则够用或存在一定的盈余,提高复合材料冲击韧性和刚度是填充改性 PP 的主要目标,因而可认为无机粒子用量在 35％～40％时,WT/PP 复合材料的综合性能最佳。

为了便于比较,固定无机组合粒子的填充量,且为 $X = 35\%$,其他制备工艺条件也相同,考察不同种类粒子组合、不同细度粒子组合、不同相对含量粒子组合对 PP 复合材料性能的影响(组合粒子/PP 材料试样编号如表 7-23 所示)。

7.4.4.3 改性组合粒子/PP 复合材料性能检测结果

试验中,采用的无机组合粒子共 22 个试样(1♯～22♯,见表 7-22),除 1♯组合粒子外,其他各组合粒子只作粒子用量为 35％的条件。组合粒子/PP 复合材料性能测试结果如表 7-23;不同用量无机组合粒子与 PP 混合料的熔体黏度如表 7-24 所示。

表 7-24　无机组合粒子/PP 混合料熔体黏度(η,10^6mPa・s)

样品	$f=10$Hz	$f=100$Hz	样品	$f=10$Hz	$f=100$Hz
M-0	0.33	0.04	M-6	7.66	1.39
M-1	1.63	0.13	M-24	0.37	—
M-2	2.71	0.26	M-25	0.41	—
M-3	4.05	0.29	M-26	0.49	—
M-4	4.81	0.58	M-27	0.58	—
M-5	7.92	0.84			

7.4.5　改性无机组合粒子协同效应分析

7.4.5.1　无机粒子用量作用规律

无机粒子用量是影响 PP 复合材料的重要因素。用量过少,达不到增强增韧、降低成本的目的;用量过多,使材料性能恶化而失去使用价值。

首先用 1♯组合粒子 WT 探索 PP 聚合物无机刚性粒子最佳填充量。1♯组合粒子制备条件为:硅灰石与滑石按质量比 1：1 混合,干法搅拌球磨 2.0h,体积中径值 D_{50} 为 4.297μm,比表面积 2.75m² ・ g⁻¹,表面积平均径 $D[3,2]$ 为 2.181μm,以硅烷 KH-550 与钛酸酯 NDZ-201 质量比 1：1 的混合物为表面处理剂进行表面处理,处理剂用量为无机粒子质量的 1％(质量分数)。以聚丙烯 PP 为基体树脂,

WT 组合粒子为增韧剂,其用量在 0～55％之间变化,制备 WT/PP 复合材料标准样条,并按有关国标检测其性能,结果如表 7-25 所示。

表 7-25　WT(1∶1)/PP 复合材料性能

性能参数	WT 的含量 φ_{WT}/%						
	0	20	30	35	40	45	55
σ_T /MPa	37.8	34.0	32.7	30.4	28.9	24.0	21.3
σ_Y /MPa	47.1	43.9	43.1	42.3	38.4	36.5	34.1
E_Y /MPa	1447	1773	2008	2293	2018	1994	1800
T_C /℃	109	121	134	153	155	140	123
P_I /J·m^{-1}	27.5	30.9	34.8	40.6	40.3	37.6	34.0

图 7-47 是组合粒子 WT/PP 复合材料拉伸强度、弯曲强度以及 IZOD 缺口冲击强度随 WT 粒子用量变化的曲线图。从图中可以看出,复合材料的拉伸强度和弯曲强度随 WT 用量增加而降低,缺口冲击强度则先随 WT 用量增加而提高,在用量 $\varphi_{WT}=35\%$左右出现极大值,而后随粒子用量增大而明显降低。当 WT 用量较小时,复合材料的强度降低幅度小:拉伸强度在 $\varphi_{WT}<30\%$时,曲线变化平缓,WT 用量从 0％增加到 30％,拉伸强度只降低了 15％;弯曲强度在 $\varphi_{WT}<35\%$情况下降低缓慢,WT 用量从 0％增加到 35％,拉伸强度仅降低了 14.8％。当 WT 粒子用量 $\varphi_{WT}>40\%$,不论拉伸强度还是弯曲强度性能都明显降低。复合材料的 IZOD 缺口冲击强度在 $\varphi_{WT}<25\%$时提高缓慢,随着 WT 粒子用量继续增大,冲击强度大幅度提高,并在 $35\%\leqslant\varphi_{WT}\leqslant40\%$出现峰值 41J·m^{-1},比纯 PP 材料的冲击强度(27.5J·m^{-1})提高了近 50％,在 $\varphi_{WT}>40\%$时材料冲击性能大幅度降低。

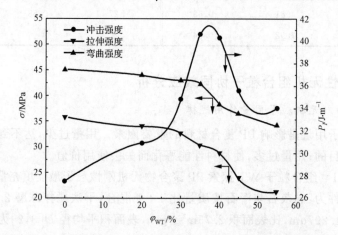

图 7-47　无机粒子 WT(1∶1)用量对 WT/PP 材料强度性能的影响

图 7-48 是 WT/PP 复合材料弯曲模量及负荷热变形温度随无机粒子 WT 用量增加的变化曲线。如图所示,WT/PP 材料的弯曲模量和热变形温度先随 WT粒子用量增加而增大,在某一用量时出现极大值,然后随 φ_{WT} 的继续增大而降低。纯 PP 材料的弯曲模量为 1447MPa,当 WT 粒子加入量 $\varphi_{WT}<25\%$ 时,复合材料的弯曲模量增加,但增幅较小;当粒子用量 $\varphi_{WT}>25\%$ 时增幅变大且在 $\varphi_{WT}=35\%$ 时出现最大值,为 2293MPa,较纯 PP 材料而言,弯曲模量提高了 58.5%,尔后随粒子用量 φ_{WT} 的增加而急剧降低。WT/PP 复合材料的负荷热变形温度的变化趋势与弯曲模量相似,随 φ_{WT} 值的增大而呈现"几"字形曲线结构,并在 $\varphi_{WT}=35\%\sim$ 40% 左右时获得最高值 155℃,比纯 PP 材料的 109℃ 提高了 42%。

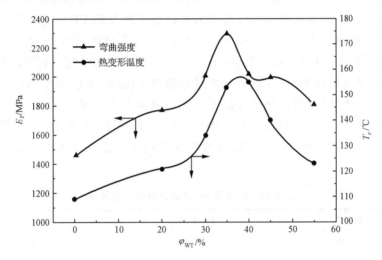

图 7-48　无机粒子 WT(W∶T=1∶1)用量对 WT/PP 材料弯曲强度与热变形温度的影响

图 7-49 是以 WT/PP 复合材料性能与纯 PP 材料性能之比(P_C/P_M)为纵坐

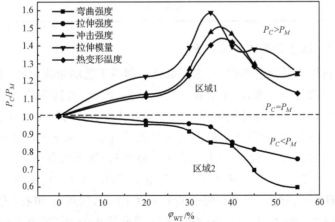

图 7-49　WT/PP 与纯 PP 材料性能之比随 WT(W∶T=1∶1)填充量的变化规律

标,以组合粒子 WT 用量 φ_{WT} 为横坐标的曲线图。图中虚线为 $P_C/P_M=1$,即 $P_C=P_M$,它将坐标平面分为两个区域:区域 1 与区域 2。区域 1 中复合材料性能大于纯基体树脂材料,即 $P_C>P_M$;区域 2 中复合材料性能小于纯基体树脂材料 PP,即 $P_C<P_M$。图中曲线清楚地显示:超细无机粒子 WT 在添加量 $\varphi_{WT}<55\%$ 的情况下可提高填充体系的弯曲模量、冲击强度和热变形温度,而填充体系拉伸强度和弯曲强度则随 WT 粒子用量 φ_{WT} 的增加而单调递减。

综上所述,可得出如下结论:若硅灰石与滑石组合粒子 WT(1:1)在 PP 树脂中的填充量 φ_{WT} 太小,体系的弯曲模量、冲击强度和热变形温度等性能的提高有限,满足不了材料在汽车等领域中的性能要求;若 WT 填充量 φ_{WT} 太大,WT/PP 复合材料的拉伸强度和弯曲强度降低太多而超出汽车用 PP 材料性能要求的下限。综合权衡,WT 填充量 φ_{WT} 在 30%~40% 时,复合材料 WT/PP 可满足汽车领域性能应用要求;当 WT 填充量 φ_{WT} 在 35% 左右时,WT/PP 复合材料具有最好的综合性能,可满足日本汽车用 PP 材料的性能要求:拉伸强度 30.4MPa、弯曲强度 42.3MPa,比纯 PP 材料仅分别降低了 17.1% 和 6.2%;弯曲模量 2293MPa、缺口冲击强度 40.6J·m^{-1}、负荷热变形温度 153℃,较纯 PP 材料而言,分别提高了 58.5%、47.6% 与 40.4%。目前,国内外汽车用 PP 材料的性能要求如表 7-26 所示。

表 7-26　汽车用 PP 复合材料的性能要求

性能参数	中国标准	日本标准
σ_T /MPa	≥21.0	≥26.4
σ_Y /MPa	≥34.0	≥41.4
E_Y /MPa	≥2000	≥2040
T_C /℃	≥130	≥138
P_I /J·m^{-1}	≥33.8	≥36.2

7.4.5.2　粒子种类的协同效应

复合材料性能是由材料结构、组元成分及制备工艺综合决定的,不同种类无机粒子具有不同的化学组成、粒子形貌和物化性能,因此,由这些粒子填充的聚合物复合材料必将具有不同的性能特点。为查明无机粒子结构特点与填充聚合物材料性能间的内在联系,选取以下十组无机刚性粒子(rigid inorganic fillers,RIF)为代表进行研究:硅灰石 W、滑石 T、硅灰石 W'、硅灰石/滑石组合 WB(1:1)、硅灰石/碳酸钙组合 WC(1:1)、硅灰石/石英组合 WQ(1:1)、硅灰石/滑石组合 WT(1:1)、硅灰石/滑石/重晶石组合 WTB(1:1:1)、硅灰石/滑石/重晶石/碳酸钙组合 WTBC(1:1:1:1)、硅灰石/滑石/纳米氧化铝组合 WTN(WT:N=100:1)。

　　为便于比较,RIF/PP 复合材料的无机粒子用量均为 35％,粒子表面处理情况相同,粒度等性质见表 7-27。复合材料标准样条按统一的材料制备操作参数制取,并按统一国标要求进行性能测试,结果如表 7-28 所示。

表 7-27　不同种类粒子及其组合的基本性质

CIP types	W	T	W'	WB	WC	WQ	WT	WTB	WTBC	WTN
$D_{50}/\mu m$	7.9	6.2	7.7	3.7	4.4	4.1	4.3	3.7	3.6	6.0
$D[3,2]/\mu m$	3.3	3.4	3.0	1.8	1.8	2.2	2.2	1.8	1.8	3.9
比表面积$/m^2 \cdot g^{-1}$	1.8	1.8	2.0	3.3	3.1	2.7	2.8	3.3	3.3	1.6
白度$/\%$	73.6	89.3	76.1	79.7	80.6	77.2	84.7	84.6	87.1	84.0

表 7-28　不同种类粒子及其组合填充 PP 材料的性能

RIF 类型	填充剂编号*	RIF/PP 复合材料的性能参数（$\varphi_f = 35\%$）				
		σ_T/MPa	σ_Y/MPa	E_Y/MPa	T_C/℃	P_I/J·m^{-1}
Pure PP	—	37.8	47.1	1447	109	27.5
W	2#	21.2	30.5	1754	132	32.6
T	3#	24.0	32.6	1877	140	33.4
W'	9#	23.1	31.4	1844	136	34.1
WB	4#	29.1	41.0	2408	147	28.4
WC	5#	28.0	40.1	2033	144	39.1
WQ	8#	22.0	30.9	1809	130	33.0
WT	1#	30.4	42.3	2293	153	40.6
WTB	6#	33.3	44.9	2441	159	41.7
WTN	19#	34.8	47.4	2387	153	52.9
WTBC	7#	26.5	38.4	2009	140	39.5

＊编号与表 7-22 的编号一致。

7.4.5.3　组合粒子/PP 材料性能

　　为直观形象表示出各种无机粒子填充 PP 聚合物的性能差异,图 7-50～图 7-54 是以无机粒子填充 PP 聚合物材料性能与纯 PP 材料相应性能之比为纵坐标、复合材料类别为横坐标而作的柱形图。

　　图 7-50 表示不同种类无机粒子填充 PP 材料的拉伸强度性能情况。由图可知,无机超细粒子填充会不同程度地降低聚合物材料的拉伸强度,但不同种类粒子或粒子不同组合使复合材料性能降低的幅度有明显差异:WTN/PP 与 WTB/PP 材料的拉伸强度最高,能保留基体树脂拉伸强度的 90％以上;其次是 WT/PP 和 WB/PP,为基体树脂的 82％左右;接下来依次递减次序为 WC/PP、WTBC/PP、T/

PP、W′/PP、WQ/PP、W/PP,后三者的拉伸强度仅为基体树脂的 60％左右。

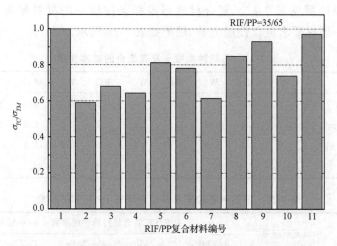

图 7-50　不同种类无机组合粒子/PP 复合材料的拉伸强度
1-纯 PP；2-W/PP；3-T/PP；4-W′/PP；5-WB/PP；6-WC/PP；7-WQ/PP；
8-WT/PP；9-WTB/PP；10-WTBC/PP；11-WTN/PP

　　图 7-51 显示的是不同种类粒子对复合材料弯曲强度性能的影响情况。如图所示,复合材料弯曲强度性能超过基体树脂 80％的有 WTN/PP、WTB/PP、WT/PP、WB/PP、WC/PP、WTBC/PP 六种,其中前两种 WTN/PP 和 WTB/PP 的弯曲强度接近于基体树脂强度,WT/PP 与 WB/PP 也达到基体树脂的 90％以上；W/PP、W′/PP、WQ/PP 的弯曲强度则较差,不足基体树脂的 65％。

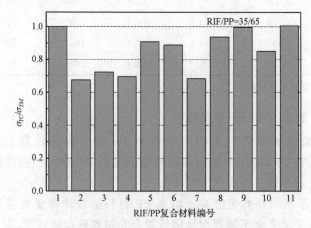

图 7-51　不同种类无机粒子/PP 复合材料的弯曲强度
1-纯 PP；2-W/PP；3-T/PP；4-W′/PP；5-WB/PP；6-WC/PP；7-WQ/PP；
8-WT/PP；9-WTB/PP；10-WTBC/PP；11-WTN/PP

图 7-52 是 PP 复合材料的弯曲模量随填充粒子种类改变而变化的情况。图中显示无机粒子可明显提高复合材料的弯曲模量，提高幅度最小的 W/PP 也在 20％以上。较基体树脂而言，提高幅度在 62％以上的有 WTB/PP、WB/PP、WTN/PP 三种，WT/PP 材料的增幅也较大，近 60％，其余依次为 WC/PP、WTBC/PP、T/PP、W′/PP、WQ/PP、W/PP。

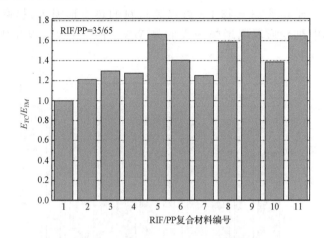

图 7-52　不同种类无机粒子/PP 复合材料的弯曲模量

1-纯 PP；2-W/PP；3-T/PP；4-W′/PP；5-WB/PP；6-WC/PP；7-WQ/PP；
8-WT/PP；9-WTB/PP；10-WTBC/PP；11-WTN/PP

图 7-53 反映了聚合物复合材料 IZOD 缺口冲击强度随填充粒子不同而变化的情形。由图可知，无机刚性粒子填充聚合物复合材料可提高填充体系的冲击韧

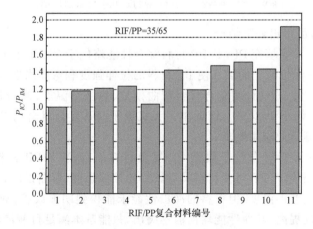

图 7-53　不同种类无机粒子/PP 复合材料的缺口冲击强度

1-纯 PP；2-W/PP；3-T/PP；4-W′/PP；5-WB/PP；6-WC/PP；7-WQ/PP；
8-WT/PP；9-WTB/PP；10-WTBC/PP；11-WTN/PP

性;并可看出,RIF/PP 复合材料冲击强度依次递增的排列顺序为:WB/PP、W/PP、WQ/PP、T/PP、W′/PP、WC/PP、WTBC/PP、WT/PP、WTB/PP、WTN/PP;其中,后五种复合材料的冲击强度提高幅度在 40％以上,加入微量纳米 Al_2O_3 的 WTN/PP 材料的冲击强度为基体树脂的近两倍。

图 7-54 表示的是不同种类无机粒子及其组合对 PP 材料热变形温度的影响。图中显示无机粒子填充聚合物 PP 可提高材料的热变形温度,提高的幅度可达 20％以上。其中热变形温度增幅最大的是 WTB/PP,其次为 WT/PP 与 WTN/PP,均在 40％以上。

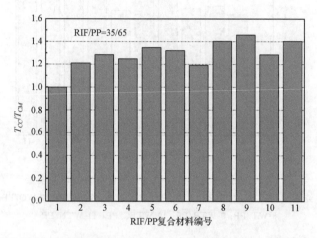

图 7-54　不同种类无机粒子/PP 复合材料的热变形温度
1-纯 PP;2-W/PP;3-T/PP;4-W′/PP;5-WB/PP;6-WC/PP;7-WQ/PP;
8-WT/PP;9-WTB/PP;10-WTBC/PP;11-WTN/PP

综上所述,可得出如下结论:

(1) 对单一粒子填充 PP,T/PP 材料综合性能略优于 W/PP 材料,W/PP 略优于 W′/PP;单一无机粒子的加入使 PP 材料的拉伸强度和弯曲强度显著降低,降幅达 30％～40％;另一方面,使复合材料弯曲模量、热变形温度、冲击强度等性能提高幅度不大,增幅小于 30％。因此单一无机粒子/PP 复合材料的综合性能不佳,满足不了汽车等行业应用要求。

(2) 对二元无机组合粒子填充 PP 复合材料而言,WT/PP 材料综合性能最好;WB 组合粒子填充 PP 可使材料具有较好的拉伸强度、弯曲强度,显著提高材料的弯曲模量与热变形温度,但材料的冲击性能未能得到明显改善;WC/PP 材料的冲击强度大幅度提高,其他性能均衡但不突出,只能基本满足目前汽车行业应用的性能要求,不过重钙的原料丰富、价格便宜;WQ/PP 材料的整体力学性能差,但较 W/PP 而言则略有提高。由此可见,组合粒子填充 PP 材料的综合性能明显优于相应的单一无机粒子填充材料。

（3）多元无机组合粒子填充 PP 复合材料，最突出的是 WTB/PP 和 WTN/PP；其拉伸强度接近纯 PP 基体树脂，分别为纯 PP 材料的 93％、97.2％；WTB/PP 的弯曲强度为基体树脂的 99.6％，WTN/PP 材料弯曲强度超过了基体树脂（100.7％）；WTB/PP 材料的弯曲模量较基体树脂提高了 68.7％，WTN/PP 提高了 65％；WTN/PP 材料的冲击强度比基体树脂提高了近一倍（92.4％），WTB/PP 材料的增幅也十分明显，达 51.6％；WTB/PP、WTN/PP 材料的负荷热变形温度分别提高 54.9％与 40.4％。WTBC/PP 复合材料的整体性能提高并不明显，这说明并非任何粒子的组合均会发生正的复合作用，即协同效应。

7.4.5.4　无机粒子间的协同效应

实验研究表明，无机组合粒子/PP 复合材料的综合性能明显优于相应的单一粒子/PP 材料，并且大于它们的简单加和。下面以硅灰石 W、滑石 T、二元组合 WT 与 WB 以及多元组合 WTB 为例来说明无机组合粒子间协同效应。由于无机粒子填充量均为 35％，而且二元组合粒子与多元组合粒子中各成分的质量相等，故对于拉伸强度（见表 7-29）：

$$\sigma_T(W/PP)=21.2MPa, \sigma_T(T/PP)=24.0MPa$$

所以

$$\sigma_T(计算)=[\sigma_T(W/PP)+\sigma_T(T/PP)]/2=(21.2+24.0)/2=22.6MPa$$

而 $\sigma_T(WT/PP)=30.4MPa>\sigma_T(计算)$。

同理计算其他性能，其计算结果列入表 7-29。

表 7-29　不同种类无机粒子对 RIF/PP 复合材料性能的协同效应

RIF	σ_T / MPa	σ_{TC} / σ_{TM}*	σ_Y / MPa	σ_{YC} / σ_{YM}	E_Y / MPa	E_{YC} / E_{YM}	T_C / ℃	T_{CC} / T_{CM}	P_I / J·m^{-1}	P_{IC} / P_{IM}
W	21.2	0.592	30.5	0.676	1754	1.212	132	1.211	32.6	1.185
T	24.0	0.670	32.6	0.723	1877	1.297	140	1.284	33.4	1.215
W+T	22.6	0.631	31.6	0.700	1816	1.254	136	1.248	33.0	1.200
WT	30.4	0.849	42.3	0.938	2293	1.585	153	1.404	40.6	1.476
WB	29.1	0.813	41.0	0.909	2408	1.664	147	1.349	28.4	1.033
WT+WB	29.8	0.831	41.7	0.924	2351	1.625	150	1.377	34.5	1.255
WTB	33.3	0.930	44.9	0.996	2441	1.687	159	1.459	41.7	1.516

* 表示纯 PP 的性能参数值与 RIF/PP 复合材料的相应性能参数值的比值，C-表示复合材料，M-表示基本网格。

从表 7-29 可清楚看到，WT 行的数据均大于（W＋T）行对应的数据，不妨表示为：

$$f(WT) > [f(W)+f(T)]/2 \tag{7-13}$$

式中 $f(x)$ 表示无机粒子 x 填充 PP 材料的某一性能的函数。

同理,由表中数据可得,

$$f(WTB) > [f(WT)+f(WB)]/2 \tag{7-14}$$

由式(7-13)、(7-14)表示的物理内涵,就是所谓的粒子间的协同增强效应[32]。

7.4.5.5　粒子成分的协同效应

硅灰石和滑石是聚合物填料领域具有广阔应用前景的无机非金属矿种,在我国的矿藏储量居世界前列,质量好,价格便宜。因此,本节重点研究了硅灰石与滑石的组合。

将硅灰石 W 和滑石 T 按不同质量比(W 占 0%、40%、50%、60%、70%、100%)混合得组合粒子,组合粒子经搅拌球磨超细处理 2.0h(体积中径值 D_{50} 小于 5μm),然后进行表面处理,得到 PP 填充用组合粒子。无机粒子在 PP 树脂中的充填量均为 35%,无机组合粒子与 PP 基体树脂经混合、挤出、注射成型,制备标准样条,按有关国家标准测试材料性能,结果如表 7-30 所示。

表 7-30　硅灰石/滑石 WT 组合中硅灰石含量对 WT/PP(35/65)复合材料性能的影响

性能参数	硅灰石含量/%					
	0	40	50	60	70	100
σ_T /MPa	24.0	32.6	30.4	30.0	28.4	21.2
σ_Y /MPa	32.6	44.8	42.3	41.1	38.8	30.5
E_Y /MPa	1877	2314	2293	2202	2015	1754
P_I /J·m^{-1}	33.4	44.3	40.6	39.1	37.9	32.6
T_C /℃	140	160	153	144	139	132

图 7-55 和图 7-56 的曲线显示无机组合粒子 WT 中硅灰石含量变化对 WT/PP 复合材料性能的影响情况。从图中曲线可以看出,WT/PP 复合材料的拉伸强度、弯曲强度、弯曲模量、IZOD 缺口冲击强度以及热变形温度等性能随组合粒子中硅灰石百分含量变化的趋势基本相似;复合材料性能先随 W 含量增加而增强,在 $\varphi_W = 30\% \sim 40\%$ 附近出现极大值,之后材料性能随 W 含量增大而急剧降低。可能的原因是,硅灰石颗粒呈针状,在聚合物 PP 中可起到增强作用,因而随硅灰石含量增加,复合材料性能提高;另一方面,随着硅灰石相对含量的增加,组合粒子在基体树脂中的分散性能变差,填料在 PP 树脂中的分布越来越不均匀,因而材料的性能随针状硅灰石含量的继续增加反而降低。

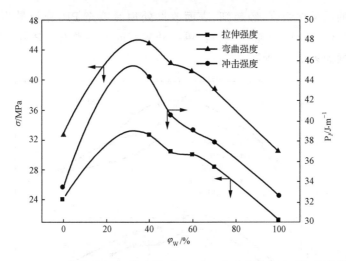

图 7-55　WT 组合粒子中 W 的含量对 WT/PP 复合材料强度和韧性的影响

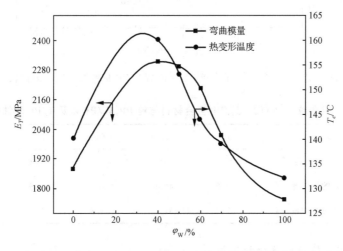

图 7-56　WT 组合粒子中 W 的含量对 WT/PP 复合材料弯曲模量和热变形温度的影响

　　图 7-57 是以 WT/PP 复合材料性能与纯 PP 材料性能之比为纵坐标,WT 组合粒子中硅灰石 W 含量 φ_{WT} 为横坐标的曲线。如图所示,复合材料拉伸强度与弯曲强度曲线位于区域 2,说明复合材料的强度低于基体树脂;冲击强度、弯曲模量和热变形温度位于区域 1,即复合材料性能优于纯 PP 材料。从图 7-57 曲线比较清楚地看出,当硅灰石含量处在 20%~50% 区间时,WT/PP 复合材料的冲击强度、弯曲模量和热变形温度等性能提高幅度在 35% 以上,而拉伸强度与弯曲强度的降低幅度小于 15%,因此硅灰石在硅灰石/滑石组合粒子中的含量为 20%~50% 时所得的无机组合粒子填充 PP 聚合物材料的综合性能最好。当硅灰石与滑

石按 2∶3 的质量比组合,经超细、表面改性处理后填充 PP,充填量为 35%,得到复合材料的性能最佳,较纯 PP 材料、单一硅灰石或单一滑石/PP 材料性能显著提高,具体数据如表 7-31 所示。

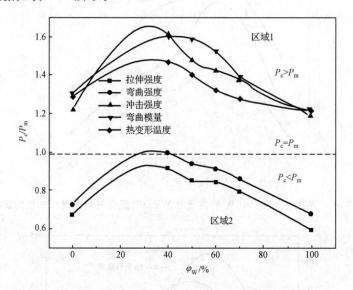

图 7-57　WT 组合粒子中 W 含量对 WT/PP 材料性能影响的比较

表 7-31　组合粒子 WT(2∶3)/PP 复合材料与纯 PP、W/PP 以及 T/PP 的性能比较

对比参量	σ_T	σ_Y	E_Y	P_I	T_C
相对于纯 PP 的增加量/%	−8.9	−0.7	59.9	61.1	46.8
相对于 W/PP 的增加量/%	53.8	46.9	31.9	37.9	21.2
相对于 T/PP 的增加量/%	37.8	37.4	23.3	32.6	14.3

7.4.5.6　粒子细度的协同效应

一般地,无机粒子越细,填充聚合物材料的性能越好;但粒子越细,团聚现象越明显,在聚合物树脂中越难均匀分散,有时反而使材料的性能恶化。本研究以硅灰石与滑石的组合粒子 WT 为研究对象,考察不同细度粒子组合对 PP 材料性能的影响规律。

（1）滑石细度对材料性能影响

滑石分别搅拌球磨 30、60、90、120min 后,与经搅拌球磨 120min 的硅灰石按 1∶1 的质量比混合并经表面处理后用作 PP 的填充物料 WT。组合粒子 WT 的用量为 35%,WT/PP 复合材料性能如表 7-32 所示。

表 7-32　不同细度滑石的组合粒子 WT/PP 复合材料性能

球磨时间 t/min	30	60	90	120
D_{50}（WT）/μm	6.026	7.034	4.673	4.297
σ_T /MPa	27.2	28.1	30.9	30.4
σ_Y /MPa	38.5	38.8	40.9	42.3
E_Y /MPa	2029	2104	2215	2293
T_C /℃	149	156	152	153
P_I /J·m^{-1}	37.9	38.8	40.5	40.6

图 7-58 是 WT/PP 复合材料的拉伸强度、弯曲强度和冲击韧性随 WT 组合粒子中滑石 T 的细度（本章图表中用组合粒子 D_{50} 表征）改变而变化的曲线。滑石搅拌球磨时间增长，粒度变细，粒子的比表面积增大。图中曲线显示，WT/PP 复合材料的拉伸强度和弯曲强度随滑石球磨时间 t 的增长、D_{50} 的减少而单调递增：其中弯曲强度的增加幅度在 $t=90$min 时出现转折，当 $t<90$min 时，拉伸强度提高缓慢，当 $t>90$min 时增幅加大；而复合材料的弯曲强度则呈近似直线增加。WT/PP 材料的冲击强度随 D 的变小先快速增加，在 $t=90$min 时出现极大值，然后有略微下降的趋势，不过其值仍保留在较高的水平。

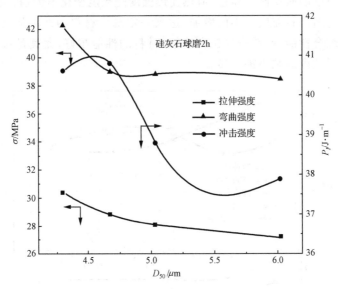

图 7-58　WT 组合粒子中 T 的细度对 WT/PP 材料强度和韧性的影响

图 7-59 是 WT/PP 复合材料的弯曲模量与热变形温度随滑石细度变化的曲线图。由图中曲线可知，复合材料的弯曲模量随 T 粒度减小显著提高，由 $t=$ 30min 的 2029MPa 提高到 $t=120$min 的 2293MPa，提高了 13%；滑石细度对 WT/

PP 复合材料的热变形温度影响则没有明显的规律,而是在 150℃左右上下波动。

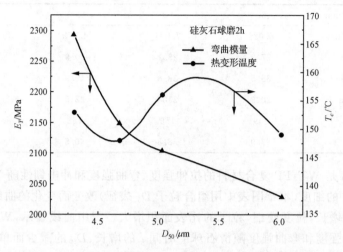

图 7-59　WT 组合粒子中 T 的细度对 WT/PP 材料弯曲模量和热变形温度的影响

图 7-60 表示 WT/PP 复合材料性能与纯 PP 材料性能之比随滑石细度而变化的曲线图。从图中可以看出,WT/PP 复合材料的拉伸强度、弯曲强度及弯曲模量性能随滑石粒度的减小而升高;负荷热变形温度随粒度变化不大;材料的 IZOD 缺口冲击强度先随滑石粒度变小而增加,达到一定细度材料的冲击强度则减小。从复合材料的综合性能看,滑石的粒度越细,材料的性能越好,尤其是拉伸强度与冲击强度随滑石粒度的减小提高显著。

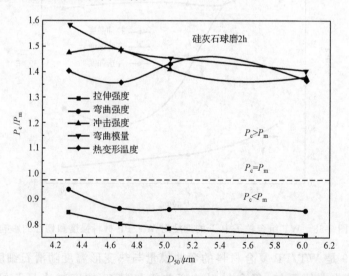

图 7-60　WT 组合粒子中 T 的细度对 WT/PP 材料性能影响的比较

（2）硅灰石细度对材料性能影响

滑石经搅拌球磨120min后与球磨不同时间的硅灰石按1：1的质量比混合组成复合粒子，表面改性处理后填充PP材料，粒子填充量为35％。复合材料的性能如表7-33所示。图7-61与图7-62是WT/PP复合材料性能随硅灰石细度的变化曲线。

表 7-33 不同细度硅灰石的组合粒子 WT/PP 复合材料的性能

球磨时间 T/min	30	60	90	120
D_{50}（WT）/μm	7.107	6.972	7.947	4.297
σ_T /MPa	30.9	31.4	32.1	30.4
σ_Y /MPa	40.9	42.1	43.0	42.3
E_Y /MPa	2215	2301	2314	2293
T_C /℃	152	150	158	153
P_I /J·m^{-1}	40.5	41.8	43.6	40.6

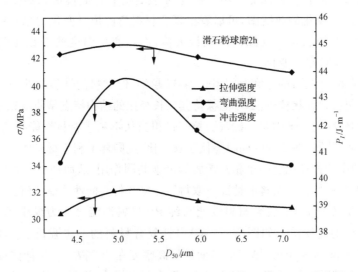

图 7-61 WT 组合粒子中 W 的细度对 WT/PP 材料强度和韧性的影响

由表7-33和图7-61可知，WT/PP复合材料的拉伸强度、弯曲强度和IZOD缺口冲击强度随硅灰石球磨时间的增长、粒度的变小而出现峰值，峰值点的球磨时间为90min，尤其是冲击韧性，这一趋势更为明显：$t=90$min时的材料冲击强度为43.6J·m^{-1}，高于$t=30$min的40.5J·m^{-1}和$t=120$min的40.6J·m^{-1}。这说明至少有两个相互矛盾的因素在影响硅灰石填充PP材料性能：粒子细度与长径比的大小。球磨时间短，硅灰石粒子粗，填充聚合物材料的缺陷大而多，进而影响复合材料的性能；球磨时间过长，硅灰石粒子在粒径变小的同时降低了针状粒子的长

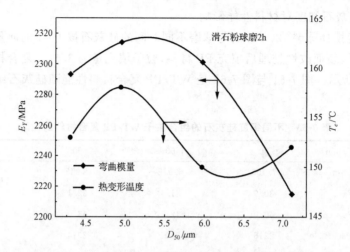

图 7-62　WT 组合粒子中 W 的细度对 WT/PP 材料弯曲模量和热变形温度的影响

径比,从而影响复合材料性能。图 7-62 表示复合材料弯曲模量和热变形温度随硅灰石/滑石细度变化的曲线图,可以看出复合材料弯曲模量变化的总趋势也是随硅灰石球磨时间增长、粒径变细而出现最大值,而热变形温度的变化无明显规律可循,大致在 155℃左右变化。

由此说明,硅灰石的球磨时间越长,颗粒越细,但材料的性能并非越好。主要原因在于:硅灰石为针状粒子,尽可能保持其高长径比的结构特点是使填充复合材料具有良好力学性能的关键因素。硅灰石粒子过粗当然不利于材料性能提高,但球磨时间过长,硅灰石颗粒在变细的同时降低了长径比,这同样不利于材料性能的提高。硅灰石颗粒细度和长径比这两个相互矛盾的因素共同作用,从而使材料在粒子处于某一细度并保持良好针状结构的情况下取得填充复合材料的性能最佳值。

图 7-63 以 WT/PP 复合材料性能与纯 PP 材料性能之比为纵坐标,组合粒子 D_{50} 为横坐标的曲线图。如图所示,WT/PP 复合材料的冲击强度、弯曲模量比纯 PP 材料高出 50%~60%,热变形温度的提高幅度在 40% 左右;拉伸强度和弯曲强度比纯 PP 材料低,但是降低的幅度小,复合材料的拉伸强度仍为纯 PP 材料的 85% 以上,弯曲强度可达到纯 PP 材料的 90% 以上。

7.4.5.7　纳米与超细粒子的协同效应

研究表明,无机超细粒子填充聚合物复合材料的模量、冲击强度、热变形温度可得到不同程度的提高,但复合材料的拉伸强度和弯曲强度总比相应的纯基体树脂材料低,这是微米级无机粒子填充聚合物材料的一般规律。能否通过无机粒子填充的手段同时提高聚合物材料的强度和韧性呢?研究表明,粒子同时增强增韧聚合物是完全可能的,并且能胜任解决该难题的粒子就是纳米粒子。

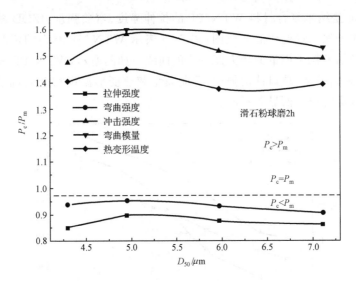

图 7-63　WT 组合粒子中 W 的细度对 WT/PP 材料性能影响的比较

纳米粒子具有高体积缺陷浓度、高比表面积等独特的纳米结构,独特的结构必将赋予材料特异性能。但是,目前纳米粒子制备工艺复杂,产率低,价格昂贵,纯粹用纳米粒子来填充普通用途的聚合物材料,经济上是很不合算的。故采用如下办法将纳米粒子与微米粒子巧妙地结合起来,即在无机超细粒子中掺加少量的纳米粒子,从而达到在保证材料在制备成本较低前提下,较大幅度提高聚合物材料的综合性能的目的。

本书中,掺纳米无机组合粒子的制备方法为:以硅灰石/滑石 1:1 质量比混合而得的组合粒子 WT 经超细加工、表面处理后作为基本粒子,在其中加入少量的纳米氧化铝 N;再以硅烷/钛酸酯(1:1)混合偶联剂为表面处理剂,用量为组合粒子的 1%,将掺纳米组合粒子 WTN 在高速混合机中改性处理 30min,制得 PP 填充用无机组合粒子。制备的四种不同纳米 Al_2O_3 含量的组合粒子分别为:① WT:N=100:1;②WT:N=100:3;③WT:N=100:5;④WT:N=100:8。纳米组合粒子 WTN 在 PP 中填充量均为 35%,WTN/PP 复合材料性能如表 7-34 所示。

表 7-34　纳米组合粒子 WTN/PP 复合材料的性能

性能	纳米氧化铝的含量 φ_N /%				
	0	1	3	5	8
σ_T /MPa	30.4	34.8	46.5	59.6	67.4
σ_Y /MPa	42.3	47.4	67.9	82.0	100.7
E_Y /MPa	2293	2387	2504	2771	2943
T_C /℃	40.6	52.9	70.4	107.5	130.8
P_I /J·m^{-1}	153	153	153	155	159

　　图 7-64 是纳米复合材料 WTN/PP 的拉伸强度、弯曲强度、IZOD 缺口冲击强度随纳米粒子加入量变化的曲线图；图 7-65 表示 WTN/PP 材料的弯曲模量和热变形温度随纳米粒子用量的增大而变化的曲线。如图所示，WTN/PP 复合材料的拉伸强度、弯曲强度、缺口冲击强度、弯曲模量和热变形温度均随无机组合粒子中纳米粒子含量的增加而显著提高。

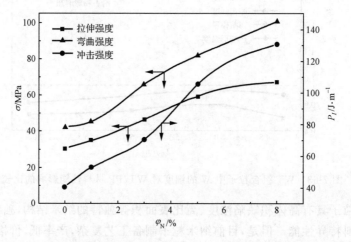

图 7-64　纳米粒子掺加量对 WTN/PP 复合材料强度和冲击韧性的影响

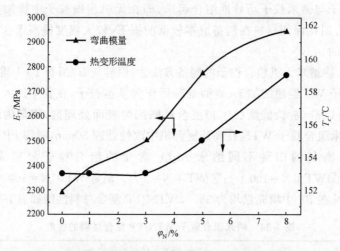

图 7-65　纳米粒子掺加量对 WTN/PP 复合材料弯曲模量和热变形温度的影响

　　图 7-66 是 WTN/PP 复合材料的相对性能（与纯 PP 材料性能相比）随无机组合粒子中纳米 Al_2O_3 含量而变化的曲线。图中虚线表示 WTN/PP 复合材料性能 P_C 等于纯基体树脂 PP 材料性能 P_M，区域 1 表示 $P_C > P_M$，区域 2 则表示 $P_C < P_M$。图中曲线清楚显示，除热变形温度提高不明显外，WTN/PP 复合材料的拉伸

强度、弯曲强度、冲击强度、弯曲模量性能均随纳米粒子含量增加而大幅度提高。从曲线的斜率可知,增幅最大的为 IZOD 缺口冲击强度,其次是弯曲强度,再次是拉伸强度。

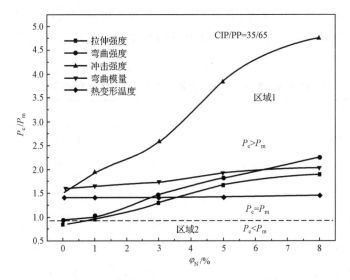

图 7-66　纳米粒子掺加量对 WTN/PP 复合材料性能影响的比较

　　将图 7-66 与图 7-49、图 7-57、图 7-60、图 7-63 进行综合比较,不难发现:图7-66中的拉伸强度和弯曲强度曲线与虚线相交,进而进入区域 1;而在图 7-49、图 7-57、图 7-60、图 7-63 中,拉伸强度和弯曲强度曲线始终位于区域 2,未能越过虚线进入区域 1;并且,对于复合材料的其他性能来说,前者也明显优于后者。上述现象的实质是,纳米粒子填充聚合物复合材料,可实现聚合物材料的同时增强增韧,与普通无机超细粒子填充聚合物性能变化规律相比,掺加纳米粒子的无机组合粒子填充的聚合物体系的性能变化规律发生了质的变化,实现了刚性无机粒子同时增强增韧 PP 材料的目的。

　　表 7-35 所示的数据是掺加纳米粒子的无机刚性组合粒子 WTN/PP 复合材料性能较纯 PP 材料提高的幅度。N/(WTN＋PP)表示纳米粒子在 WTN/PP 复合材料中所占的质量百分比。数据显示,当复合材料中加入 1.019％纳米 Al_2O_3 时,WTN/PP 复合材料的拉伸强度与弯曲强度分别比基体树脂 PP 提高 29.1％和 46.1％,弯曲模量提高 156％,冲击强度提高 73％,热变形温度提高 40.4％;当加入 2.593％的纳米 Al_2O_3 时,复合材料的上述各性能分别比基体树脂提高 88.3％、123.3％、377.6％、103.4％和 47.9％。在本书中,对于未加纳米粒子且填充 PP 复合材料性能最佳的无机组合粒子 18＃粒子 $W_{1.5}T_{2.0}$,即球磨 90min 的硅灰石与球磨 120min 的滑石等质量比混合填充 PP 材料,其性能为:拉伸强度 32.1MPa、弯曲

强度 43.0MPa、缺口冲击强度 $43.6J \cdot m^{-1}$、弯曲模量 2341MPa、热变形温度 158℃。$W_{1.5}T_{2.0}$/PP 材料的性能除热变形温度与纳米复合材料 WTN/PP 差不多外,其他性能均比后者低很多。性能最佳的超细无机粒子填充 PP 材料的拉伸强度和弯曲强度都比基体树脂 PP 低,分别为其 90% 和 96.7%,而掺加少量纳米粒子的无机刚性组合粒子/PP 材料可达到同时增强增韧的效果,这就是体现纳米粒子神奇功效的实例之一。

表 7-35　纳米组合粒子 WTN/PP 复合材料性能相对 PP 树脂提高的幅度

N 与 WT 的比值（φ_N）	1∶100	3∶100	5∶100	8∶100
N/(WTN+PP)/%	0.347	1.019	1.667	2.593
拉伸强度/%	−2.8	29.1	66.5	88.3
屈服强度/%	0.7	46.1	81.8	123.3
屈服模量/%	92.4	156.0	283.6	377.6
IZOD 冲击强度/%	67.0	73.0	91.5	103.4
受热形变温度比值/%	40.4	40.4	42.2	47.9

通过上述的分析,掺加纳米的组合粒子填充 PP 复合材料具有以下特点:①掺加纳米组合粒子可同时提高 PP 材料的强度和韧性,与普通超细粒子填充 PP 材料有质的区别;②掺加极少量纳米粒子就可显著提高材料综合性能;③纳米粒子可显著提高复合材料的冲击强度、弯曲强度、拉伸强度和弯曲模量,而对热变形温度影响不大。

7.4.6　无机粒子增强增韧聚合物模型与机理

7.4.6.1　无机粒子/聚合物体系的形态与界面结构

（1）粒子/聚合物体系的结构形态

填充塑料等聚合物材料主要由树脂和填料组成,其形态不仅与原料构成有关,而且受加工工艺条件的影响,因此必须综合多方面因素来考察填充塑料的结构形态。按相的连续特征可将填充塑料的结构形态分为以下几种（如图 7-67 所示）[18]:(a)网状结构;(b)层状结构;(c)纤维状结构;(d)分散结构;(e)镶嵌结构。其中,分散结构是填充塑料最普遍的一种形态,以碳酸钙、滑石、硅灰石、重晶石、短玻纤等粒状或纤维状填料填充聚乙烯、聚丙烯等热塑性塑料以及不饱和聚酯等热固性塑料时就有此结构。当填料分散均匀且树脂基体与填料均无取向现象时,具有分散结构形态的填充塑料性能呈现各向同性的特点。

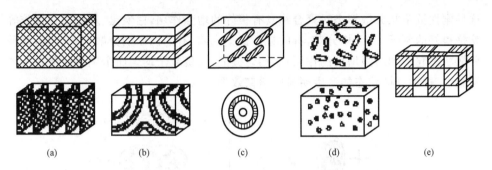

图 7-67　聚合物填充体系的宏观结构形态

（2）无机粒子的取向结构

含有短纤维、针状、薄片状填料填充的塑料在成型过程中会发生在某个方向上的流动取向，形成特殊的填料取向结构形态，导致材料的成型收缩率、制品后收缩率、热膨胀系数、机械强度等物理力学性能各向异性。填料取向现象有图 7-68 所示的两类典型情况[19]。

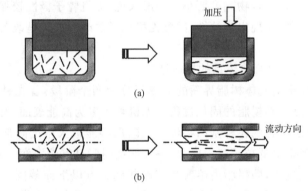

图 7-68　填料取向对填充聚合物宏观结构形态的影响
（a）取向Ⅰ；（b）取向Ⅱ

第一类取向是在加压、材料不产生大流变状态下，填料与受压方向成 90°的直角取向。压力作用下，填料粒子顺着把在各部位所受压力差尽可能平均化（应力松弛）的方向变形，进而使得各粒子个体在最大面积上接受压力，亦即与压力成直角方向取向。第二类取向在加压下，材料产生大流动状态下填料按流动方向的取向。由于物料在各部位流动速度不同，流速慢的部分受到流速快的部分的应力，取向结构把各填料个体在各点受到的张力尽可能松弛，使得填料按平均化的方向取向，即流动方向取向，剪切速率越大取向效应越显著。

（3）无机粒子在聚合物中的分散状态

无机粒子在聚合物基体中的分散状态可归纳为如图 7-69 所示的三种情况[20,21]：①链状分散，如果无机粒子粒径足够细（达到纳米级别）且界面结合良好，这种刚性链条状分散形态对聚合物具有很好的增强作用,白炭黑、炭黑增强橡胶等就是很好的例子;②无规分散,有的粒子聚集成团,有的以个别分散形式存在,这种分散状态起不到增强增韧的作用;③均匀分散,无机粒子均匀而个别地分散在基体树脂中,这种分散状态能产生明显的增韧效果。

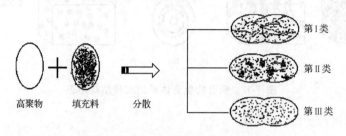

高聚物　　填充料　　分散　　　　　　第Ⅰ类　第Ⅱ类　第Ⅲ类

图 7-69　无机粒子在聚合物中的分散状态

为了获得无机粒子增强增韧聚合物材料,应争取形成第三种分散相结构形态,要获得均匀分散的复合材料则要求无机粒子与聚合物的表面自由能、极性要匹配,其间的相互作用力、聚合物黏度要小。一般来说,无机粒子极性较强、亲水性强,而聚合物的极性较弱,表现出亲油性,因此无机粒子的改性处理是改善这种状况的理想途径。

(4)无机粒子/聚合物体系的界面结构

无机填料粒子与基体树脂界面的形成可分为两个阶段:首先是树脂与填料粒子的接触浸润,然后是树脂的固化过程。无机粒子多为高能表面,有机树脂则为低能表面,填料粒子所含的各种基团将优先吸附那些能最大限度降低其表面能的物质。通过充分吸附降低粒子表面能,填料才能被树脂良好地浸润。对热塑性树脂,固化过程是物理过程,即树脂由熔融状态冷却到熔点以下而凝固;对热固性树脂,固化过程除物理变化外,同时还有基体树脂自身官能团之间或借助固化剂(或交联剂)而进行的化学反应。由于无机填料粒子/基体树脂表面组成与其各自本体的差异、两者表面接触时的选择性吸附、固化过程复杂的物理、化学变化等因素[22],无机粒子/聚合物复合材料中填料粒子与基体树脂之间必然形成一个界面过渡区,如图 7-70 所示。

无机填料粒子与基体树脂间的界面既不是简单结合的二维边界,也不是所谓的单分子层,而是包含两相界面过渡层的三维界面。在界面区域里,化学组分、分子链排列、热性能、力学性能可以表现为梯度变化,也可能呈现突变的特征。使界面区结构呈现复杂变化的因素可能有以下几个:

① 界面区树脂的密度变化:无机填料粒子表面吸附作用导致界面区的树脂分子排列得较其本体更紧密,形成所谓“拘束层”,分子排列紧密程度随着远离粒子表面而逐渐下降,直至与树脂本体一致。

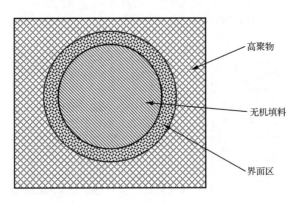

图 7-70　无机粒子填充聚合物界面模型示意图

② 界面区树脂的交联度差异：无机填料粒子表面官能团和基体树脂本身官能团以及固化剂之间存在的竞争反应，导致界面区与基体树脂交联密度不一样，形成不均匀的交联结构。

③ 界面区树脂的结晶度差异：无机填料粒子可作为异相形核，加快结晶速率，细化球晶粒度，促进树脂结晶，导致靠近填料粒子表面的一侧有更高的结晶度或使结晶形态发生变化，从而影响填充聚合物材料的破坏行为和力学性能。

④ 界面区化学组成的不均一性：当树脂中不加任何助剂时，无机填料粒子表面对树脂大分子结构中某些官能团的优先选择性吸附，导致界面区各部位化学成分差异；当树脂中加有增塑剂、润滑剂、稳定剂等加工成型助剂时，助剂、树脂、粒子间必然形成具有化学组成梯度的界面区；当填料用偶联剂处理时，偶联剂分子的两亲性使其分子的一端与无机填料粒子表面形成化学键，另一端与树脂基体形成化学键或较强的物理作用结合（吸附、锚嵌、链段缠绕），粒子/树脂间的化学键结合成了界面结构层的一个特征。偶联剂在填料表面形成单分子层或多分子层，当偶联剂的溶解度参数与树脂基体的溶解度参数相近且很好匹配时，偶联剂分子在基体树脂中有一定浓度的扩散层，其扩散模型如图 7-71 所示。若扩散的偶联剂分子中含有可与树脂反应的基团，则在较高温度下可与树脂发生接枝反应并可能形成互穿聚合物网络（IPN）。

（5）无机粒子/聚合物材料界面作用机理

粒子填充聚合物复合材料界面区的存在导致此类复合材料具有特殊的复合效应，界面区对材料性能作用可概括为：①界面区使填料粒子与基体树脂结合成一个整体，并通过界面区传递应力；②界面区的存在有阻止裂纹扩展和减缓应力集中的作用，即起应力松弛作用；③界面区使填充聚合物材料若干性能产生不连续性，从而导致填充聚合物材料具有某些特殊功能。填充聚合物界面作用机理有以下几种理论：

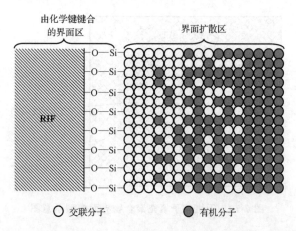

图 7-71　经偶联剂处理的无机粒子/聚合物材料的界面扩散层模型

① 化学键理论：界面黏结是通过化学键的建立而实现的。当填料粒子与基体树脂间有可反应的官能团以及在使用恰当偶联剂的场合，该理论无疑是正确的，它推动了玻璃纤维增强聚合物材料的迅速发展，同时对偶联剂的研究开发也起到很好的指导作用。然而，化学键理论并不能解释填料粒子与基体树脂之间界面结合的力学形态。复合材料的层间剪切强度(ILSS)是衡量其力学性能的标志，但有时 ILSS 与极性官能团数量并无关系[23]，这是因为，界面虽然形成了化学键，但各化学键负荷并不均匀，承载时各个击破最终使键断裂。

② 表面浸润理论：认为熔融态树脂对填料粒子的良好浸润对提高复合材料的力学性能头等重要。若能获得良好的浸润，则由物理吸附所提供的黏结强度能超过树脂的内聚能。浸润理论或称物理吸附理论作为化学键理论的补充是极为重要的，但不能排斥化学键理论。聚合物材料中填料的有机化改性可用该理论解释，并认为填料改性剂有机基的疏水性应与树脂基体的疏水性相匹配。

③ 可变形层理论：偶联剂处理过的填料粒子表面可能会择优吸附树脂中的某些配合剂，相间区域的不均匀固化导致一个比填料粒子/聚合物间的单分子偶联剂层厚得多的挠性树脂层，该挠性树脂层称为可变形层。可变形层的作用是松弛应力，阻止界面裂纹的过度扩展，改善界面结合强度，提高材料韧性[24]。

④ 约束层理论：在高模量增强材料与低模量树脂之间的界面区域，其模量若介于树脂与增强材料的模量之间，则可均匀地传递应力。根据该理论，偶联剂的作用是将聚合物结构紧束在界面区域内，其非极性基深入到基体内部缠结或形成化学键，从而形成界面缓冲层。此理论导致了纤维填料接枝聚合物改性法的产生与发展[25]。

在上述理论基础上，从化学结构与相互作用力的角度可将界面作用归纳为以下六大类型[26]：①界面层两面都是化学键结合；②界面层一面是化学键结合，另一面为酸碱作用;③界面层一面是化学键结合,另一面为色散作用;④界面层两面都是酸碱作用;⑤界面层一面是酸碱作用,另一面为色散作用;⑥界面层两面都是色散作用。

(6) 无机粒子/聚合物材料界面破坏机制[27]

引起填充聚合物材料界面破坏的有力学、热学、光学等因素。对于结构材料而言,材料界面破坏主要是指力学破坏,尤其是层间剪切及冲击破坏。综合考虑填料粒子(包括纤维)填充聚合物材料的界面破坏情形,可归纳为以下三种可能:

① 内聚破坏:即基体树脂破坏。当填充聚合物材料的界面黏结强度及填料粒子强度高,无表芯结构和结晶层滑动结构,树脂基体强度相对较低时,易发生此种破坏模式。树脂基体的剪切破坏实际是受拉应力,树脂的拉伸强度就是单向纤维填充聚合物材料层间剪切强度的极限。因此,采用高强度并有较高延伸率的树脂基体,改善树脂与填料的界面黏结,则可大大提高聚合物复合材料的层间剪切强度。

② 脱黏破坏:当填充聚合物材料的界面黏结强度低于基体树脂的内聚强度以及填料(尤其是纤维状填料粒子)的强度,材料受到层间剪切或拉伸应力时,常出现此种破坏模式。

③ 表层剥离或轴向劈裂破坏:当填充材料的界面黏结强度,基体树脂强度高并且填料(主要指纤维)具有表芯结构或结晶层滑动结构时,易出现此种破坏模式。芳纶(Kevlar)纤维具有典型的表芯结构,其表皮层是由刚性分子链伸直紧密排列沿轴向取向而成微纤维状结构,其芯层由许多沿轴向松散排列的有氢键联结的串晶聚集体组成。在剪切力作用下,表层与芯层容易发生相对滑动,导致皮芯分离和轴向劈裂。因此 Kevlar 纤维纵向强度高,横向强度低,其填充材料即使界面黏结良好,其层间剪切强度和压缩强度也不高。

(7) 无机粒子/聚合物材料的界面设计[28]

刚性粒子/聚合物复合材料的界面黏结强度并非越高越好,而应根据不同的应用及受力场合而设计不同的界面层结构和恰当的界面黏结力。研究表明,填充聚合物材料的界面黏结越好,其层间剪切强度越高,但其冲击强度有所降低,从而导致材料的脆性破坏。当然,界面黏结不能太弱,否则材料在裂纹增长之前出现界面脱黏而破坏,而且缺乏黏结力的界面容易存在空隙,水分子容易渗透到材料界面层而导致材料强度的降低。

根据界面作用机理的变形层理论,在提高填料与树脂基体界面黏结力的同时,引入容易变形的界面层,则有可能同时提高填充聚合物复合材料的层间剪切强度、抗冲击韧性及抗湿性能。换言之,只有当界面层具有较低模量而有利于界面应力松弛时,才能协调平衡层间剪切强度和抗冲击强度等各项性能。

根据基体树脂的特性和填充改性目的,可提出无机粒子增强增韧聚合物的三种界面分子结构模型。

① 无机粒子增强增韧硬基质：在均匀分散的粒子周围嵌入具有良好界面结合和一定厚度的柔性界面相，以便在材料经受破坏时既能引发银纹，或引发基体剪切屈服而消耗大量冲击能，又能较好地传递所承受的外应力。

② 无机粒子增韧软基质：在均匀分散的无机粒子周围嵌入非界面化学结合的但能产生强物理性缠结的具有一定厚度的柔性界面层，该结构能大幅度提高复合材料的缺口冲击强度、模量，但其拉伸强度和弯曲强度会受到影响。

③ 无机粒子增强增韧软基质：在均匀分散的无机粒子周围嵌入具有良好界面结合的、一定厚度的、模量介于刚性粒子和基体树脂之间的梯度界面层，形成"核/壳"分散相结构，增加界面的黏结，促使弹性层部分硫化，模量梯度分布的界面层有利于应力传递，从而产生增强增韧的双重效果。

无机粒子/聚合物材料的界面设计除了上述力学性能匹配外，还应考虑下列因素：①化学性能匹配：对填料进行化学改性，增加或改变其表面某种官能团，以改变填料与树脂基体之间的反应官能团的相互作用；②酸碱性匹配：调节填料与树脂基体的酸碱性，使之能相互作用而达到强化界面的作用；③热性能匹配：通过界面层的设计改善填料/树脂体系的热膨胀系数及导热率的匹配度，以降低复合材料的界面应力；④几何性能匹配：填料的超细化可显著增加其比表面积，表面粗糙的填料颗粒或异形粒子可加强填料与树脂的机械啮合作用，从而强化填料与树脂的界面黏结；⑤表面能匹配：基体树脂的表面能小于填料粒子的表面能有利于树脂在填料表面的包覆，并易于形成完好的界面黏结，因此调整和匹配填料与树脂的表面能可改善材料的界面黏结。

7.4.6.2　无机组合粒子/PP 复合材料形貌分析

为研究无机组合粒子/PP 材料的断裂行为，弄清无机粒子增强增韧聚合物的作用机理，对复合材料的断口形貌特征进行了分析。图 7-72 是无机粒子/PP 复合材料拉伸断口的扫描电镜(SEM)照片。

图 7-72(a)是硅灰石和滑石等质量比组合填充聚丙烯材料拉伸断裂断口的形貌图。如图所示，硅灰石/滑石组合粒子较为均匀地分散在 PP 树脂基体中；同时看到，断口存在许多空洞(如图中 A 处)、与界面脱黏的无机粒子(如图中 B)；并且发现无机粒子与基体树脂之间的界面分明，脱黏粒子表面光整。形貌特征表明，WT/PP 复合材料受拉应力时，无机粒子界面脱黏、粒子拔出，产生空洞化缺陷，从而导致材料断裂破坏；无机粒子/PP 树脂界面清晰、脱黏拔出粒子表面光整等现象说明填料粒子与聚合物 PP 间的界面过渡层薄，粒子与基体树脂的作用力弱，界面黏结强度较低，从而导致 WT/PP 复合材料的拉伸强度低于纯基体树脂 PP 材料。但是，WT/PP 复合材料在受冲击作用时，由于无机粒子可以产生界面脱黏、空洞化等破坏机制而消耗大量冲击能，因而 WT/PP 复合材料的冲击强度显著高于纯

PP 材料。

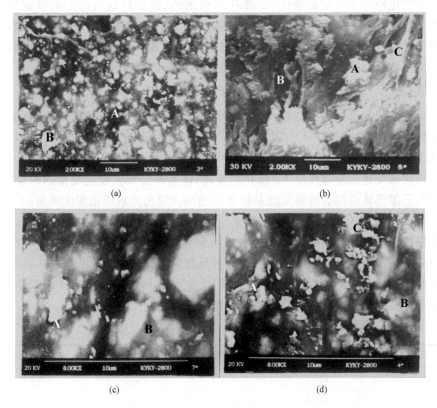

图 7-72　无机组合粒子/PP 复合材料拉伸断口 SEM 照片
(a) WT/PP=35/65；(b) WTBC/PP=35/65；(c) N/WT/PP=0.35/34.65/67.00；
(d) N/WT/PP=1.67/33.33/67.00

图 7-72(b)所示的是硅灰石-滑石-重晶石-碳酸钙四元组合粒子 WTBC 填充的聚丙烯复合材料拉伸断面的扫描电镜图片。WTBC/PP 复合材料受到拉应力作用时,同样产生如图中 B 处所示的空洞缺陷、A 处所示的脱黏粒子。与图 7-72(a)相比,图 7-72(b)明显不同的是材料的断裂表现出清晰的撕裂痕迹,如 C 处,而且脱黏的无机粒子表面包裹着一层较厚的基体树脂。但是,WTBC/PP 复合材料中无机粒子-基体树脂界面间的黏结强度并不高,这一点可以从脱黏后的空洞形貌推知:空洞多而大,并且空洞表面比较光滑。因此,WTBC/PP 复合材料的综合力学性能并不理想。图 7-72(c)和图 7-72(d)是掺加纳米氧化铝的硅灰石-滑石组合粒子填充聚丙烯复合材料拉伸断裂面的扫描电镜图片。与图 7-72(a)和图 7-72(b)相比较即可发现纳米氧化铝粒子的添加使无机粒子/PP 树脂间的界面黏结产生了很大的变化,体现在:①无机粒子与基体树脂已融为一体,其间的界面变得十分模

糊,如图中 B 处;②无机粒子界面脱黏变得困难,并且只是粒子周边的部分脱黏,产生的空化缺陷小且呈裂缝状,如图中 A 处所示;③断口脱出的无机粒子外表比较严实的包裹着一层树脂,如图 7-72 Ⅳ 中 C 处所示。上述现象表明,添加纳米氧化铝的 WT/PP 体系中,无机粒子与基体树脂间形成了完整且具有较高黏结强度的界面过渡区,此过渡区在材料的增强增韧中起着最为关键的作用。

7.4.6.3　无机组合粒子/PP 复合材料热焓分析

无机粒子的添加往往会影响体系的物理化学性质[29]。本节从熔化、分解温度及其焓变的角度,对 WT/PP、WQ/PP、WTN/PP(纳米粒子的含量为 0.35%)等几个体系进行了差热分析,结果如表 7-36 所示。表中数据显示,无机粒子填充 PP 体系的熔化温度比纯基体树脂 PP 熔化温度高,体系的分解温度呈现相同的规律,即无机粒子填充体系的分解温度比基体树脂的高。填充体系熔化温度提高的原因可归结为以下两点:①聚合物的熔化是通过加热使聚合物分子长链易于扩散和流动,而无机粒子的加入阻碍了聚合物分子的运动;②无机粒子的加入改变了 PP 聚合物的结晶程度及其结晶形态。聚合物分解是指聚合物链中键的断裂,PP 填充体系分解温度的提高表明无机粒子与 PP 之间产生了某种化学键的结合。此外,无机粒子本身良好的耐热性能也是体系分解温度提高的一个原因。

表 7-36　无机组合粒子/PP 复合材料的差热分析数据

复合材料种类	熔点/℃	分解温度/℃	溶解焓/$J \cdot g^{-1}$	分解焓/$J \cdot g^{-1}$
Pure PP	167.0	486.1	26.5	499.8
20%WT/PP	167.6	496.4	11.3	161.7
30%WT/PP	168.1	496.4	11.9	199.4
35%WT/PP	167.2	510.8	18.3	262.7
40%WT/PP	188.9	490.9	20.4	344.6
45%WT/PP	187.2	492.4	17.6	231.5
35%WQ/PP	167.2	496.0	17.4	214.0
35%WTN/PP	166.4	493.2	16.9	292.7

图 7-73 和图 7-74 是 PP 及其无机粒子填充体系的差热曲线。如图所示,差热曲线的形状基本相似,即均存在三个吸热峰和一个放热峰。第一个吸热峰位于 200℃左右,对应的过程是基体树脂 PP 的熔化;第二个吸热峰位于 450～500℃之间,相对应的过程是基体树脂 PP 的分解;放热峰对应的过程是 PP 分解后的碳原子和氢原子在 500℃左右的高温下与氧气发生反应,生成 CO_2 和 H_2O 而放热;第三个小的吸热峰所对应的过程应该是 CO_2 与未被氧化的碳原子发生还原反应产生一氧化碳气体,该反应是吸热过程。

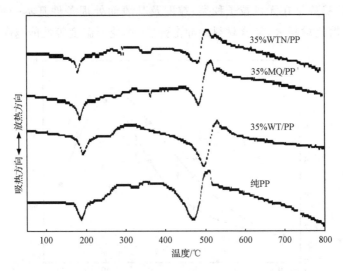

图 7-73　不同无机粒子填充聚丙烯材料的差热分析曲线

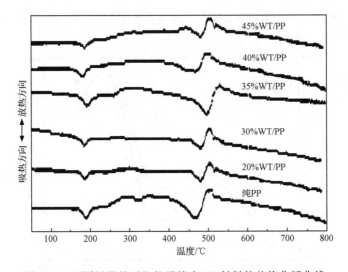

图 7-74　不同用量的无机粒子填充 PP 材料的差热分析曲线

图 7-75 是 WT/PP 复合材料的熔化焓 ΔH_m 和分解焓 ΔH_d 随无机粒子 WT 用量 φ_{WT} 变化的曲线图。如图所示,熔化焓 ΔH_m 和分解焓 ΔH_d 首先随 φ_{WT} 的增大而增大,在 $\varphi_{WT} = 40\%$ 左右取得最大值;尔后随无机粒子用量的继续增加,熔化焓 ΔH_m 和分解焓 ΔH_d 呈降低的趋势。

图 7-76 是以 WT/PP 复合材料的熔化焓 ΔH_m 为横坐标,复合材料的 IZOD 缺口冲击强度 P_I 与负荷热变形温度 T_C 为纵坐标的曲线。从图中曲线的变化趋势可以看出,复合材料性能(如冲击强度 P_I、热变形温度 T_C)与其熔化焓存在一定

的关系,总的趋势是在无机粒子种类、粒度及其表面处理条件基本一致的情况下,填充体系的熔化焓越大,复合材料的冲击强度、热变形温度等性能越高。

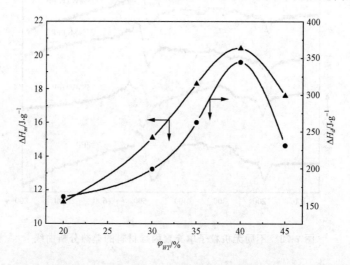

图 7-75　无机粒子 WT 用量对 PP 复合材料熔化及分解焓变的影响

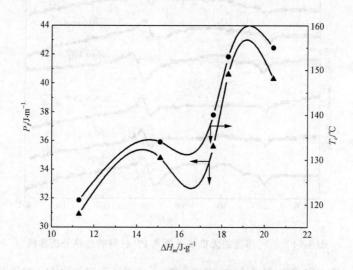

图 7-76　WT/PP 复合材料性能与熔化焓的关系

7.4.6.4　无机组合粒子/PP 体系熔体流变性能分析

聚合物熔体的流变性质直接影响到聚合物材料的加工设备、加工条件参数设计,聚合物分子参数选择,而这些设计与选择将决定聚合物材料的力学性能。因此,对体系流变性质进行可靠的测定可以作为质量控制的手段。对硅灰石-滑石组合粒子 WT/PP 体系的熔体动态黏度进行了测定,测试熔体温度为 230℃,设备为 RS-150 型动态黏弹仪,振动频率选取 10Hz 和 100Hz 两档。

图 7-77 是 WT/PP 体系的熔体黏度随无机粒子用量而变化的曲线。可以看到,在同一振动频率下,无机组合粒子 WT 的用量从 0% 增加到 55%,WT/PP 熔体的动态黏度单调递增;其他条件相同而振动频率不同时,振动频率越高,熔体动态黏度值越小,如图曲线所示,10Hz 的熔体动态黏度分别为 100Hz 对应熔体黏度的 6~14 倍。

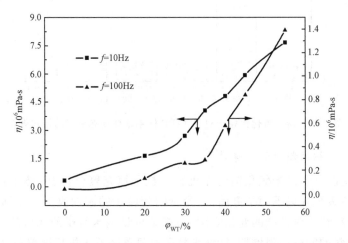

图 7-77　无机粒子用量对 WT/PP 体系熔体动态黏度的影响

对超细粒子而言,无机粒子对填充体系黏度的影响可用下面的经验公式[30]表示:

$$(\eta - \eta_0)/\eta_0 = A(\gamma^2)(\phi\kappa/d_p) + B(\gamma^2)(\varphi\kappa/d_p)^2 \qquad (7-15)$$

式中:η 为黏度函数;η_0 为零剪切黏度;γ 为剪切速率;κ 为填料粒子特性常数;d_p 为粒子平均直径;φ 为填料体积分数;A、B 为与剪切速率有关的常数。公式预示粒子越细、填充浓度越大,体系黏度越大。

图 7-78 表示的是纳米氧化铝粒子对 WT/PP 熔体动态黏度的影响情况。横坐标表示熔体体系类别,纵坐标为熔体的动态黏度,无机粒子的填充量均为 35%,振动频率为 10Hz。由图可知,添加极少量(0.35%~2.59%)的纳米粒子,WT/PP 复合体系的熔体动态黏度与纯基体树脂 PP 接近,比未加纳米粒子的 WT/PP 体系的黏度值降低了一个数量级。此外,体系的动态黏度随纳米粒子添加量的增加而提高,这一点与普通超细粒子填充体系的熔体黏度变化规律相似。上述结果表明,纳米粒子对聚合物体系的流变性能起着特殊的改善作用。

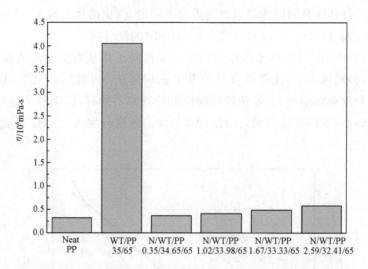

图 7-78　纳米氧化铝粒子对 WT/PP 体系熔体动态黏度的特殊效应

7.4.6.5　纳米粒子的特殊效应

实验研究表明,纳米氧化铝对无机组合粒子填充聚合物 PP 体系性能有特殊的效应,具体表现在以下两个方面:①少量纳米粒子的添加改变了超细无机粒子/聚合物复合材料力学性能的变化规律,即掺杂少量纳米粒子的无机超细粒子可实现聚合物材料的同时增强增韧;②纳米粒子可显著降低无机超细粒子/聚合物体系的熔体动态黏度,极大地改善粒子填充体系的流变性能。作者认为,上述两个效应之间存在必然的因果关系。材料的性能是由其结构决定的,因此,应从纳米粒子自身的结构特点来分析理解它在聚合物复合材料中所表现出来的特殊效应。

(1)纳米粒子的基本性质

纳米是一种几何尺寸的量度单位,1nm 等于 10^{-9} m,略等于 4～5 个原子排列起来的长度。纳米粒子是指粒子尺寸为 1～100nm 超微粒子,其粒子尺寸正好处于以原子、分子为代表的微观世界和以人类活动空间为代表的宏观世界的中间地带。纳米粒子一方面可被当作"超分子",充分展现出量子效应;另一方面也可被当作一种非常小的"宏观物质",表现出前所未有的特殊性质。纳米粒子的特殊性质主要取决于它的小尺寸效应和表面效应。

表面效应是指纳米粒子的表面原子数与总原子数之比随着纳米粒子尺寸的减小而大幅度地增加,粒子的表面能及表面张力也随着增加,从而引起纳米粒子性质的变化。纳米粒子的表面原子所处的晶体场环境及结合能与内部原子有所不同,存在许多悬空键,并且具有不饱和性质,极易与其他原子相结合而使其趋于稳定。因此,纳米粒子具有很高的化学活性。球形颗粒的表面积与直径平方成正比,其体积与粒子直径立方成正比,故其比表面积(表面积/体积)与直径成反比,即随着颗粒直径变小,比表面积会显著增大。设原子间距为 0.3nm,表面原子仅占一层,则粗略估算表面原子所占的百分比如表 7-37 所示。由表可见,对直径大于 100nm 的颗粒,表面效应可忽略不计,当直径小于 10nm 时,粒子的表面原子数激增,超微粒子的比表面积可达 100m² · g⁻¹。

$$100m^2 \cdot g^{-1}$$

表 7-37　粒子大小与表面原子数的关系

颗粒大小/nm	1	5	10	100
总原子数	30	4000	30000	3000000
表面原子百分数/%	100	40	20	2

小尺寸效应是指在一定条件下,超微粒子尺寸减小到一定程度时会引起材料宏观物理与化学性质变化的现象。如纳米粒子制成的复合材料具有大的界面,界面原子排列相当混乱,在外力变形条件下原子容易迁移,因而使材料表现出甚佳的韧性与延展性。对金属来说,通常粗晶粒金属容易产生位错和位错迁移,表现为延展性。但是,由于打开一个 F-R 位错源所需应力 τ_c 与位错钉扎点之间 L 的距离成反比[31],即 $\tau_c = Gb/L$,式中 G 为剪切模量,b 为 Burgers 矢量。晶粒尺寸不断减小,即位错钉扎点间的距离不断减小,启动位错源所需应力不断增大,当晶粒尺寸小到其本身应力不能再启动位错源时,材料就变得相当坚硬。此外,由于 Gibbs-Thomson 效应引起系统有效压强增高而使纳米粒子的熔点比同种粗晶粒固体物质的熔点低。超微粒子的小尺寸效应还表现在特殊的导电性、介电性、化学性能、光学及声学性能等方面。

纳米粒子具有大的比表面和高的表面能,为降低表面能,纳米粒子通常呈等轴晶粒,而且粒子粒度分布较窄。这种窄的粒子分布和低能界面组态使得纳米相材料具有一种固有的稳定性。

(2) 纳米粒子与聚合物长链的作用机制

纳米粒子具有大的比表面积、高的比表面能以及高的体积缺陷浓度结构,表面的残缺化学键多,使得纳米粒子具有极高的化学反应活性。相反,高聚物尤其是聚烯烃的极性很小,表面能低。当具有高能表面的纳米粒子加入到聚烯烃中时,纳米粒子将通过建立化学键或物理吸附的方式与聚合物链作用,以此来降低自身的表面能。通过上述的分析,可建立如图 7-79 所示的纳米粒子/聚合物链的作用模型。

(3) 纳米粒子降黏的机理

熔体黏度是反映熔体流动的难易程度,其实质是熔体各组分间内摩擦力的大小。试验测试表明,纳米粒子的添加可使无机粒子/聚合物体的熔体黏度与纯 PP 相近;而且随纳米粒子添加量的增加,熔体黏度略有提高。该实验现象可作如下的理论解释:由于纳米粒子具有高的表面能和反应活性,当纳米粒子加入到聚合物中

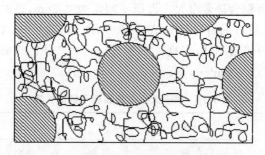

图 7-79　　纳米粒子与聚合物长链作用模型

时,聚合物链被吸附到纳米粒子表面,而纳米粒子与超细粒子混合在一起,因而聚合物链将包括超细粒子在内的粒子包裹起来,形成聚合物包裹球,这些包裹着聚合物的无机粒子球表面极性低,与聚合物分子的极性相近,因此与有机基体树脂之间的相容性好。另一方面,包裹着聚合物起润滑作用而使得无机粒子球与基体树脂链间的内摩擦力减小,发生相对运动的剪切力降低,综合上述原因,使得 N/WT/PP 复合体系的熔体黏度与纯基体树脂相近,且比未加纳米粒子的 WT/PP 体系的熔体黏度低一个数量级。随着纳米粒子的增加熔体黏度略有提高的原因在于纳米粒子与聚合物易发生化学联结或物理吸附作用,使得无机粒子与聚合物链间的界面黏结作用增强,增加其间内摩擦力作用而使熔体黏度稍有提高。因此,纳米粒子对聚合物熔体黏度的影响结果是上述两方面原因均衡的结果。

　　(4)纳米粒子增强增韧机理

　　添加少量纳米粒子即可达到同时增强增韧聚合物的效果,这是本实验研究的一个突出结论,该结论的理论解释还得紧密结合纳米粒子的特殊结构。综合考虑,纳米粒子同时增强增韧的定性解释可归纳如下几点:①纳米粒子比表面积大、比表面能高、体积缺陷浓度大,因而容易与聚合物分子链发生化学键联结和氢键等物理作用(图 7-81),使得复合材料中无机粒子/聚合物间的界面黏结强度提高,而无机粒子本身的模量和强度均高于聚合物基体树脂,因此,无机纳米粒子的添加可起到同时增强增韧的作用;②纳米粒子的添加可以大幅度降低熔体黏度,改善体系的流变性能,这为无机粒子在聚合物基体树脂中的均匀分散和充分浸润创造了良好的条件,同时避免聚合物复合材料在成型过程中产生气孔等加工缺陷;③纳米粒子由于自身的尺寸小,填充聚合物时的体缺陷小而少,无机粒子与基体树脂间的热膨胀系数失配的问题弱化,局部应力集中现象得到改善,复合材料的整体综合性能得到提高。如图 7-72(c)和图 7-72(d)所示的添加纳米粒子的 WT/PP 复合材料的SEM 照片以及图 7-77 所示的熔体黏度差异即为有力佐证。

　　7.4.6.6　组合粒子增强增韧的机理

　　无机粒子/聚合物复合材料性能的改变可归结为两个方面的原因,即物理作用

和化学作用。无机粒子与基体树脂间化学作用包括基体结晶形态、晶型结构、晶粒
大小的改变。

（1）无机粒子/聚合物材料的强度性能

超细无机粒子（$D_{50}<10\mu m$）填充聚合物的拉伸强度和弯曲强度一般比相应的
基体树脂低。这是因为无机粒子与基体树脂界面靠物理吸附、高分子链缠绕或及
少数的化学键结合，界面结合强度比较弱，当材料受到拉伸或弯曲应力时，界面首
先脱黏并在粒子应力承载方向两端产生空洞，使得材料的实际有效受力截面积减
小，并且无机粒子用量越大，界面脱黏空洞越多，实际有效受力面积越小，因而复合
材料的表观强度比纯基体树脂低，并随无机粒子用量增加而降低（图 7-80），以上
可由如下的简单推算说明。

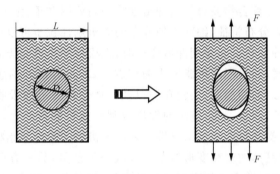

图 7-80　无机粒子/聚合物材料界面脱黏示意图

设：拉伸试件为矩形长条，横截面矩形长为 L，宽为 W，填料粒子球形，直径为
D，纯基体树脂的强度为 σ_M，复合材料的强度为 σ_C，试件加载 F，界面脱黏后产生
的空洞不影响其他基体树脂的性能，所考察的矩形横截面内有 N 个无机粒
子。则：

对于纯基体树脂材料而言，实际承载面积为 $S = LW$，承载力 $F = LW\sigma_M$。

对界面脱黏后的无机粒子/聚合物复合材料，实际承载面积为 $S' = LW - N\pi(D/2)^2$，实际能够承载力为 $F' = S'\sigma_M = LW\sigma_M - N\pi(D/2)^2\sigma_M$。

事实上，在测试或表征复合材料强度性能时，试件的承载面积仍视为 S（不妨
称为表观承载面积），因而，复合材料的强度为

$$\sigma_C = F'/S = [LW\sigma_M - N\pi(D/2)^2\sigma_M]/LW = \sigma_M[1 - N\pi(D/2)^2/LW]$$

$$(7-16)$$

因此有结论：复合材料的强度 σ_C 低于纯基体树脂材料的强度 σ_M，并且随着无
机填料用量的增加，N 增大，复合材料的强度降低得更多。

实验结果还表明，复合材料强度在无机粒子用量小时降低得缓慢，粒子用量大
时强度急剧下降。这是因为，无机粒子用量小时，基体树脂足够将粒子包裹起来并

有一定的厚度,形成较为完整的界面层,受拉时还能够承载一定的应力,因而强度降低较少;随着粒子用量的增加,机体树脂已越来越不足以包覆填料粒子,以致不能形成完整的包覆界面,甚至粒子与粒子表面直接接触,因此材料的强度急剧降低,直到材料性能灾难性恶化而不具有使用价值。

因此,无机粒子与基体树脂间的界面黏结强度以及复合材料中体缺陷的浓度是影响无机粒子/聚合物复合材料的拉伸强度或弯曲强度的一个重要因素。同时表明,提高无机粒子与基体树脂间的界面黏结强度是增强聚合物复合材料的有效途径之一。

(2) 无机粒子/聚合物材料的冲击韧性

无机粒子填充聚合物材料可以提高复合材料的冲击强度,大量的研究证明了这一点。无机粒子/聚合物复合材料冲击性能提高原因在于:添加的无机粒子改变了复合材料的应力分布特征,细而均匀分布的无机刚性粒子可以成为应力集中点;当加有无机粒子的复合材料受到冲击作用时,无机粒子赤道受压而两端受拉,当应力达到某一临界时,赤道周围树脂发生剪切屈服,端部界面开始脱黏而产生裂缝,树脂发生塑性变形;剪切屈服、裂缝孔洞以及基体塑性变形而吸收大量的冲击能,应力集中得到缓解,因而裂纹、空洞的发展得到有效控制或终止,不致发展成为破坏性大裂纹,从而提高材料的冲击韧性。未加无机粒子的纯树脂材料,受到外界冲击作用时,只能靠基体的塑性变形机制来吸收外界能量;另一方面,聚合物分子的长链结构决定了材料的应力传递速度严重滞后,当外界高速率的冲击能作用于纯基体树脂材料时,必然导致受冲击材料的局部应力过度集中而使材料过早被破坏。分散在基体树脂中的无机粒子可作为应力集中点,刚性无机粒子的加入有利于应力在材料中的及时传递,由于应力集中的分布点多、应力传递快,因此单个应力集中点承载的应力小,对同样的冲击能量而言,材料被破坏的概率自然就小;而对于纯树脂材料而言,基体树脂因局部应力集中而早已达到极限应力强度而产生破坏性的大裂纹使材料断裂。

(3) 无机粒子/聚合物材料的模量与热变形温度

一般来说,无机粒子的模量和耐热性能比基体聚合物高,无机粒子的加入可以提高无机粒子/聚合物材料的模量和热变形温度。这可用下面的复合定律得到解释:

$$f(C) = (1-\varphi_f)f(M)g(M) + \varphi_f f(F)g(F) \qquad (7-17)$$

式中,$f(C)$ 为复合材料的模量、热变形温度等性质;$f(M)$ 为基体树脂的模量、热变形温度等性质;$f(F)$ 为无机填料粒子的模量、热变形温度等性质;$g(M)$ 为基体树脂的复合系数;$g(F)$ 为填料粒子的复合系数;φ_f 为无机填料粒子充填分数。

复合系数 $g(M)$ 和 $g(F)$ 与无机粒子细度、形貌、无机粒子在基体树脂中的分散状态以及无机粒子与基体树脂间的界面黏结状况有关。当无机粒子微细且均匀分散在基体树脂中,无机粒子与基体树脂间的界面黏结良好时,$g(M)$ 与 $g(F)$ 的取值接近于 1。一般情况下,无机粒子的模量和热变形温度远高于有机基体树脂的模量和热变形温度,即 $f(M) \gg f(F)$。由式(7-17)可知,复合材料的模量、热变形温度等性质将高于基体树脂,即存在如下的关系:$f(M) < f(C) < f(F)$。如果无机粒子粒度大且在基体树脂中分散不均匀,则无机粒子/聚合物体系的体缺陷多,界面黏结状况差,此时体系的复合系数 $g(M)$ 与 $g(F)$ 远小于 1,使得复合材料的模量、热变形温度等性能提高不多,有时甚至比基体树脂还低。

(4) 组合粒子增强增韧机理

实验研究表明,组合粒子填充聚合物材料的综合性能普遍高于单一粒子填充效果。这是因为无机组合粒子/聚合物材料除了具有单一粒子填充体系的增强增韧机制外,还具有其他的增强增韧机制在作用。

① 优势互补机制:不同种类无机粒子的化学组成、晶型结构不同,表面性质及超细加工性能必然存在差异;而无机填料粒子的极性、表面能等表面性质及其自身的物化性质都将对填充体系产生影响,并且最终都以复合材料性能的差异表现出来。将多种无机粒子组合起来填充聚合物,有可能将各种无机粒子各自的优势性能集中到复合材料中,而将其负面影响屏蔽掉或使其弱化,从而提高聚合物复合材料的综合性能。试验选择的滑石具有硬度低、白度高、疏水性能好、超细加工及表面改性处理容易的特点,在聚合物基体中易均匀分散。而硅灰石粒子具有针状结构,对聚合物填充体系有突出的增强效果,但是硅灰石正是因为具有针状结构的优点而使它的分散性、超细改性性能受到影响,白度也较低,使其针状结构粒子的增强优势不能很好的发挥出来。如果将硅灰石与滑石组合起来,则可综合二者的优势,同时弱化彼此的劣势,使得组合粒子具有较好的超细加工性能、较高的白度、良好的异形结构和易均匀分散的特点,用该组合粒子填充的聚合物性能自然综合了硅灰石和滑石各自填充的优点,从而提高填充体系的综合性能。此外,重晶石的密度大,可用作填充体系的密度调节剂,并且对提高体系的冲击强度有益。因为重晶石密度大,同样体积的质量大,冲击应力使其发生相对运动的难度大,而重晶石的模量、硬度较基体树脂大,足够承受此冲击应力的作用而不使材料破坏。碳酸钙在颗粒结构上没有突出的特点,对复合材料性能无特别的影响,但是可降低材料成本;石英粉末则具有高的硬度,填充的聚合物材料具有耐磨的特点。纳米粒子可显著提高聚合物复合材料强度和韧性,但是纳米粒子价格昂贵,单独使用材料制备成本高,市场无法接受。因此,综合各无机粒子的特点,根据复合材料的性能要求进行合理的组合,将可制备综合性能良好、成本相对低廉的聚合物复合材料。

② 啮合互锁机制:由于无机矿物晶体构型不同,超细粉碎后的无机粒子具有不同的几何外形,如滑石粒子为层片状、硅灰石粒子呈针状或纤维状、重晶石粒子

呈条块状、碳酸钙和石英一般为球粒状。当具有不同几何外形的无机粒子组合填充聚合物时,由于挤出成型中的机械挤压作用,使混杂的无机粒子呈密堆积方式堆砌到一起,聚合物基体树脂起黏结剂和固结剂的作用。层片状的、针状的、条状的、球粒状的无机粒子相互混杂穿插,由于成型取向力、挤压力的作用使粒子间尽可能啮合,通过机械互锁、楔紧等机制增加粒子间的摩擦阻力,使粒子发生相对位移变得困难。当组合粒子/聚合物材料受拉应力时,受力试件的横断面上受压,使材料中的针状、条状和片状粒子间的摩擦阻力更大,粒子拔出或散架需要更多的能量,因而组合粒子较单一粒子而言,可提高填充体系的拉伸或弯曲强度。由于异形粒子相互穿插形成了相对稳定的刚性骨架,球粒状颗粒和基体树脂填充于骨架的空隙之中;当材料受到冲击作用时,刚性骨架迅速分散应力,使局部应力不致瞬时过高,填充在骨架中的颗粒起传递应力作用,同时可能出现局部脱黏以及树脂受压而发生塑性变形,通过分散应力集中点和脱黏变形吸收能量的方式提高材料的冲击韧性。

③ 三维基体网络机制:纳米粒子可同时增强增韧聚合物复合材料的结论已被实验所证实。为什么少量的纳米粒子就可发生如此神奇的作用呢? 作者认为,纳米粒子比表面积大、表面能高、反应活性强,可作为填充聚合物体系中的化学反应与物理吸附的活性点;基体聚合物长链与纳米粒子活性点通过化学键或物理吸附充分作用,建立牢固的黏结界面;纳米粒子散布于整个填充体系中,因而体系中会建立大量的牢固黏结界面,这些牢固黏结界面彼此互连,最终在整个复合材料体系范围内形成蜂窝状"三维基体网络"。该三维网络构成复合材料的框架,超细粒子分散于网络的网眼中,基体树脂起黏结剂和固化剂作用。用比喻来说,掺加纳米粒子的无机超粒子/聚合物复合材料就像钢筋混凝土材料,由纳米粒子与基体聚合物链作用形成的三维网络就如混凝土中的钢筋,超细粒子好似混凝土材料中的卵石和沙石,基体树脂及其添加剂就好比混凝土中所用的水泥。这种具有牢固三维网络结构的材料必然具有良好的强度、韧性和模量。

④ 系统协同机制:各种无机粒子通过几何形貌的协同作用、化学成分的协同作用以及无机粒子对填充体系的反应协同作用来提高复合材料的综合性能。与其他系统一样,复合材料作为一个物质、能量系统,系统内的各组元在各自的尺度空间发挥物质和能量的传递作用,复合材料性能是系统各组元性能综合协同作用的结果,而不是组元作用的简单加和。

7.4.6.7 组合粒子增强增韧模型

当具有三维网络结构的聚合物复合材料受到外界应力作用时,应力集中点将遍及整个试件而不是当中几个或一些粒子,显然对同样大小外界应力作用而言,结合成整体网络材料中应力集中点粒子的界面应力比部分粒子承载时的应力小得多。对整个材料而言,前者的承载能力必然远大于后者。当超细粒子与纳米粒子组合填充聚合物时,纳米粒子与聚合物长链作用形成立体状"基体网",超细粒子填充在"基体网"的网眼中,起传递应力和吸收外界作用能的双重作用,因而纳米粒子/超细粒子/聚合物复合材料的综合性能,尤其是包括强度在内的力学性能均能得到大幅度提高。

　　纳米粒子由于自身小粒径、高比表面积、高表面能、高比体积缺陷浓度、高化学活性的特性,使其极易与聚合物长链上的氢原子、不饱和碳原子发生物理作用(如氢键)或化学作用(纳米粒子表面的残缺键的重建),并且其作用强度远远大于一般粒子与基体树脂的界面作用强度。以纳米粒子为结点,树脂基体长链或联结或缠绕成牢固的立体状"基体网",使整个材料联结成一个整体,而超细组合粒子填充在基体网眼中,如图 7-81 所示。

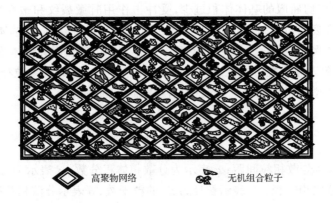

◆ 高聚物网络　　　　🐝 无机组合粒子

图 7-81　掺加纳米粒子的组合粒子增强增韧聚合物的模型示意图

7.4.6.8　聚合物增强增韧影响因素分析

(1) 分散相性质及用量

　　大粒径分散相易形成缺陷,在提高体系硬度和刚度的同时,降低了体系的强度和韧性;小粒径分散相,表面未配位原子数多,与聚合物发生物理和化学结合的可能性大,界面黏结良好,在外力作用下可产生更多的微裂纹和塑性变形,因而对体系增强增韧有利;若分散相过小,分散相与基体相的界面作用过强,导致基体树脂破坏时界面还未发生脱黏破损,此时粒子对体系的增韧效果也不理想。分散相粒子大小对材料性能的影响可用 Hall-Petch 公式定性表示:

$$\sigma_s = \sigma_0 + Kd^{-1/2} \tag{7-18}$$

式中,σ_s 表示为材料屈服强度,σ_0 表示为组元变形阻力,K 表示为与界面结构有关的系数,d 表示为粒子平均直径。填料粒径分布对材料性能也有影响,粒径分布宽、均匀分散性差,从而降低复合材料的力学性能[32]。

分散相模量太小,在静压力作用下发生屈服形变所需的应力小,此时冲击能量的消耗主要由基体来承担;随分散相模量的增加,体系受力变形过程中,基体除本身产生大量的银纹和形成剪切屈服带吸收能量外,还迫使分散相发生形变而吸收大量能量;当分散相模量大,如无机刚性粒子,即使有静压力也不能使其发生屈服形变而失去引发银纹的能力,但模量大的粒子可及时地传递应力、发生界面脱黏形成空洞并引发基体产生塑性形变,从而吸收大量的能量。因此,当分散相的屈服应力与界面黏结强度相近,或者是分散相模量大但分散相与基体的界面黏结强度适当(稍低于基体强度)时,分散相方可吸收外界能量而起到增强增韧的作用。

分散相粒子用量过小,浓度太低,吸收外应力的主体是基体树脂,分散相不能起到明显的增韧作用。当分散相用量超过某阈值时,粒子间过于接近,基体树脂层太薄,可发生剪切屈服的基体体积过少,受冲击作用时微裂纹和塑性变形太大,材料产生宏观开裂而过早被破坏。此外,无机粒子体积含量高时,在基体中难于均匀分散而形成团聚,容易引发大裂纹,但又不能有效终止裂纹而导致体系脆性破坏。

刘浙辉等[33]假设粒子在聚合物中的粒径服从正态分布,引入粒径分布指数 δ,导出了聚合物增强增韧效果与分散相粒径、粒间距的关系:

$$T = d[(\pi/6\varphi)^{1/3}\exp(1.5\ln^2\delta) - \exp(0.5\ln^2\delta)] \tag{7-19}$$

$$\delta = \exp\left\{\left[\sum n_i(\ln d_i - \ln d)\right]^2 \bigg/ \sum n_i\right\}^{1/2}$$

式中,T 表示为分散相粒间距;φ 表示为分散相体积分数;d 表示为分散相平均粒径;d_i 表示分散相粒径;n_i 表示粒径为 d_i 的粒子数;δ 表示分散相粒径分布指数。考虑 δ 影响后,粒间距 T 与冲击强度很好的符合临界粒间距理论:$T > T_c$ 时,体系显脆性;$T = T_c$ 时体系发生脆-韧转变;$T < T_c$ 时体系为韧性。从上式可看出,分散相粒子越细,粒径分布越集中,d 和 δ 的值越小,因而 T 值越小,体系的增韧效果越佳;还可看出,在 d 和 δ 一定的情况下,分散相粒子的体积分数存在一临界值 φ_c:

$$\varphi_c = \pi/6\{[T_c/d + \exp(0.5\ln^2\delta)]/\exp(1.5\ln^2\delta)\}^3 \tag{7-20}$$

当 $\varphi > \varphi_c$ 时,体系韧性随 φ 增大而提高,并于一定含量 φ_m 时达到最大值,超过 φ_m 时,体系的韧性随 φ 增大而急剧下降,变为脆性断裂。

Massao 在研究 SiO_2 填充 PP 体系时发现,SiO_2 粒径越小,复合材料的拉伸强度越高,并提出了如下的模型:

$$\tau_c = \tau_m(1 - V_f^{2/3}) + 2Gb/\{dk(d)[(4\pi/3V_f)^{1/3} - 2]\} \tag{7-21}$$

式中,τ_c 表示为复合材料屈服强度;τ_m 表示为基体树脂屈服强度;V_f 表示为无机粒子体积分数;G 表示为基体树脂模量;b 表示为 Burgers 矢大小;d 表示为无机粒子粒径;$k(d)$ 表示为颗粒聚集参数,与粒径 d 有关。

(2) 界面相结构

分散相与基体树脂相之间界面黏结状况基本上决定了填充体系的强度、韧性等力学性能。一般认为,决定复合材料韧性的因素主要有两个:其一是无机粒子迅速、均匀分散;其二是形成适当的界面相,即适当的界面作用强度和界面相形态。由于无机粒子为表面能高的高极性物质,聚合物多为低表面能的非极性物质,两者的相容性差,无机粒子在基体中的分散均匀性差,界面作用弱,因此,需要对无机粒子进行表面处理。改善界面黏结相作用强度的途径主要有两种:一是对分散相粒子进行表面处理,二是对基体树脂进行接枝改性处理。

目前较为认同的观点是:界面作用太弱,复合体系相容性太差,无机粒子在基体中分散均匀性差,不能很好的传递能量,复合体系界面在裂纹增长前而首先脱黏,不利于增韧;界面作用太强,空洞化过程受阻,同时限制诱导引发剪切屈服,也不利于增韧。因此,从增韧角度考虑,界面作用强度应控制在适当范围。但从拉伸强度和弯曲强度角度来说,界面的黏结强度越高,复合材料强度性能越好。界面形态也决定着复合体系的增韧效果。一般认为,若界面相能保证无机粒子与基体具有良好的界面结合,并且具有一定厚度的柔性层,则有利于材料在受应力作用时引发微裂纹、终止裂纹,即可消耗大量冲击能,又能较好地传递应力,达到既增韧又增强的目的。

（3）聚合物基体性质

聚合物基体树脂不同,无机刚性粒子的增韧效果差别很大。Wu. S 研究发现,共混物的韧性与基体链结构参数之间存在如下的定量关系:

$$\sigma_z\delta^2(T_g-T)/\sigma_y = kv_e^{1/2}/C_\infty,\ v_e = \rho_a/M_e,\ C_\infty = \lim_{n\to\infty}(R^2/nL^2) \quad (7\text{-}22)$$

式中, σ_y 表示为屈服应力; σ_e 表示为银纹应力; δ 表示为内聚能密度; C_∞ 表示为基体链的特征比; v_e 表示为基体链缠结密度; ρ_a 表示为非晶区密度; M_e 表示为基体分子量; T_g 表示为基体玻化温度; k 表示为比例常数。

常见聚合物链参数如表 7-38 所示。链缠结密度 v_e 小,特征比 C_∞ 大的基体易于银纹断裂,韧性低;反之,基体易以屈服方式断裂,韧性高。根据 v_e、C_∞ 值的大小,将聚合物基体分为两类: $v_e < 0.15\text{mmol}\cdot\text{cm}^{-3}$, $C_\infty > 7.5$ 为脆性基体; $v_e > 0.15\text{mmol}\cdot\text{cm}^{-3}$, $C_\infty < 7.5$ 为准韧性基体。目前广泛研究的采用刚性无机粒子增韧的体系主要是准韧性偏脆材料 PP、PE、nylon 三种基体,过渡型基体 PVC 的刚性粒子增韧有少量报道,但对脆性基体 PS、SAN 和准韧性基体 PET、PC 未见有无机刚性粒子增韧的报道。这可能是因为偏脆的准韧性材料引入无机粒子后,在应力场的作用下,粒子周围的基体易于剪切屈服,相对本身较脆的基体,会有明显的韧性提高;而韧性较大的基体,本身易于屈服,韧性的明显提高比较困难;对于 PS、SAN 等脆性基体,无机粒子周围的基体难于在外力场作用下诱导屈服,断裂强度低于屈服强度,尚未屈服就已经以银纹形式破坏。

表 7-38　常见聚合物链参数

高聚物名称	PS	SAN	PMMA	PVC	PP	PE	PA6	PA66	PET	PC
v_e /mmol · cm^{-3}	0.0093	0.00931	0.127	0.252	0.490	0.613	0.435	0.537	0.815	0.0672
C_∞	23.8	10.6	8.2	7.6	7.2	6.8	6.2	6.1	4.2	2.4

　　即使对同一种聚合物,随结构的不同,无机粒子的增韧效果也有较大差别。一般认为,增韧效果与基体树脂的相对分子量、分子间作用力、结晶度、晶型等有关,性能上与基体的韧性特别有关,准韧性基体必须具有一定韧性和一定的强韧比,才能实现无机粒子增韧,基体韧性低于某临界值时则无法通过无机粒子增韧的方法获得较高韧性。

参 考 文 献

[1] 杨华明,邱冠周.搅拌磨机械化学改性制备复合粉体的研究[J].中南工业大学学报,1997,28(6):536-538.

[2] Suryanarayana C. Mechanical alloying and milling[J]. Progress in Materials Science,2001,46:1-184.

[3] 陈德良. 无机组合粒子增强增韧聚合物的协同效应[D]. 长沙:中南大学,2002.

[4] 杨华明,邱冠周.滑石粉超细磨过程机械化学变化[J]. 中南工业大学学报,1998,29(5):432-434.

[5] 杨华明,邱冠周,王淀佐.矿物表面机械化学改性新工艺研究[J]. 金属矿山,2000(7):13-16.

[6] 杨华明,邱冠周.滑石粉超细粉碎过程的结构变化[J].硅酸盐学报,1999,27(5):580-584.

[7] 郑水林编著. 粉体表面改性[M].北京:中国建材工业出版社,1997.

[8] 邱冠周等编著.矿物材料加工学[M].长沙:中南大学出版社,2003.

[9] 杨华明,邱冠周.搅拌磨机械化学改性机理研究[J].有色金属,2000,52(3):33-36.

[10] 刘最芳.DRIFTS定量分析磷酸脂包覆滑石粉表面[J].塑料工业,1994(3):41-44.

[11] 荣葵一等编著.非金属矿物与岩石材料工艺学[M].武汉:武汉工业大学出版社.1996.

[12] 杨华明,曹建红,敖伟琴.超细滑石粉填充 PP 的增强效应[J].中国塑料,2003,17(1):82-84.

[13] 曹建红. 超微细滑石粉/聚丙烯复合材料的制备及结晶行为.[D].长沙:中南大学,2004.

[14] 陈德良,杨华明,邱冠周.硅灰石的深加工及应用进展[J].矿产保护与利用,2001,(4):41-46.

[15] 陈德良,杨华明,高濂.无机组合粒子/聚丙烯复合材料的制备与协同效应研究[J].高分子材料科学与工程,2003,19(6):220-224.

[16] 杨华明,陈德良,邱冠周等.矿物粒子/聚合物复合材料的研究进展——制备技术、材料性能与应用特性[J].金属矿山,2001,(9):17-20,39-45.

[17] 杨华明,陈德良,邱冠周等.矿物粒子/聚合物复合材料的研究进展——界面结构、增韧机理与协同效应[J].金属矿山,2001,(11):19-22,59-63.

[18] 日本高分子学会.吴培熙等译. 塑料加工原理及使用技术[M]. 北京:中国轻工业出版社,1991.

[19] 瀬户正二.热硬化性树脂的压缩成形(トテンスフア成形.射出成形)[M],1982.

[20] Pukanszky H,Kolarik J. Polymer composites. B. Sedlacek ed. Berlin:W. de Gruyer Co.,1996.

[21] 欧玉春.刚性粒子填充聚合物的增强增韧与界面相结构[J].高分子材料科学与工程,1998,14(2):12-15.

[22] Piueddemann E P. Interface in polymer matrix composites[M]. London:Academic Press,1974.

[23] 山西省化工研究所编.塑料橡胶加工助剂[M].北京:化学工业出版社,1983.

[24] 方春山. 填料的某些性质对填充塑料性能的影响[J]. 塑料,1987,(3):29-32.

[25] 傅永林. 偶联剂在塑料复合材料中的应用[J]. 中国塑料,1991,(3):20-24.

[26] 黄元富. 第二届全国界面工程研讨会文集[C]. 天津:1991.95.

[27] 曾汉民. 材料表面与界面[M]. 北京:清华大学出版社,1990.273-299.

[28] 刘凤荣. 第二届全国界面工程研讨会文集[C]. 天津:1991.11.

[29] Sain M M,Kokta B V. Response surface methodology-a useful tool for the optimization of molecular adhesion and mechanical properties of PP composites[J]. Journal of Reinforced Plastics and Composites,1994,13:38-53.

[30] [美]C D 韩 著,徐僖 等译. 聚合物加工流变学[M]. 北京:科学出版社,1985:218-219.

[31] 胡赓祥,蔡珣主编. 材料科学基础[M]. 上海:上海交通大学出版社,2000:96-97.

[32] 张银生,庞永新,徐丹,等. 填料粒径分布及其对填充 PP 性能的影响[J]. 中国塑料,1997,11(7):48-52.

[33] 刘浙辉,朱晓光,张学东,等. 聚合物共混物脆韧转变性能研究:Ⅲ. 分散相形态参数之间的关系[J]. 高分子学报,1998,(1):32-38.

第8章　机械化学活化固体废渣

8.1　引　言

在人类的生产和生活活动过程中产生的各种被丢弃的固体统称为固体废弃物,其中有一类废弃物是在选矿、冶金、化工等生产过程中产生的,如高炉矿渣、钢渣、各种有色金属渣、合金渣、化铁炉渣、尾渣等统称为固体废渣。

固体废渣与其他固体废弃物一样,已成为环境污染的重要源头。如长期堆置的矿渣、工业渣等,在自然环境的侵蚀和风化下,将渗出大量有毒有害物质,这些物质或随雨水流走直接污染下游水源,或是随地下水迁移而威胁人类的长远利益。同时,直接堆置的废渣还将直接威胁人类的安全,2008 年发生的山西尾矿溃坝事件即是最直接的惨痛教训。

因此,对废渣的处理和利用已成为一个重要的课题。目前废渣的高效利用手段不多,一般有物理化学提取有用物质(这一处理也只是利用其中极少量的原料)、深埋(大规模处理不现实)、生产建材(适于无放射性、无毒、无渗出的废渣)以及海洋深投等。其中生产建材是废渣利用的一个重要手段,不光因为建材的市场非常大、需求非常大,还因为建材对原料的要求不太高,一般的固体废渣均有一定的适应可能,这一特点也为固体废渣的开发利用提供了一个重要的利用与处理途径。

本章介绍利用机械化学处理固体废渣,以钢渣和高岭土选矿尾矿为例,研究机械化学处理对固体废渣的活性的影响,并试验将经机械化学处理后的固体用于建筑材料的应用情况,考察机械化学处理参数、原料组成、应用方法等对废渣在建筑材料中应用的性能和影响。

8.2　机械化学活化钢渣

8.2.1　钢渣的基本概述

(1) 钢渣的概述以及分类

钢渣是在炼钢时加入石灰石、白云石和铁矿石等冶炼熔剂以及造渣材料石灰后,从高温下融化成 2 个互不熔解的液相炉料中分离出来的杂质。钢渣基本呈黑灰色,外观像结块的水泥熟料。其主要成分为(质量分数):CaO 为 30%~60%,

SiO_2 为 8%～23%,Al_2O_3 为 3%～8%,MgO 为 4%～11%,除上述主要成分之外,钢渣中还含有 FeO、MnO、Fe_2O_3 以及硫化物等[1]。钢渣中的主要矿物为橄榄石、镁硅钙石、硅酸二钙($2CaO \cdot SiO_2$,C_2S)、硅酸三钙($3CaO \cdot SiO_2$,C_3S)、铁铝酸四钙($4CaO \cdot Al_2O_3 \cdot Fe_2O_3$,$C_4AF$)、铁酸二钙($2CaO \cdot Fe_2O_3$,$C_2F$)、RO 相(R 代表镁、铁、锰的氧化物形成的固熔体)等[2]。钢渣的分类方式多样,主要有以下几种:

① 钢渣按冶炼方法可分为:平炉钢渣、转炉钢渣、电炉钢渣[3]。其中电炉钢渣又分为氧化渣和还原渣。电炉炼钢分氧化期和还原期,氧化期产生的渣称氧化渣,还原期产生的渣称还原渣。

② 钢渣按形态可分为:水淬粒状钢渣、块状钢渣和粉状钢渣。

③ 钢渣按照碱度划分:碱度 $M = CaO/(SiO_2 + P_2O_5)$,M 小于 1.8 为低碱度渣,M 介于 1.8～2.5 为中碱度渣,M 大于 2.5 为高碱度渣[4]。

④ 按不同生产阶段分:炼钢渣、浇铸钢渣和喷溅渣。在炼钢钢渣中,平炉炼钢又分为初期渣和末期渣。

(2) 钢渣的活性

一般用钢渣的碱度 $CaO/(SiO_2 + P_2O_5)$(质量比)作为衡量钢渣活性的指标[5]。钢渣的矿物成分主要取决于钢渣的碱度,当碱度小于 1.8 时,钢渣中的矿物主要有:橄榄石($CaO \cdot FeO \cdot SiO_2$)、镁基薇辉石($3CaO \cdot MgO \cdot 2SiO_2$)、RO 相(二价金属氧化物 FeO、MgO、MnO 的固溶体);当碱度大于 1.8 时,主要矿物有:硅酸二钙($2CaO \cdot SiO_2$)、硅酸三钙($3CaO \cdot SiO_2$)、铁酸钙($2CaO \cdot Fe_2O_3$)、游离氧化钙(f-CaO),钢渣的碱度越高,活性越大[3-6]。转炉钢渣碱度高,矿物以硅酸盐为主,电炉氧化钢渣碱度低,活性较弱。因此,现有的钢渣水泥生产利用的是转炉钢渣,这不仅因为转炉钢渣的量大,更重要的是转炉钢渣碱度高,活性大。高碱度钢渣中含有与硅酸盐水泥熟料相似的 C_2S 和 C_3S,两者含量在 50% 以上[7-9],同样都具有如下水化反应的能力:

$$2(3CaO \cdot SiO_2) + 6H_2O \Longrightarrow 3Ca(OH)_2 + 3CaO \cdot 2SiO_2 \cdot 3H_2O \quad (8-1)$$
$$3CaO \cdot Al_2O_3 + 6H_2O \Longrightarrow 3CaO \cdot Al_2O_3 \cdot 6H_2O \quad (8-2)$$

不同之处在于钢渣的生成温度在 1560℃ 以上,然而硅酸盐水泥熟料的生成温度在 1460℃ 左右。钢渣的生成温度高,其矿物结晶致密,晶粒较大,导致水化速度缓慢,因而需要采取相应的措施提高其水化反应速度。

8.2.2　国内外钢渣的堆置现状

钢渣是炼钢时产生的一种工业废渣,一般为粗钢产量的 15%～20%[10]。世界各国的冶金工业,每生产 1 吨粗钢都会排放约 130kg 的钢渣、40kg 铁粉渣及其他废料。全世界每年排放钢渣约 1 亿～1.5 亿吨,是冶金工业头号废渣。中国积存钢渣已有 1 亿吨以上,且每年仍以数百万吨的排渣量递增[11]。国外钢渣利用的研究开展得比较早,钢渣的综合利用已经接近或达到排用平衡。欧美等国家目前的利用率均达 90％以上,其中用于道路工程达 70％左右。美国在 20 世纪 70 年代初,钢渣的利用就已经达到了排用平衡。日本、法国的钢渣利用率也早已达到100％。虽然我国对钢渣的处理利用的研究始于 20 世纪 50 年代末,60 年代有了一些发展,70 年代前后对钢渣处理工艺进行了广泛的探讨、试验及生产实践,取得了一些宝贵经验,但目前我国作为世界头号产钢大国,其利用率却仅约 10％,远远低于发达国家水平[12]。目前我国积存的钢渣基本上都是经过简单处理后拉到堆场堆放,形成二次污染。大量钢渣的弃置堆积占用越来越多的土地、污染环境、造成资源的浪费,影响钢铁工业以及整个国民经济的可持续发展。因此有必要对钢渣进行减量化、资源化和高价值综合利用研究。

在钢渣综合利用方面,由于各国国情不同,所以世界各国利用方式不尽相同。我国正在寻求符合国情的技术路线,即以大宗利用为主,兼顾多功能、高效能的利用,在取得环境效益和社会效益的同时,尽可能收到良好的经济效益。经过多年的反复实践,我国主要把钢渣用于道路铺材、农业、去污除杂等低层次领域中。

8.2.3　钢渣的应用现状

(1) 在水泥中的应用

钢渣中含有硅酸二钙(C_2S)和硅酸三钙(C_3S)等水硬性矿物以及铝硅玻璃体,因而具有良好的胶凝性能。可以借助外加剂来激发具有潜在活性的钢渣和矿渣生产高标号钢渣矿渣水泥。钢渣矿渣水泥(简称钢渣水泥)是以钢渣、粒化高炉渣为主要组分,加入适量硅酸盐水泥熟料和石膏,磨细制成的水硬性胶凝材料。由于钢渣水泥是以钢渣和粒化高炉矿渣为主要原材料,生产该产品可以节省石灰石资源,节省能源,减少 CO_2 的排放和烟尘对环境的污染,因此也可称为"绿色水泥"。钢渣水泥不仅具有与矿渣硅酸盐水泥相似的物理力学性能,而且具有后期强度高、水化热低、耐磨性好、微膨胀、抗渗性好、耐腐蚀等一系列特性,该水泥不仅可作为通用水泥用于一般工业与民用建筑,而且更适用于水利、道路、海港等特种工程。

① 生产钢渣无熟料水泥:以钢渣为主要成分,加入一定量的其他掺和料和适量石膏,经磨细而制成的水硬性胶凝材料,称为钢渣无熟料水泥。生产钢渣无熟料水泥的掺和料可用矿渣、沸石、粉煤灰等。根据加入掺和料的种类,钢渣无熟料水泥可分为钢渣矿渣水泥、钢渣浮石水泥和钢渣粉煤灰水泥等。钢渣无熟料水泥的生产工艺简单,由原料破碎、磁选、烘干、计量配料、粉磨和包装等工序组成。钢渣无熟料水泥可用于民用建筑的梁、板、楼梯、砌块等方面;也可用于工业建筑的设备基础、吊车梁、屋面板等方面。另外,钢渣无熟料水泥具有微膨胀性能和抗渗透性能,可以广泛应用于在防水混凝土工程方面。钢渣无熟料水泥具有与矿渣硅酸盐

水泥相似的物理力学性能,还具有耐磨性好、抗冻、抗渗透性好、水化热低等一系列特性。

② 生产少熟料钢渣水泥:将经破碎磁选过的钢渣、粒化高炉矿渣、少部分硅酸盐水泥熟料、烧石膏相配合,粉磨加工后可生产老标号 325、425 少熟料钢渣水泥[13]。由于水泥中掺加 20%(质量分数)左右的硅酸盐水泥熟料。在熟料中 C_2S、铝酸钙($3CaO \cdot Al_2O_3$)等矿物的激发下,钢渣中的硅酸盐矿物等发生解体,生成水化硅酸钙、水化铝酸钙等水硬性矿物;在石膏的作用下,钢渣及高炉矿渣中的铝酸盐矿物与其反应生成钙矾石,由钙矾石的骨架作用使水泥强度得到提高。这种水泥以熟料掺加量衡量,处于矿渣硫酸盐水泥与矿渣硅酸盐水泥之间的"空白区",类似低热微膨胀水泥。因此,该水泥不仅水化热低,而且具有微膨胀性能,同时具有良好的抗渗、抗浸蚀能力,宜用于地下及水下工程。

③ 生产复合硅酸盐水泥:近年来由于粒化高炉矿渣价格一再上扬,多数地区矿渣价格已与硅酸盐水泥熟料相当。为降低水泥生产成本,可采用 5%~10% 的钢渣代替高炉矿渣,经实践证明不但切实可行,而且可以降低成本 3.5~7 元/吨。虽然钢渣的活性不如高炉矿渣,在复合硅酸盐水泥中,随着钢渣掺入量的增加,水泥强度有所下降,但不是十分严重。国外学者在关于"孔隙率与粗大致密结晶材料之间关系"的解释中指出:对一定孔隙率,如果引进较多的粗大致密结晶材料,可以使强度增加。钢渣系高温条件下的粗大致密结晶材料,在一定掺量条件下对水泥强度有一定的增强作用,将钢渣单独粉磨后与矿渣微粉复合掺入硅酸盐水泥,再适当地掺加石膏和激发剂,可获得性能良好的具有较高强度的复合硅酸盐水泥。钢渣和矿渣复合掺加,可在一定程度上实现性能互补,改善水泥的强度,当掺量及配合比合适时,其后期强度可以达到并超过纯硅酸盐水泥的强度[14-16]。

④ 生产钢渣矿渣水泥:近年来,有关人员研究开发了钢渣矿渣水泥,产品达到老标号的 325、425 矿渣硅酸盐水泥技术标准。该水泥的硬化机理是:通过硫碱激发钢渣活性,由于钢渣碱度比粒化高炉矿渣高,它又是矿渣的碱性激发剂,参与硅酸盐水泥熟料一块来激发矿渣的活性,从而达到提高水泥强度的目的。这种水泥具有以下特点:抗磨性好、后期强度增进率大、抗冻性好、抗渗性好、水化热低、抗硫酸盐浸蚀能力强、成本低。

⑤ 钢渣可在生料配料中作"一料三代":钢渣用于水泥生料配料作"一料三代",所谓"一料三代"是指代替铁质原料、代替晶种和代替矿化剂。

某些钢渣中氧化铁含量在 30% 左右,在生料中掺加 3.5%~4% 即可满足生料中氧化铁含量的要求。因此,钢渣是一种铁质校正原料,钢渣代替铁粉配料既可减少工业废渣污染,保护环境,又达到缓解生产矛盾,提高熟料强度,降低水泥生产成本的目的。采用钢渣在生料中作"一料三代"不但使水泥企业降低了生产成本,同时使水泥的安定性合格率大大提高。对钢厂而言,能够将过去发愁无处倾倒的废料,变成可对外出售而且获取一定经济收益的商品。水泥与钢铁企业双方都有所得。

(2) 钢渣在建筑材料中的应用

原国家经贸委下发了一系列文件要求加快墙体材料革新,严格限制毁田烧砖,全面禁止生产经营和使用实心黏土砖。由于钢渣的矿物成分与水泥熟料有些相似,属于缓凝水硬性胶凝材料,早期强度低,但具有一定的后期强度。同时钢渣经磨细和加入添加剂,可降低 f-CaO 的不安定性,适合作建筑材料。当前钢渣在建筑材料方面的应用主要有以下几个方面。

① 钢渣用于制备混凝土:钢渣用于制备混凝土有以下两个用途。首先,钢渣微细粉用于制备高强度混凝土。研究表明,钢渣粉可等量代替 10%～40% 的水泥,从而降低混凝土的成本,这是钢渣综合利用的一条有效途径。其次,可用钢渣等体积全部替代石子配制钢渣混凝土,与普通混凝土相比,这种钢渣混凝土的各项力学性能均比较好,抗弯强度和劈拉强度有明显改善。由于钢渣自身具有优良的耐磨性,因此使用钢渣作粗集料配制的混凝土也具有良好的耐磨性。

② 钢渣被用于生产钢渣砖和砌块:钢渣可当作胶凝材料或骨料,用于生产钢渣砖、地面砖、路缘石、护坡砖等产品。用钢渣生产钢渣砖和砌块,主要利用钢渣中的水硬性矿物,在激发剂和水化介质的作用下进行反应,生成系列氢氧化钙、水化硅酸钙、水化铝酸钙等新的硬化体[17,20]。利用钢渣生产建筑用砖,工艺简单、生产效率高,生产工艺、设备与生产粉煤灰砖、灰砂砖等建筑用砖相似。以低活性钢渣为主要原料,加入无机胶凝材料,充分激发钢渣活性,研制出性能优良的钢渣混凝土空心砌块,该砌块具有高强、工艺简单、成本低及利用率大等特点。

③ 钢渣被用于加固地基:钢渣桩是一种柔性桩,它是利用钢渣作为填料,在软土中按一定的间距,用机械成孔,分批填入颗粒级配合理的钢渣,然后按一定的质量要求振冲密实,形成钢渣桩。它是由桩土共同承担上部荷载的一种复合地基。钢渣桩适用于处理填土、饱和及非饱和黏性土、粉土和淤泥质土等地基。这种桩不单适用于加固软弱地基,对于较好的地基、建筑物荷载较大或对沉降要求较高的场合也可采用,以提高地基的承载能力,减少沉降[21]。

④ 利用废钢渣生产干粉砂浆:钢渣用于生产砂浆有两种形式:一是磨细钢渣作为掺和料等量取代水泥使用量[22],此时胶结材料的标准稠度需水量减少,但是胶砂强度随钢渣掺量的增加而降低[23];二是磨细钢渣作为细集料代替砂子使用。此时砂浆的抗折、抗压强度略低于未掺钢渣的砂浆,28 天的干缩率却明显低于未掺钢渣的砂浆,这就说明钢渣作为集料代砂使用,其性能和经济性优于代水泥使用的方式。

(3) 钢渣在道路铺材领域的应用

钢渣在道路方面的综合利用,大多都是将其用作地基回填材料和路基填筑材料,钢渣作为混合料中的骨料可以取代道路混合料中的碎石。具体应用如下。

①　钢渣作为沥青混合骨料来铺筑路面:国内外研究表明,一些钢渣的力学性能较轧制碎石好,不仅耐磨,颗粒形状和自然级配好,而且与沥青有良好的黏附性,沥青包裹后能防止钢渣膨胀,其比热值高,很适合作为沥青混合料集料用于铺筑路面[24-27]。其优点为:钢渣表面比较粗糙,所组成的混合料具有较大的内摩阻力,同时这种粗糙增加了骨料的表面积,使得与沥青的黏合面积增大,提高了钢渣与沥青的黏结力;钢渣中含有 Ca^{2+}、Mg^{2+}、Fe^{2+}、Al^{2+} 等大量的阳离子,钢渣表面的金属阳离子与沥青中的某些物质(如沥青酸)发生化学反应,生成沥青酸盐,在钢渣表面构成化学吸附层,而化学相互作用的强度超过分子作用力许多倍,故可提高沥青混合料的水稳性;具有微孔结构的钢渣对沥青产生选择扩散吸附,有利于沥青中活性较高的沥青质吸附在钢渣表面。

②　钢渣作为路基的填料:钢渣是填筑路基很好的材料。钢渣具有很强的吸水性,对于软弱潮湿的路基基底有很好的改良作用,而且钢渣强度高,对提高路基的承载力也有很不错的效果[28]。钢渣中含有较多的氧化物,与水化合后,具有微弱的水硬性,可增强路基的强度。由于钢渣具有一定的污染性,在钢渣作为路基填料的时候要求所填深度限制为 -3m,一般要求在地下水位线以上。

③　钢渣作为反压材料加固软弱地基:利用钢渣 f-CaO 含量高、高膨胀性以及比重较高的特点,可以替代砂石等集料用于碎石桩或者堆载预压。钢渣的膨胀力可对周围的软土施加侧向压力,促使软土中的水分被挤出,加速软土的固结;钢渣的高比重,可产生比相同厚度碎石更大的重力,促成软土的更早固结[29]。

(4) 钢渣在农业领域的应用

钢渣中含有较高的硅、钙以及各种微量元素,有些还含有磷,可根据不同元素的含量作不同的应用,为农作物提供所需要的营养元素。钢渣粒度小于 4 mm,并含有一定数量的极细颗粒,是农业上理想的土壤改良剂。

①　通过施用钢渣提高土壤的 pH:施用钢渣以后,土壤 pH 有所升高,其升高幅度随钢渣用量增加或粒度变细而增大。土壤 pH 升高是由于钢渣中的弱酸盐类(如硅酸钙等)发生水解或溶解中和了土壤溶液及土壤胶体表面吸附的 H^+ 和 Al^{3+} 的缘故。此外,施用钢渣可在土壤中形成非晶型羟基铝硅酸盐,也会使土壤 pH 升高[30]。因此,钢渣用量越多或钢渣颗粒越细,碱性物质水解或溶解产物越多,中和 H^+ 和 Al^{3+} 的数量越多,pH 升高的幅度也就越大。

②　通过施用钢渣改变土壤中硅的形态:施用钢渣以后,土壤中的水溶态硅和无定形硅含量降低,活性硅、有效硅含量增加,这有利于提高土壤保存与供应硅素的能力[31]。除水溶态硅外,上述影响均随钢渣用量增加或粒度变细而增强。

③　通过施用钢渣增加水稻籽粒中 K_2O 的含量:施用钢渣能够增加水稻籽粒中 K_2O 的含量,促进水稻植株体内钾的平衡。供钾充足能促进作物生长,表现为

株高、茎粗、叶面积增加、抗旱、抗倒伏、抗病害能力增强。此外,钾不但是作物生长发育不可缺少的营养元素之一,也是影响作物品质的"品质因子"。钢渣中并不含钾,水稻植株中 K_2O 含量的增加,表明钢渣改善了水稻的生长状况,提高了根系的活力,促进了植株对土壤中钾的吸收利用。籽粒中 K_2O 的含量增加,表明钢渣促进了钾由茎叶向籽粒的转移。

(5) 钢渣在其他领域的应用

① 制备钢渣基新型膨胀剂:将经过特殊工艺处理的钢渣粉、硫铝酸盐水泥熟料、石膏进行粉磨、混合、均化,可制得一种新型钢渣基膨胀剂,其对混凝土硬化后期(28～90 天)体积变化的补偿收缩优势优于粉煤灰[32],而且膨胀率保持稳定。

② 钢渣用于制作钢渣微晶玻璃:采用钢渣为主要原料,并添加其他辅助原料利用熔融法可以制备出性能优越的钢渣微晶玻璃[33-35]。制成的微晶玻璃的机械性能和耐化学腐蚀等性能均优于天然花岗岩和大理石以及瓷砖等。

8.2.4　开发新型钢渣活化技术的目的和意义

目前,我国的钢铁产量世界第一,钢铁渣的产量也是世界第一,但是钢渣的回收利用率却很低。尽管钢渣的应用较为广泛,钢渣资源化技术的开发及应用取得了一定的成绩,但是受一些因素的影响使得钢渣不能稳定可靠的应用。主要问题是:用于建筑回填料虽能提高钢渣用量,但效益不明显;用于水泥行业,由于其成分波动大、活性差、易磨性差及稳定性不好等原因,不能大量应用;钢渣作为建筑原料时,由于钢渣的膨胀性,不能完全代替水泥,同时我国严禁将钢渣碎石作混凝土骨料使用;钢渣磷肥,由于应用成本太高,不便推广;钢渣制备微晶玻璃还不能实现工业化;钢渣作冶金原料时,由于钢渣成分波动大,给生产控制带来了一定的困难。这些问题的出现表明钢渣的规模应用并不成熟,这就促使研究人员去寻找更加安全可靠的方法。综观国内外,不管是钢渣回收利用率低的发展中国家,还是利用率已经达到 100% 的发达国家,目前其回收利用的方法都大同小异,这些利用方法中具有一个显著的共同点就是大部分整体利用水平不高,属于低附加值的利用模式。所以开发出高水平、高附加值的利用模式是各国科技研究的重点和核心内容。本课题研究的目的是开发出新型、高效的钢渣活化技术,实现钢渣资源的高效循环利用,推动国家"节能减排政策"的有力实施。

8.2.5　钢渣物理活化的原理

钢渣中的活性成分主要是所含的 A 矿、B 矿及铁铝酸盐等矿物[36],但由于这些矿物在形成过程中溶进较多的 Fe_2O_3、MgO 等杂质且结晶较完善,使得这些矿物的活性与水泥中相同矿物的活性相比要低得多;另外钢渣中的 f-CaO 含量较高,经历了 1600℃ 的高温,结晶较好,活性较低,再加上钢渣中固溶有较多的 FeO、

MgO、MnO 等杂质,又进一步降低了钢渣中 f-CaO 的活性。钢渣粉作水泥混凝土掺和料,钢渣粉中必然存在的死烧 f-CaO 是影响安定性的最主要因素之一[37]。目前解决这个隐患的方法较多,但其实质都是通过加快 f-CaO 与水反应从而降低钢渣粉中的 f-CaO 含量,而在这个过程中钢渣粉中的部分高活性矿物也会不可避免地参与水化,从而使钢渣粉的早期水化活性大幅提高[38]。

大量的科学研究已经证实通过高能球磨实现晶体从规则结构向无定形化转变时,晶体表面的活性点增多,易于参与化学反应[39]。正是基于这一基本的科学事实,利用高能球磨改变钢渣的稳定结构,实现钢渣的无定形化转变。这样不仅可以使硅酸盐矿物快速参与水化,而且降低了 f-CaO 的粒度,有利于解决 f-CaO 带来的安定性不良的问题。

8.2.6　钢渣物理活化——球磨加工

（1）球磨加工工艺选择

分别用 A、B、C、D 四种球进行高能球磨。每种球都先以球料比为 2∶1、3∶1、4∶1、5∶1、6∶1 进行球磨 2h,之后再以球料比为 5∶1 分别球磨 1、3、4、5h。四种钢球的规格如表 8-1 所示。不同球磨参数磨出的钢渣粒径分布情况如表 8-2～表 8-5 所示。

表 8-1　实验用 A、B、C、D 四种球的规格

	A 球	B 球	C 球	D 球
质量/g	142.2	111.7	49.35	2.48
直径/cm	3.3	3.0	2.39	0.81

表 8-2　A 球球磨颗粒粒径分布（单位:g）

球料比 \ 时间/h \ 粒径/mm	+0.9	0.9～0.3	0.3～0.2	0.2～0.11	0.11～0.09	0.09～0.08	−0.08
5∶1　1	0.64	1.15	2.22	34.16	8.76	29.92	23.14
5∶1　2	0.74	1.15	0.41	45.81	14.97	26.51	10.38
5∶1　3	0.68	1.41	0.58	29.97	23.85	33.30	10.19
5∶1　4	0.97	1.96	1.07	32.08	29.58	29.03	5.11
5∶1　5	0.93	2.23	1.06	36.74	25.12	29.92	3.93
2∶1　2	0.64	14.04	12.02	33.93	7.26	23.77	8.35
3∶1　2	0.81	1.66	4.54	36.51	16.11	29.94	10.41
4∶1　2	0.71	5.30	8.90	49.30	13.62	25.62	8.70
6∶1　2	1.03	1.19	0.57	26.58	8.78	45.85	15.99

表 8-3　B 球球磨颗粒粒径分布（单位：g）

球料比	时间/h（粒径/mm）	+0.9	0.9~0.3	0.3~0.2	0.2~0.11	0.11~0.09	0.09~0.08	−0.08
5∶1	1	0.67	1.36	2.90	36.14	12.41	32.75	13.78
5∶1	2	0.65	1.10	0.65	44.00	18.97	27.89	7.65
5∶1	3	0.77	1.56	0.58	34.66	20.42	27.81	7.54
5∶1	4	0.75	2.72	0.69	30.06	25.49	30.99	6.72
5∶1	5	0.90	1.82	0.78	22.68	27.09	36.62	2.99
2∶1	2	1.03	24.90	10.15	24.89	17.69	17.76	6.21
3∶1	2	0.87	3.80	7.80	57.42	14.34	25.91	9.51
4∶1	2	0.84	1.05	0.51	47.97	8.51	27.81	13.99
6∶1	2	1.03	1.41	0.43	27.87	18.54	30.54	10.08

表 8-4　C 球球磨颗粒粒径分布（单位：g）

球料比	时间/h（粒径/mm）	+0.9	0.9~0.3	0.3~0.2	0.2~0.11	0.11~0.09	0.09~0.08	−0.08
5∶1	1	1.58	10.75	10.59	24.64	3.91	24.32	24.19
5∶1	2	0.97	1.23	0.38	35.25	6.83	32.29	23.05
5∶1	3	0.62	0.91	0.21	11.53	11.71	52.73	22.28
5∶1	4	1.12	1.51	0.47	15.66	13.35	57.10	10.82
5∶1	5	1.09	1.51	0.47	15.66	13.35	57.01	10.82
2∶1	2	1.90	23.50	8.51	23.50	7.15	27.53	7.90
3∶1	2	1.14	7.97	9.08	29.85	8.58	31.30	12.08
4∶1	2	7.92	14.72	1.79	32.01	8.97	37.60	17.35
6∶1	2	0.68	1.07	0.33	26.41	17.05	43.55	10.90

表 8-5　D 球球磨颗粒粒径分布（单位：g）

球料比	时间/h（粒径/mm）	+0.9	0.9~0.3	0.3~0.2	0.2~0.11	0.11~0.09	0.09~0.08	−0.08
5∶1	1	3.93	32.42	6.89	23.97	7.74	20.04	5.07
5∶1	2	4.79	33.41	6.39	25.98	10.81	15.39	3.22
5∶1	3	3.76	33.75	5.88	22.86	14.96	16.30	2.48
5∶1	4	5.38	30.30	6.35	20.56	14.58	13.07	4.63
5∶1	5	5.22	30.30	7.18	21.14	12.40	18.48	5.28
2∶1	2	4.75	24.98	6.29	26.89	6.30	15.79	8.05
3∶1	2	5.05	25.8	6.54	28.04	4.91	19.55	2.99
4∶1	2	4.02	19.18	5.27	33.13	5.35	23.41	4.90
6∶1	2	4.99	26.42	7.24	29.55	4.61	18.6	2.61

（2）球磨钢渣的粒度分布变化

本实验以水泥熟料的标准作为参考，要求通过加工使得钢渣的粒径分布集中在 0.08mm 左右，勃氏比表面积达到 4000cm^2・g^{-1} 以上。

用 A、B、C、D 四种钢球球磨后，钢渣的粒径分布如图 8-1～图 8-4 所示。对于球磨体系的研究，Nair 等研究人员已经做了大量的工作[40]。本实验另辟蹊径，从另外一个角度来研究球磨体系，方法不同，对象不同。实验以 A、B、C、D 四种不同

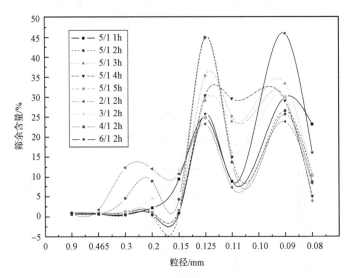

图 8-1　A 球球磨颗粒粒径分布

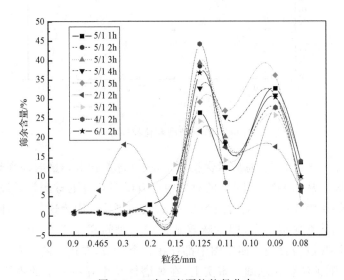

图 8-2　B 球球磨颗粒粒径分布

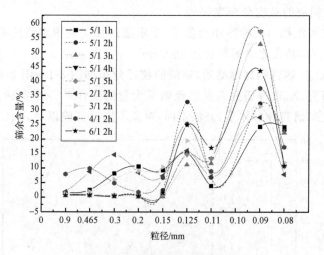

图 8-3　C 球球磨颗粒粒径分布

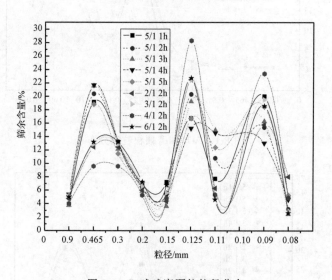

图 8-4　D 球球磨颗粒粒径分布

质量的钢球作为球磨介质,总质量保持恒定,改变球料比和球磨时间来研究钢渣的粒径分布情况。从图 8-1~图 8-4 的对比中可以说明 C 球的球磨效果最佳,尤其条件设定在球料比为 5∶1,球磨时间为 3~5h,效果更佳。因为这三个时间段的钢渣粒径分布曲线基本保持一致,即意味着延长球磨时间意义不大,从节能的角度来讲,球磨时间 3h 最为合理。四个图中都存在三个峰值,左边的两个峰值越小,第三个峰值越大,则钢渣颗粒越细。事实上,在球磨体系中存在一定的规律,对于这一规律的详细理论推导尚没有具体的报道,本实验尝试着进一步地解释球磨机理。

　　下面以具体的数据来分析球磨的机理:固定球磨时间为 2h,球料比为
2∶1～6∶1。从图中可以发现在第一个峰值 0.3mm 位置处,球磨效果满足不等
式:2∶1＜3∶1＜4∶1＜5∶1≈6∶1,其中 2∶1、3∶1 等均指代球料比。然而,在
第二个峰值 0.125mm 和第三个峰值 0.09mm 位置,结果恰恰相反。可能的原因
是在最初球磨阶段,钢渣颗粒的粒径较大,球料比越大越有助于球磨钢渣颗粒;但
是随着球磨时间的延长,钢渣变得越来越细,球料比越大,反而越不利于球磨过程
的进行。从这些实验现象说明,在最初球磨阶段,较大粒径的钢渣颗粒逐渐消失,
有理由相信这些较大粒径的钢渣颗粒本身在粉磨过程中充当了细小的球磨"介
质",去冲击粉碎比它更小的颗粒。

　　在整个实验过程中,A、B、C、D 四种不同球磨介质的总质量是恒定的,因此在
每一次实验中,球的数量和质量是一对矛盾共同体,即单个球体的质量越大,球的
数量则越少,这是模仿晶体生产的逆过程进行的研究。可以理解为球的质量越大,
则球的冲击力越大;球的数量越多,则球撞击钢渣的频率也越大。因此,在这一对
矛盾中必然有一个最佳组合,从图 8-1～图 8-4 的对比中不难发现 C 球球料比为
5∶1 正是这个最佳组合,从侧面反映了这对矛盾的本质。

　　(3) 球磨活化钢渣的比表面积变化

　　通过超细加工筛选出加工效果较好的超细粉体,取少量超细钢渣粉料进行比
表面积测试,测试数据如表 8-6 以及图 8-5,图 8-6 所示。

表 8-6　球磨钢渣的比表面积 S 变化对比

球料比	5∶1	5∶1	5∶1	5∶1	5∶1	2∶1	3∶1	4∶1	6∶1
时间/h	1	2	3	4	5	2	2	2	2
A 球 $S/cm^2 \cdot g^{-1}$	3607	3788	3901	4558	5680	3446	3670	4012	4758
C 球 $S/cm^2 \cdot g^{-1}$	2885	3700	3883	4995	5846	3210	3564	3823	4137

表 8-7　C 球球磨钢渣颗粒随吸水时间的变化对比

吸水时间/min	10	20	30	50	80	150	240	360	460
1	0.10	0.11	0.16	0.16	0.16	0.16	0.16	0.17	0.17
2	0.08	0.10	0.11	0.11	0.12	0.13	0.13	0.14	0.14
3	0.02	0.02	0.03	0.04	0.04	0.07	0.07	0.08	0.08
4	0.08	0.10	0.12	0.13	0.13	0.17	0.17	0.19	0.19
5	0.03	0.08	0.08	0.08	0.08	0.11	0.11	0.11	0.11

注:1～5 表示不同球磨时间样品编号。

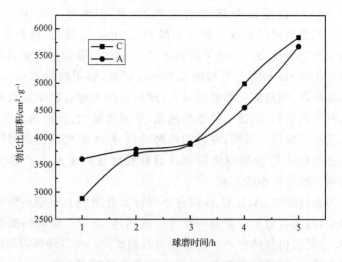

图 8-5　球磨时间对钢渣勃氏比表面积的影响

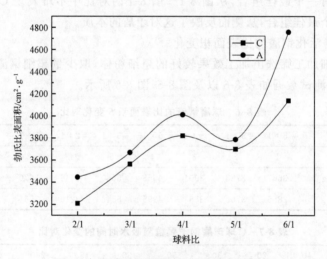

图 8-6　球料比对钢渣勃氏比表面积的影响

　　对 C 球球磨(料比为 5∶1)过的钢渣粉体的吸水性进行了测试,发现钢渣粉体的吸水性比较强。其吸水变化情况如图 8-7 所示。

　　由图 8-5 和图 8-6 的比表面积变化可知,A 球和 C 球具有相同的球料比,当球磨时间小于 3h 时,则 A 球细磨的钢渣比表面积较大;当球磨时间大于 3h 时,则 C 球细磨的钢渣比表面积较大。事实上,A 球球磨的钢渣粉体的细度比 C 球球磨的钢渣粉体细度要小,从图 8-1 与图 8-3 中球料比为 5∶1,球磨 3h 的曲线对比中可以明显地发现这一现象。从图 8-6 中也可以证实具有类似的现象,在不同球料比的情况下,C 球细磨钢渣的比表面积都小于 A 球细磨钢渣的比表面积。

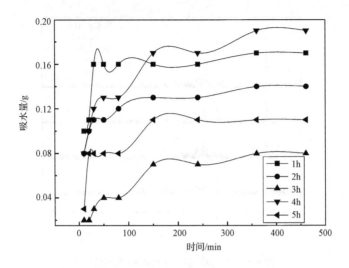

图 8-7　钢渣的自由吸附水变化对比

　　这一现象可能归因于:有两种不同的因素在同时影响着钢渣粉体的勃氏比表面积的大小,其一是钢渣粉体的粒度分布(即细度),另一个则是粉体中 Ca(OH)$_2$ 的含量。在粉磨的最初阶段,主要影响钢渣粉体的勃氏比表面积的是 Ca(OH)$_2$ 的含量;随着钢渣细度达到一定的程度,细度对勃氏比表面积的影响变得越来越大。图 8-7 中的实验结果也证实了这一点,C 球球磨 3h、4h 和 5h 的钢渣粉体的细度显然要比 C 球球磨 1h、2h 的钢渣粉体的细度要大,如果不考虑有两种因素影响比表面积的话,显然可以预知 3h、4h 和 5h 的钢渣粉体的吸水率更大,事实上,从图 8-7 中钢渣粉体的吸水情况与预知的结果存在明显的不一致。引起这个现象的原因可能是在最初的 1～2h 里面,存在着大量的 Ca(OH)$_2$,随着球磨时间的延长,由于机械力化学的作用,大量的 Ca(OH)$_2$ 转化为无定形结构(图 8-8),细度也在不断的增大,比表面积的最大值由球磨时间和 Ca(OH)$_2$ 转化率的最佳组合确定。图 8-7 中球磨 4h 钢渣粉体的吸水率最大就是对上述机理的验证。

　　(4) 球磨活化钢渣的晶体结构变化

　　利用机械力化学粉磨钢渣,不仅可以使钢渣颗粒减小,而且伴随着晶体结构及表面物理化学性质的变化[41]。由于物料比表面积增大,粉磨能量中的一部分能量转化为新生颗粒的内能和表面能。晶体的键能也将发生变化,晶格能迅速减小,在损失晶格能的位置产生晶格错位、缺陷、重结晶以及在表面形成易参与水化反应的非晶态结构。

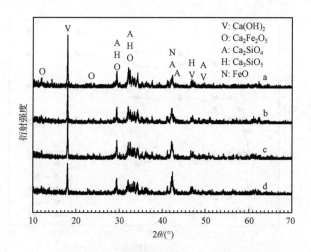

图 8-8　不同球磨时间钢渣的 XRD 图谱

a,b,c,d 分别代表球磨时间分别为 2h,3h,4h,5h

　　晶格结构的变化主要反应为晶格尺寸减小,晶格应变增大,结构发生畸变。晶格尺寸减小,使得钢渣矿物的比表面积显著增大;晶格应变增大提高了矿物与激发剂的相互作用力;结构发生畸变,结晶度下降使矿物晶体的结合键能减小,激发剂小分子容易破坏矿物结构,加速水化反应。

　　值得注意的是不同成分的钢渣在粉磨过程中的结构变化是不同的,它和物料粉磨的难易程度有关。另外,还和晶型本身的稳定性有关。另一个值得注意的粉磨过程存在着过粉磨的现象,即随着粉磨时间的延长,比表面积能量显著增大,此过程将同时伴生着晶格应变的恢复和重结晶过程。物料颗粒间作用力的增大会增大物料颗粒团聚的趋势,从而增大表观粒度,降低比表面积,以及降低粉磨过程的效率和能耗。

　　选取 A 球高能球磨后的超细钢渣粉体试样做了 X 射线衍射分析,分析结果如图 8-8 所示。从图中(a,b,c,d 均代表球磨时间)可以说明钢渣中的主要矿物成分有 $Ca(OH)_2$、$Ca_2Fe_2O_5$、Ca_2SiO_4、Ca_3SiO_5、FeO 等。钢渣经过机械力球磨后,$Ca(OH)_2$ 的峰值明显减小,其中的主要矿物的峰形也逐渐宽化,说明晶体结构逐渐转变为无定形化结构[41-44]。

　　通过对原矿和用 A 球球磨过的钢渣做的 X 射线衍射分析,再进行半定量计算[45],得出五个物相的含量如表 8-8 所示。通过表中的数据可以看出:钢渣中所含五个物相的变化是:随着球磨时间的增加,钢渣中的氢氧化钙的含量逐渐减少,而 $2CaO \cdot SiO_2$ 和 $3CaO \cdot SiO_2$ 的含量相应增加,这说明随着球磨时间的增加,钢渣的矿物组成与水泥熟料的组成更加接近。

表 8-8 A 球球磨钢渣颗粒随时间的物相变化对比(单位:%)

球料比	时间/h	$Ca(OH)_2$	$3CaO \cdot SiO_2$	FeO	$2CaO \cdot SiO_2$	$2CaO \cdot Fe_2O_3$
5:1	1	31.31	19.59	0.16	0.16	0.16
5:1	2	27.53	18.97	0.11	0.12	0.13
5:1	3	27.21	19.54	0.04	0.04	0.07
5:1	4	22.46	19.67	0.13	0.13	0.17
5:1	5	20.82	20.04	0.08	0.08	0.11

8.2.7 活性钢渣粉体在水泥中的应用

(1)实验原材料的物理表征以及设备

实验中使用的钢渣由福建闽新集团台江水泥厂提供,呈灰褐色,外观和水泥熟料相似,其中夹杂有较多的铁质颗粒,硬度比较大。用比重瓶法测定其密度为 $3.20g \cdot cm^{-3}$。采用国家标准小磨加工的超细钢渣粉体的粒度主要集中在 0.09mm,勃氏比表面积在 $4758 \sim 5846cm^2 \cdot g^{-1}$,含水率低于 2%。由粉末法 X 射线衍射分析可知,钢渣中含有较多的 $Ca(OH)_2$、Ca_2SiO_4、$Ca_2Fe_2O_5$、Ca_3SiO_4。钢渣的主要化学成分以 CaO、SiO_2、Al_2O_3、MgO、Fe 为主,还有少量的 S、P、Ti 和游离 CaO、MgO、FeO 等。该钢渣的碱度 $CaO:SiO_2 = 3.21$,属高碱度钢渣,为硅酸三钙渣。钢渣的化学成分分析如表 8-9 所示。实验使用的超细钢渣是采用国家标准实验小磨球磨加工制备,实验采用的表征检测仪器,见表 8-10。

表 8-9 钢渣的化学成分分析

SiO_2	CaO	Al_2O_3	MgO	Fe_2O_3	烧失量
12.16	39.14	4.51	8.84	13.50	13.86

表 8-10 实验仪器设备

设备及仪器名称	型 号	精度	生产厂家
试验磨机	Smφ500×500mm	—	沈阳市建筑仪器设备厂
电动抗折机	KZJ5000-1	示值相对误差<1%	无锡建筑材料仪器机械厂
压力试验机	NYL-300	1 级	无锡建筑材料仪器机械厂

(2)活性钢渣作为水泥掺和料的胶凝性能

钢渣硅酸盐水泥的胶凝性能如表 8-11~表 8-16 所示。

表 8-11　单掺活性钢渣粉配置钢渣水泥的力学性能

钢渣水泥	钢渣掺和量/%	矿粉掺和量/%	3 天强度/MPa		28 天强度/MPa		强度等级
			抗折	抗压	抗折	抗压	
单掺钢渣水泥体系	0	0	5.4	28.1	7.7	48.9	42.5
	5	0	5.3	27.0	7.2	45.5	42.5
	11	0	5.1	25.7	7.0	43.4	42.5
	15	0	4.8	24.3	6.8	39.7	32.5
	22	0	4.6	22.0	6.3	36.3	32.5
	30	0	4.4	21.3	6.3	34.9	32.5
	35	0	4.2	19.6	5.8	32.7	32.5

表 8-12　活性钢渣/矿粉二元复合配置钢渣水泥的力学性能

钢渣水泥	钢渣掺和量/%	矿粉掺和量/%	3 天强度/MPa		28 天强度/MPa		强度等级
			抗折	抗压	抗折	抗压	
钢渣/矿粉复合水泥体系,总掺合量为20%	0	0	5.4	28.1	7.7	48.9	42.5
	0	20	4.8	25.4	8.1	50.1	42.5
	5	15	4.7	25.3	7.8	48.2	42.5
	10	10	4.8	24.6	7.5	45.5	32.5
	15	5	4.5	24.3	7.4	43.2	32.5
	17.5	2.5	4.4	23.0	6.3	34.9	32.5

表 8-13　活性钢渣/矿粉二元复合配置钢渣水泥的力学性能

钢渣水泥	钢渣掺和量/%	矿粉掺和量/%	3 天强度/MPa		28 天强度/MPa		强度等级
			抗折	抗压	抗折	抗压	
钢渣/矿粉复合水泥体系,总掺合量为25%	0	0	5.4	28.1	7.7	48.9	42.5
	0	25	5.4	25.5	8.2	49.8	42.5
	5	20	5.2	24.4	8.1	48.3	42.5
	10	15	4.8	24.1	7.2	45.1	42.5
	12.5	12.5	4.8	23.0	7.4	43.4	42.5
	15	10	4.6	22.9	7.4	43.2	42.5
	20	5	4.7	22.4	7.2	40.7	32.5

表 8-14　活性钢渣/矿粉二元复合配置钢渣水泥的力学性能

钢渣水泥	钢渣掺和量/%	矿粉掺和量/%	3 天强度/MPa		28 天强度/MPa		强度等级
			抗折	抗压	抗折	抗压	
钢渣/矿粉复合水泥体系,总掺合量为30%	0	0	5.4	28.1	7.7	48.9	42.5
	2	28	4.6	23.9	8.0	48.2	42.5
	5	25	4.8	23.8	7.7	48.9	42.5
	6	24	4.8	22.8	7.6	47.4	42.5
	7.5	22.5	4.8	23.0	7.4	47.7	42.5
	10	20	4.8	23.1	7.7	46.4	42.5

表 8-15　活性钢渣/矿粉二元复合配置钢渣水泥的力学性能

钢渣水泥	钢渣掺和量/%	矿粉掺和量/%	3 天强度/MPa		28 天强度/MPa		强度等级
			抗折	抗压	抗折	抗压	
钢渣/矿粉复合,总掺和量为40%	0	0	4.8	24.5	7.2	47.1	42.5
	32	8	4.0	17.2	6.3	34.1	32.5
	32	8	4.0	18.9	6.0	33.7	32.5
	32	8	3.9	18.9	6.1	33.8	32.5

表 8-16　活性钢渣/矿粉二元复合配置钢渣水泥的力学性能

钢渣水泥	钢渣掺和量/%	矿粉掺和量/%	3 天强度/MPa		28 天强度/MPa		强度等级
			抗折	抗压	抗折	抗压	
钢渣/矿粉复合,总掺和量为50%	0	0	4.8	24.5	7.2	47.1	42.5
	40	10	3.6	16.3	6.0	30.3	—
	40	10	3.6	16.5	6.0	30.5	—
	40	10	3.2	14.8	5.7	31.2	—

　　钢渣作为水泥掺和料,是现代水泥工业积极拓展的研究领域。可以有效降低能耗以及减少钢铁厂废渣的排放量。随着国家水泥新标准的出台,矿粉已经不再属于废渣,使用矿渣粉的水泥企业不再享受免税或者退税政策。而钢渣依然被国家界定为废渣,当钢渣使用量超过 30%,可以继续享受免税或者退税政策,因此各大水泥企业正在积极拓展钢渣水泥的研究工作,积极推动钢渣活化技术在水泥工业的工业化应用。本实验也是围绕企业的实际需求开展,积极实现钢渣的资源化利用,降低水泥工业的生产成本。新型钢渣活化技术解决的关键问题之一就是在满足水泥性能达到国家标准的情况下,使得钢渣在水泥中的掺和量超过 30%。从

表 8-11 可以看到,在合适的使用量范围内,活性钢渣作为水泥掺和料是可行的。随着钢渣单独作为掺和量的增加,钢渣水泥的抗折和抗压强度在随之降低,掺和量范围在 0～35％以内。当活性钢渣粉体掺和量小于 15％时,钢渣水泥的强度等级可以达到 42.5;当活性钢渣粉体掺和量在 15％～35％以内时,可以制备强度等级为 32.5 的钢渣水泥。从表 8-11 可以看出,实验采用的钢渣活化技术已经基本可以满足企业的需要。

从表 8-11 可以说明钢渣单独作为水泥掺和料,掺和量为 15％时,钢渣水泥的强度等级已经降低为 32.5。理论上认为矿粉和钢渣在结构和成分上具有一定的不同,共同作为掺和料使用可以具有一定的协同效应。这一点在实验中也得到了证实,如表 8-12 所示,钢渣掺和量 15％,再复合 5％的矿渣粉体,制备的钢渣水泥的强度等级依然可以达到 42.5。通过对比表 8-11 和表 8-12,如钢渣掺和量均为 10％或者 15％时,可以发现钢渣作为掺和料不会显著降低抗折强度,但是会显著降低钢渣水泥后期的抗压强度。单独掺和 5％的钢渣微粉时,28 天抗压强度已经降低到了 45.5MPa;而当同时复合矿渣粉时,钢渣掺和量达 10％,矿粉掺和量达 15％时,28 天的抗压强度依然保持在 45.1MPa。实验证明活性钢渣粉体可以与矿渣粉体复合作为水泥掺和料,可以有效降低钢渣水泥在后期的强度收缩,尤其是有效地阻止了钢渣水泥水化后期抗压强度的降低。实验证明:活性钢渣粉体和矿渣微细粉体具有的一定协同效应,活性钢渣粉体复合矿渣微细粉体作为新一代水泥掺和料具有巨大的工业应用前景。

从表 8-13 以及表 8-14 可以获知,与活性钢渣粉体相比,矿粉作为水泥掺和料,其活性显然要比活性钢渣高,这正是矿粉得以在水泥工业全面应用的原因,这也正是钢渣应用研究的原因。钢渣/矿粉复合掺和量达到 25％时,获得了较好的应用效果。如表 8-13 所示,即使在钢渣掺和量达到 15％,复合矿粉掺和量达到 10％,水泥强度等级依然保持在 42.5。已经超出目前水泥企业要求钢渣掺量达到矿粉的 9％以及总掺和量不低于 25％的企业需求目标。

作为工业水泥的掺和料,钢渣和矿粉的复合量有一个极限值,如表 8-15 所示,钢渣和矿粉总掺和量达到 40％,其中钢渣所占的比例为 32％,复合水泥的强度等级可以满足 32.5,可以作为普通硅酸盐水泥使用。复合掺和量不宜再增加,如表 8-16所示,复合掺和量达到 50％,通过调节活化方法以及化学激发剂的用量,已经无法有效地改善复合水泥的综合性能,已经达不到国家标准的需求,故不可以应用到建筑材料领域。

（3）活性钢渣作为水泥掺和料的胶凝性能的检测报告

利用活性钢渣粉体取代 30％的水泥熟料配置出钢渣硅酸水泥,初凝时间、终凝时间、安定性、抗压抗折强度等各项指标均符合国家 GB13590-2006 标准,见表 8-17。

表 8-17　湖南省建筑材料质量监督检验授权站检验报告书

钢渣水泥		计量单位	标准要求	实测值		单项结论
细度		%	≤10.0		7.5	合格
初凝时间		h:min	≥0:45		0:56	合格
终凝时间		h:min	≤10:00		1:29	合格
安定性	试饼	/	/		/	合格
抗折强度	3 天	MPa	≥2.5	1	4.2	合格
				2	4.2	
				3	4.1	
				平均	4.2	
	28 天	MPa	≥5.5	1	7.1	合格
				2	6.9	
				3	6.9	
				平均	7.0	
抗压强度	3 天	MPa	≥10.0	1　17.8　2　17.8		合格
				3　17.5　4　17.5		
				5　18.5　6　17.7		
				平均　　17.8		
	28 天	MPa	≥32.5	1　34.2　2　34.5		合格
				3　34.2　4　34.6		
				5　34.0　6　34.7		
				平均　　34.4		

8.3　机械化学活化高岭土尾砂

长期以来,大多数公司都致力于高岭土开采加工,大量的尾矿资源产出后被作为废砂堆存,占用了大片土地,大风扬尘及雨天泥石流给废砂堆场的安全管理带来困难,容易造成地质灾害和环境污染,不利于经济建设与环境协调发展。另外,对每年形成上十万吨的尾矿需要花费数百万资金来治理,这对于一个企业来说是不小的经济负担,而且造成了资源的极大浪费。

高岭土尾砂是一种以 SiO_2 为主要成分,具有一定活性的矿砂,一直以来对高岭土尾砂性能的研究相对较少,目前还没有一种高价值综合利用高岭土尾砂的有效途径。本部分介绍将高岭土尾砂作为一种矿物掺和料配制混凝土,主要研究了其对混凝土工作性能以及物理力学性能的影响规律,在研究高岭土尾砂作为一种新型的混凝土掺和料应用的同时,也为高岭土尾砂寻求到一种高价值利用的途径。

8.3.1　高岭土尾砂的特性及利用现状

高岭土尾砂经脱泥后,除去部分杂质,外观洁白晶莹,主要化学组成为 SiO_2,此外含有一定量的 Al_2O_3,MgO、K_2O、Na_2O、Fe_2O_3 与 TiO_2 等含量都较低,可以作为一种硅酸盐矿物原料来加以利用。

自 20 世纪 80 年代初以来,对矿产资源和工业固体废弃物的综合利用在国内引起了广泛重视,取得了长足的进步。许多工业废渣的应用研究已逐步成熟和完善,如对于矿渣微粉作为掺和料在混凝土中的应用,无论是在国内还是在国外都有广泛而深入的研究。1998 年,国内第一个矿渣微粉标准问世,1999 年国内第一个矿渣微粉应用技术规程问世,2000 年国家标准《用于水泥和混凝土的粒化高炉矿渣微粉》颁布,近十几年来,高炉矿渣的利用有了突破性的进展。但就总体而言,利用效果、技术装备水平还比较低,特别是非金属矿物的加工水平和产品品种、规模、质量与发达国家相比存在明显的差距。对于高岭土尾砂资源化利用的研究开始的甚晚,目前还没有非常系统全面的研究和标准的出台,都还处于尝试阶段,随着有关应用技术的发展,人们虽对高岭土尾砂的应用进行了一定的相关研究,但从高岭土尾砂的利用现状来看,其总的利用率还是很低的,没有从根本上解决高岭土尾砂的有效资源化利用问题。

目前,国内关于高岭土尾砂的开发利用报道很少,说明开展的研究工作更少,通过查阅国内相关文献资料,主要归纳出以下几个应用方向。

（1）以粉煤灰和高岭土尾砂为主要原料,通过科学配方并采取相应的工艺措施,制造性能符合要求的瓷质砖坯体,通过调节配料中粉煤灰和高岭土尾砂的配比和两者的总用量,可以制得从灰白色至深褐色各种颜色的瓷质砖坯体[46]。该技术为开发利用粉煤灰与高岭土尾砂生产优质低成本的建筑陶瓷材料探索出一条新途径。如获推广,可大大降低生产成本,具有显著的经济效益、环保效益和社会效益。

（2）烧结微晶玻璃是一种新型高档的建筑装饰材料,它是利用表面析晶而形成的制品[47, 48]。由于形成了大量的界面,显示出粗细不均的晶花,并由占 60% 左右的玻璃相影射出来,故富有立体感、层次感,增强了材料的装饰效果。利用钠长石、锂辉石和高岭土尾砂制备烧结微晶玻璃有着广阔的应用前景[49]。如果将新的工业矿物原料及废渣应用于微晶玻璃的生产中获得了推广,这不仅可以充分利用矿产资源,保护自然生态环境,而且降低微晶玻璃的生产成本,降低熔化和烧成温度,改善产品的质量,这个方向已经有部分厂家将其变为了现实,产品已投放市场。

（3）也有相关科研工作者通过对高岭土尾矿渣试制小型空心砌块的成型实验研究,有效地解决了废料,使其变为建筑砼小型空心砌块的建筑材料[50]。用该方法制成的砌块外观呈灰白色,较为美观。通过优化骨料级配,增加砌块强度,其强度还可能达到国家标准。

此外,高岭土尾砂还可以用来铺路、夯实地基等。

8.3.2　混凝土外加剂与掺和料

在混凝土拌合物中掺入不超过水泥质量 5%,并能使混凝土按要求改变性质的物质,称为混凝土外加剂。由于外加剂掺量很少,故其体积在混凝土配合比设计中可忽略不计,只作为外掺物。

混凝土外加剂按其主要功能分为四类[51]:

(1) 混凝土拌合物流变性能的外加剂。包括各种减水剂、引气剂和泵送剂等。

(2) 混凝土凝结时间、硬化性能的外加剂。包括缓凝剂、早强剂和速凝剂等。

(3) 混凝土耐久性的外加剂。包括引气剂、防水剂和阻锈剂等。

(4) 混凝土其他性能的外加剂。包括加气剂、膨胀剂、着色剂、防水剂和泵送剂等。

8.3.2.1　混凝土掺和料的分类

在混凝土拌合物制备时,为了节约水泥、改善混凝土性能、调节混凝土强度等级,而加入的天然的或者人造的矿物材料,统称为混凝土掺和料。配制混凝土掺用掺和料不仅可以取代部分水泥、减少混凝土的水泥用量、降低成本,而且还可以改善混凝土拌合物和硬化混凝土的各项性能。人们对掺和料的应用一般是为了改善拌合物的和易性和节省水泥,但随着混凝土技术的发展,人们逐渐意识到掺和料应用的必要性和必然性。权威机构就曾明确指出:“掺和料是混凝土的第六组分”[52]。

用于混凝土中的掺和料可分为活性矿物掺和料和非活性矿物掺和料两大类。非活性矿物掺和料一般与水泥组分不起化学作用,或化学作用很小,如磨细石英砂、石灰石、硬矿渣之类材料。活性矿物掺和料虽然本身不硬化或硬化速度很慢,但能与水泥水化生成的 $Ca(OH)_2$ 生成具有水硬化的胶凝材料. 如粒化高炉矿渣、火山灰质材料、粉煤灰、硅灰等。

活性矿物掺和料以其来源可分为天然类、人工类和工业废料类[53]。如表 8-18所示。

表 8-18　混凝土掺和料的分类

类别	主要品种
天然类	火山灰、凝灰岩、硅藻土、蛋白石质黏土、钙性黏土、黏土页岩
人工类	煅烧页岩或黏土
工业废料	粉煤灰、硅灰、沸石粉、煅烧煤矸石

8.3.2.2　混凝土掺和料的技术指标

活性：混凝土掺和料活性指数不得小于 62％[54]。

细度：高强混凝土掺和料 0.080mm 筛余量不应大于 3％，比表面积应大于 4500cm² · g⁻¹；中强混凝土掺和料 0.080mm 筛余量不应大于 7％，比表面积为 3500~4500cm² · g⁻¹；低强混凝土掺和料 0.008mm 筛余量不应大于 10％，比表面积为 3000~3500 cm² · g⁻¹。

$SO_3 \leqslant 3.0\%$，$MgO \leqslant 5.0\%$。

8.3.2.3　矿物掺和料在混凝土中的作用

矿物掺和料在混凝土中能填充胶凝材料的孔隙，参与胶凝材料的水化反应，改善混凝土中水泥石的胶凝物质组成和混凝土的界面结构，提高混凝土的密实性、强度和耐久性[52,55]。掺和料的各种效应是提高混凝土性能的重要原因，对增进混凝土耐久性及强度都有本质性的贡献：

（1）形态效应[54]

它是由于颗粒的外观行貌、内部结构、表面性质、颗粒级配等物理形状所产生的效应。所谓形态就是颗粒的表观特征，有圆球形、椭圆球形、不规则形、光滑形、毛涩形、晶体型。质态有硬、软、脆、坚之分。粗糙、软、脆形态，化学活动性较易，活性指数高，而需水量较大，影响拌合物流动性和硬化物耐久性，总体效应前期好后期差；粗糙、硬、坚形态，化学活动性较易，需水量较低，总体效应前、后期均匀，为优良形态；光、圆、硬、坚形态，化学活动性差，而需水性小，总体效应前期差，后期耐久性好；光、圆、软、脆形态，化学活动性差，后期抗力低，总体效应差。软、粗糙形态是活性效应的化学基础，坚、硬、光、圆形态是微集料效应的物理基础。孙氰萍先生说过："形态效应在形态、活性、微集料三效应中占第一位"。

（2）流化效应[55]

没有掺入矿物掺和料的浆体中，水泥粒子之间的空隙未被固体颗粒填充，处于水泥颗粒表面的水分较少，而填充于水泥颗粒空隙中的填充水很多。当矿物掺和料填充于水泥粒子之间的空隙之时，将原来填充于空隙之中的填充水置换出来，粒子之间的间隔水层加厚，混合料的流动性增大。此外，矿物掺和料的相对密度一般都小于水泥的相对密度，它们比所替代的水泥所形成的浆体的体积要大，这也是流动性增大的原因。

（3）微集料效应[56]

通常水泥的平均粒径为 $20 \sim 30 \mu m$，小于 $10 \mu m$ 的粒子不足，水泥粒子之间的填充性并不好。而掺和料微细颗粒填充于水泥粒子之间的孔隙中，阻止水泥颗粒的相互黏聚，有利于混合物的水化反应，也大幅度改善胶凝材料颗粒的填充性，孔隙率大大降低，提高水泥石结构的致密、抗渗性，并纯粹从提高水泥粒子的填充性方面提高了水泥石的强度。

（4）活性效应[55, 56]

研究表明，硅酸盐水泥熟料四种主要矿物里 C_3S+C_2S 约占 75%（质量分数），它们水化主要形成 C/S（CaO/SiO_2）为 $1.6\sim1.9$ 的高碱性水化硅酸钙及大量游离的 $Ca(OH)_2$，低碱度的水化硅酸钙（C/S<1.5）与高碱度的水化硅酸钙相比，强度要高得多，稳定性也高。活性矿物掺和料中含有大量活性 SiO_2 和活性 Al_2O_3，它们能和波特兰水泥水化过程中所产生的游离石灰及高碱性水化硅酸钙产生二次反应，生成强度更高、稳定性更优的低碱性水化硅酸钙，从而达到改善水化胶凝物质的组成并消除游离石灰的目的，这就是火山灰活性效应：

$$(0.8\sim1.5)Ca(OH)_2+SiO_2+[n-(0.8\sim1.5)]H_2O$$
$$\rightarrow(0.8\sim1.5)CaO \cdot SiO_2 \cdot nH_2O \quad (8\text{-}3)$$
$$(1.5\sim2.0)CaO \cdot SiO_2 \cdot nH_2O+xSiO_2+yH_2O$$
$$\rightarrow z[(0.8\sim1.5)CaO \cdot SiO_2 \cdot qH_2O] \quad (8\text{-}4)$$

上述反应几乎都是在水泥浆孔隙中进行，大大降低了混凝土内部的孔隙率，改变了孔结构，提高了混凝土各组分的黏结作用，因此也提高了混凝土的密实性；同时，掺入活性矿物掺和料后，通过二次反应，游离石灰被减少，水化硅酸钙胶凝物质的质量得到提高，组成得到优化，水泥石与集料的界面结构也得到改善。因此，混凝土的强度得到大幅度提高。

（5）温峰削减效应[55]

普通混凝土所用的水泥量相对较多，由水化热引起的混凝土温升很高，在大尺寸构件上，可能在较短的时间里其内部的温度就可达到 $60\sim70℃$ 以上，而外部散热较快，这样，就可能造成内外温差过大而产生温度应力，引起混凝土开裂。矿物掺和料尤其是低活性矿物掺和料的掺入，由于在保持混凝土的胶结材总量不变的条件下，相应地降低了混凝土中水泥的用量，水泥的水化发热量降低，特别是在掺量增大的情况下降低更多，从而可降低混凝土的温升。

（6）耐久性改善效应[55]

当硅酸盐水泥混凝土处于有侵蚀性介质的环境中时，侵蚀性介质会与水泥中水化生成的 $Ca(OH)_2$ 和 C_3A 水化物发生反应，逐渐使混凝土破坏。掺入矿物掺和料后，一方面，由于减少了水泥用量而减少了受腐蚀的内部因素，另一方面其二次反应改善了胶凝物质的组成，并减少或消除了游离石灰，对提高混凝土耐久性的作用极大。此外，矿物掺和料填充在水泥粒子之间和界面的空隙中，使水泥石结构和界面结构更为致密，阻断了可能形成的渗透通路，使混凝土抗渗性大幅度提高，这样，水和侵蚀介质难以进入混凝土内部，故而耐久性大为提高。

（7）不同矿物掺和料复合使用的"超叠效应"

不同矿物掺和料的化学组成、结构状态、活性组分含量、细度等性能指标都不相同,在混凝土中的作用也不同[57]。例如,掺粉煤灰的混凝土自干燥收缩和干燥收缩都小,且需水量小,但抗碳化性能较差。硅灰在混凝土中有增强的作用,但自干燥收缩大,而且因需水量大而允许掺量有限;将不同种类细掺料以合适的复合比例和总掺量掺入混凝土,则可使其取长补短,例如,同时掺用硅灰和粉煤灰时,可用粉煤灰来降低需水量和减小自收缩,而用硅灰来提高早期强度。

8.3.2.4 影响矿物掺和料质量的主要因素

矿物掺和料可大致分为四类:①胶凝性的,如粒化高炉矿渣。②火山灰性的,如粉煤灰、硅藻土、硅灰等。③同时具有胶凝性和火山灰性的,如高钙粉煤灰等。④其他未包括在上述三类中的本身具有一定化学反应性的材料如磷矿渣。

影响活性矿物掺和料质量的主要因素有[55]:①无定形化的程度。化学组成相同的矿物质,若结构中含无定形物质越多,结晶态物质越少,在常温下与 $Ca(OH)_2$ 的反应能力越强,其活性则越高。②活性矿物掺和料的化学组成。化学组成中 CaO,SiO_2,Al_2O_3 的含量对活性的影响最大。对第一类、第三类矿物掺和料来说,CaO 的含量越大,其潜在的水化能力也越强,对第二类矿物掺和料来说,SiO_2 的含量越高其活性越强。③活性矿物掺和料的细度。掺和料的细度越大,比表面积越高,参与反应的面积越多,增强效应也越强。④活性矿物掺和料的需水性。需水性影响到活性掺和料掺入混凝土后的混合料的流动性。保持流动性不变,需水量大者,则需要增加拌和用水量,因此,影响到混凝土的强度。活性矿物掺料的需水性与颗粒的疏密状态、表面粗糙程度、杂质含量等因素有关,特别与材料的细度直接相关,掺和料细度大,需水性高。但现代高效减水剂的应用,使需水性的意义已经减小。

8.3.3 机械化学活化尾砂的实验研究

8.3.3.1 实验方法

本实验采用的原料为某高岭土矿选矿尾渣,通过球磨时间 2h、3h、4h 而得到,编号依次为为 A♯、B♯、C♯。实验旨在将高岭土矿尾渣通过一定的物理化学处理方法,研究出使其在混凝土中得以应用的一种技术。

技术的第一步是将高岭土矿尾渣进行研磨活化处理;第二步是将活化处理后的尾渣应用于建筑混凝土的生产过程中。主要的研究内容为:研究得出一种高岭土矿尾渣的研磨技术;研究出一种高岭土矿尾渣应用于建筑混凝土的技术。

主要的实验方案有:

(1)将尾砂进行了研磨细化,获到不同研磨时间尾渣的比表面积、活性的数据。

(2)将不同研磨时间的尾渣采取直接掺加、水灰比不变的方式分别应用到强度等级为 C25、C30、C35 的建筑混凝土中。

（3）将不同研磨时间的尾渣采取分别取代 5％、10％、15％、20％、25％ 的水泥、水灰比不变分别应用到强度等级为 C25、C30、C35 的建筑混凝土中。

（4）将不同研磨时间的尾渣采取既掺加又取代水泥、水灰比不变的方式分别应用到强度等级为 C25、C30、C35 的建筑混凝土中。

（5）将研磨 2h、3h 的尾渣采取取代 10％、15％、20％ 的水泥、水胶比不变的方式分别应用到强度等级为 C25、C30 的建筑混凝土中。

表 8-19 为实验所使用的高岭土尾砂的成分分析结果。从表 8-19 中可见，尾砂 LY-WS 中含 SiO_2 90.44％，含 Al_2O_3 仅 6.48％。主要金属杂质组分 Fe_2O_3、TiO_2 含量分别为 0.010％ 和 0.036％。其中主要成分是 SiO_2，因而，尾砂 LY-WS 的烧失量很小，仅为 1.22％，尾砂 LY-WS 中铅、镉含量分别为 0.0010％、0.0004％。

表 8-19　高岭土尾砂 LY-WS 的成分分析结果（％）

成分	SiO_2	Al_2O_3	Fe_2O_3	CaO	MgO	MnO	TiO_2	K_2O	Na_2O
含量	90.33	6.18	0.010	0.11	0.063	0.0081	0.036	1.58	0.095
成分	Cu	Pb	Zn	Cd	Cr_2O_3	Ig			
含量	0.0005	0.0010	0.0010	0.0004	0.0097	1.22			

注：Ig 表示烧失量。

图 8-9 为高岭土尾砂样品的 X 射线衍射图。从图 8-9 可以看出，尾砂的主要矿物相为石英，其次还含有少量的长石。

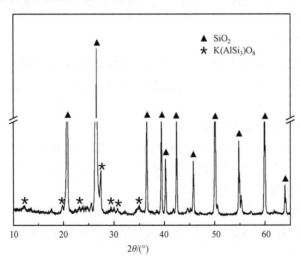

图 8-9　磨细后高岭土尾砂的 XRD 图谱

图 8-10 为高岭土尾砂 LY-WS 在不同倍率下的扫描电镜照片。从左图可知，放大 5000 倍的尾砂 LY-WS 样品表现出多种不规则形貌特征，有少量针状、片状颗粒，有较多的大颗粒；从右图（放大 20000 倍）来看，针状晶体粒径约为 0.2μm 左右，长短不均匀，大约在 1～3μm，主要形貌是针状、片层状和块状颗粒混杂在一起。

图 8-10　高岭土尾砂 LY-WS 在不同倍率下的扫描电镜照片

（1）机械研磨活化实验

通过不同的时间对尾砂进行研磨，从而得到不同细度、不同机械活化程度的尾砂。具体过程为：将 5kg 经 110℃ 干燥过的高岭土尾砂装入 Φ460×600 筒形磨矿机内（不同尺寸的球形磨介 30kg），入料粒度为 0～5mm，选取磨机球料比为 6∶1，转速为 48r·min^{-1}，结合前期所做的工作，分别研磨 2h、3h、4h、5h，得到活化处理样品 4 个。

（2）磨细尾砂技术指标检测

按照土木工程领域的行业要求，参照国家标准 GB/T 1596-2005 对仅磨细后高岭土尾砂的粒度、碱含量、SO_3 含量、含水量、烧失量、Cl^- 含量等技术指标进行了检测。

（3）磨细尾砂需水量比试验

按照需水量比的试验方法，分别研究研磨了 2h、3h、4h、5h 的 4 个尾砂样品的需水量变化情况。试验参数如表 8-20 所示。

（4）机械活化尾砂活性指数试验

按照活性指数的试验方法，将 2h、3h、4h、5h 的 4 个尾砂样品分别制成 b#、c#、d#、e# 水泥胶砂，讨论不同研磨时间后尾砂的活性变化情况。水泥胶砂配合比如表 8-21 所示。

表 8-20　水泥胶砂配合比

胶砂种类	水泥/g	高岭土尾砂/g	标准砂/g	加水量/mL
对比胶砂	250	—	750	125
2#	175	75	750	120
	175	75	750	140
3#	175	75	750	120
	175	75	750	130
4#	175	75	750	120
	175	75	750	125
	175	75	750	130
5#	175	75	750	115
	175	75	750	123
	175	75	750	130

表 8-21　水泥胶砂配合比

胶砂种类	水泥/g	尾砂/g	尾砂研磨时间/h	标准砂/g	水/mL
对比胶砂	450	—	—	1350	225
b#	315	135	2	1350	225
c#	315	135	3	1350	225
d#	315	135	4	1350	225
e#	315	135	5	1350	225

（5）机械化学活化尾砂在混凝土中的应用试验

将同时采用了机械活化与化学活化后的高岭土尾砂,在适当增加水胶比、保持混凝土拌合物工作性能的条件下,在 C30 的下述混凝土配方中,分别以 20％的尾砂取代 10％的水泥、以 30％的尾砂取代 15％水泥的方式进行应用。具体的试验混凝土配合比如表 8-22 所示。

表 8-22　试验混凝土配合比

编号	水泥/kg·m⁻³	尾砂/kg·m⁻³	碎石/kg·m⁻³	砂/kg·m⁻³	水/kg·m⁻³
WZ-A#	320	0	1260	650	165
WZ-B#	288	64	1260	610	170
WZ-C#	272	96 (a)	1260	597	170
WZ-D#	272	96 (b)	1260	597	170

注：表中的 a、b 分别表示在实验室磨细和在广东厂家磨细的尾砂。

参照 GB/T 1596-2005 的标准对活化后尾砂的活性指数进行评价。具体的方法为：

（1）水泥胶砂的配合比如表 8-23。

表 8-23　水泥胶砂配合比

胶砂种类	水泥/g	尾砂/g	标准砂/g	水/mL
对比胶砂	450	—	1350	225
试验胶砂	315	135	1350	225

（2）将对比胶砂和试验胶砂分别按 GB/T 17671 规定进行搅拌、试体成型和养护。搅拌的具体步骤同前；将搅拌好的胶砂加入 $4 \times 4 \times 16$ 试模，在振实台上振实，先加 1/2 振 60 下，再加 1/2 振 60 下，落距 15mm，1 秒·下$^{-1}$，总时间 120 秒；将试体 1 天后拆模，浸入水中，在温度为 20℃，湿度为 20% 的环境中养护。

（3）试体养护至 28 天，按 GB/T 17671 规定分别测定对比胶砂和试验胶砂的抗压强度。

（4）结果计算。活性指数按下式计算：

$$H_{28} = (R/R_0) \times 100 \tag{8-5}$$

式中：H_{28} 为活性指数，单位为%；R 为试验胶砂 28 天抗压强度，单位为 MPa；R_0 为对比胶砂 28 天抗压强度，单位为 MPa；计算至 1%。

8.3.3.2　研磨时间对尾砂粒度的影响

图 8-11 为不同研磨时间后高岭土尾砂粒度尺寸分布图，从图中可以看出高岭土尾砂粒度随研磨时间的变化趋势。随着研磨时间在 2.0～5.0h 之间增加，尾砂

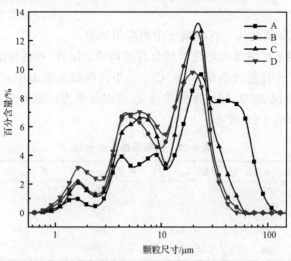

图 8-11　不同研磨时间后高岭土尾砂粒度尺寸分布
A-研磨 2h；B-研磨 3h；C-研磨 4h；D-研磨 5h

的平均粒径总体上是趋于减少的,但在 3.0～4.0h 时间粒度出现了稍微的增长,这与前面所出现的实验现象一致。这可能是几个方面的原因造成的:①随着高岭土尾砂的粒度逐渐变小,导致尾砂表面的断键增多,以至于表面活性增强,因此表面吸附力增大而发生团聚作用;②还有一部分吸附在大尺寸颗粒的表面而使总体粒度有上升的趋势;③由于入料尾砂的粒度分布很不均匀,粗颗粒较多所致,在研磨时间较短时,主要磨细的是细颗粒的物料,此时,粗颗粒的尺寸变化很小,当研磨时间达到 2h 时,细颗粒已达到一定尺寸,此时粗颗粒成了研磨的主要阻力,研磨介质则主要对粗颗粒作用,这样使得物料的整体颗粒大小不但没有减少,反而增加。当研磨时间大于 3.0h 以后,大颗粒逐渐接近于小颗粒尺寸,从而球磨阻力减小,同时也会破坏小颗粒的团聚作用,使得物料的粒度急剧减小,这与前面所得的结论基本一致。

表 8-24 为参照国标 GB/T 1596-2005 检测机械研磨 3h 尾砂的技术指标,结合前面尾砂的化学成分分析,可以看出其主要成分为硅、铝氧化物,从表 8-24 可以看出,该尾砂的检测指标均能达到相应的技术要求,表明它的使用不会对混凝土产生不利影响,为尾砂在混凝土中的应用可行性提供了最基本的保证。

表 8-24　细磨 3h 尾砂技术指标

项目	细度 （<45μm）	碱含量 （Na_2O+K_2O）	SO_3 量	含水量	烧失量	Cl^- 含量
结果（质量分数）/%	11.23	0.94	0.51	0.26	1.00	0.0032

8.3.3.3　机械研磨对尾砂需水量的影响

表 8-25 为不同研磨时间后尾砂的粒径特征参数,表 8-26 为不同机械研磨时间后尾砂的需水量比数据。从表中可以看出经 4h 研磨后的尾砂其需水量比为 $130/125×100\%=104\%$,其粒度 D_{50} 约为 $13μm$,而其他经 3h 和 5h 研磨尾砂的需水量比均大于这个值。从需水量比的角度要看,将尾砂机械研磨至 3.0～4.0h 时的细度较合适。结合表 8-25 粒径特征参数可以发现,粒度越细的尾砂其需水量比越大,说明该尾砂没有减水增加胶砂流动性的作用,结合前期工作中所做的尾砂 SEM 形貌分析,可认为这可能是由于研磨后的尾砂颗粒形状极不规则,非球形,且表面不光滑,故在水泥胶砂中不能起到滚珠润滑作用,也就不能不增加或者减少混凝土拌合物的用水量,因此,加该尾砂到混凝土中,要保持拌合物同样的流动性必将增加用水量,增加混凝土水灰比,这将为其在混凝土中的应用增加不小的难度。

表 8-25　不同研磨时间后尾砂的粒径特征参数

粒径特征参数/μm	2h	3h	4h	5h
D_{50}	20.49	11.60	13.20	8.50
D_0	0.67	0.67	0.67	0.67
D_{25}	8.77	4.81	5.44	4.18
D_{75}	36.45	18.49	20.53	16.45
D_{90}	53.25	23.55	27.44	22.38

表 8-26　不同研磨时间后尾砂的需水量比数据表

项目	加水量/mL	流动度/mm
对比胶砂	125	235~245
2#	120	180~190
	140	250~260
3#	120	200~210
	130	225~235
4#	120	200~205
	125	220~225
	130	235~245
5#	115	190~200
	123	210~220
	130	225~230

注：2#、3#、4#、5#分别指研磨时间为2h、3h、4h、5h的尾砂样品。

8.3.3.4　机械研磨对尾砂活性指数的影响

表 8-27 为不同研磨时间后尾砂的活性指数。从表中可以看出机械研磨 5h 的尾砂其活性指数最高，为 62%，其余的都未超过 60%，这说明该尾砂本身不具有太大的活性，不含活性物质，这与前面所做的尾砂 XRD 结构分析结果基本一致。图 8-12 为不同细度尾砂的活性指数变化情况，从图中可以看出大体上随着尾砂研磨时间的增加即细度的增加，其活性指数是增加的，这说明物料细度越高，活性越强，且研磨时间越长，越有利于破坏颗粒表面的化学键，从而破坏晶体的结构，但尾砂细度越细，需要的机械研磨时间越长，则能耗越大，生产的成本越高，且尾砂细度越细，应用在混凝土中拌合物的需水量越大，对使用效果会产生不利影响。此外，通过细度来增加尾砂的活性其程度有限，因此，必须对尾砂使用化学激发剂来提高其活性。

表 8-27　不同研磨时间后尾砂的活性指数数据表

编号	尾砂研磨时间/h	28 天抗折强度/MPa	28 天抗压强度/MPa	活性指数
对比胶砂	—	10.0	46.5	100%
b#	2	7.2	26.4	57%
c#	3	7.2	26.2	56%
d#	4	7.2	25.1	54%
e#	5	7.1	28.6	62%

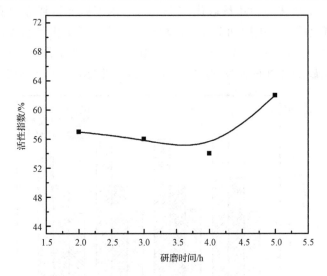

图 8-12　不同细度尾砂的活性指数变化图

8.3.3.5　活化尾砂在混凝土中的应用

本实验是将同时采用了机械活化与化学活化后的高岭土尾砂,在适当增加水胶比、保持混凝土拌合物工作性能的条件下,在 C30 的混凝土配方中应用。结合试验结果和前期探索试验,综合考虑后,所使用的活化高岭土尾砂为经机械研磨 4h,加入质量分数为 10%CaO、1%Na$_2$SO$_4$ 以及 1%NaOH 的化学活性激发剂。混凝土试样的抗压强度检测结果如表 8-28 所示。

表 8-28　混凝土试样的抗压强度检测结果

试样号	抗压强度/MPa			尾砂掺量
	3 天强度	7 天强度	28 天强度	
WZ-A#	22.5	29.9	39.6	—
WZ-B#	23.1	28.1	38.4	20%尾砂取代 10%水泥
WZ-C#	22.6	28.4	37.9	30%尾砂取代 20%水泥
WZ-D#	22.2	28.3	35.1	30%尾砂取代 20%水泥

注:表中 WZ-C# 和 WZ-D# 分别使用的是实验室磨细和在广东厂家磨细的尾砂。

　　与前面试验过程不同的是此处采取的是尾砂超量取代水泥,且适当增加了混凝土的加水量,提高水胶比,以保持拌合物的流动性,因此,这将对尾砂在混凝土中的应用更有意义。

　　图 8-13 为混凝土试样的抗压强度变化图,从图中可以看出,在以上试验条件下,在该 C30 混凝土中,试样号 WZ-B♯和 WZ-C♯分别以 20％的尾砂取代 10％的水泥、以 30％的尾砂取代 15％的水泥后,混凝土试块的 3 天强度有所提高或与对比混凝土相当,且其 7 天强度与 28 天强度也基本能达到取代前的水平,试验证明,该 C30 混凝土中活化尾砂超量取代 10％～15％水泥后能达到应用要求。而试样号 WZ-D♯试块的 3 天强度和 7 天强度均与前面几组试块相差不大,而 28 天强度降低较大,这可能是一方面由于该尾砂粒度比实验室研磨的尾砂要粗,另一方面可能是因为该尾砂研磨时间过短,在 4～5min 之间,机械活化效果不明显所致。

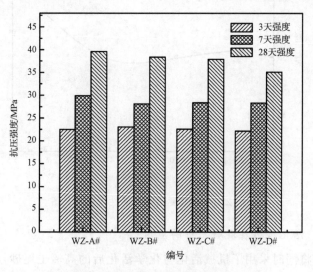

图 8-13　不同混凝土试样的抗压强度变化图

8.3.4　高岭土尾砂机械化学活化的工业试验

　　在某试验基地使用新型超细研磨机对高岭土尾砂进行研磨试验。试验数据及试验效果如表 8-29 所示。

表 8-29　高岭土活化现场试验数据

项目	通过一次	通过两次	通过三次	通过四次	自制样品
+400 目含量	51.0％	26.6％	14.8％	10.8％	3.8％

注：每次通过 20kg,每次通过设备的时间为 1min。

　　从表 8-29 中可以看出每次试验用料 20kg,如料粒度为 0～5mm,物料每次在设备中的研磨时间为 1min 左右,研磨 1 次则 400 目筛余量为 51%,以后随着研磨次数的增加,筛余量逐步减少,但减少的趋势减缓,当研磨次数达到 4 次,即研磨时间约为 4min 时,400 目筛余量仅为 10.8%,而自制样品为实验室球磨 4h 所得,400 目筛余量为 3.8%,以上结果说明该研磨机效率远远高于球磨机,且当该磨机增加分级设备后,其研磨效果将更好。综合试验结果可知,该磨机具有研磨效率高、磨耗低、设备体积小、占地面积小、单机投资少等特点。

在上述初步试验结果的基础上,在研磨机器系统上加装了一配套的分级装置,扩大试验用高岭土尾砂 2 吨,入料粒度为 0～3mm。

加料速度为 1t/h 时,可研磨得 400 目筛余量为 6.8%,研磨效果好于初步试验中未加分级装置时的水平。得到的物料粒度特征参数如表 8-30,粒度分布如图 8-14 所示。

表 8-30　尾砂工业试验粒度特征参数表

项目	$D_{10}/\mu m$	$D_{25}/\mu m$	$D_{50}/\mu m$	$D_{75}/\mu m$	$D_{90}/\mu m$	$D_{98}/\mu m$
龙岩尾砂	1.24	2.80	5.75	10.17	15.43	23.68

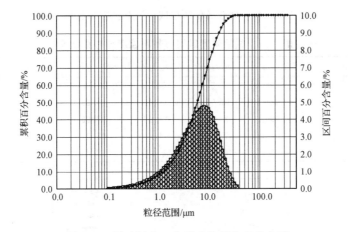

图 8-14　尾砂活化工业试验物料粒度分布图

在现场采用某公司研制的振动研磨机采用闭流方式研磨高岭土尾砂,其实物图如图 8-15 所示。磨机内的球配为 $\Phi 20mm$、$\Phi 15mm$、$\Phi 10mm$、$\Phi 8mm$ 和 $\Phi 6mm$ 合计 45kg,加入高岭土尾砂 5kg,球料比为 9∶1,入料粒度为 0～3mm,含水量≤3%。

将物料加入后分别闭路研磨 20min、30min、40min、50min、60min,得到 5 个样品,分别测量其粒度分布,试验结果如表 8-31 所示,所得尾砂粒度变化如图 8-16 所示。

图 8-15　尾砂活化初步试验研磨机实物照片

表 8-31　试验研磨时间与物料粒度分布数据表

研磨时间/min	$D_{10}/\mu m$	$D_{25}/\mu m$	$D_{50}/\mu m$	$D_{75}/\mu m$	$D_{90}/\mu m$	$D_{98}/\mu m$
20	29.10	57.33	104.15	164.26	220.93	272.97
30	7.42	15.91	31.49	54.23	81.01	123.24
40	3.99	8.44	16.46	27.96	41.26	61.57
50	4.08	7.88	14.14	22.51	31.67	45.27
60	4.32	6.49	9.32	12.43	15.40	19.44

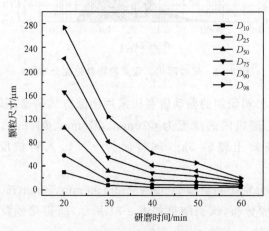

图 8-16　尾砂活化初步试验研磨时间与粒度的关系图

　　从图 8-16 中可以看出,随着研磨时间在 20～60min 之间延长,尾砂的粒度逐渐减小,在 20～40min 之间降低最明显,研磨时间超过 40min,粒度减小的趋势放缓,特别是细粒级范围内的颗粒粒度变化不大,试验发现,通过 60min 的闭流研磨,基本上达到了本次试验要求的 $D_{98}=600$ 目,同时也反映出该物料的易磨性差,因为物料中的 SiO_2 含量较高。试验结果可为工业试验提供了理论依据和经验数据。

8.3.5　机械化学活化尾砂在混凝土中的应用

8.3.5.1　实验方法

　　本实验将 5kg 经 110℃ 干燥过的高岭土尾砂装入 $\Phi460\times600$ 筒形磨矿机内,入料粒度为 0～5mm,选取磨机球料比为 6：1,转速为 48rpm,分别研磨 1h、1.5h、2h、2.5h、3h、3.5h、4h,得到活化处理样品 7 个。

　　机械化学活化后的高岭土尾砂的主要化学成分组成如表 8-32 所示。表 8-33 与图 8-17 分别表示出不同研磨时间高岭土尾砂粒度的变化趋势。从图 8-17 中可以看出,随着研磨时间在 1～4h 之间增加,尾砂的平均粒径总体上是趋于减少的,但在 2.0～2.5h 时间粒度出现了稍微的增长,这是因为入料尾砂的粒度分布很不均匀,粗颗粒较多所致。在研磨时间较短时,主要磨细的是细颗粒的物料,此时,粗颗粒的尺寸变化很小;当研磨时间达到 2h 时,细颗粒已达到一定尺寸,此时粗颗粒成了研磨的主要阻力,研磨介质则主要对粗颗粒作用,这样使得物料的整体颗粒大小不但没有减少,反而增加;而当研磨时间大于 2.5h 之后,此时物料的颗粒尺寸分布趋于均匀,这时研磨介质同时作用于所有颗粒,使得物料的粒度急剧减少,粒度分布进一步趋于均匀,这条曲线很好地体现出了研磨物料是一个动态的过程。因此,在试验所作条件下,只有研磨时间大于 3h,才能达到很好的研磨效果。

表 8-32　尾砂的主要化学成分组成（%）

成分	SiO_2	Al_2O_3	Fe_2O_3	CaO	MgO	MnO	TiO_2	K_2O	Na_2O
含量	90.33	6.18	0.010	0.11	0.063	0.0081	0.036	1.58	0.095
成分	Cu	Pb	Zn	Cd	Cr_2O_3	Ig			
含量	0.0005	0.0010	0.0010	0.0004	0.0097	1.22			

注：Ig 表示烧失量。

表 8-33　不同研磨时间的尾砂粒度

研磨时间/h	1.0	1.5	2.0	2.5	3.0	3.5	4.0
$D_{50}/\mu m$	20.63	15.07	16.69	17.16	13.40	11.20	9.15
$D_{90}/\mu m$	57.29	37.11	42.33	42.84	35.98	31.66	25.79

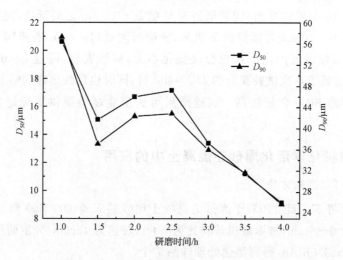

图 8-17　不同研磨时间的尾砂粒度变化情况

图 8-18 是活化处理 3h 的高岭土尾砂的 XRD 图谱,从图中我们可以发现,活化后的尾砂其主要的物相仍然是晶型很完整的石英相,另外还含有一定量的正长石,这说明,在实验条件下的球磨过程很难破坏尾砂的结构,确切地说是很难破坏石英的结晶状态,这为该尾砂在建筑混凝土中的应用将面临一定困难,说明较难将其作为一种活性掺和料应用于混凝土中。

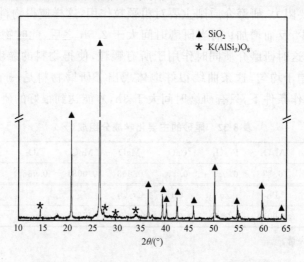

图 8-18　活化处理 3h 高岭土尾砂的 XRD 图谱

图 8-19 是活化处理 3h 后的高岭土尾砂扫描电镜图,从图中我们可以很清楚地看到尾砂的形貌,该尾砂通过该实验条件下的球磨后颗粒形状是极不规则的,颗粒大小也很不均匀,其中的细颗粒居多,这与我们前面通过粒度分析得出的结论基

本一致,尾砂中少量的高岭土和长石矿物黏附在相对大尺寸石英的表面。尾砂的这些形貌尺寸特性将会对其在混凝土中的应用并且对混凝土相关性能的提高存在较好的效果。

图 8-19　活化处理 3h 后尾砂的 SEM 图

8.3.5.2　活化尾砂在 C25 混凝土中的应用

首先为活化尾砂在混凝土中的应用选择了低标号的混凝土 C25,也是目前国内最常用的混凝土强度等级之一,并选择了某土木工程中心试验室为现场施工单位设计的桥墩结构的混凝土配合比,记为配合 1。

按表 8-34 的基本要求分别制取混凝土试样 WZ-1♯、WZ-2♯、WZ-3♯、WZ-4♯、WZ-5♯、WZ-6♯、WZ-7♯A、WZ-7♯C、WZ-8♯、WZ-9♯、WZ-10♯、WZ-11♯、WZ-29♯共 13 个,将高岭土尾砂采用了内掺和外掺的方式加入其中。由于混凝土抗压强度是其所有性能指标中最重要的一个,业内人士认为解决了混凝土抗压强度的问题,相当于解决了所有问题的 80% 以上,因此,本试验首先以抗压强度作为评价混凝土性能的主要指标。

表 8-34　建筑混凝土 C25 配合比 1 的基本要求

材料用量 /kg·m⁻³				配合比(重量比)	坍落度	设计
水泥 m_c	砂 m_s	石 m_g	水 m_w	水泥:砂:石:水 ($m_c : m_s : m_g : m_w$)	/mm	要求
350	640	1220	172	1:1.83:3.49:0.49	35～50	C25
备注	(1)本章中的试验均执行规范:《普通混凝土配合比设计规程》JGJ55-2000;(2)试验采用某 PO42.5 普通硅酸盐水泥;(3)本配比采用中砂:含泥量<1%;(4)本配比采用碎石:5～31.5mm;(5)以下实验都按此规范进行					

试样的抗压强度检测结果和尾砂掺和方法如表 8-35 所示。试验的内掺指的是代替水泥,采用等量代替的方式,水灰比保持不变。外掺是指直接掺入混凝土中,即在水泥用量不减少的条件下掺入尾砂。

表 8-35　配合比 1 试样的抗压强度检测结果

试样号	抗压强度 /MPa			尾砂掺量（种类）
	3 天强度	7 天强度	28 天强度	
WZ-1#	20.7	30.8	41.7	—
WZ-2#	25.8	35.7	42.5	外掺 20%（C）
WZ-3#	25.3	34.7	43.1	外掺 20%（B）
WZ-4#	25.7	32.6	43.1	外掺 20%（A）
WZ-5#	19.5	26.0	37.6	—
WZ-6#	21.8	34.5	48.9	外掺 20% 内掺 5%（A）
WZ-7#A	—	32.3	41.6	外掺 20% 内掺 10%（A）
WZ-7#C	25.1	38.5	44.1	外掺 20% 内掺 10%（C）
WZ-8#	24.6	34.7	45.6	内掺 10%（C）
WZ-9#	25.0	32.9	47.5	内掺 15%（C）
WZ-10#	27.7	37.9	45.4	内掺 20%（C）
WZ-11#	27.0	35.7	43.9	外掺 10% 内掺 10%（C）
WZ-29#	19.6	26.4	40.6	内掺 25%（C）

注：表中的 A、B、C 分别代表活化处理时间为 2h、3h、4h 的尾砂。

　　图 8-20 中的 1# 代表的是未掺加尾砂的试样，2#、3#、4# 分别是外掺了 20% 的活化处理时间为 4h、3h、2h 的尾砂试样。从图中我们可以看出，外掺了尾砂的混凝土试样比未掺加的 1# 样，它们的抗压强度均有不同程度的提高，特别是前期强度比空白样增长要快，且 2#、3#、4# 的 3 天强度和 28 天强度基本上都差不多，不同的是 7 天强度是随着尾砂研磨时间的减少而降低的，说明粒度越细的尾砂在提高混凝土试样的早期强度方面发挥了更大的作用。

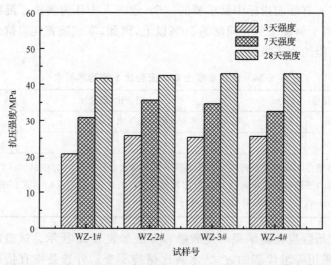

图 8-20　不同活化处理时间的尾砂外掺 20% 对混凝土强度的影响

图 8-21 中 5♯为本组试样中未掺加尾砂的空白样,8♯、9♯、10♯分别为内掺了 10%、15%、20%的活化处理时间为 4h 的 C♯尾砂,从图中可以看出,在该实验方案下,内掺尾砂后试样的抗压强度均呈增加的趋势,内掺了 20%尾砂的试样其早期强度增加很快,但后期强度增加很少,内掺了 15%的 9♯样 28 天强度最高。

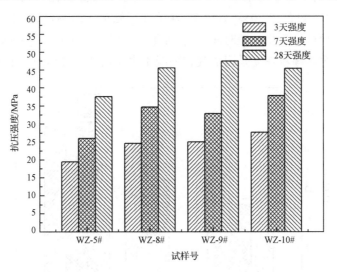

图 8-21　C♯尾砂不同内掺量对混凝土强度的影响

图 8-22 中 8♯、11♯、7♯C 分别代表的是全部内掺 10%后再外掺 0%、10%、20%C♯尾砂试样的抗压强度变化,所以 8♯、11♯、7♯C 试样中所使用的水泥量

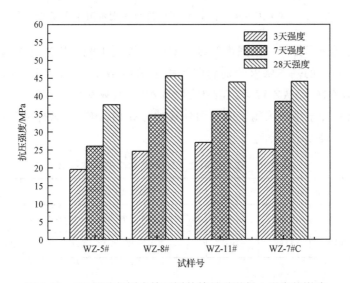

图 8-22　C♯尾砂相同内掺不同外掺量对混凝土强度的影响

是相等的,从图中可以看出,掺加尾砂越多的试样其早期抗压强度增加的越快,但其后期强度越低,即 8♯ 的 3 天、7 天强度最低,但其 28 天强度最高,这验证了前面的结论,掺加高岭土尾砂对增加混凝土试样的早期强度有显著的效果。

图 8-23 表示的是分别掺加了 A♯ 和 C♯ 尾砂混凝土试样的强度变化图,掺加方式为内掺 10％再外掺 20％,其中 7A♯ 的 3 天强度无结果,从图中可以看出,该试验条件下,掺加了活化处理时间长,粒度细 C♯ 尾砂的混凝土抗压强度均比 A♯ 的要好,说明尾砂颗粒细度是影响其在混凝土中应用效果好坏的一个重要指标。

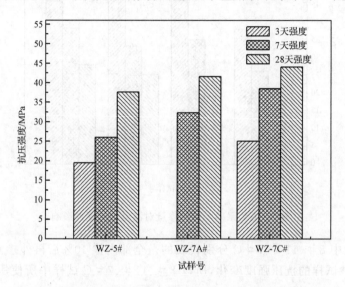

图 8-23　A♯、C♯ 尾砂内掺 10％外掺 20％对混凝土强度的影响

同时还选择了另外一组强度等级为 C25 的混凝土配合比进行试验,记为配合比 2。按表 8-36 的基本要求分别制取混凝土试样 WZ-12♯、WZ-13♯、WZ-14♯、WZ-15♯、WZ-16♯、WZ-17♯、WZ-18♯、WZ-19♯、WZ-35♯、WZ-38♯、WZ-42♯共 11 个,将高岭土尾砂采用了内掺和外掺的方式加入其中,试样的检测结果和尾砂掺和方法如表 8-37 所示。

表 8-36　建筑混凝土 C25 配合比 2 的基本要求

材料用量 /kg·m⁻³				配合比(重量比)	坍落度	设计
水泥 m_c	砂 m_s	石 m_g	水 m_w	水泥∶砂∶石∶水 ($m_c : m_s : m_g : m_w$)	/mm	要求
308	698	1188	185	1∶2.27∶3.86∶0.60	35～50	C25

表 8-37　配合比 2 试样的抗压强度检测结果

试样号	抗压强度 /MPa			尾砂掺量（种类）
	3 天强度	7 天强度	28 天强度	
WZ-12♯	16.6	21.9	34.1	—
WZ-13♯	18.9	25.0	35.8	外掺 20%（B）
WZ-14♯	18.1	20.1	33.3	内掺 5%（B）
WZ-15♯	19.5	23.6	38.8	内掺 10%（B）
WZ-16♯	18.2	24.7	38.5	内掺 15%（C）
WZ-17♯	18.1	22.7	37.6	外掺 10%内掺 5%（C）
WZ-18♯	18.8	23.0	32.8	外掺 10%内掺 10%（C）
WZ-19♯	19.8	27.7	40.0	外掺 20%内掺 10%（C）
WZ-35♯	12.9	16.7	21.6	内掺 10%（B）
WZ-38♯	10.3	16.8	22.8	内掺 15%（B）
WZ-42♯	11.2	16.4	20.9	内掺 20%（B）

注：表中的 A、B、C 分别代表活化处理时间为 2h、3h、4h 的尾砂。

图 8-24 中的 12♯ 为未掺加尾砂的混凝土试样，15♯、18♯、19♯ 分别代表的是全部内掺 10% 后再外掺 0%、10%、20%C♯ 尾砂试样的抗压强度变化，因此 15♯、18♯、19♯ 试样中所使用的水泥量是相等的，从图中可以看出，掺加尾砂越多的试样其早期抗压强度增加得越快，这与相同混凝土标号不同配合比的图 8-22 结果是一致的，这进一步说明了掺加高岭土尾砂对增加混凝土试样的早期强度有显著的效果，同样，表 8-38 的结果也说明了这个问题。但从 28 天强度来看，18♯ 的最差，19♯ 的最高，这可能是因为此配合比的水灰比比配合比 1 的要大，19♯ 外掺的尾砂由于吸收了一部分水分，间接地使其水灰比降低，从而使其抗压强度增加。

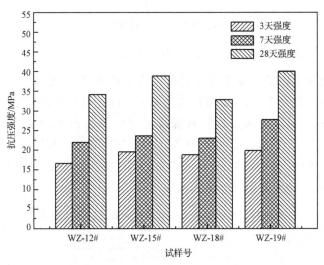

图 8-24　C♯尾砂相同内掺不同外掺量对混凝土强度的影响

表 8-38　WZ-12♯与 13♯试样抗压强度比较

试样号	抗压强度 /MPa			尾砂掺量（种类）
	3 天强度	7 天强度	28 天强度	
WZ-12♯	16.6	21.9	34.1	—
WZ-13♯	18.9	25.0	35.8	外掺 20%（B）

　　图 8-25 中的 14♯、15♯分别代表的是内掺了 5% 和 10%B♯尾砂的混凝土试样，从图中可以看出，内掺了 10% 的尾砂的 15♯样的抗压强度是最高的，而内掺了 5% 的 14♯试样有些强度甚至比空白样 12♯还要低，这说明低掺量的尾渣不但不能改善混凝土的相关性能，甚至还会降低其性能指标，起到负的作用。

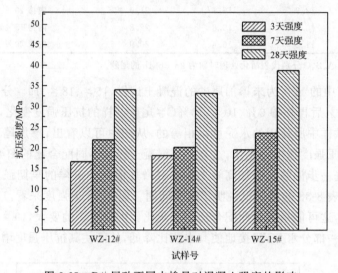

图 8-25　B♯尾砂不同内掺量对混凝土强度的影响

8.3.5.3　活化尾砂在 C30 混凝土中的应用

　　强度等级为 C30 的混凝土也是目前国内生产最多的，也是用途最广泛，需求量最大的混凝土标号之一，因此我们也选择了这样一组强度的配合比试验。

　　按表 8-39 的基本要求分别制取混凝土试样 WZ-20♯、WZ-21♯、WZ-22♯、WZ-23♯、WZ-24♯、WZ-25♯、WZ-26♯、WZ-27♯、WZ-28♯、WZ-36♯、WZ-37♯、WZ-39♯、WZ-40♯、WZ-41♯共 14 个，将高岭土尾砂采用了内掺和外掺的方式加入其中，试样的检测结果和尾砂掺和方法如表 8-40 所示。

表 8-39　建筑混凝土 C30 试验配合比的基本要求

材料用量 /kg·m⁻³				配合比（重量比）	坍落度	设计
水泥 m_c	砂 m_s	石 m_g	水 m_w	水泥∶砂∶石∶水（m_c∶m_s∶m_g∶m_w）	/mm	要求
356	646	1199	185	1∶1.81∶3.37∶0.52	35～50	C30

表 8-40　建筑混凝土 C30 试验配合比的试样抗压强度检测结果

试样号	抗压强度 /MPa			尾砂掺量（种类）
	3 天强度	7 天强度	28 天强度	
WZ-20#	21.4	23.4	36.6	—
WZ-21#	26.2	27.4	43.6	外掺 20%（B）
WZ-22#	26.6	31.2	42.1	外掺 30%（B）
WZ-23#	26.2	29.8	44.6	内掺 10%（C）
WZ-24#	30.7	30.6	45.5	内掺 15%（C）
WZ-25#	25.7	28.8	43.3	外掺 10%内掺 5%（B）
WZ-26#	25.6	26.8	45.5	外掺 10%内掺 10%（B）
WZ-27#	29.5	29.9	41.4	外掺 20%内掺 10%（C）
WZ-28#	29.1	33.0	45.9	内掺 20%（C）
WZ-36#	12.7	20.8	25.9	内掺 10%（A）
WZ-37#	11.7	18.6	25.4	内掺 20%（A）
WZ-39#	15.8	22.0	31.3	内掺 10%（B）
WZ-40#	14.8	19.2	27.3	内掺 20%（B）
WZ-41#	14.1	19.4	25.7	内掺 15%（B）

注：表中的 A、B、C 分别代表活化处理时间为 2h、3h、4h 的尾砂；其中 WZ-20# ～28# 的 3 天强度为 4 天强度结果。

图 8-26 是分别外掺了 20% 和 30% 的 B# 尾砂的 C30 混凝土 试样的抗压强度变化图，20# 为未掺加尾砂的空白样。从图中可以看出，掺量越多的 22# 其早期强度增长最快，但其 28 天强度不及 21#。这个结论与前面标号为 C25 的混凝土结论一致。

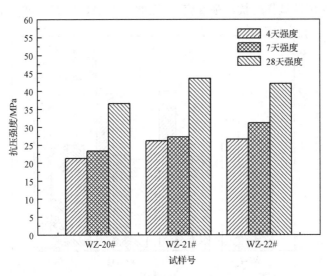

图 8-26　B# 尾砂不同外掺量对混凝土强度的影响

图 8-27 中 20♯为未掺加尾砂的空白样，23♯、24♯、28♯分别为内掺了 10％、15％、20％C♯尾砂的试样，从图中可以看出，内掺后的试样其抗压强度均比空白样要高，这是前面所有趋势的共同点，且在该试验条件下随着内掺量的增加混凝土的强度逐渐提高，早期强度和 28 天强度均为此趋势，这与前面标号为 C25 的结论基本一致。

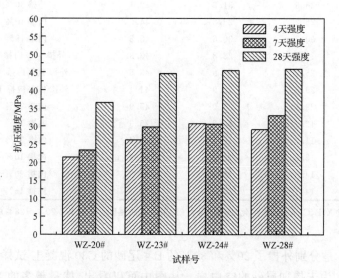

图 8-27　C♯尾砂不同内掺量对混凝土强度的影响

图 8-28 中的 23♯、26♯、27♯分别代表的是全部内掺 10％后再外掺 0％、10％、20％C♯尾砂试样的抗压强度变化，因此 23♯、26♯、27♯试样中所使用的水

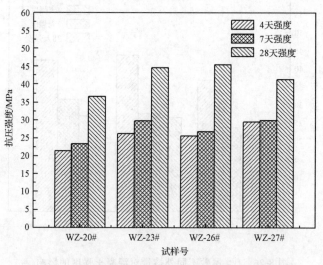

图 8-28　尾砂相同内掺不同外掺对混凝土强度的影响

泥量是相等的,从图中可以看出,该试验条件下,不同尾砂掺加量的试样早期抗压强度增长速度基本一样,其规律性没有前面 C25 混凝土的明显,这说明对于强度较高的混凝土,增加掺加量高岭土尾砂对增加混凝土试样早期强度的效应降低。但从 28 天强度来看,27♯ 的最差,26♯ 的最高,说明在此强度等级的混凝土中掺加尾砂后对试样强度的改善效果没有 C25 试样的明显。

8.3.5.4　活化尾砂在 C35 混凝土中的应用

按表 8-41 的基本要求分别制取混凝土试样 WZ-30♯、WZ-31♯、WZ-32♯、WZ-33♯、WZ-34♯ 共 5 个,将高岭土尾砂采用了内掺和外掺的方式加入其中,试样的检测结果和尾砂掺和方法如表 8-42 示。

表 8-41　建筑混凝土 C35 试验配合比的基本要求

材料用量 /kg·m⁻³				配合比(重量比)	坍落度	设计
水泥 m_c	砂 m_s	石 m_g	水 m_w	水泥∶砂∶石∶水 ($m_c:m_s:m_g:m_w$)	/mm	要求
402	578	1228	185	1∶1.44∶3.05∶0.46	35~50	C35

表 8-42　建筑混凝土 C35 试验配合比的试样抗压强度检测结果

试样号	抗压强度 /MPa			尾砂掺量(种类)
	3 天强度	7 天强度	28 天强度	
WZ-30♯	23.2	29.4	39.3	—
WZ-31♯	28.8	37.4	42.2	外掺 30%(B)
WZ-32♯	28.7	39.5	50.2	内掺 15%(B)
WZ-33♯	23.7	34.1	42.0	内掺 25%(B)
WZ-34♯	26.5	36.4	46.2	内掺 10%(B)

图 8-29 中 30♯ 为本组试样中未掺加尾砂的空白样,34♯、32♯、33♯ 分别为内掺了 10%、15%、25% 的活化处理时间为 3h 的 B♯ 尾砂,从图中可以看出,在该实验方案下,内掺尾砂后试样的抗压强度总体上均呈增加的趋势,内掺了 15% 尾砂的试样其早期强度增加很快,内掺 25% 的试样增长最慢,内掺了 15% 的 32♯ 样的 28 天强度最高。从这些现象我们可以得出,在强度较高的 C35 标号混凝土中,尾砂的掺加对其性能的影响比前面所研究的 C25、C30 都要显著,如内掺了 25% 的 33♯ 如果继续保持其水灰比不变的话,其混凝土试样的和易性变得很差,基本上不能被搅拌,只有增加其用水量才行。因此这势必会增加其水灰比,使强度有所降低。

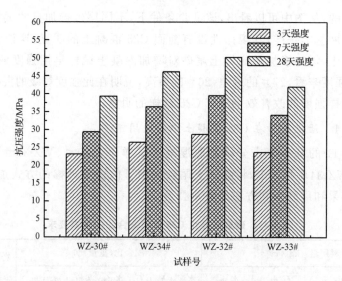

图 8-29　B♯尾砂不同内掺量对混凝土强度的影响

参 考 文 献

[1] 赵国,陆雷,姚强. 钢渣的改性研究及进展[J]. 材料导报,2004,18(4):301-308.

[2] 王琳,孙本良,李成威. 钢渣处理与综合利用[J]. 冶金能源,2007,26(4):54-57.

[3] 陈泉源,柳欢欢. 钢铁工业固体废弃物资源化途径[J]. 矿冶工程,2007,27(3):49-56.

[4] 张同生,刘福田,王建伟,李义凯,周宗辉,程新. 钢渣安定性与活性激发的研究进展[J]. 硅酸盐通报, 2007,26(5):980-984.

[5] 柯昌君,苏达根. 水热条件下低碱度钢渣的激发研究[J]. 矿产综合利用,2004,(6):40-43.

[6] 舒型武. 钢渣特性及其综合利用技术[J]. 有色金属设计与研究,2007,28(5):31-34.

[7] 李辽沙,于学峰,余亮,武杏荣. 转炉钢渣中磷元素的分布[J]. 中国冶金,2007,17(1):42-45.

[8] Tsakiridis R E,Papadimitriou G D,Tsivilis S,et al. Utilization of steel slag for Portland cement clinker production[J]. Journal of Hazardous Materials,2008,152(2):805-811.

[9] Hu S G,Wang H X,Zhang G Z,et al. Bonding and abrasion resistance of geopolymeric repair material made with steel slag[J]. Cement & Concrete Composites,2008,30(3):239-244.

[10] 董保澍. 固体废物的处理与利用[M]. 北京:冶金工业出版社,1999.

[11] 檀丽丽,许兰兰,崔春霞. 钢渣在建筑领域的综合利用及展望[J]. 山西建筑,2006,32(1):181-182.

[12] 朱桂林,孙树杉. 钢渣粉作混凝土掺和料的研究[C]. 第三届北京冶金年会,2002,(4):29-32.

[13] Wu X Q,Zhu H,Hou X K,et al. Study on steel slag and fly ash composite Portland cement[J]. Cement and Concrete Research,1999,29(7):1103-1106.

[14] 党永发,嵇鹰. 钢渣-矿渣复合微粉对水泥性能影响的试验研究[J]. 新世纪水泥导报,2006,(6):16-17.

[15] 黄从运,何劲松,程顺义. 高标号钢渣矿渣水泥试验研究[J]. 新世纪水泥导报,2005,(3):26-27.

[16] 赵三银,赵旭光,李宁,等. 高钢渣掺量钢渣矿渣水泥粉磨工艺的研究[J]. 水泥,2002,(4):1-5.

[17] 刘玉,宋少民. 钢渣混凝土小型空心砌块研究[J]. 北京建筑工程学院学报,2007,23(1):6-10.

[18] 谭克锋,刘来宝,陈德玉,等. 利用钢渣生产混凝土空心砌块的研究[J]. 新型建筑材料,2006,(2):50-51.

[19] 周建成,何劲波. 利用钢渣生产高墙空心砌块[J]. 中国资源综合利用,2004,(11):19-20.

[20] Shih P H,Wu Z Z,Chiang H L. Characteristic of bricks made from waste steel slag[J]. Waste Management,2004,24(10):1043-1047.

[21] 孙世国. 钢渣混凝土与普通混凝土的强度对比研究[J]. 粉煤灰综合利用,2005,(3):32-34.

[22] 蔡雪军,李君,刘震. 利用钢渣和粉煤灰生产砂浆干粉料[J]. 新型建筑材料,2004,10:11-13.

[23] Shi C J. Characteristics and cementitious properties of ladle slag fines from steel production[J]. Cement and Concrete Research,2002,32:459-462.

[24] 孙家瑛,任传军. 钢渣微粉对沥青混合料性能影响研究[J]. 公路交通科技,2007,24(6):17-19.

[25] 薛永杰,吴少鹏,陈向明,等. 钢渣在沥青路面工程中的应用[J]. 国外建材科技,2005,26(1):21-23.

[26] 丁庆军,李春,彭波,等. 钢渣作沥青混凝土集料的研究[J]. 武汉理工大学学报,2001,23(6):9-13.

[27] 桂齐兵,卢铁瑞,王东林,等. 钢渣用于改性沥青玛蹄脂混合料的室内研究[J]. 石油沥青,2003,17(3):31-35.

[28] 乔军志,胡春林,陈中学. 钢渣作为路用材料的研究及应用[J]. 国外建材科技,2005,26(4):6-8.

[29] 章崇伦. 钢渣桩加固软弱地基土效果分析[J]. 矿业快报,2001,(14):6-8.

[30] 刘鸣达,张玉龙,王耀晶,等. 施用钢渣对水稻 pH、水溶态硅动态及水稻产量的影响[J]. 土壤通报,2002,33(1):47-50.

[31] 李军,张玉龙,刘鸣达,等. 钢渣对辽宁省水稻增产的作用[J]. 沈阳农业大学学报,2006,(7):45-48.

[32] 陈平,王红喜,王英. 一种钢渣基新型膨胀剂的制备及其性能[J]. 桂林工学院学报,2006,26(2):259-262.

[33] Karamberi A,Orkopoulos K,Moutsatsou A. Synthesis of glass-ceramics using glass cullet and vitrified industrial by-products[J]. Journal of the European Ceramic Society,2007,27(2-3):629-636.

[34] Karamberi A,Moutsatsou A. Vifitrication of lignite fly ash and metal slags for the production of glass and glass ceramics[J]. China Particuology,2006,5(4):250-253.

[35] Khater G A. The use of Saudi slag for the production of glass ceramic materials[J]. Ceramics International,2002,28(1):59-67.

[36] 沈威,黄文熙,闵盘荣. 水泥工艺学[M]. 武汉:武汉工业大学出版社,2000:269-270.

[37] 范付中,马涛,施惠生. 几种物料中 f-CaO 的膨胀特性及其对硬化水泥浆体强度的影响研究[J]. 西南工学院学报,2001,16(3):21-23.

[38] 张云莲,李启令,陈志源. 钢渣作水泥基材料掺和料的相关问题[J]. 机械工程材料,2004,28(5):38-40.

[39] Chang J J,Yeih W C,Hung C C. Effects of gypsum and phosphoric acid on the properties of sodium silicate-based alkali-activated slag pastes [J]. Cement & Concrete Composites,2005,27(1):85-91.

[40] Nair P B R,Paramasivam R. Effect of grinding aids on the time-flow characteristics of the ground product from a batch ball mill[J]. Powder Technology,1999,101:31-42.

[41] Kuznetsov P N,Kuznetsova L I,Zhyzhaev A M,et al. Investigation of mechanically stimulated solid phase polymorphic transition of zirconia [J]. Applied ctalysis A:General,2006,298:254-260.

[42] Kalinkin A M,Kalinkina E V,Makarov V N. Mechanical activation of natural titanite and its influence on the mineral decomposition[J]. International Journal of Mineral Processing,2003,69:143-154.

[43] Lu L,Wen J B. Study on Mechano-chemical Effect for Steel slag[J]. Iron steel vanadium titanium,2005,26:39-43.

[44] Suryanarayana C. Mechanical alloying and milling[J]. Progress in material science,2001,46:75-80.

[45] 林宗寿. 无机材料工学[M]. 武汉：武汉工业大学出版社,1999.

[46] 缪松兰,徐乃平,于红钢. 工业废渣粉煤灰与高岭土尾砂在瓷质砖坯体中的应用研究[J]. 陶瓷研究,
　　　2000,15(3):6-12.

[47] 陈国华,刘心宇,成均. 利用高岭土尾矿制备低温烧结微晶玻璃[J]. 矿产综合利用,2005,(3):38-41.

[48] 陈国华,刘心宇. 尾矿微晶玻璃的制备及其性能研究[J]. 硅酸盐通报,2005,(2):80-84.

[49] 陈国华,康晓玲. 烧结微晶玻璃工业原料新资源的开发利用[J]. 陶瓷工程,2001,(6):31-33.

[50] 兰琼. 利用高岭土尾矿渣作细骨料生产砼小型空心砌块的试验研究[J]. 昆明理工大学学报,2001,26
　　　(5):67-69.

[51] 张承志,王爱勤,邵惠. 建筑混凝土[M]. 化学工业出版社：北京,2007；Vol. 2.

[52] 冯乃谦. 实用混凝土大全[M]. 科学出版社：北京,2001；Vol. 1.

[53] 钱觉时,马一平,余其俊. 建筑材料学[M]. 武汉理工大学出版社：武汉,2007；Vol. 1.

[54] 刘应应. 谈混凝土掺和料应用的必要性[J]. 山西建筑,2002,28(3):87-88.

[55] 蒲心诚,王勇威. 高效活性矿物掺料与混凝土的高性能化[J]. 混凝土,2002,(2):3-6.

[56] 叶建雄. 掺和料混凝土性能及应用研究[D]. 重庆大学,重庆,2005.

[57] 陈剑雄,石宁,张旭. 高掺量复合矿物掺和料自密实混凝土耐久性研究[J]. 混凝土,2005,(1):24-26.

第 9 章　机械化学高效加工矿物资源

9.1　高纯硅酸锆微粉机械化学加工

高纯硅酸锆微粉,是指粒度为 $-5\mu m$,$ZrSiO_4$ 含量 $\geqslant 99.5\%$,平均粒度 $1\sim 2\mu m$,化学成分(质量分数)为 $ZrO_2\geqslant 65\%$、$Fe_2O_3\leqslant 0.06\%$、$TiO_2\leqslant 0.20\%$,白度 $\geqslant 80\%$ 的超细锆英粉。

高纯硅酸锆微粉具有耐高温和耐磨损性,光学性能好,遮盖力强。特别是用于瓷釉时,其耐火指数有利于成釉的遮盖力和较高的白度。颜色的稳定性,可使烧成釉时的表面获得许多优良的性能。根据釉的乳浊机理,可直接将高纯硅酸锆粉加入釉料中,制成一次生料乳浊釉,缩短生产工艺,降低成本[1]。除在陶瓷工业生产中有重要的应用外,硅酸锆微粉在铸造、耐火材料等行业中也有广泛的用途。

目前硅酸锆微粉的生产工艺,主要有气流磨一步成粉、振动磨→除杂→干燥、球磨→振动磨→干燥、雷蒙磨细磨→除杂→水洗→搅拌磨细磨→干燥增白等流程[2,3];提纯方法,则有磁选、化学漂白、烧成过程中除铁、浮选除铁和电解除铁五种[4,5],这些方法在环保、投资、设备维护、产品性能等方面受到了很大的限制,所以亟需开发新的工艺技术来满足市场的需求。

搅拌磨是 20 世纪 80 年代国外兴起的超细粉碎设备,作者利用搅拌磨超细粉碎过程的机械化学效应,进行了高纯硅酸锆的机械化学加工研究。

本节中所使用的原料采用 -325 目锆英粉,平均粒度 $12.5\mu m$,白度 66%,化学成分(质量分数)为 $ZrO_2\,65\%$、$SiO_2\,34\%$、$Fe_2O_3\,0.21\%$、$TiO_2\,0.20\%$,草酸、保险粉和硫酸为化学纯试剂,用粒度分析仪测定粉体粒度,用白度仪测定粉体白度。

9.1.1　实验过程

试验设备为 ZJM-20 型间歇式搅拌磨,附水冷却套。该机电机功率 2.2kW,搅拌筒有效容积 4.8L,介质为 $\Phi 5mm$ 氧化锆球。试验时加入 500g 原料,矿浆浓度 30%,同时加入草酸和保险粉,用硫酸调节 pH,至一定时间取样,经过滤、洗涤和干燥,测定粉体的各项性能。

为了对比,先进行了高梯度磁选试验,结果见表 9-1。可以看出,高梯度磁选对锆英粉提纯无明显效果,达不到产品要求的指标。

表 9-1　高梯度磁选效果

磁场强度/kOc	8	10	12	14
产品中的 Fe_2O_3/%	0.20	0.19	0.17	0.17
产品白度	66.8	67.3	69.9	67.9

　　利用搅拌球磨过程的机械化学效应,进行锆英粉的提纯加工试验。在一系列探索试验的基础上,优化试验的结果见表 9-2。可以看出,经过 120min 后,产品的性能已达到要求。

表 9-2　机械化学提纯的效果

时间/min	30	60	90	120
微粉粒度/μm	9.3	6.4	4.1	1.7
产品中的 Fe_2O_3/%	0.15	0.11	0.06	0.05
产品白度/%	72.2	76.2	77.0	81.4

　　注:质量分数 30%,pH=2~3,草酸 1.0%,保险粉 1.5%。

9.1.2　搅拌球磨过程的热效应

　　搅拌球磨过程除了原料粒度变细以外,还发生了一定的机械化学效应,与本试验密切相关的则是矿浆温度的变化。由于保险粉的还原反应在 40~50℃下比较合适,从图 9-1 中可看出,搅拌磨机械化学加工过程的矿浆温度正好在此范围,从而明显提高了反应效率。

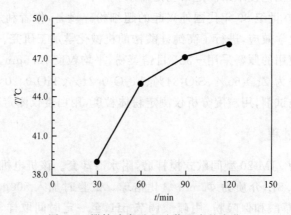

图 9-1　搅拌球磨过程矿浆温度的变化

9.1.3　矿浆酸度的影响

　　保险粉即连二亚硫酸钠($Na_2S_2O_4$),是一种强还原剂,它与三价铁(Fe_2O_3)的主要反应为：

$$Fe_2O_3 + Na_2S_2O_4 + 3H_2SO_4 \Longrightarrow Na_2SO_4 + 2FeSO_4 + 3H_2O + 2SO_2 \uparrow$$

$$(9-1)$$

保险粉的标准电极电位：

$$S_2O_4^{2-} - 2e \Longrightarrow 2SO_2, E_{298} = -0.230V \qquad (9-2)$$

反应过程中 H^+ 的参加，其电极电位为：

$$E = -0.230 + 0.0295lg[H]$$

可以看出，随 pH 的增大，保险粉的电极电位变得更负，即其还原能力更强；但从另一方面来看，二价铁与三价铁的转换也与 pH 有密切关系，Fe^{3+}/Fe^{2+} 的电极电位为：

$$Fe^{3+} + e \Longrightarrow Fe^{2+}, E_{298} = -0.771V$$

表面上看，Fe^{3+}/Fe^{2+} 的电极电位似乎与 pH 无关，但由于 Fe^{3+} 和 Fe^{2+} 的溶解度与 pH 密切相关，即随着 pH 的升高，Fe^{3+} 和 Fe^{2+} 都会发生沉淀，使离子浓度发生变化，从而影响到 Fe^{3+}/Fe^{2+} 的电极电位。事实上，$Fe(OH)_3$ 和 $Fe(OH)_2$ 的电极电位已变换成：

$$Fe(OH)_3 + e \Longrightarrow Fe(OH)_2 + OH^-, E_{298} = -0.056V$$

$Fe(OH)_3/Fe(OH)_2$ 的电位比 Fe^{3+}/Fe^{2+} 下降了 0.827V，可见随 pH 的升高，三价铁与二价铁的电极越来越负，即三价铁的氧化能力越来越低，二价铁的还原能力却逐渐增加。

三价铁变得不易被还原，而二价铁却易被氧化，甚至可被空气中的氧所氧化。这样即使保险粉还原了铁，由于氧化，又生成了不溶于水的三价铁，从而使漂白反应失去作用。所以，保险粉还原 Fe_2O_3 的反应，不宜在碱性条件下进行。但是，反应的 pH 不宜过低，否则，保险粉的稳定性下降，发生如下的不利反应：

$$3S_2O_4^{2-} + 6H^+ \Longrightarrow 5SO_2 + H_2S + 2H_2O \qquad (9-3)$$

$$SO_2 + 2H_2S \Longrightarrow 3S \downarrow + 2H_2O \qquad (9-4)$$

生成的单质硫会影响产品的白度。研究表明，pH 为 0.8 时，在室温下只需 2min，保险粉就有 1/2 被分解。通过试验可看出（图 9-2），采用机械化学法加工提纯硅酸锆，pH 宜控制在 2～3。

经过以上讨论得出如下结论：

（1）凭借搅拌磨的机械化学效应，用细磨-还原漂白工艺可制得高纯硅酸锆微粉，产品性能达到要求的指标，工艺简单。

（2）搅拌细磨过程的热效应，可促进提纯还原反应的进行，提高药剂的利用率，降低成本。

（3）矿浆酸度对机械化学法加工的效果，有较大的影响。

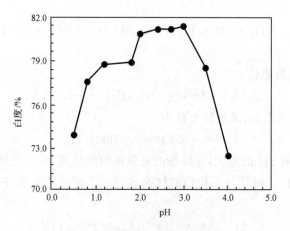

图 9-2　pH 对产品白度的影响

9.2　钼的机械化学提取

在氧化焙烧-氨浸法制取仲钼酸铵的工艺中,钼的回收率小于 85％,其中有近 10％的钼残存于氨浸渣中。国内外常用苏打焙烧法、酸分解法和高压碱浸法回收钼渣中的钼,但由于试剂用量大、反应时间长及能耗高等问题,严重制约了相关工艺的推广应用[6]。随着钼在国民经济中应用的日益广泛,探求钼渣回收的新工艺已成为十分迫切而有实际意义的课题。

搅拌磨是一种新型高效的超细粉碎设备,凭借其特殊的工作原理,与其他超细粉碎设备相比,具有效率高、工艺过程简单、无污染等优点[7]。国外自 20 世纪 20 年代以来,已将搅拌磨广泛应用于油漆、陶瓷、轻工等行业[8];另外,依靠搅拌粉磨过程的热能作用,还能实现机械活化产品、粉体机械化学改性和磁性材料制备[9],取得了令人满意的效果 。

本节利用搅拌磨的高效性和机械化学效应,开展了用搅拌磨处理钼渣的新工艺研究。钼渣为长沙某化工厂焙烧辉钼矿后的氨浸渣(−60 目),其物相分析见表 9-3,Na_2CO_3 为化学纯。

表 9-3　钼渣的物相分析

含钼矿物	T_M	MoO_3	MoS_2	钼酸盐
Mo/％	17.19	17.36	0.87	9.91

实验用的立式搅拌磨的搅拌器转速为 700r·min^{-1},粉碎介质为 3mm 的氧化铝球,用激光粒度分析仪检测磨矿的细度。磨浸后经过滤、洗涤、干燥,分析浸渣,计算钼的浸出率。

9.2.1 磨矿时间对钼浸出率的影响

细磨是提高钼渣中钼浸出率的重要手段。通过细磨可以显著地改善矿浆的扩散环境。图9-3是磨矿时间对钼渣细度的影响，经过80min，磨矿细度达6.4μm，后又趋向稳定。从图9-4中可看出，对应到的钼浸出率为95.2%。所以磨浸80min是比较合适的。

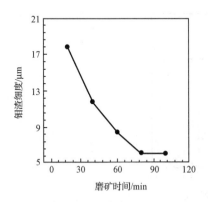

图9-3　磨矿时间对钼渣细度的影响

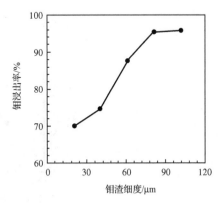

图9-4　磨矿细度对钼浸出率的影响

9.2.2 液固比对钼浸出率的影响

搅拌磨细磨浸出过程中，合适的液固比有利于改善磨浸环境，加快Mo和CO_3^{2-}的扩散速度，提高钼的磨浸效率。液固比太大，矿浆黏度就会变小，从一定程度上有利于磨浸过程的顺利进行，但对随后的浓缩、过滤和洗涤工序带来很大的困难；液固比太小，显然会对磨浸过程造成不利，从图9-5中可以看出，液固比为4对磨浸过程最为有利。

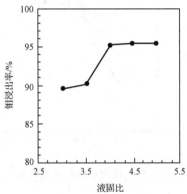

图9-5　液固比对钼浸出率的影响

9.2.3　Na₂CO₃/Mo 摩尔比对钼浸出率的影响

  细磨浸钼时,凭借搅拌磨的高效性和机械化学效应,提高了 CO_3^{2-} 的有效利用率,所以能明显减少 Na_2CO_3 的用量,缩短磨浸时间。但由于受矿浆 pH 的影响,Na_2CO_3 的用量有一合适值,从图 9-6 中可以看出,当 Na_2CO_3 与 Mo 的摩尔比为 1.2 时,钼的浸出率达 95.2%,随后趋于稳定。

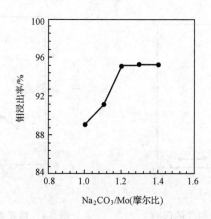

图 9-6　Na_2CO_3/Mo(摩尔比)对钼浸出率的影响

9.2.4　pH 对钼浸出率的影响

  为了加快钼的浸出速度,稳定浸出过程,控制矿浆的 pH 是一个比较实用的方法。另一方面,pH 也影响 CO_3^{2-} 在矿浆中的浓度,从图 9-7 中可以看出,在 pH 为 9.0 左右进行搅拌磨浸,效果最好。

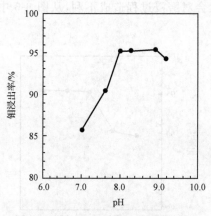

图 9-7　pH 对钼浸出率的影响

氨浸钼渣中的钼酸盐及三氧化钼与 Na_2CO_3 主要有以下反应：

$$CaMoO_4 + Na_2CO_3 = Na_2MoO_4 + CaCO_3 \downarrow \tag{9-5}$$

$$(Pb,Cu)MoO_4 + Na_2CO_3 = Na_2MoO_4 + (Pb,Cu)CO_3 \downarrow \tag{9-6}$$

$$Fe(MoO_4)_3 + 3NaCO_3 = 3Na_2MoO_4 + Fe(CO_3)_3 \downarrow \tag{9-7}$$

$$MoO_3 + Na_2CO_3 = Na_2MoO_4 + CO_2 \uparrow \tag{9-8}$$

搅拌磨的细磨可以把机械能转化为物料的内能，增大浸出试剂与钼矿物表面的接触面积，提高浸出效率；同时，从图 9-8 可以看出，细磨 80min 后，矿浆温度升至 65℃，借助于机械化学效应，细磨提高了矿浆的温度，有助于活化钼矿物的表面，降低了反应的活化能。与现有工艺比较可以看出（表 9-4），机械化学法的效果更显著。

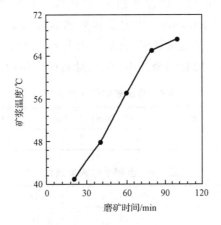

图 9-8　磨矿时间对矿浆温度的影响

表 9-4　钼渣处理工艺单比较

项目	机械化学	原有工艺
矿浆温度/℃	65	100
处理时间/min	80	160
Na_2CO_3/Mo（摩尔比）	1.2	3.1
钼浸出率/%	95.2	83.5

利用搅拌细磨过程的机械化学效应处理钼渣，工艺简单，效率高。浸出过程中磨矿时间、液固比、Na_2CO_3/Mo（摩尔比）和 pH 对细磨浸出过程有显著的影响。与原有工艺相比，搅拌磨机械化学法处理钼渣，矿浆温度降低，处理时间缩短 1/2，Na_2CO_3 用量降低 60%，钼浸出率提高 12 个百分点，应用前景非常乐观。

9.3　金的机械化学提取

氰化浸金是金矿提金工业普遍采用的方法。常规氰化浸金一般需要 24～48h,甚至更长时间,NaCN 耗量大,严重制约了浸金工艺的发展。为提高浸金速度,国内外进行了大量的研究工作,取得了一定的成果[10,11]。本节利用搅拌磨超细粉碎的高效性和机械化学效应,实现金精矿的细磨-氰化浸金,详细考察了其工艺过程,并与常规氰化浸金进行了对比。

9.3.1　实验过程

采用某金矿的含金硫化矿的浮选精矿,其化成分和粒度分布分别见表 9-5 和表 9-6,原矿的平均粒径 39.7μm。主要金属矿物为黄铁矿,脉石矿物主体成分是石英和长石,另外还有部分磁黄铁矿、白矿。金主要以自然金的形式存在于硫化矿物和脉矿物中,硫化物中的自然金约占 70%,脉石矿物中约占 25%。

表 9-5　金精矿的化学成分(%)

Au/g·t^{-1}	Cu	Pb	Zn	Fe	MnO	CaO	MgO	Al$_2$O$_3$	SiO$_2$	S
77.8	0.05	0.47	1.37	31.10	0.36	0.54	0.30	1.22	11.02	34.76

表 9-6　金精矿的粒度组成

粒级/mm	+0.125	−0.125+0.074	−0.074+0.044	−0.044
质量分数	10.75	15.43	31.62	42.20

本节所用的立式搅拌磨的结构与前节的类似,但根据实际需要有所改进。搅拌桶内衬一种氯化聚氯乙烯,厚度 10mm,耐磨性较好。附水冷套冷却装置,搅拌器为钢质材料,外包覆 5mm 厚的氯化聚氯乙烯材料,转速为 700r·min^{-1},粉碎介质为 Φ3mm 的氧化铝球。

按液固比加入自来水和氰化钠,金精矿用量为 500g,氧化铝球 3kg,用 NaOH 调节至 pH=10～11,在搅拌磨中进行细磨浸出,过滤、洗涤、干燥,分析浸出渣,计算金的浸出率。

9.3.2　磨矿细度对金浸出率的影响

由于金在精矿中嵌布粒度很细,细磨是使金达到单体分离或呈外边连生状态的重要手段,通过细磨可以显著地改善 CN$^-$ 的扩散环境。图 9-9 是磨浸时间对磨矿细度的影响。经过 2h,磨矿细度达到 3.5μm。从图 9-10 中可看出,对应的金浸出率为 99.8%。2h 后磨矿细度趋于平稳,所以磨浸 2h 是比较合适的。由于矿浆浓度较小,黏度很低,所以物料的洗涤、沉降和过滤性能尚好。

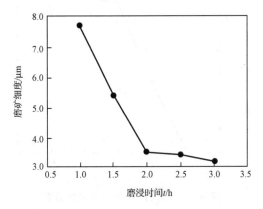

图 9-9　磨浸时间对磨矿细度的影响

液固比 4;NaCN 4kg・L^{-1}

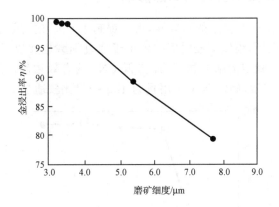

图 9-10　磨矿细度对金浸出率的影响

液固比 4;NaCN 4kg・L^{-1};磨浸 2h

9.3.3　液固比对金浸出率的影响

在金精矿的细磨浸出过程中,合适的液固比有利于改善磨浸环境,加快溶解氧和 CN$^-$ 的扩散速度,提高磨浸效率。液固比太大,矿浆黏度变小,从一定程度上有利于磨浸过程的顺利进行,但对随后的浓缩、过滤和洗涤工序带来很大困难;液固比太小,显然会对细磨过程造成不利。从图 9-11 看出,以液固比为 4 对磨浸过程最有利。

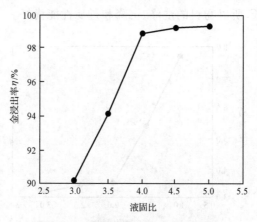

图 9-11　液固比对金浸出率的影响

NaCN 4kg·L^{-1}；磨浸 2h

9.3.4　氰化钠用量对金浸出率的影响

　　细磨浸金时，由于搅拌磨的高效性，大大提高了 CN$^-$ 的有效利用率，所以能明显减少 NaCN 的用量，缩短磨浸时间。但由于通过细磨也加快了金矿中伴生杂质矿物与 NaCN 生成稳定的络合物，从而降低 CN$^-$ 的有效浓度。结合图 9-12 的结果，综合考虑这些因素，确定 NaCN 用量为 4kg·t^{-1} 比较适当。

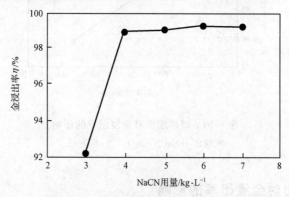

图 9-12　NaCN 用量对金浸出率的影响

液固比 4；磨浸 2h

9.3.5　助浸剂对细磨浸金的影响

　　为了加快浸金速度，德国 Degussa 公司在 1987 年提出了以 H$_2$O$_2$ 作为氰化浸出的液体氧化剂的 PAL 工艺[12]。通过考察，在搅拌磨细磨氧化浸金中加入少量 H$_2$O$_2$ 可以大大提高高浸效率，缩短磨浸时间（图 9-13）。加入 0.04％ H$_2$O$_2$，磨浸 1.5h，金浸出率就达 99.4％。但磨矿时间延长，H$_2$O$_2$ 的作用不明显。

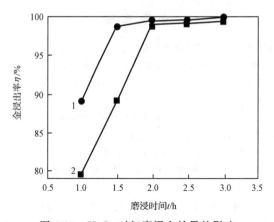

图 9-13　H_2O_2 对细磨浸金效果的影响

1-为使用 H_2O_2 0.04%；2-为未使用 H_2O_2；液固比为 4；NaCN 4kg·L^{-1}；磨浸 2h

H_2O_2 在细磨浸金过程中主要以下述两种方式起作用：

① 作为氧化剂直接起反应：

$$2Au + 4CN^- + H_2O_2 \Longrightarrow 2Au(CN)_2^- + 2OH^- \qquad (9\text{-}9)$$

② 以下列方式补充氧：

$$2H_2O_2 \Longrightarrow 2H_2O + O_2 \qquad (9\text{-}10)$$

$$4Au + 8CN^- + O_2 + 2H_2O \Longrightarrow 4Au(CN)_2^- + 4OH^- \qquad (9\text{-}11)$$

所以加入 H_2O_2 为氰化浸金过程及时提供推动力 O_2 和 H_2O_2，加速金的浸出反应。

9.3.6　细磨氰化浸金与常规氰化浸金的比较

针对此金精矿，曾进行了常规的氰化浸金试验，pH=10~11，结合上述试验结果一并列于表 9-7。可以看出，细磨氰化浸金具有明显的优势。搅拌磨细磨氰化浸金是一种新的提金方法，浸金过程中磨矿细度、液固比、氰化钠用量和助浸剂对金浸出率有显著影响。与常规氰化浸金法相比，细磨氰化法浸金 2h，金的浸出率即可达到 98% 以上，并且降低了 NaCN 用量 60%，应用前景好。

表 9-7　细磨浸金与常规浸金的比较

项目	细磨氰化浸金	细磨氰化助浸提金	常规氰化浸金	预氧化氰化浸金
液固比	4	4	4	4
搅拌速度/r·min^{-1}	700	700	1750	1750
浸出时间/h	2	1.5	36	36
NaCN/kg·t^{-1}	4	4	10	10
CaO/kg·t^{-1}				
H_2O/g·t^{-1}		0.4		
金浸出率/%	99.8	99.4	89.6	92.5

参 考 文 献

[1] 杨华明, 张光业. 高纯硅酸锆微粉机械化学提纯新工艺[J]. 非金属矿, 1999(3): 26-27.

[2] 马明川, 常传平. 硅酸锆的超细粉碎[J]. 非金属矿开发与应用, 1996, (4): 16-19.

[3] 严大州. 高级锆英石微粉工艺技术研究[J]. 世界有色金属, 1996, (7): 40-42.

[4] 柳名珍. 瓷器原料除铁的途径[J]. 陶瓷, 1982, (3): 41-45.

[5] 李洪桂 等编. 稀有金属冶金学[M]. 中南工业大学出版社: 长沙, 1987.

[6] Yang H, Hu Y, Qiu G. Recovery of molybdenum from metallurgical residues by simultaneous ultrafine milling and alkali leaching[J]. Journal of Central South University of Technology, 2002, 9(2): 87-90.

[7] 杨华明, 周灿伟, 杜春芳, 等. 基于资源-材料一体化的功能矿物材料开发与应用[J]. 中国非金属矿工业导刊, 2004, 43(5): 50-52.

[8] 杨华明, 邱冠周. 搅拌磨机械化学法处理钼渣的新工艺[J]. 中国钼业, 1998, 22(3): 13-15.

[9] 凌敦平, 崔雅峰. 氰化浸金优化工艺参数的试验研究[J]. 黄金, 1996, 17(5): 32-35.

[10] Yang H, Hu Y, Ao W, et al. Ultrafine milling for the processing of gold-bearing sulphides[J]. Rare Metals, 2002, 21(2): 133-136.

[11] 陈卫. 浅谈过氧化物助浸氰化提金[J]. 黄金, 1997, 18(8): 35-37.

[12] 杨华明, 邱冠周. 细磨氰化浸金新工艺的研究[J]. 稀有金属, 1999, 23(1): 13-15.